SCRATCH编程从入门到精通

第2版

◎ 谢声涛 编著

清華大學出版社

北京

内 容 简 介

本书针对最新版本的 Scratch 3.0 编程软件编写，是一本全面讲授 Scratch 图形化编程的教育指南。本书分为基础编程篇、图形编程篇和进阶编程篇 3 部分，系统讲授 Scratch 基础编程知识和运动、侦测、画笔等各功能模块的技术应用，以及常用的数据结构和算法知识，并提供丰富有趣的教学案例和练习题。本书从基本的编程概念开始，帮助初学者逐步建立起完整的图形化编程知识体系，培养初学者人工智能时代不可或缺的计算思维，使其掌握人工智能时代必备的编程技能。

本书适合对图形化编程有兴趣的青少年阅读，也适合希望辅导孩子进行图形化编程训练的家长和少儿编程培训机构的教师使用。

图书在版编目（CIP）数据

Scratch 编程从入门到精通 / 谢声涛编著 . —2 版 . — 北京：清华大学出版社，2023.6
ISBN 978-7-302-63296-2

Ⅰ. ① S… Ⅱ. ①谢… Ⅲ. ①程序设计－青少年读物 Ⅳ. ① TP311.1-49

中国国家版本馆 CIP 数据核字（2023）第 059287 号

责任编辑：王剑乔
封面设计：刘 键
责任校对：袁 芳
责任印制：丛怀宇

出版发行：清华大学出版社
网 址：http://www.tup.com.cn, http://www.wqbook.com
地 址：北京清华大学学研大厦 A 座　**邮 编：**100084
社 总 机：010-83470000　**邮 购：**010-62786544
投稿与读者服务：010-62776969, c-service@tup.tsinghua.edu.cn
质量反馈：010-62772015, zhiliang@tup.tsinghua.edu.cn
印 装 者：天津鑫丰华印务有限公司
经 销：全国新华书店
开 本：185mm×260mm　**印 张：**16.5　**字 数：**394 千字
版 次：2018 年 8 月第 1 版　2023 年 7 月第 2 版　**印 次：**2023 年 7 月第 1 次印刷
定 价：89.90 元

产品编号：097401-01

第2版前言

党的二十大报告指出，教育、科技、人才是全面建设社会主义现代化国家的基础性、战略性支撑。在教育领域，世界各国都在大力推进青少年编程教育的普及，一些国家甚至已经将编程列为中小学必修课。2017年国务院发布的《新一代人工智能发展规划》提出，要在中小学阶段设置人工智能相关课程，并逐步推广编程教育。在众多的编程语言中，Scratch成为青少年编程启蒙教育的首选编程语言。

本书为《Scratch编程从入门到精通》第2版，针对最新版本的Scratch 3软件编写。本书在保留第1版整体结构的基础上，根据读者的反馈增加了一些新的内容，同时将全书内容由Scratch 2升级为Scratch 3，并删除部分有关Scratch 2特有的内容。下面对本书所做的一些改动进行简单介绍。

（1）在“第3章　程序控制”中增加“编程策略”一节，介绍综合运用程序的三种基本结构编写结构化的程序，学习使用枚举、递推和模拟等基本的编程策略解决诸如隔沟算羊、李白沽酒、蜗牛爬树等常见的数学问题。

（2）在“第4章　列表”中增加“用列表处理数据”一节，介绍打乱列表中各元素的顺序、在列表中生成不重复的随机数、查找列表中的最大值或最小值、对列表中的元素进行排序等实用的数据处理方法。

（3）在“第10章　绘图”中增加利用画笔积木和图章积木进行绘图的应用案例，通过绘制旋转的太极图和曼陀罗风格的艺术图案来感受绘图编程的魅力。

（4）在“第12章　克隆”中增加“动画案例”一节，介绍使用克隆体画笔技术创作“绵绵夜雨”“飘飘飞雪”“水墨蝌蚪”等富有美感的动画作品。

（5）在“第13章　消息和事件”中增加“游戏案例”一节，介绍综合运用事件、侦测和克隆等模块中的积木编写“贪吃蛇”“跳下100层”“导弹打陨石”等简单有趣的游戏作品。

（6）更换部分章节中对于初学者略显困难的“跟我做”和“动手练”案例。例如，将第1版中3.1.1小节的“跟我做”案例“海伦公式”更换为“计算梯形面积”。在“动手练”案例中使用初学者容易理解的新案例，如“幸运大转盘”“西西弗斯黑洞”“猴子选大王”等。

本书提供各章的范例程序和素材等资源，读者可以登录清华大学出版社官网，在本书的页面中获取图书资源包。

千里之行，始于足下。现在就开始踏上奇妙的 Scratch 编程之旅吧！

谢声涛

2023 年 2 月

第 1 版前言

Scratch 是由 MIT 媒体实验室为青少年开发的图形化编程工具，已被翻译成 70 种以上的语言，在超过 150 个国家和地区被广泛使用。就像玩乐高积木一样，使用 Scratch 编程简单而有趣。只要用鼠标从 140 多个不同功能的指令积木中选择和拖曳，把不同的指令积木按照某种逻辑关系拼搭在一起，就能得到一个可运行的程序，从而创建出各种交互式故事、动画、游戏、音乐和美术作品等。

Scratch 能够与数学、物理、语文等众多学科融合在一起，对青少年的学习有着非常大的帮助。例如，在 Scratch 中，不仅能接触到基本的算术运算、关系运算和逻辑运算，还能接触到平面直角坐标系、绝对值、平方根、三角函数等初等数学知识。毋庸置疑，游戏总是能够吸引青少年的注意力。用 Scratch 编写不同类型、不同复杂度的游戏时，需要适当地运用各种数学知识来设计游戏的算法。例如，通过圆的参数方程来控制角色做圆周运动，通过抛物线方程来模拟炮弹的运动轨迹，等等。在游戏的驱动下，数学知识将不再枯燥乏味，它将会驱使青少年主动探究在游戏程序中发挥关键作用的“秘籍”。通过“玩中学”，Scratch 编程能够激发青少年主动学习和运用各个学科的知识。

学习 Scratch 编程最大的益处就是能够激发青少年的创造力。Scratch 简单易用且功能强大，能快速地将青少年的创意落地，变成一个个交互感极强的作品。在动手创作的过程中，根据项目的不同，需要融合 Science（科学）、Technology（技术）、Engineering（工程）、Arts（艺术）、Mathematics（数学）等多个领域的知识。例如，对于一个稍复杂的游戏项目，就需要策划、美工、编程等不同角色的人员参与组成一个开发小组，以团队协作方式共同创作项目。可以说，Scratch 编程是近年来流行的 STEAM 教育理念的一个极佳实践方式。

本书分为基础编程篇、图形编程篇和进阶编程篇 3 部分。

第 1 部分讲授 Scratch 基础编程知识，介绍如何使用 Scratch 编辑器开发项目，如何使用变量、运算符、列表和过程等进行编程，如何使用流程图描述算法和进行结构化程序设计，等等。该部分提供丰富多彩的趣味数学案例，有韩信点兵、鸡兔同笼、数字黑洞、约瑟夫环、逻辑推理……

第 2 部分讲授 Scratch 图形编程知识，介绍如何控制角色在舞台上运动和进行碰撞侦测，如何更改角色的外观和创建各种特效，如何播放声音和模拟乐器演奏，如何使用画笔和图章在舞台上绘制图形和图案，等等。本部分以一个汇集诸多图形编程技术的“海底探险”趣味游戏贯穿各章，还引导读者创作电子相册、巡线甲虫、手势抓蝴蝶、种蘑菇、模拟乐器等趣味小游戏。

第 3 部分讲授 Scratch 进阶编程知识，介绍如何使用克隆功能和消息机制简化程序开发，如何编写和组织规模较大或功能复杂的应用程序项目，以及面向对象程序设计和事件驱动编程思想等。此外，还通过“英汉词典”和“走迷宫”项目介绍常用算法和数据结构的应用。

本书中的程序基于 Scratch 2.0（版本号为 v458.0.1）编写，所有范例程序均已调试通过。

本书假设读者从未接触过编程，从零基础开始介绍 Scratch 编程知识，帮助读者逐步建立起 Scratch 编程的知识体系，适合对编程有兴趣的青少年阅读，也适合希望辅导孩子进行编程训练的家长和少儿编程培训机构的教师使用。

由于水平所限，本书难免有疏漏或不妥之处，还请读者朋友不吝赐教。

谢声涛

2018 年 3 月

目 录

第2部分 图形编程篇

本书配套资源包

基础编程篇

Scratch 是一种简单易学的编程语言，对编程有兴趣的人都能很快学会使用。本书遵循由浅入深的原则编排内容，把编写基本的 Scratch 应用程序的内容安排在本书的第 1 部分，而涉及 Scratch 图形编程和进阶编程的内容安排在第 2、3 部分。本部分内容讲授基本的 Scratch 编程知识，采用鸡兔同笼、李白沽酒、数字黑洞等有趣且贴近中小学生数学知识的内容作为主要的编程案例，详细地向读者讲解变量、程序结构、过程等编程知识。通过学习基础编程篇，使初学者逐步建立起编程的知识体系和掌握编程的基本技能。

在基础编程篇中，先对 Scratch 开发环境和编写应用程序进行简单介绍，然后从编程的基本元素——“变量”开始讲授 Scratch 编程知识，接着讲授基本的算术运算、数学函数和随机数等数学运算的编程；之后讲授结构化程序设计、程序流程图、编程策略、列表和过程等编程知识；最后讲授在 Scratch 中调试程序的一些常用方法。

完成基础编程篇的学习，读者将掌握编写应用程序的基本技能，中小学生将能够使用 Scratch 编程求解数学问题，把编程技能运用到数学学科的学习中。另外，经过编程入门教育之后，读者具备了基本的编程思想，就可以开始学习诸如 Python 和 C/C++ 等高级语言的编程了。

编程起步

欢迎走进奇妙的 Scratch 编程世界，从这里开始，本书将向没有编程基础的读者讲授如何使用 Scratch 编写应用程序。这一章将向初学者讲授学习本书其余部分内容需要掌握的一些基本概念和基础知识。

什么是编程？什么是 Scratch 编程？ Scratch 积木式编程具有哪些优势？ Scratch 编程语言的指令系统是怎样的？读者将在阅读本章的过程中找到这些问题的答案。同时，通过对本章的学习，读者将学会如何选择 Scratch 开发环境，学会安装 Scratch 离线编辑器和设置语言环境。之后，本书将手把手地教读者使用 Scratch 编辑器开发自己的应用程序项目，通过简单地临摹案例让读者快速熟悉 Scratch 开发环境和编程方法，为后续的学习作铺垫。此外，如果读者打算以后学习某种高级语言（如 Python、C/C++ 等），可参考本章给出的从 Scratch 到 Python 等高级语言的学习路径的建议进行学习。

本章包括以下主要内容。

- 介绍 Scratch 编程的特点、主要版本和项目构成等。
- 准备 Scratch 开发环境和设置编辑器的语言环境。
- 介绍 Scratch 编辑器界面的主要组成部分及其功能说明。
- 介绍 Scratch 指令系统和指令积木的特点、操作方法、功能类别等。
- 以临摹方式创作“韩信点兵”和“星际飞行”项目。

1.1 Scratch 编程概述

1.1.1 为什么用 Scratch 编程

在世界上第一台电子计算机 ENIAC 诞生后，各种编程语言陆续被计算机科学家创造出来。人们通过编程语言能够高效地与计算机系统进行交流，控制计算机按照人们的意愿进行工作。经过不断地发展和完善，一些编程语言与人类的自然语言和数学语言越来越接近，它们被称为高级语言，比如 C、C++、Java 和 Python 等就是全世界较为流行的高级语言。

为了利用计算机进行工作，人们使用某种编程语言将解决问题的方法和步骤描述成计算机能够理解和执行的一系列指令，这些指令的集合叫作计算机程序（简称程序，也叫作脚本），这个过程叫作编写程序（简称编程）。

如图 1-1-1 所示，这是一个使用 C 语言编写的计算三角形面积的程序。从中可以看到，C 语言使用英文字符来描述程序的指令（也叫作代码），其他高级语言也是如此。这是由于美国在早期计算机工业的发展中处于主要地位，因此一般的高级语言都是以英语为蓝本进行设计的。

我们还看到在这个 C 语言程序中，每一行代码都以一个分号结束。如果某一行代码末尾缺少一个分号，那么这个程序在编译时就会出现语法错误。如图 1-1-2 所示，这是在某个 IDE（集成开发环境）中编译时因缺少分号而提示的错误信息。

```
1  #include <stdio.h>
2
3  int main()
4  {
5      int b, h, s;
6      printf("input b:");
7      scanf("%d", &b);
8      printf("input h:");
9      scanf("%d", &h);
10     s = b * h / 2;
11     printf("s=%d", s);
12     return 0;
13 }
```

图 1-1-1　计算三角形面积的 C 语言程序

```
Building in directory: /home/noilinux
make example.o
Compiling example.c --> example.o
example.c: In function 'main':
example.c:10:2: error: expected ';' before 's'
s = b * h / 2;
^
make: *** [example.o] 错误 1
Completed unsuccessfully
Total time taken: 0 secs
```

图 1-1-2　编译 C 语言程序时缺少分号出现的错误信息

和 C 语言类似，其他高级语言也都有着严格的语法要求和各种编程规则。如果我们编写的程序没有遵守这些“金科玉律”，那么，轻则收到错误或警告信息，重则可能导致计算机系统宕机。因此，在实际工作中进行编程需要经过专门的学习和训练，由专业程序员负责。

编程爱好者在学习 C 语言等编程语言时，一开始总是会遇到各种各样的麻烦和困难。尽管在计算机发展史上，很早就出现了诸如 BASIC 这种专门给普通编程爱好者使用的编程语言，并且在青少年中也有一定的使用量，但是这类编程语言仍然有着严格的语法要求和编程规则，将许多初学者的编程热情浇灭在起步阶段。

近年来，随着全球信息技术的飞速发展，专门为青少年开发的各种高级语言不断涌现，其中以 MIT Scratch 为代表的图形化编程语言从中脱颖而出，逐渐成为全球流行的、最适合对青少年进行编程教育的新一代编程语言。

如图 1-1-3 所示，这是使用 MIT Scratch 软件编写的计算三角形面积的两个程序代码，它们分别是使用英文和中文进行描述的。这种使用图形化编程语言编写的程序，由代表不同指令的积木块按照一定的逻辑关系组合而成。不需要背记复杂的语法规则，也不用担心程序会出现语法错误而无法运行，或者因为违反某些编程规则而导致程序崩溃。如此一来，就算是初学者也能将精力放在思考程序逻辑上，能够轻松地按照自己的意图选择不同功能的积木块，再将它们拼接组合成自己需要的程序。这种编写程序的方式充满了玩乐高积木般的乐趣。因此，Scratch 在 2007 年一经推出，就像一团熊熊烈火，迅速点燃了全球青少年的编程热情。

本书正是要向读者讲授图形化编程语言——Scratch，它是由美国麻省理工学院（MIT）媒体实验室专门为 8~16 岁青少年设计开发的。使用这个具有魔力的 Scratch 作为编程工具，能够轻松地创作出各种交互式故事、游戏、动画、音乐、美术作品或其他应用程序，并通过网络社区将自己的创意作品分享给全世界的编程爱好者。

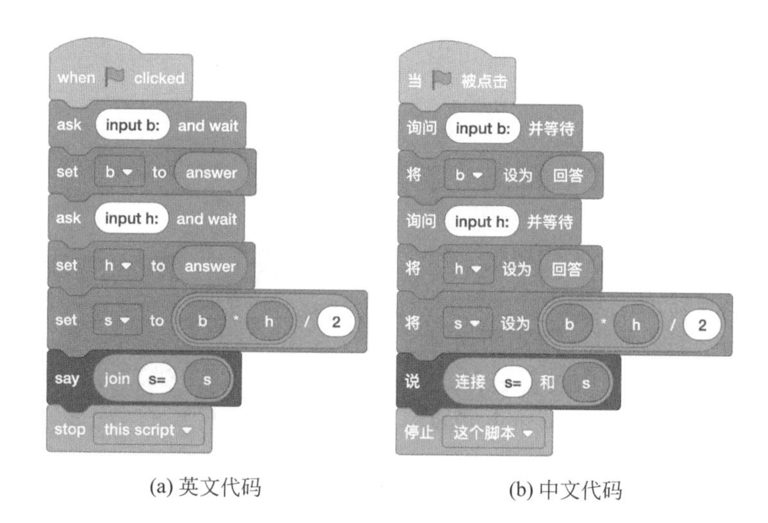

(a) 英文代码　　(b) 中文代码

图 1-1-3　两个计算三角形面积的 Scratch 程序

1.1.2　从 Scratch 到 Python

近年来，在中小学阶段推广和普及编程教育已成为全球各国的共识。2017 年 7 月，国务院发文指出，将逐步在中小学阶段设置人工智能相关课程和推广编程教育。在全球流行编程教育的趋势之下，作为适合中小学生进行编程入门教育的图形化编程语言，Scratch 的影响力日渐扩大，学习 Scratch 编程的青少年与日俱增。

Scratch 是青少年编程教育的起点，而不是终点。为使 Scratch 能够被 8~16 岁的青少年学习和理解，Scratch 开发团队刻意限制 Scratch 编程语言的功能和特性，保持 Scratch 简单易学的特色。因为 Scratch 的设计初衷是帮助青少年学习编程，而不是进行专业软件开发。

编程思想是灵魂，编程语言只是躯壳。当青少年通过 Scratch 掌握基本的编程思想之后，可以选择转向 Python 等具备完整编程特性的高级语言，就可以开发更为复杂的网络应用程序、数据库应用程序或人工智能应用程序，等等。

那么，从 Scratch 到 Python 的学习之路应该如何前进呢？下面给出一个学习路径的建议供读者参考。

第 1 步：在中文界面下学习 Scratch 编程。

在国内，8 岁的儿童正处于小学低年级阶段，很多地方是从小学三年级起开设英语课。无论是汉字或英文，低龄儿童都存在认知上的困难。Scratch 图形化的特性有助于少年儿童学习编程。对多数人而言，在英文界面下进行 Scratch 编程有一定的困难，而 Scratch 对简体中文或其他众多语言的支持能把编程变得简单。如图 1-1-3（b）所示的程序是在简体中文界面下编写的，Scratch 指令积木块上的文字采用简体中文表示，这样更容易阅读和理解。同时，也可以减少为 Scratch 程序添加注释。因此，推荐初学者先在简体中文界面下学习 Scratch 编程。

第 2 步：在英文界面下学习 Scratch 编程。

在简体中文界面下学习并掌握 Scratch 编程之后，就可以切换到英文界面下进行编程。

如果初学者有一定的英文基础，完全可以跳过第 1 步，直接使用全英文进行编程。

在英文界面下进行 Scratch 编程，是为以后学习 Python 等高级语言做准备。这是因为 Python 等高级语言编程是基于文本的、使用英文关键字编写程序代码的。所以，初学者在中文界面下掌握 Scratch 编程之后，作为一个过渡阶段，需要切换到英文界面去适应在英文环境中进行编程。

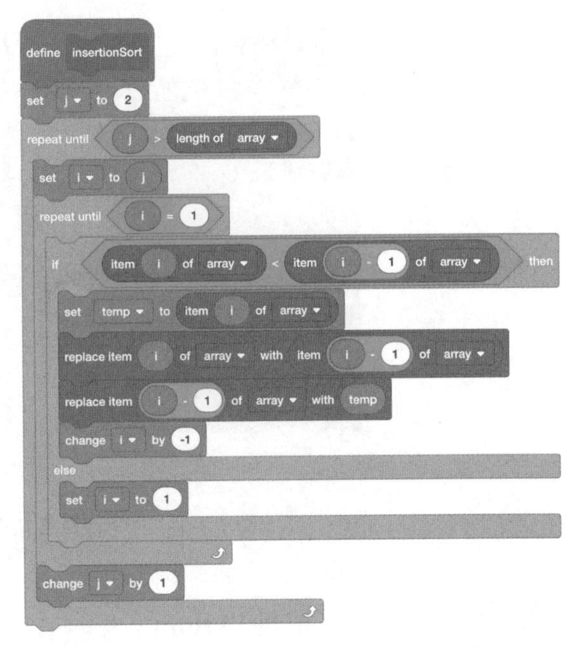

图 1-1-4　用 Scratch 编写的插入排序算法

如图 1-1-4 所示，这是在 Scratch 英文界面下编写的插入排序算法的程序代码。我们把它的积木块图形去除只保留文字，将其转为文本型的代码，之后再把它和使用 Python 语言编写的插入排序算法的代码进行对比，如图 1-1-5 所示，从文本的角度进行对比，可以看到 Scratch 和 Python 的程序是很相似的。因此，初学者先学习 Scratch 编程，在掌握基本的编程思想之后，再转向学习 Python 等高级语言编程，学习曲线会比较平缓。

```
1  define insertionSort
2      set j to 2
3      repeat until j > length of array
4          set i to j
5          repeat until i = 1
6              if item[i] of array < item[i-1] of array then
7                  set temp to item[i] of array
8                  replace item[i] of array with (item[i-1] of array)
9                  replace item[i-1] of array with (temp)
10                 change i by -1
11             else
12                 set i to 1
13         change j by 1
```

(a) Scratch代码

```
1  def insertionSort():
2      j = 1
3      while j < len(array):
4          i = j
5          while i > 0:
6              if array[i] < array[i-1]:
7                  temp = array[i]
8                  array[i] = array[i-1]
9                  array[i-1] = temp
10                 i = i - 1
11             else:
12                 i = 0
13         j = j + 1
```

(b) Python代码

图 1-1-5　使用 Scratch 和 Python 编写的插入排序算法

第 **3** 步：学习 **Python** 或其他高级语言编程。

在通过 Scratch 走上编程之路后，可以继续学习 Python、C/C++、Java 等高级语言。

在众多的高级语言中，Python 是一个不错的选择。它有着庞大的社区支持，各种技术资料非常丰富。同时，它有众多的编程库能够实现对各种新技术的支持，比如当下火热的人工智能和机器学习领域，都能找到相应的 Python 库。无论是客户端、云端，还是物联网终端，都能看到 Python 的身影，可以说，Python 的应用无处不在。总之，Python 的优点很多，在此不一一列举。

对 Python 或者其他高级语言编程知识的讲授，已经超出本书的范畴，读者可以购买相关图书进行学习。推荐图书：《Python 趣味编程：从入门到人工智能》，ISBN 978-7-302-52820-3，清华大学出版社。

1.1.3 Scratch 的主要版本

2007 年 5 月，Scratch 软件的第一个正式版本发布，它基于 Squeak 平台和 Smalltalk 语言开发，可以运行在 Windows、macOS X 和 Debian/Ubuntu 等操作系统上。2009 年，Scratch 1.4 版本发布，其界面外观如图 1-1-6 所示。作为第一代 Scratch 软件的最后一个版本，目前仍然有少量用户在使用。如果你的计算机硬件配置较低，或者使用的是 Windows XP 操作系统，则可以安装使用 Scratch 1.4 编辑器。

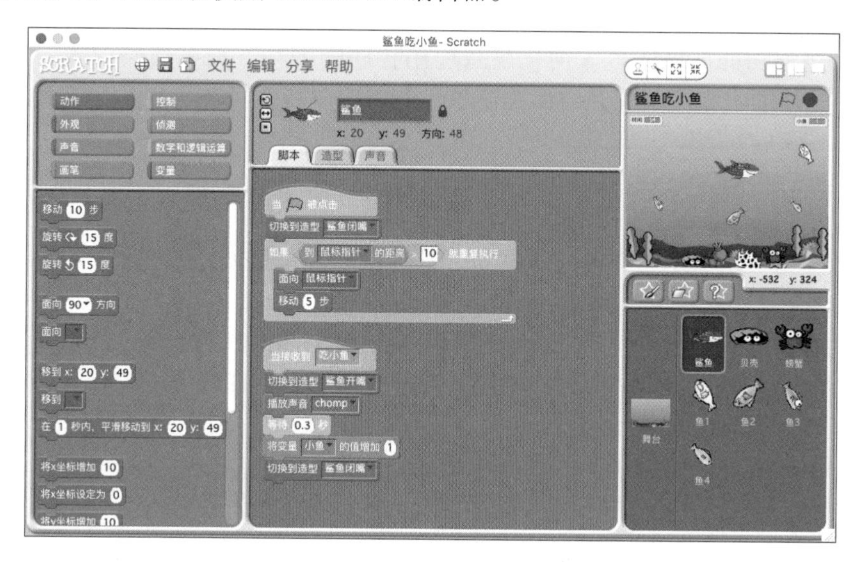

图 1-1-6　用 Scratch 1.4 编辑器创作“鲨鱼吃小鱼”游戏项目

2013 年 5 月，具有里程碑意义的 Scratch 2.0 正式版发布，其界面外观如图 1-1-7 所示。作为第二代 Scratch 软件，它是基于 Adobe Flash 技术全新设计和开发的，分为在线版和离

图 1-1-7　用 Scratch 2 离线编辑器创作“雷电战机”游戏项目

线版两种。在支持 Adobe Flash Player 插件的浏览器（IE、Edge、Firefox、Safari 或 Chrome 等）中可以直接运行 Scratch 2 在线编辑器，不需要安装到用户的计算机上，极大地方便了用户在线进行编程；而在安装有 Adobe AIR 运行环境的操作系统（Windows、macOS X 或 Linux）中，可以运行 Scratch 2 离线编辑器。

和 Scratch 1.4 相比，Scratch 2 可谓是焕然一新，它新增的功能主要有：提供更为友好的图形用户界面；升级内置的声音编辑器和图像编辑器；通过支持矢量图形而改善舞台画面的质量；在线版提供的书包功能可以方便地管理常用的图片、声音和脚本等资源；增加视频侦测功能，可实现手势控制等简单的体感技术应用。最为重要的是增加了克隆功能和自定义过程功能，这能极大简化复杂应用程序的编写，提高代码的复用程度，使在 Scratch 2 中能够学习和应用面向对象和模块化的编程思想，有利于以后转向其他高级语言的学习。

随着 Flash 技术逐渐被淘汰，MIT Scratch 官方团队转而使用当前流行的 HTML5 技术重新设计和开发第三代 Scratch 软件。

2019 年 1 月，Scratch 3.0 正式版发布，其界面外观如图 1-1-8 所示。Scratch 3 新设计的界面布局与第一代 Scratch 相似，指令积木的配色比 Scratch 2 更加赏心悦目，积木文字的显示更加清晰。在用户操作上，Scratch 3 增强了对鼠标操作的支持，用户可以非常便捷地选取指令积木、缩放和拖动代码，编程的体验更加友好。在性能上，Scratch 3 提供了更好的图形渲染引擎，代码运行效率更高。

图 1-1-8　用 Scratch 3 离线编辑器创作“抢滩登陆”游戏项目

Scratch 3 并没有带来革命性的变化，而是秉持简单易用的设计原则，向下兼容 Scratch 2，所有使用 Scratch 2 创作的项目都可以在 Scratch 3 中正常运行。对于习惯 Scratch 2 的用户来说，只要稍加适应即可流畅地使用 Scratch 3 进行编程。

1.1.4　Scratch 项目概述

一般来说，Scratch 编程指的是使用 Scratch 编辑器创作交互式故事、动画、游戏、音乐、美术作品等各种类型的项目（作品）。

一个 Scratch 项目（Project），通常由舞台（Stage）、角色（Sprite）、代码（Code）和声音（Sound）等基本要素构成（见图 1-1-9），它就像是在剧场的舞台上表演的一出话剧（项目），演员（角色）们按照剧本（代码）的描述在舞台上进行各种表演（运动、对话、改变外观等）。

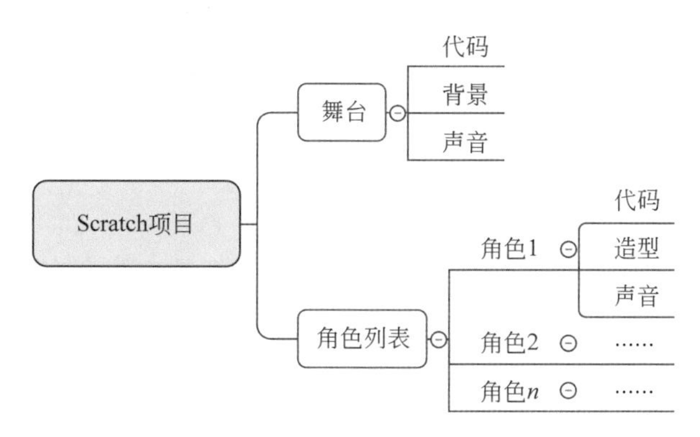

图 1-1-9　Scratch 项目的构成要素

Scratch 中的角色通常包括代码（Code）、造型（Costume）和声音（Sound）3 个组成部分。在创作 Scratch 项目时，主要工作就是给角色设计合适的造型，并编写控制角色行为的代码。

所谓代码（也称为脚本），就是使用 Scratch 的功能积木按照一定的逻辑关系组合而成的指令集合。每个角色都拥有自己的代码，它让角色获得“思想”，使角色能够以各自的方式在舞台中运动、变化或与其他角色和用户进行交互等。代码是 Scratch 项目中最重要的部分，就像是一场正在演出的话剧（项目），如果某个演员（角色）弄错了自己的剧本（代码），那么就会导致演出失败。严格来说，Scratch 编程指的是使用 Scratch 提供的各种指令积木构建舞台或角色的控制代码。

所谓造型，其实就是一个图像，Scratch 支持 PNG、SVG、GIF、BMP 和 JPG 等多种格式的图片作为造型。例如，使用支持透明效果的 PNG 图片作为造型，可使角色自然融合于舞台背景之中；使用支持无损缩放的 SVG 矢量图片作为造型，可保证角色在舞台中被放大而不会失真。一个角色可以拥有多个造型，可以在项目运行中通过代码切换为不同的造型，但在同一时刻只能使用一个造型。角色的造型犹如演员的服饰，演员在表演话剧时按照剧情需要更换不同的服饰。

一个角色可以拥有自己的声音，在项目运行中通过代码播放声音效果，可使角色显得活灵活现。Scratch 支持使用 MP3、WAV、AU 和 AIF 等多种格式的音频文件为角色添加声音，也可以给舞台添加声音。

Scratch 的舞台是一个封闭的矩形区域，它提供了一个给角色活动的虚拟世界，被代码控制的角色能够在舞台中运动或者与其他角色和用户交互等。一个 Scratch 项目只有一个舞台，舞台可以拥有自己的代码，拥有多个声音和多个背景。与话剧在表演中可以根据剧本要求更换舞台的背景一样，可以在 Scratch 项目运行中通过代码为舞台切换不同的背景，但在同一时刻，在舞台上只能显示一个背景。背景其实就是一个图像，Scratch 支持多种格式的图片作为舞台的背景。

1.2 准备 Scratch 开发环境

1.2.1 安装 Scratch 离线编辑器

为了能够流畅地运行 Scratch 3 软件，建议使用的操作系统是 Windows 10 以上版本，或者 macOS 10.13 以上版本。Scratch 3 软件有在线版和离线版两种形式。离线版可以摆脱网络的制约，只要将 Scratch 3 软件安装到本地磁盘上，就可以随时创作自己的作品，这种方式更适合国内用户。下面介绍两种安装 Scratch 3 离线编辑器软件的方式。

1. 通过应用商店安装 Scratch 3 离线编辑器软件

如果使用的是微软 Windows 10 操作系统，可以到微软应用商店（Microsoft Store）中搜索 scratch，然后在搜索结果中找到 Scratch Desktop 软件，如图 1-2-1 所示，单击“获取”按钮即可将最新版本的 Scratch 3 软件安装到计算机中。安装成功之后，可以在桌面或者开始菜单中找到 Scratch 3 的启动图标。

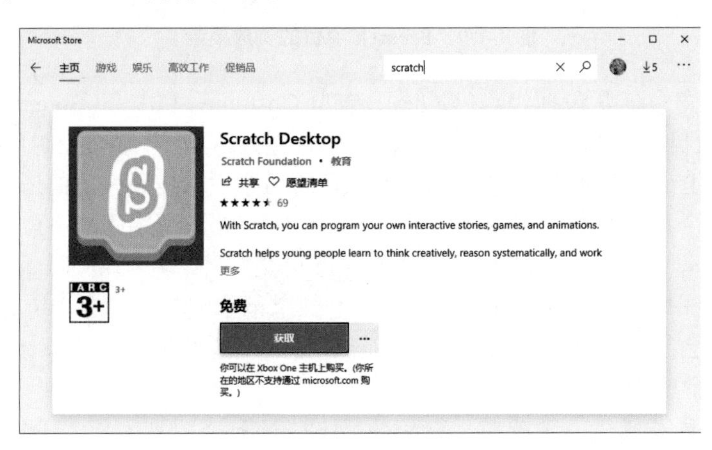

图 1-2-1　通过微软应用商店安装 Scratch 软件

如果使用的是 macOS 操作系统，可以到苹果应用商店（App Store）中搜索 scratch，然后在搜索结果中找到 Scratch Desktop 软件，如图 1-2-2 所示，单击“获取”按钮即可将最新版本的 Scratch 3 软件安装到计算机中。安装成功之后，可以在启动台中找到 Scratch 3 的启动图标。

图 1-2-2　通过苹果应用商店安装 Scratch 软件

2. 下载软件包安装 Scratch 3 离线编辑器软件

通过微软应用商店或者苹果应用商店可以安装最新版本的 Scratch 3 软件。如果需要安装某个特定版本的 Scratch 3 软件，可以访问微信公众号“小海豚科学馆”并发送消息 scratch，就可以获取各个版本的 Scratch 软件包的下载链接。下载时请注意区分 Scratch 3 软件包文件的后缀名，后缀名为 .exe 的文件用于 Windows 操作系统，后缀名为 .dmg 的文件用于 macOS 操作系统。请根据自己使用的操作系统进行选择。

例如，在 Windows 7 操作系统中安装版本号为 3.25.0 的 Scratch 3 软件，可以先将安装包文件 Scratch Desktop 3.25.0 Setup.exe 下载到本地磁盘上，然后在资源管理器中双击文件名就可以启动 Scratch 3 软件的安装进程，接下来按照屏幕提示操作即可将 Scratch 3 软件安装到操作系统中。Scratch 3 软件的安装过程见图 1-2-3~ 图 1-2-6。

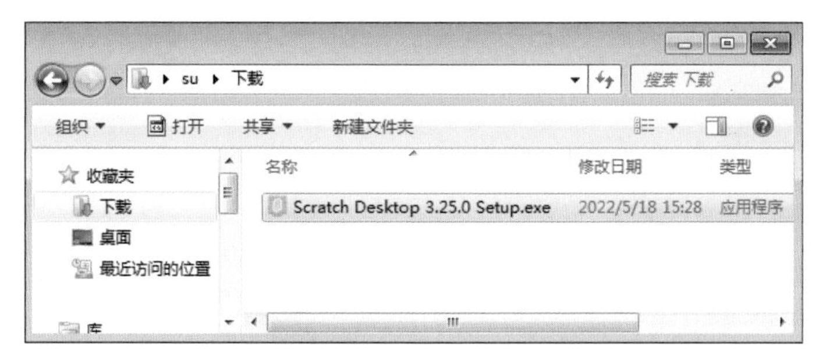

图 1-2-3　在资源管理中双击 Scratch 3 安装文件

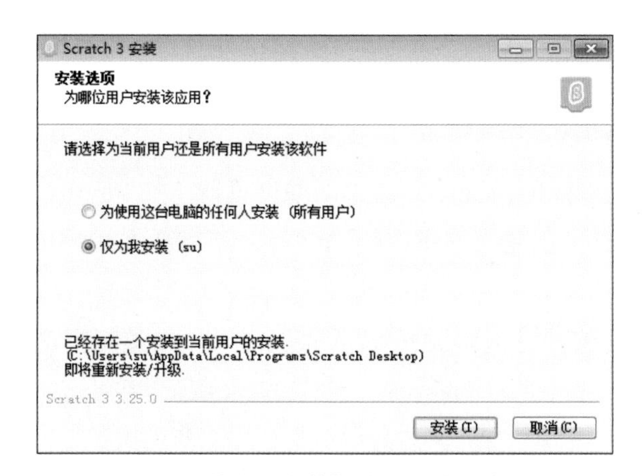

图 1-2-4　单击“安装”按钮开始安装进程

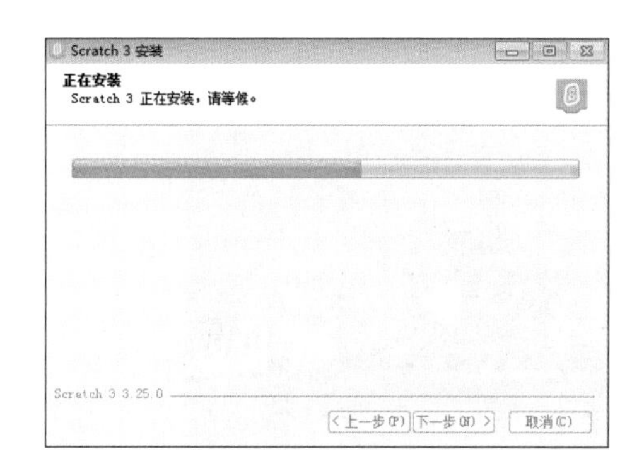

图 1-2-5　等待 Scratch 3 软件安装完成

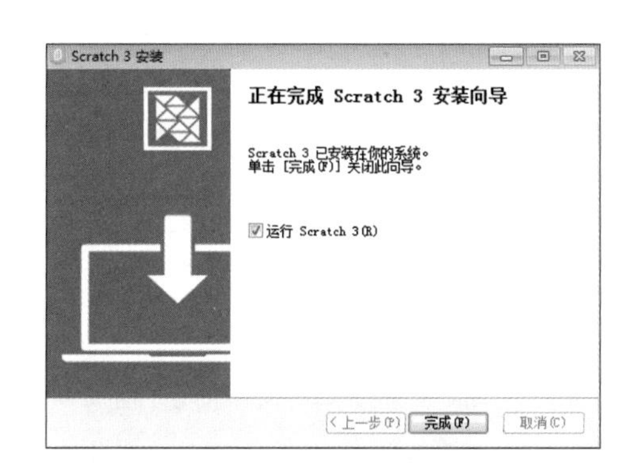

图 1-2-6　单击“完成”按钮结束安装进程

Scratch 3 软件安装完成后，可以在 Windows 桌面和开始菜单中找到该软件的启动图标。Scratch 3 软件运行之后，其初始界面如图 1-2-7 所示。引人注目的是在屏幕右侧的舞台上有一只可爱的小猫，在今后的编程学习中，我们将经常和这只小猫打交道。

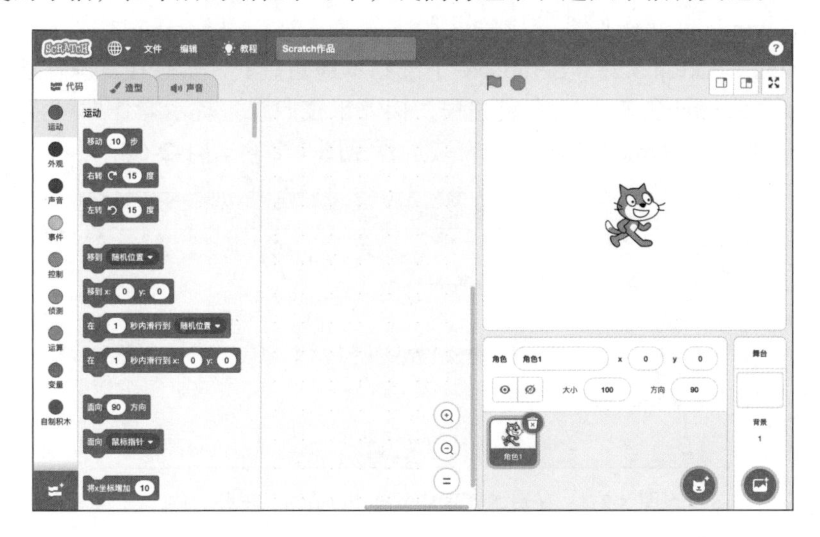

图 1-2-7　Scratch 3 软件运行界面

1.2.2　访问 Scratch 在线编辑器

在能够顺畅访问互联网的情况下，通过网络浏览器（如 Firefox、Chrome 或 Safari 等）就可以便捷地使用 Scratch 3 在线编辑器创作项目，不需要在用户的计算机中下载和安装 Scratch 3 软件。

在 CodeLab Scratch 编程社区网站中提供 Scratch 3 在线编辑器的使用服务，访问网址 https://create.codelab.club 即可进入社区主页。如图 1-2-8 所示，在社区主页面单击“开始创作”按钮就可以启动 Scratch 在线编辑器，之后就可以像使用离线编辑器一样创作各种有趣的作品。

图 1-2-8　CodeLab Scratch 社区主页

1.3 Scratch 编辑器界面

Scratch 编辑器是一个用来创作 Scratch 应用程序项目的集成开发环境（IDE），它由舞台管理器、代码编辑器、绘图编辑器和声音编辑器等部件组成，将展示作品效果、编写控制代码、编辑图像和声音资源等工作集中到一个软件环境中进行处理，为创作 Scratch 项目提供了极大的便利。

如图 1-3-1 所示，Scratch 3 编辑器的界面由菜单栏 ❶、舞台展示区 ❷、舞台和角色管理区 ❸、代码编辑区 ❹、造型（背景）编辑区 ❺、声音编辑区 ❻ 等部分构成。接下来，将对 Scratch 3 编辑器的主要组成部分进行介绍。

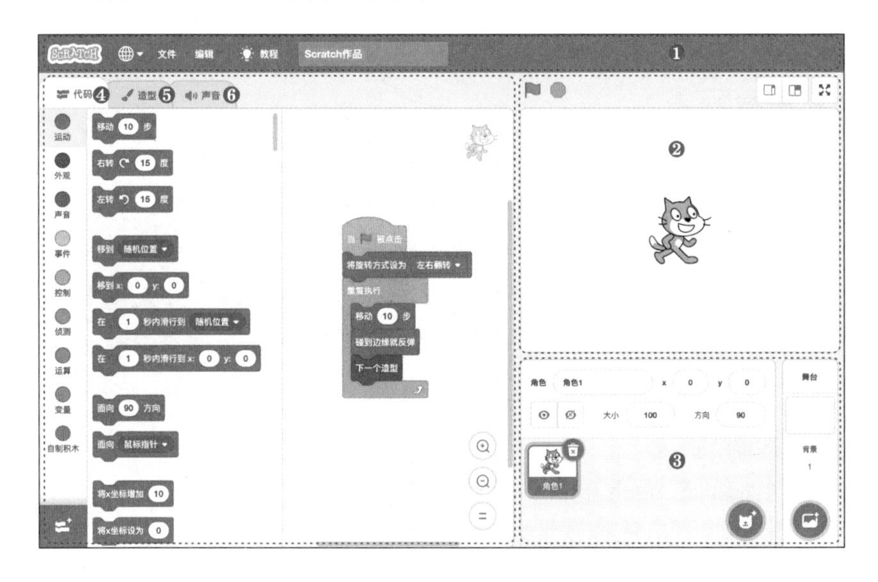

图 1-3-1　Scratch 3 编辑器运行界面

1.3.1 菜单栏

菜单栏由文件菜单、编辑菜单、语言菜单、项目名称文本框和教程按钮等构成。其中，使用最多的是文件菜单，它由“新作品”“从电脑中上传”“保存到电脑”3 个菜单命令组成。

如图 1-3-2 所示，使用“新作品” ❶ 命令，可以从头开始创作一个 Scratch 项目；使用“从电脑中上传” ❷ 命令，可以打开一个存储在本地磁盘上的 Scratch 项目文件（扩展名为 .sb3）；使用“保存到电脑” ❸ 命令，可以将当前创作的 Scratch 项目保存到本地磁盘中。

Scratch 编辑器支持中文、英文、日文等众多语言，在启动 Scratch 编辑器时，它能够自动识别用户操作系统的语言环境，并将 Scratch 编辑器界面切换到对应的语言。

如图 1-3-3 所示，单击菜单栏左侧的地球图标🌐，然后在下拉菜单中选择“简体中文”，就可以将 Scratch 编辑器切换到“简体中文”界面。

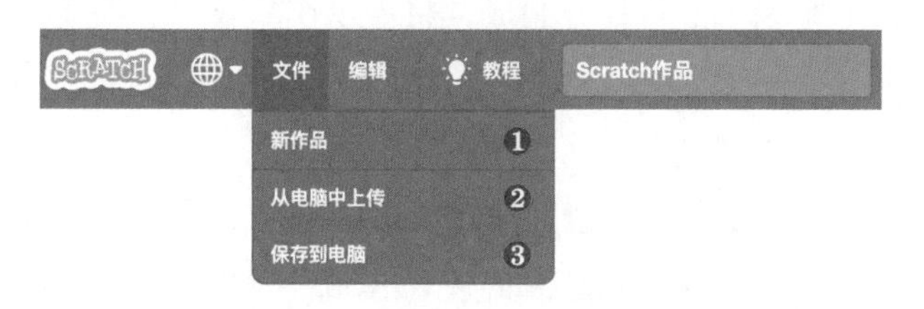

图 1-3-2　菜单栏中的文件菜单

图 1-3-3　从语言菜单中选择“简体中文”选项

1.3.2　舞台展示区

舞台展示区位于 Scratch 编辑器界面的右上位置，由舞台、控制栏两部分组成，如图 1-3-4 所示。舞台（Stage）是一个容纳角色（Sprite）活动的矩形区域，占据舞台展示区的大部分区域；舞台上方是一个控制栏，它的左侧是按钮和按钮，分别用于控制 Scratch 项目的运行和停止；它的右侧是一组舞台模式切换按钮，用于将舞台展示区切换到小舞台模式、标准模式和全屏模式。

图 1-3-4　舞台展示区

如果要运行当前的 Scratch 项目，就单击按钮。这时，当前项目中的所有角色将按照各自的代码在舞台中活动。

如果要停止当前的 Scratch 项目，就单击按钮。这时，正在运行的项目就会被强制停止。如果没有中途停止项目的运行，那么当所有代码执行完毕，当前项目就会自行停止。

1.3.3　舞台和角色管理区

舞台和角色管理区是管理舞台和角色的代码、背景、造型和声音等资源的入口，它位于 Scratch 编辑器界面的右下位置，也就是舞台展示区的正下方。舞台背景和角色造型以缩略图形式呈现在这里，如图 1-3-5 所示。

该区域的右侧部分是舞台管理区 ❶，显示着舞台当前使用背景的缩略图、舞台背景的数量和一个圆形的“添加背景”按钮。单击背景的缩略图，位于 Scratch 编辑器界面左侧的工作区就能用来管理舞台的代码、背景和声音资源。位于工作区上方的标签栏呈现的标签分别是代码、背景和声音，单击这些标签可以切换到不同的编辑区。

该区域的左侧部分是角色管理区 ❷，当前项目中的所有角色以缩略图形式呈现在这里。角色管理区由角色列表和角色属性面板构成。同时，位于角色列表右下方有一个圆形的“添加角色”按钮。单击角色的缩略图，位于 Scratch 编辑器界面左侧的工作区就能用来管理角色的代码、造型和声音资源。位于工作区上方的标签栏呈现的标签分别是：代码、造型和声音，单击这些标签可以切换到不同的编辑区。

要创作精彩的 Scratch 作品，需要添加各种不同的角色。如图 1-3-5 所示，在角色列表中加入了小猫、小狗和小企鹅三个可爱的卡通角色。其中，小猫角色处于选中状态，它的信息出现在角色属性面板中，这些信息包括：角色的名字、角色的 x 坐标、角色的 y 坐标、角色的显示状态、角色的大小、角色的方向。通过角色属性面板，可以修改上述信息。

图 1-3-5　舞台和角色管理区

1.3.4　代码编辑区

使用 Scratch 编辑器创作作品，主要工作是对代码、造型和声音进行编辑处理。其中，最为重要的工作就是在代码编辑区中编写控制角色活动的代码。

在 Scratch 编辑器界面左侧是工作区，通过单击“代码”“造型”“声音”这 3 个标签，可以将工作区切换为代码编辑区、造型编辑区或者声音编辑区。默认情况下，代码编辑区处于激活状态，显示在最前面。

代码编辑区由指令面板和代码区组成（见图 1-3-6），指令面板中有 140 多个常用积木，每个积木都是实现特定功能的指令，所有这些指令积木构成了 Scratch 编程语言的指令系统。这些指令积木按照功能划分为 9 个常用类别，分别是：运动、外观、声音、事件、控制、侦测、运算、变量、自制积木。这 9 个类别标签以列表形式垂直排列在指令面板的左侧，每个类别标签都有属于自己的一种颜色。当某个类别标签被选中时，在其右侧的指令列表中就会显示该类别的全部积木。另外，将鼠标指针移动到指令列表中并滚动鼠标滚轮，就可以快速地浏览指令列表中的各个积木。

在指令面板的右侧是代码区，可以把指令面板中的指令积木拖动到代码区，为角色或舞台编写控制代码（脚本）。在代码区中可以放置很多个脚本，并移动它们的位置。当排列混乱时，可以在代码区的空白处右击，在弹出的快捷菜单中选择“整理积木”命令，就会将所有脚本自动排列整齐。

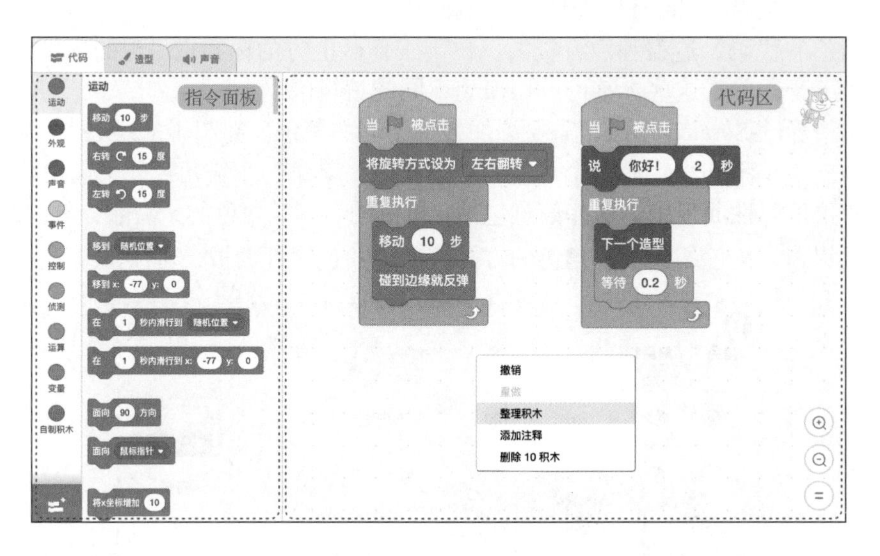

图 1-3-6　代码编辑区

1.3.5　造型（背景）编辑区

在 Scratch 编辑器界面左侧，单击工作区标签栏中的“造型”标签，就能显示造型编辑区（见图 1-3-7），可以在这里管理角色的造型。在造型编辑区的左侧是造型列表，添加的造型会以缩略图形式显示在造型列表中。单击列表中的某个造型缩略图，就可以用右侧的绘图编辑器对所选择的造型图片进行编辑。在造型列表的下方有一个圆形的“添加造型”按钮，可以用来向造型列表中添加新的造型。

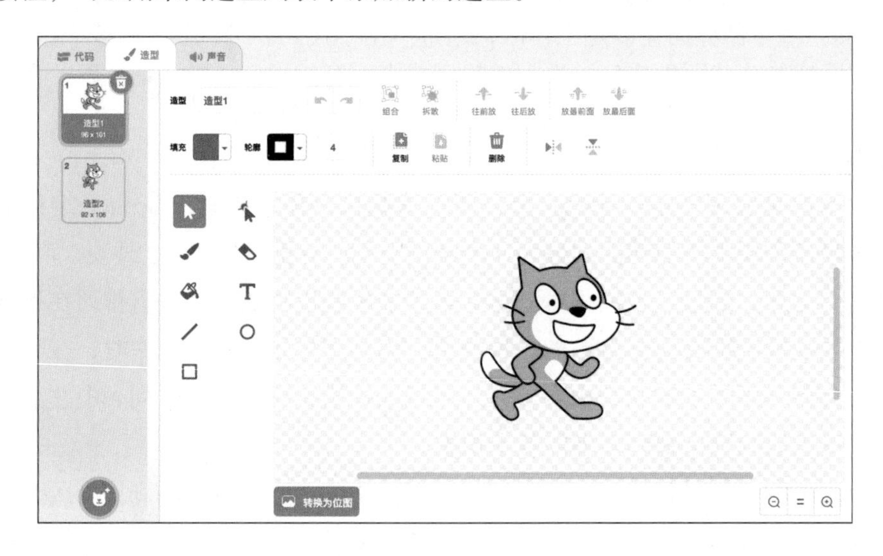

图 1-3-7　造型编辑区

管理舞台的背景与管理角色的造型是类似的。通过单击工作区标签栏中的“背景”标签，就能显示背景编辑区（见图 1-3-8），可以在这里管理舞台的背景。

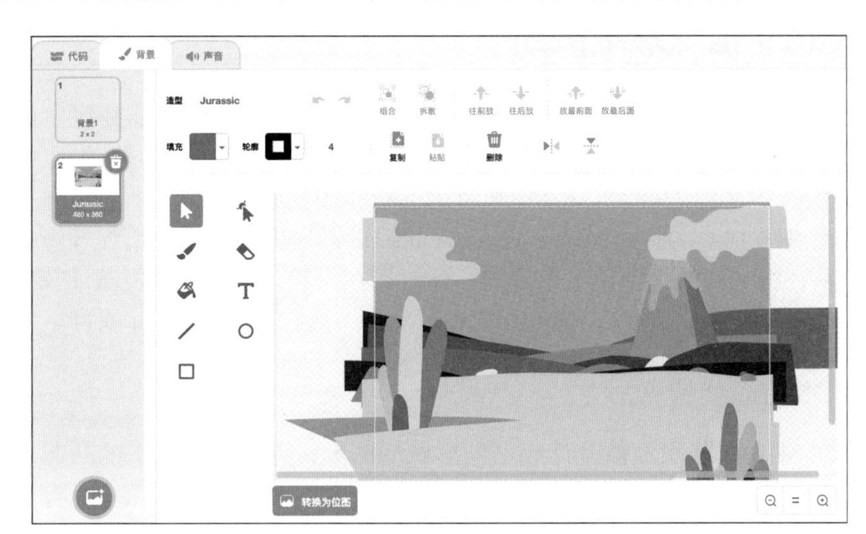

图 1-3-8　背景编辑区

1.3.6　声音编辑区

在 Scratch 编辑器界面左侧，单击工作区标签栏上的“声音”标签，就会显示声音编辑区（见图 1-3-9），可以在这里管理角色或舞台的声音。声音资源以喇叭图标的形式显示在声音列表中，在列表的下方有一个圆形的“添加声音”按钮，可以用来添加新的音频文件。当在声音列表中单击某个喇叭图标选择声音资源后，将会把这个声音的音频数据加载到声音编辑器中，就可以对声音进行裁剪和增加效果等处理。

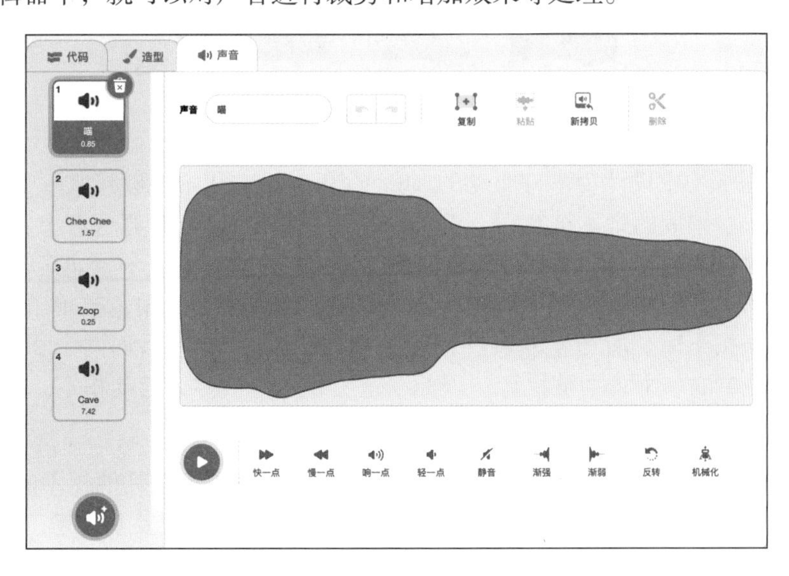

图 1-3-9　声音编辑区

1.4 Scratch 指令系统概述

计算机程序是由一组控制计算机设备工作的指令组成，它使用某种程序设计语言编写。在 Scratch 中，将控制计算机工作的指令封装成了 140 多个图形化的积木（Block），每个积木具有一个特定的功能，并且用独特的形状和颜色进行区分，所有这些积木构成了 Scratch 图形化编程语言的指令系统。在 Scratch 编辑器提供的可视化编程环境中，按照一定的逻辑关系，将不同的指令积木像拼图一样拼接在一起，就能创建控制计算机工作的代码（脚本）。这样的代码与舞台、角色和声音等资源一起构成了 Scratch 项目。

1.4.1 积木的形状特点

在 Scratch 中，这些积木被设计成不同形状的图形，有的带有向下的凸起，有的带有向上的凹口，有的带有圆角或尖角的嵌入槽，有的带有便捷的弹出式菜单，等等。这样的设计能够防止对积木进行无意义的拼接，保证不同的积木能被正确地拼接在一起。正因如此，Scratch 这类图形化编程语言避免了其他编程语言中常见的语法错误或非法操作，从而使编程者能够将精力集中在思考编程逻辑上。

按照积木的形状特点，可以将这些积木划分为帽子积木、堆叠积木和报告积木。

1. 帽子积木（Hat Blocks）

帽子积木的特征是顶部有一个弧形拱顶，底部有一个朝下的凸起（见图 1-4-1）。这使得这类积木的上方无法拼接其他积木，而它下方的凸起处可以拼接其他积木。因此，这类积木作为一个 Scratch 脚本的第一个积木，后面再拼接其他类型的积木。这类积木位于一组积木的顶部，因为看上去像一顶帽子而得名。在 Scratch 中，这类积木的数量屈指可数。

图 1-4-1 几个帽子积木

Scratch将帽子积木设计为事件驱动的，每一个该类型的积木能够接收一个特定的事件，从而触发一组积木构成的脚本被执行。例如，当用户单击 Scratch 舞台右上方的按钮时，就会产生一个“当被点击”的事件。这时图 1-4-1 中的第一个积木就能接收到这个事件，并触发以这个积木开始的一个脚本被执行。类似地，当舞台上的角色被单击时，或是当键盘上的空格键被按下时，所产生的事件就会分别被图 1-4-1 中的后面两个积木接收，并触发以它们作为开始的一个脚本被执行。因此，这类积木也被称为启动积木。

2. 堆叠积木（Stack Blocks）

堆叠积木的特征是顶部有一个凹口，表示这类积木可以拼接在其他积木的凸起位置（见图 1-4-2）。另外，如果在一个积木的底部或是中间区域有一个或多个凸起，则表示可以把其他积木拼接在它的凸起位置；如果一个积木的底部是平直的，则表示它无法拼接其他积木，这意味着一个脚本的结束或者是整个项目的结束。在 Scratch 中，堆叠积木的数量是最多的，图 1-4-2 中列举了几种不同形状的堆叠积木。

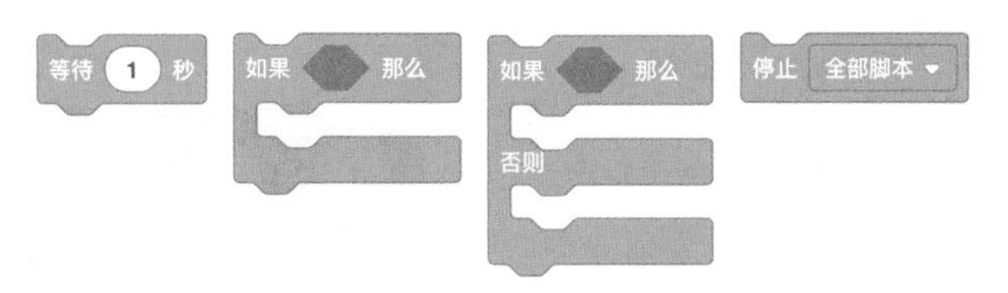

图 1-4-2 几个堆叠积木

在图 1-4-2 中，第一个积木有 1 个凸起，表示它有 1 个拼接位置；第二个积木有 2 个凸起，表示它有 2 个拼接位置；第三个积木有 3 个凸起，表示它有 3 个拼接位置；而第四个积木没有凸起，表示它不能拼接其他积木。为便于理解，在这些积木的凸起位置拼接上其他积木，效果如图 1-4-3 所示。

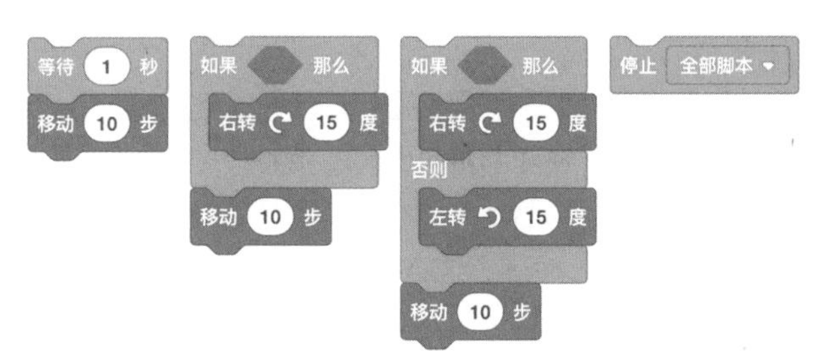

图 1-4-3 一些堆叠积木拼接其他积木

3. 报告积木（Reporter Blocks）

报告积木的特征是顶部和底部都是平直的，左右两端是圆角或尖角。这类积木数量较多，主要集中于 Scratch 编辑器的“侦测”和“运算”类别的指令面板中。如图 1-4-4 所示的是一些报告积木。

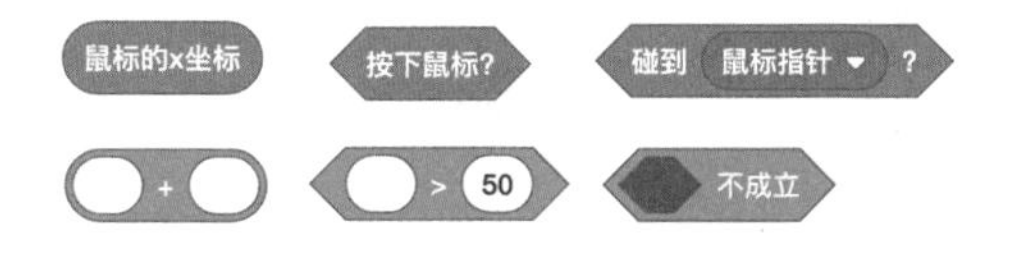

图 1-4-4 一些报告积木

报告积木没有凹口，意味着它无法拼接在其他积木之后；它也没有凸起，意味着其他积木也无法与它拼接。但是，这类积木可以嵌入其他带有圆角或尖角嵌入槽的积木中。因此，报告积木需要与其他积木配合使用才能拼接到脚本中。如图 1-4-5 所示，将“侦测”类别下的报告积木“按下鼠标?”与“控制”类别下的堆叠积木“如果……那么”配合使用，从而实现检测鼠标键是否被按下的功能，之后这两个嵌套在一起的积木组合就能够被加入一个脚本中。

有的报告积木自身也具有不同形状的嵌入槽，意味着其他积木也能嵌入它内部，而且还可以相互嵌套。例如，在构建数学表达式时，可以用加、减、乘、除等运算积木嵌套在一起组成复杂的表达式。如图 1-4-6 所示，将数学表达式“[(1+2) × 3–4] ÷ 5”使用 Scratch

的运算积木进行表示。

图 1-4-5　报告积木嵌入堆叠积木中使用

1 + 2 * 3 - 4 / 5

图 1-4-6　用运算积木描述的数学表达式

报告积木在被执行之后会返回一个值，这个值可以作为其他积木的参数（专业术语）。如图 1-4-5 所示，当报告积木“按下鼠标?”被执行后，该积木会返回一个值（它是一个布尔值：true 或 false），这个值会被传递到堆叠积木“如果……那么”的尖角嵌入槽内作为参数使用。因此，也可以将报告积木称为参数积木，以方便记忆它的作用。

1.4.2　积木的操作方法

在 Scratch 编辑器中创建脚本时，以鼠标操作为主，键盘操作为辅。从指令面板中把积木拖动到代码区，像玩拼图一样将不同的积木拼接在一起就能创建脚本。为此你需要掌握积木的拼接、拖动、分离、复制、删除、恢复和执行等操作。

1. 积木的拼接、拖动和分离

拼接积木和分离积木是最基本的操作，初学者需要重复练习并尽快掌握。

在代码区中拼接积木时，当把一个积木拖动并靠近目标积木时，在目标积木边缘或嵌入槽边缘就会出现积木阴影或白色边框，表示该位置允许拼接，这时松开鼠标键就能把该积木与目标积木拼接在一起。图 1-4-7 展示的是不同积木在靠近目标积木时出现的可拼接提示。初学者可以自行练习，很快就能熟练掌握。

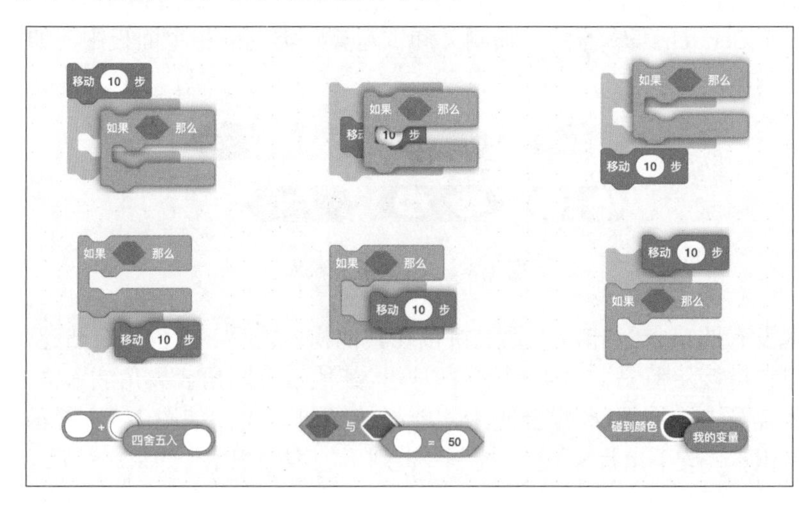

图 1-4-7　不同情况的拼接提示

在代码区中将一个脚本移动到另一个空白位置，可以将鼠标指针放在这个脚本中最顶层的一个积木上，拖动该积木就能把整个脚本拖动到其他位置。

如果拖动的是一个脚本中间的某个积木，就会把从该积木开始往下的所有积木一起拖走，从而达到分离脚本的目的。

2. 积木的复制、删除和恢复

在代码区中的某个积木上右击弹出快捷菜单，通过菜单中的“复制”和“删除”命令进行复制积木和删除积木的操作，如图 1-4-8 所示。

如果错误删除了某个积木或脚本，可以使用菜单中“撤销”命令恢复被删除的内容。另外，常用的快捷键 Ctrl+C、Ctrl+V、Ctrl+Z 可以分别对代码区中的脚本进行复制、粘贴和恢复操作。

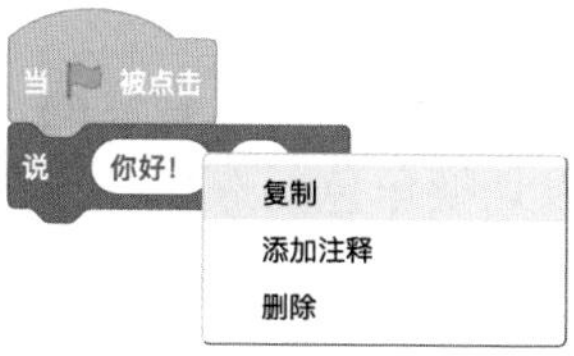

图 1-4-8　复制和删除积木的菜单项

3. 积木的执行

通过单击舞台上方控制栏中的按钮，可以运行一个 Scratch 项目。但在调试程序时，可能只需要运行一个脚本或者几个拼接在一起的积木组合，这时只要在某个积木上单击就可以让它们运行。运行中的脚本边缘会出现亮黄色的发光效果，如图 1-4-9 所示。如果再次单击这个脚本中的某个积木，运行的脚本就会停止。

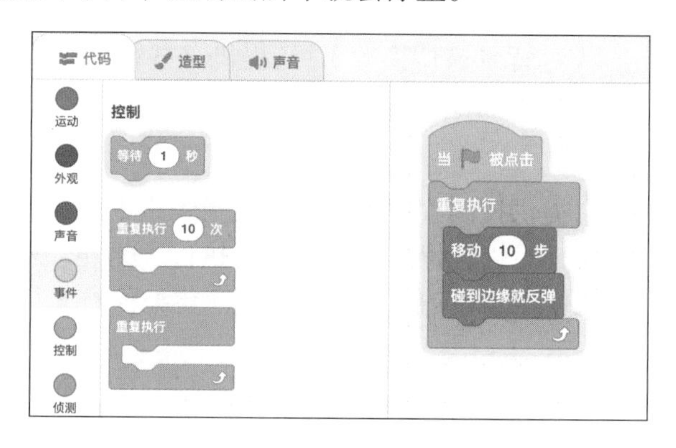

图 1-4-9　运行中的脚本或单个积木

其实，不管是在代码区，还是在指令面板中，在单独的一个积木上单击，也能让这个积木运行。由于积木的执行速度很快，发光效果通常会一闪而过。

1.4.3　积木的功能类别

在 Scratch 编辑器界面左侧的指令面板中显示有 9 个常用的积木类别（见图 1-4-10），它们分别是：运动、外观、声音、事件、控制、侦测、运算、变量、自制积木。每种类别有一种代表颜色，使得创建的脚本显得色彩斑斓，这样的设计有助于提高编程效率。通过积木的颜色，Scratch 编程者能够判断积木的功能类别，从而快速找到这类积木在指令面板中的位置。这 9 个类别的积木能实现的功能简述如下。

图 1-4-10　9 个常用的积木类别

1. 运动

运动积木是蓝色的，它提供控制角色在舞台上进行运动的一些指令积木。通过这些积木，可以控制角色的运动方向、位置、距离、旋转角度和旋转方式，以及获取角色的当前位置和方向等。

2. 外观

外观积木是深紫色的，它提供修改角色和舞台外观的一些指令积木。通过这些积木，可以切换角色的造型和舞台背景，修改角色的大小和层次，控制角色在舞台上是否可见，以及设置角色和舞台的特效，还可以获取角色的造型编号和大小，等等。此外，它还提供漫画风格的气泡框，让角色以“说话”和“思考”的形式显示信息。

3. 声音

声音积木是蓝紫色的，它提供播放声音的一些指令积木。通过这些积木，可以播放 MP3、WAV 等格式的音频文件，以及控制音量、音调和左右平衡。

4. 事件

事件积木是橙黄色的，它提供一些指令积木用来接收 Scratch 发送的事件（如键盘按键被按下、角色被单击、舞台背景被切换等），还提供一些积木用于实现在角色之间广播和接收消息的功能。

5. 控制

控制积木是橙色的，它提供控制程序流程的一些指令积木。通过这些积木，可以编写选择结构和循环结构的程序，可以暂停或停止脚本的执行。此外，还提供一些积木用于实现克隆功能，它能够动态地创建角色的副本，极大地简化编程。

6. 侦测

侦测积木是深青色的，它提供一些指令积木用于实现侦测角色碰撞、检测键盘和鼠标状态、侦测摄像头视频和检测时间等功能，还能够获取角色的坐标、大小和方向等信息。

7. 运算

运算积木是绿色的，它提供一些指令积木用于进行算术运算、关系运算、逻辑运算、三角函数运算和求余取整运算等，还提供一些指令积木用于处理字符串、生成随机数等。

8. 变量

在“变量”类别下提供变量和列表两类积木，变量积木是橘黄色的，列表积木是橘红色的。变量积木用于对变量进行赋值、自增或自减操作，列表积木用于对列表进行插入、替换、删除、查找等操作。

9. 自制积木

在“自制积木”类别下提供创建自定义积木的功能，可以用若干个积木组合在一起封装为一个新的积木，实现类似其他编程语言中自定义函数的功能。这类自定义的积木是桃红色的。

1.5 临摹案例

通过阅读前面的内容，相信读者已经大致了解 Scratch 编辑器的界面组成和功能作用，以及 Scratch 指令积木的操作方法了。接下来，就让我们以临摹方式创作两个简单的 Scratch 项目：使用 Scratch 编程解决数学问题和开发趣味游戏。在这两个案例中，读者只要按照书中步骤操作即可，遇到疑惑的地方先暂时略过，在学习本书的过程中就能找到答案。为了帮助读者顺利完成这两个案例项目的创作，下面的内容将会详细地讲述编程的各个步骤，使读者在临摹过程中逐步熟悉 Scratch 编辑器的使用和 Scratch 项目的开发方法。

1.5.1 数学编程：韩信点兵

本案例是一道著名的数学题——韩信点兵，问题描述如下。

韩信带兵1500人去打仗，战死四五百人。战后清点人数时，韩信命令士兵每3人站一排，多出 2 人；每 5 人站一排，多出 3 人；每 7 人站一排，多出 2 人。韩信由此马上算出了部队人数。请你也算一算，这支部队在战后还有多少人？

从现代数学的观点来看，这是一个求解不定方程组的问题。但是，假如我们面对的是小学四、五年级的学生，那么该如何教他（她）解决这个问题呢？答案是，我们可以使用 Scratch 编程来求解答案。

为了便于理解题意，我们把这个问题中的故事成分去除，将它重新描述如下。

有一个数在 1000 到 1500 之间，它同时满足被 3 除余 2、被 5 除余 3、被 7 除余 2 这三个条件。求这个数是多少？

解决这个问题，有一个很“笨”的方法，那就是先判断 1000 是否能同时满足题目中要求的 3 个条件，接着判断 1001、1002……直到 1500 为止。这样的方法在编程算法中叫作“枚举法”。这种方法对于人来说过于枯燥，很容易因疲劳而出错。但是，这对于计算机却很简单，正好发挥计算机运算速度快的优势。

接下来，我们介绍使用枚举法编程求解这个问题，具体步骤如下。

1. 创建新的 Scratch 项目

从桌面启动 Scratch 软件后，会创建一个默认的项目，在一个白色背景的舞台上有一只橙黄色的可爱小猫。在角色列表中可以看到“角色 1”处于被选中状态，如图 1-5-1 所示。我们将在角色 1 的代码区中使用指令积木来编程。

2. 添加“当🏴被点击”积木

在指令面板中单击“事件”类别标签，切换到“事件”指令面板的界面。如图 1-5-2 所示，从“事件”指令列表中将“当🏴被点击”积木拖动到右侧的代码区中。通常情况下，这是一个 Scratch 项目中第一个被添加的积木，其他的积木将会添加在这个帽子积木之后。当舞台左上方的🏴按钮被单击后，我们创作的 Scratch 项目就开始运行了。

3. 构建计数循环结构的脚本

要让计算机从 1000 数到 1500，需要用到“变量”指令面板中创建变量的指令积木和“控

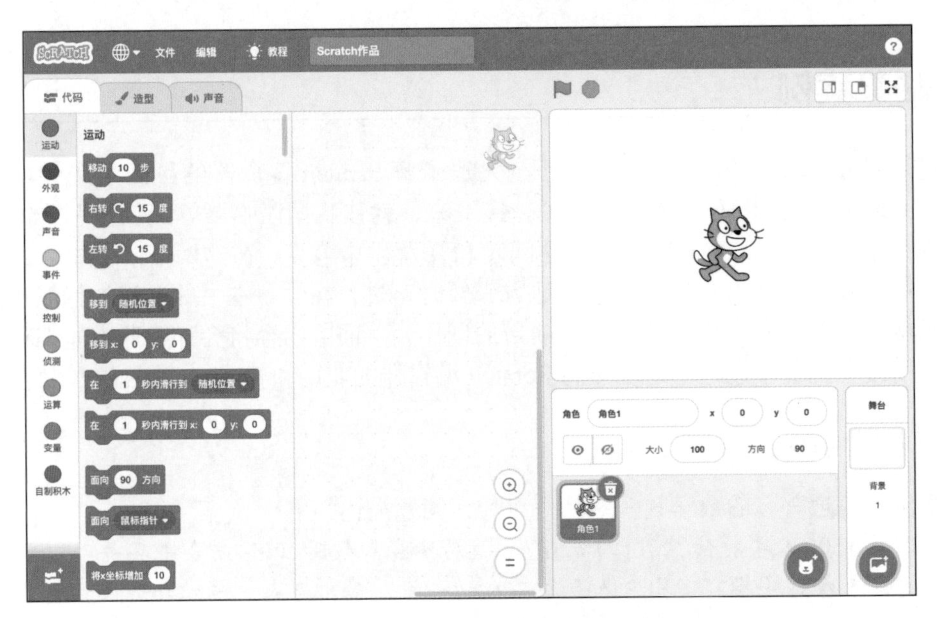

图 1-5-1　启动 Scratch 并创建默认项目

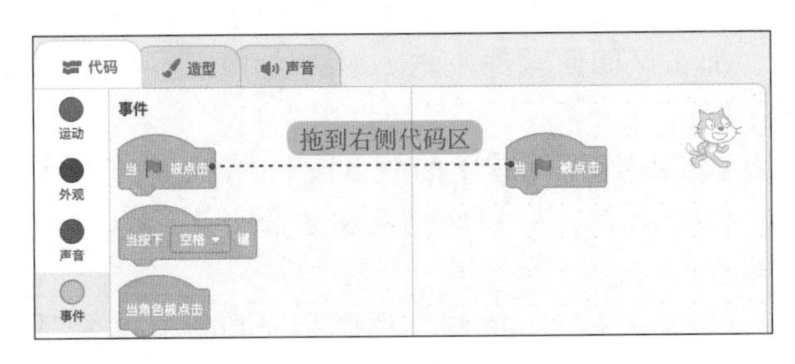

图 1-5-2　把“当🏴被点击”积木拖动到代码区

制”指令面板中的“重复执行直到……”积木。

切换到变量指令面板，在显示的指令列表中单击“建立一个变量”按钮❶，这时会弹出一个“新建变量”对话框❷，在对话框的“新变量名”文本框中输入“人数”❸，再单击“确定”按钮，就创建了一个名为“人数”的变量，在变量指令列表中将出现刚才创建的变量和一些用于操作变量的指令积木❹。接下来，从变量指令列表中把“将 [人数] 设定为 0”积木拖动到代码区拼接在“当🏴被点击”积木之后，再把它的文本框中的数字 0 修改为 1000。这样就把变量“人数”的初始值设定成了 1000❺。这个过程如图 1-5-3 所示。

切换到“控制”指令面板，将“重复执行直到……”积木拖动到代码区并追加到脚本后面❶；再切换到“运算”指令面板，将大于运算符“>”积木拖动到“重复执行直到……”积木的尖角嵌入槽中❷；然后在大于运算符积木的第一个圆角槽中嵌入“人数”变量积木，在第二个圆角槽中将默认的数字 50 修改为 1500❸；最后将“将 [人数] 增加 1”积木拖动到代码区并拼接在“重复执行直到……”积木的中间❹。这样就创建了一个计数循环结构的脚本，它能够让变量“人数”的值从 1000 逐一递增到 1500。这个脚本的添加过程如图 1-5-4 所示。

图 1-5-3　创建“人数”变量并设定初始值为 1000

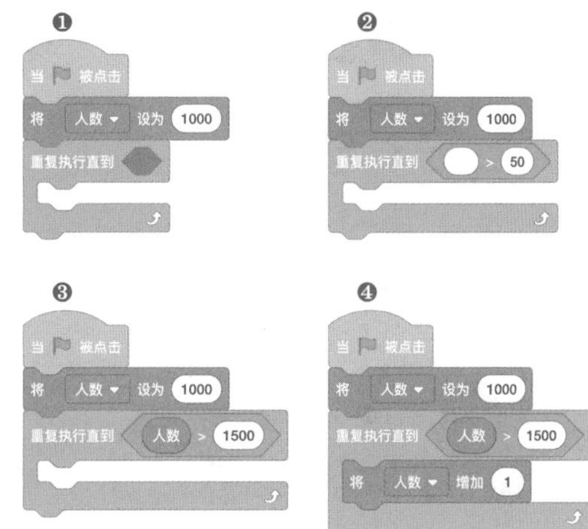

图 1-5-4　实现计数循环结构的脚本

4. 构建条件判断的脚本

要让计算机判断一个数能同时满足被 3 除余 2、被 5 除余 3、被 7 除余 2 这三个条件，需要用到“控制”指令面板中的“如果……那么”积木和“运算”指令面板中的“求余数”积木、“等于”运算积木和“逻辑与”运算积木。

从指令面板中将“人数”变量积木、等于运算积木和求余运算积木拖动到代码区中的空位处，然后按照图 1-5-5 所示将它们组合成一个“人数除以 3 的余数 = 2”的表达式，再将这个表达式复制两份，并分别修改为另外两个条件的表达式。这样就创建完成了 3 个条件的表达式积木。

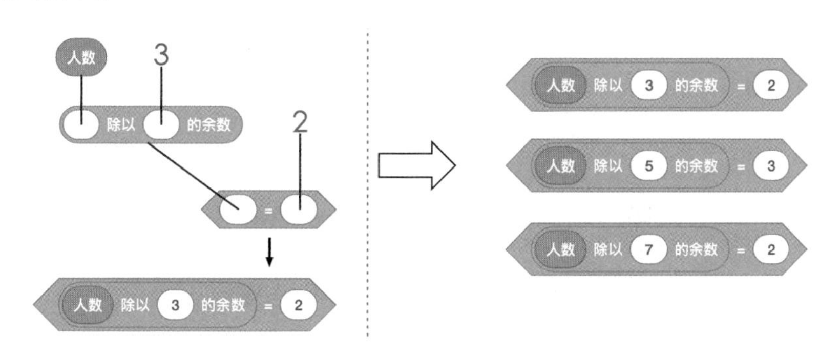

图 1-5-5　构建三个条件表达式的过程

从指令面板中把两个“逻辑与”运算积木和一个“如果……那么”积木拖动到代码区的空位处，然后按照图 1-5-6 所示将两个“逻辑与”运算积木嵌套后再放入“如果……那么”积木的尖角嵌入槽中，最后按照图 1-5-7 所示把前面组装好的三个条件表达式积木组合分别拖入“逻辑与”运算积木组合的 3 个尖角嵌入槽中。这样就创建完成判断 3 个条件是否同时满足的积木组合，最终的效果如图 1-5-8 所示。

5. 创建存放问题解的列表

在“变量”指令面板中单击“建立一个列表”按钮❶，这时会弹出一个“新建列表”

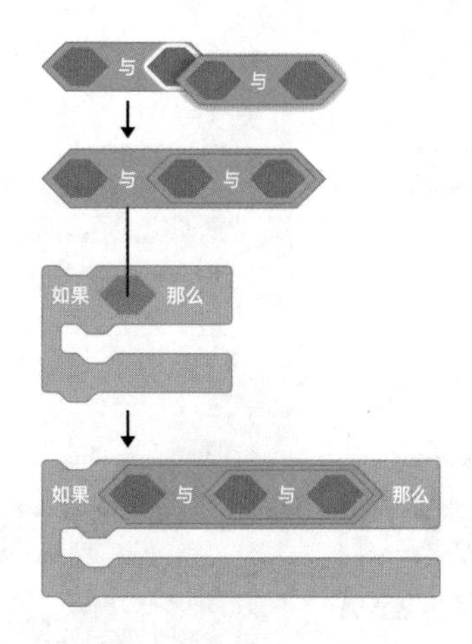

图 1-5-6　将“逻辑与”运算积木和判断积木组合

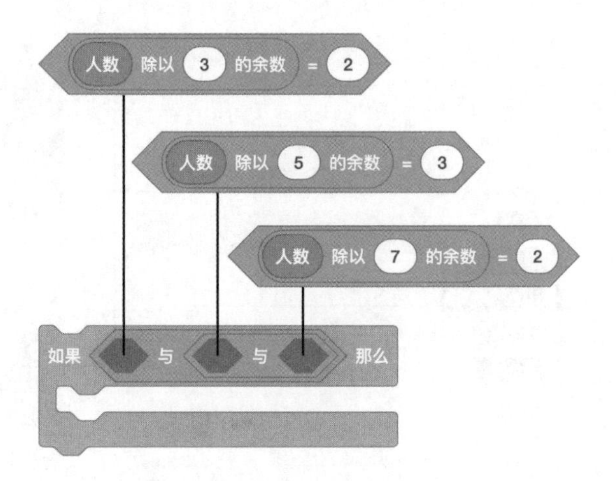

图 1-5-7　将三个条件表达式嵌入“逻辑与”运算积木

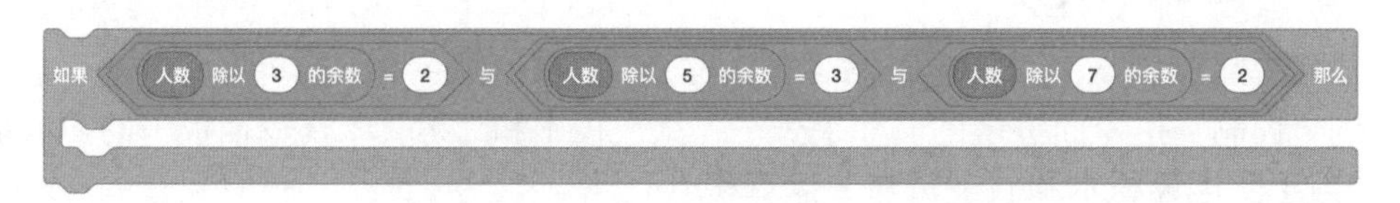

图 1-5-8　用于判断三个条件同时成立的积木组合

对话框❷。在对话框的“新的列表名”文本框中输入“解”❸，再单击“确定”按钮，就创建了一个名字为“解”的列表，在指令面板中将出现刚才创建的列表和一些用于操作列表的积木❹。这个列表用于存放找到的韩信点兵问题的解。当使用步骤 4 中创建的脚本找到解后，就将“人数”变量的当前值加入“解”列表中，使用“将……加入 [解]”积木来完成这个工作❺。这个过程如图 1-5-9 所示。

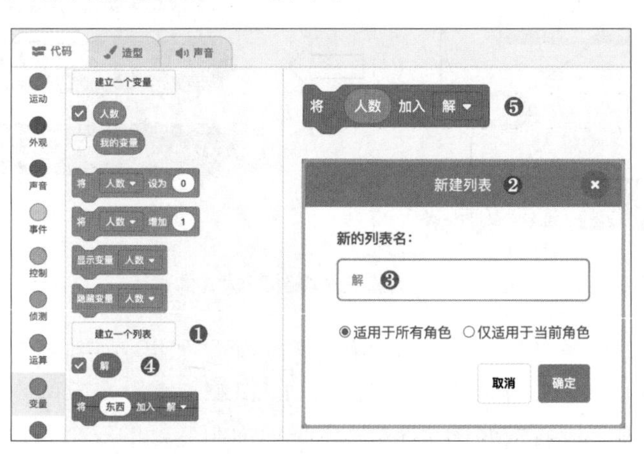

图 1-5-9　建立一个名字为“解”的列表

6. 构建完整的解题脚本

在步骤 3 中创建了一段从 1000 数到 1500 的计数循环脚本；在步骤 4 中创建了一段用

于判断一个数是否同时满足被 3 除余 2、被 5 除余 3、被 7 除余 2 这 3 个条件的判断脚本；在步骤 5 中创建了将找到的解加入“解”列表中的脚本。将这 3 段脚本拼接为一个脚本，就能够找出韩信点兵问题的可能解。

这个脚本运行时，最好先将“解”列表清空，从“变量”指令面板中将“删除 [解] 的全部项目”积木拖动到代码区的“当被点击”积木之后作为这个脚本的第 2 个积木。

至此，解决韩信点兵问题的脚本编写完毕，完整的程序脚本如图 1-5-10 所示。

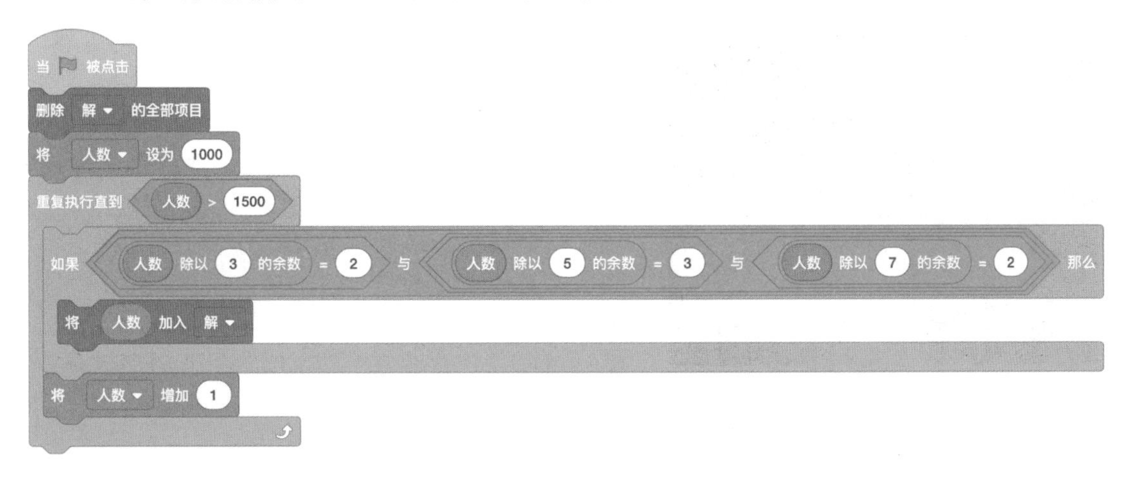

图 1-5-10　“韩信点兵”脚本清单

7. 保存和运行 Scratch 项目

在 Scratch 编辑器的菜单栏中，将项目名称文本框中的“Scratch 作品”修改为“韩信点兵”，然后单击“文件”菜单并选择“保存到电脑”命令，将创建的这个项目以“韩信点兵”为名称保存到本地磁盘上，将我们的工作成果保存下来。

单击舞台控制栏中的按钮，这个 Scratch 项目就开始运行，在舞台上的“解”列表中就会显示出韩信点兵问题的可能解，如图 1-5-11 所示。

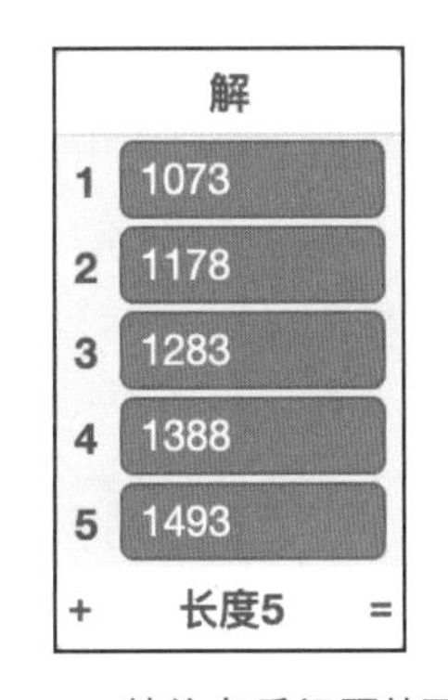

图 1-5-11　韩信点兵问题的可能解

8. 分析结果

从“解”列表中可以看到，在 1000 到 1500 之间，有 5 个数能同时满足被 3 除余 2、被 5 除余 3、被 7 除余 2 这 3 个条件。但是，只有一个数是韩信点兵问题的解。根据韩信点兵问题的描述，韩信的 1500 人在战斗中死去四五百人，所以，韩信在战后清点人数时最接近的答案是 1073。

“韩信点兵”这个案例让我们知道可以使用编程的方式解决数学问题。甚至一些需要高中或大学的数学知识才能求解的数学问题，小学生也能够使用编程的方式解决。因此，学习 Scratch 编程，让我们多了一种解决数学问题的“神兵利器”。

1.5.2 游戏编程：星际飞行

在这个案例中，我们来设计一款名叫“星际飞行”的小游戏。这个游戏的情节和要求描述如下。

玩家驾驶宇宙飞船意外穿越到了遥远的星际空间，无数大小不等的小行星迎着飞船飞来。玩家通过鼠标控制飞船左右移动，避免与小行星相撞。如果能坚持超过 30 秒，则游戏胜利；如果不小心与小行星相撞，则游戏失败。

要求在舞台上显示玩家的游戏时间，并且，当游戏胜利时，提示“游戏胜利！”；当游戏失败时，提示“游戏失败！”。

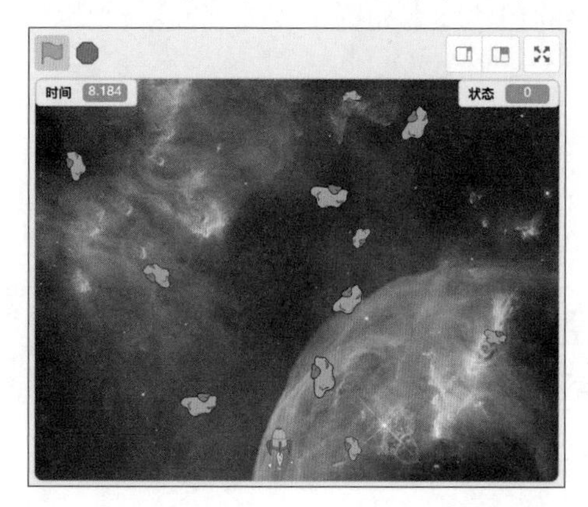

图 1-5-12 “星际飞行”游戏运行画面

按照以上描述使用 Scratch 制作这个“星际飞行”游戏，需要准备一些素材：一个太空背景图、一个宇宙飞船图片和一个小行星的图片。由于这些素材可以在 Scratch 编辑器的素材库中找到，所以可以直接开始创作这个游戏项目。如图 1-5-12 所示，这是一个运行中的“星际飞行”游戏画面截图。

接下来，我们将编程实现这个“星际飞行”游戏，具体步骤如下。

1. 创建新的 Scratch 项目

从桌面启动 Scratch 软件后会创建一个默认项目，在一个白色背景的舞台上有一个可爱的小猫角色。这个角色不是我们需要的，把它删除。在舞台下方的角色列表中，单击小猫角色缩略图右上角的“删除”按钮把小猫角色删除。

2. 添加舞台背景和角色

在舞台管理区中单击“添加背景”按钮，然后在打开的 Scratch 背景库窗口顶部单击“太空”标签❶，接着单击太空背景图 Nebula❷，将它设置为舞台背景，如图 1-5-13 所示。

图 1-5-13 从背景库中添加太空背景图 Nebula

在角色管理区中单击“添加角色”按钮，然后在打开的 Scratch 角色库窗口的搜索框内输入 rock，就能快速地找出 Rocketship 和 Rocks 这两个角色，如图 1-5-14 所示。依次将这两个角色作为飞船和小行星添加到角色列表中。

如图 1-5-15 所示，这是添加了太空背景图和飞船、小行星角色后的舞台效果。

图 1-5-14　从角色库中选择 Rocketship 和 Rocks 角色

图 1-5-15　添加太空背景图和飞船、小行星角色后的舞台效果

3. 编写飞船角色的脚本

在角色列表中单击飞船角色的缩略图，然后在代码区中编写飞船角色的控制脚本。

如图 1-5-16 所示，这个脚本用于控制飞船水平移动和显示游戏的持续时间。

在这个游戏中，需要用一个“状态”变量存放游戏的状态，该变量有 3 个值：0 表示游戏进行中，1 表示游戏胜利，2 表示游戏失败。为此，创建一个名为“状态”的变量积木，并将它的初始值设定为 0。

我们的设计是把飞船放在舞台的底部区域，用鼠标控制飞船做水平移动来躲避小行星的撞击。要实现这个功能，需要用到“运动”指令面板中的“移到 x,y”积木和“侦测”指令面板中的“鼠标的 x 坐标”积木。将“鼠标的 x 坐标”积木放入“移到 x,y”积木的第 1 个参数槽（*x* 坐标），而第 2 个参数槽（*y* 坐标）的值设定为 –150。这样就使飞船被限制在 *y* 坐标为 –150 的位置上跟随鼠标指针水平移动。将这个积木组合放入一个“重复执行……”积木中，使飞船在游戏过程中一直跟随鼠标指针做水平移动。

为了在舞台上显示游戏的持续时间，需要创建一个名为“时间”的变量积木，并把“定时器”积木的返回值传递给它，然后将这个积木组合放在“重复执行”积木中。

为了获得好的舞台显示效果，可以将舞台上的“时间”和“状态”两个变量分别拖动到舞台的左上角和右上角位置。

如图 1-5-17 所示，这个脚本用于切换飞船的不同造型以实现自身旋转的动画效果。

由于飞船角色的原始尺寸过大，在舞台上显得不协调，需要使用“外观”指令面板中的“将大小设为 20”积木把飞船角色的大小设定为原始大小的 20%。

在飞船角色的造型列表中有 5 个造型，前 4 个带有火箭尾焰能够呈现飞船旋转的效果。而第 5 个造型（名称为 rocketship-e）不带有尾焰，需要将它删除。

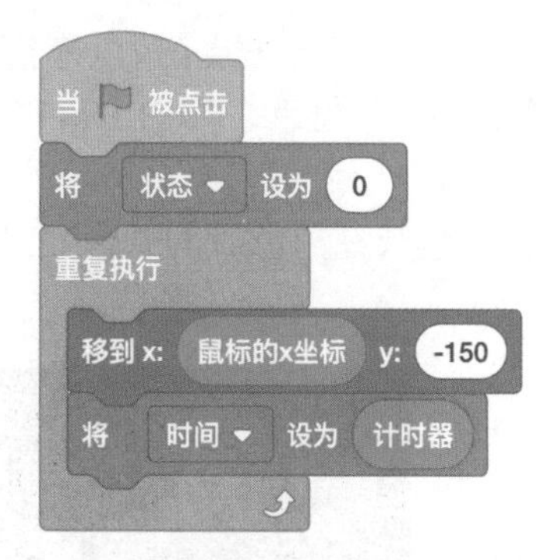

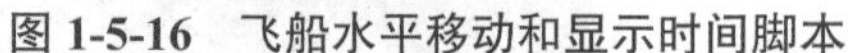
图 1-5-16　飞船水平移动和显示时间脚本

图 1-5-17　飞船造型切换脚本

为了实现飞船旋转的动画效果，需要使用“外观”指令面板中的“下一个造型”积木切换飞船角色列表中的各个造型，并且在每次切换造型之后要等待一个短暂的时间，以此避免造型切换太快而使动画效果不协调。这里使用“控制”指令面板中的“等待 0.1 秒”积木来实现这个功能。将这两个积木放在一个“重复执行”积木中，就可以实现飞船不断旋转的动画效果。

单击舞台控制栏中的按钮，运行这个游戏项目，开始测试飞船角色的控制脚本。如果一切顺利，能看到舞台上的飞船角色跟随鼠标指针做水平移动，并且自身在不断地旋转。同时，舞台上“时间”变量中的时间也在不断变化。如果未达到期望效果，应认真检查所写的脚本是否正确。

4. 编写小行星角色的脚本

在角色列表中单击小行星角色的缩略图，然后在代码区中编写小行星角色的控制脚本。

我们的设计是让数量众多的小行星从舞台的顶部由上往下随机运动，这要用到“控制”指令面板中的克隆积木。在一个“重复执行……”积木内，以 0.2 秒为间隔，不断地使用“克隆 [自己]”积木创建小行星角色的副本，直到游戏结束。

小行星角色的副本（克隆体）被创建后，需要随机设定它的大小和方向，这样模拟的小行星运动显得比较自然，且富于变化。接着，使用“移到 x,y”积木将小行星角色的克隆体移到舞台顶部的一个随机位置，再使用“在 3 秒内滑行到 x,y”积木将小行星克隆体移到舞台底部的一个随机位置，之后将小行星克隆体删除。

如图 1-5-18 所示，这两个脚本能够实现小行星从舞台顶部随机飞向底部的功能。可以运行项目，对小行星角色的脚本进行测试，观察是否实现预期效果。

5. 编写游戏胜利或失败检测脚本

切换到飞船角色的代码区，编写检测游戏胜利或失败的处理脚本。

如图 1-5-19 所示，这个脚本实现检测玩家游戏胜利并显示游戏胜利的提示信息。

这个游戏设定玩家坚持 30 秒就获得胜利。要达到计时的目的，可以使用“侦测”指令面板中的“计时器”积木。这个积木在项目运行时从 0 开始计时，只要检测“计时器”积木的返回值超过 30 秒，就可以判定玩家游戏胜利。

当游戏胜利时，先把“状态”变量的值修改为 1，然后使用“控制”指令面板中的“停止 [该角色的其他脚本]”积木使当前脚本之外的其他脚本停止运行，目的是让飞船不能

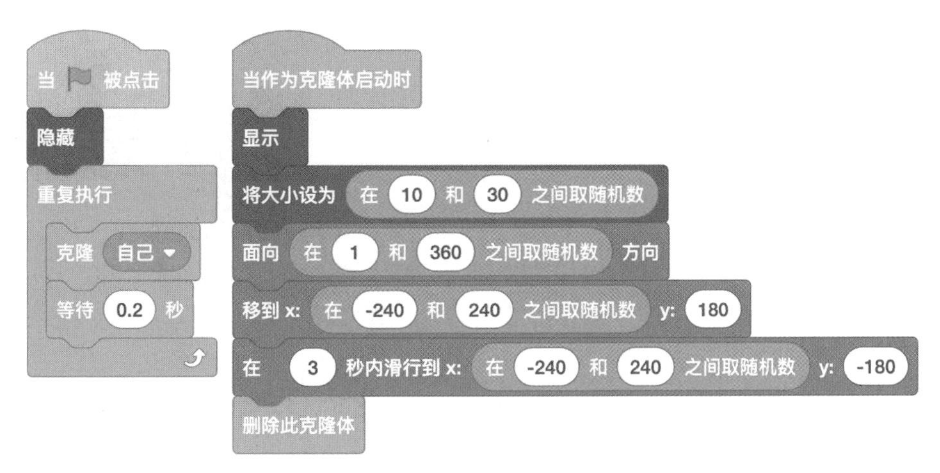

图 1-5-18　小行星角色的控制脚本

移动和旋转,使游戏时间停止变化。接着,使用“外观”指令面板中的“说”积木显示“游戏胜利!”的提示信息并持续 2 秒。最后,使用“控制”指令面板中的“停止 [全部脚本]”积木使整个项目停止运行。

如图 1-5-20 所示，这个脚本实现检测玩家游戏失败并显示游戏失败的提示信息。

在这个游戏的设计中，当玩家控制的飞船与飞来的某个小行星相撞时，就认为游戏失败。要达到检测这种碰撞的目的,可以将“侦测”指令面板中的“碰到 Rocks”积木和“控制”指令面板中的“等待……”积木组合使用。

当游戏失败时,先把“状态”变量的值设定为 2,然后使用“控制”指令面板中的“停止 [该角色的其他脚本]”积木使当前脚本之外的其他脚本停止运行，目的是让飞船不能移动和旋转,使游戏时间停止变化。接着,使用“外观”指令面板中的“说”积木显示“游戏失败!”的提示信息并持续 2 秒。最后,使用“控制”指令面板中的“停止 [全部脚本]”积木使整个项目停止运行。

图 1-5-19　游戏胜利检测脚本

图 1-5-20　游戏失败检测脚本

单击按钮重新运行这个项目，测试编写的脚本是否能对游戏胜利或失败的情况进行判定。如果未达到预期效果，应认真检查所写的脚本是否正确。

6. 完善游戏程序

在测试游戏程序时会发现，当飞船与小行星相撞后，舞台上的其他小行星仍然按照各自的轨道在运动，这显然不是我们想要的效果。当飞船撞到小行星后，整个游戏就结束了，应该让小行星全部从舞台上消失。要实现这个效果，可以在小行星角色的代码区中添加如图 1-5-21 所示的脚本。

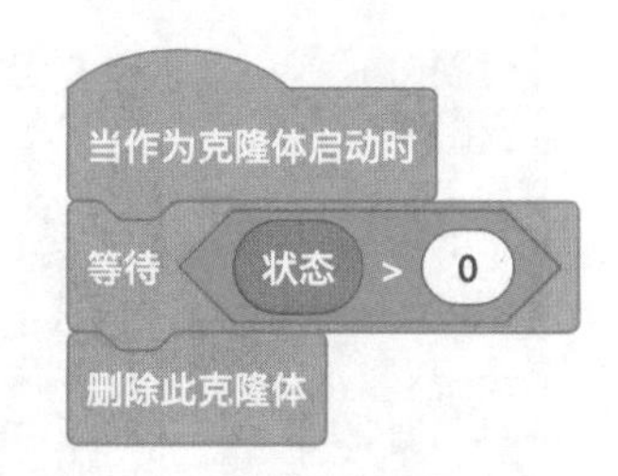

图 1-5-21　游戏结束时删除小行星克隆体

7. 挑战 30 秒

至此，这个“星际飞行”游戏项目创作完毕。你可以立即运行它，挑战自己能否坚持 30 秒。你也可以把它分享给小伙伴，一起来挑战 30 秒。

是不是难度不够？你可以尝试修改“在……秒内滑行到 x,y”积木中的时间参数，设置为更短的时间，或者是设置为随机 1~3 秒，产生更加刺激的游戏效果。

通过“星际飞行”这个案例，我们看到只需要少量的脚本就能创作出有趣的游戏。这个小游戏只是抛砖引玉，相信你学完本书，一定能创作出更优秀的作品。

第 2 章

变量和运算

这一章将向读者介绍在 Scratch 中使用变量、进行数学运算和使用基本的输入 / 输出功能等方面的编程知识。

变量是编程语言的一个基本概念，它能够用来存放用户输入的各种数据，参与数学运算并存放计算过程中产生的各种数据。Scratch 中的变量提供与其他编程语言类似的功能，并具有更强大易用的特性，使变量能够持久化到本地或云端。

数学运算是编程语言的基本功能，Scratch 提供丰富的“运算”指令积木用于数学运算，能够进行基本的算术运算、关系运算、逻辑运算、三角函数运算、取整和求余运算，还能够生成随机数和进行字符串处理，等等。虽然有些方面没有其他高级语言丰富，但是对于 Scratch 作为编程教育入门的定位而言已经够用了。

本章包括以下主要内容。

- 使用“说”和“思考”指令、“问答”指令实现基本的输入 / 输出功能。
- 变量积木的使用、数据类型、命名规范和作用域。
- 算术运算和运算优先级以及常用的数学函数。
- 随机数的生成及应用。
- 字符串函数的应用。

2.1 说和思考指令

使用 Scratch 编程时，如果需要在舞台上显示信息，一个简单而友好的方式是使用“外观”指令面板中的“说”积木和“思考”积木。如图 2-1-1 所示，这 4 个指令积木提供漫画风格的气泡框，能够让角色在舞台上显示一段文本信息。这些指令积木允许在角色的代码中使用，而在舞台的代码中则不能使用。参照其他编程语言，“说”和“思考”指令可以归为基本输出指令。

2.1.1 跟我做：小猫背唐诗

唐代大诗人李白有一首广为流传、童叟皆知的五言古诗——《静夜思》：

床前明月光，疑是地上霜。举头望明月，低头思故乡。

在本案例中，我们将让 Scratch 经典的小猫角色在舞台上背诵这首著名的唐诗，具体创作步骤如下。

图 2-1-1 “说”和“思考”积木及其执行效果

1. 创建新的 Scratch 项目

从桌面启动 Scratch 软件后会创建一个默认的项目。如图 2-1-2 所示，在一个白色背景的舞台上有一个可爱的小猫角色。在角色列表区中有一个小猫角色的缩略图，名字叫“角色 1”，它处于被选中状态。我们就在这个项目的基础上创作“小猫背唐诗”。

2. 添加“当🏴被点击”积木

单击“事件”类别标签切换到“事件”指令面板，将“当🏴被点击”积木拖动到右侧的代码区，如图 2-1-3 所示。这个积木作为一个脚本的第一个积木，其他的积木都拼接在它之下。

图 2-1-2 Scratch 创建的默认项目

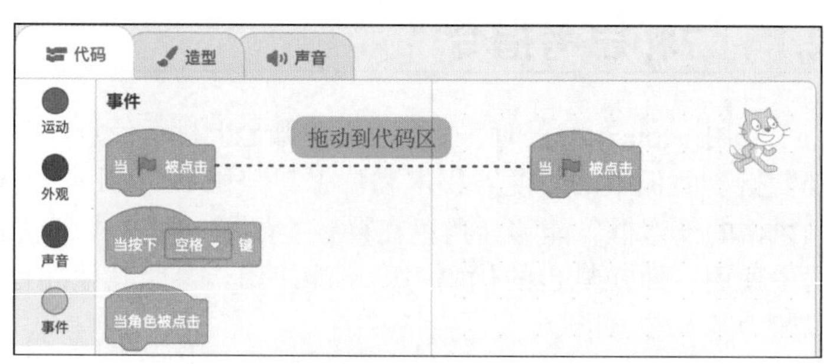

图 2-1-3 将“当🏴被点击”积木拖动到代码区

3. 添加“说”积木

单击“外观”类别标签切换到“外观”指令面板，将“说……2 秒”积木拖动到右侧的代码区，并将其拼接在“当🏴被点击”积木之下，如图 2-1-4 所示。然后，把“说”积木的文本框中的“你好!”修改为“《静夜思》李白”。

4. 添加其他“说”积木

按照步骤 3 的方式依次把 4 个“说……2 秒”积木拖动到右侧的代码区，并依次拼接在前面的积木之下。然后把这 4 个“说”积木的文本框内容分别修改为：床前明月光、疑是地上霜、举头望明月、低头思故乡。至此，这个“小猫背唐诗”的案例程序编写完毕，脚本清单如图 2-1-5 所示。

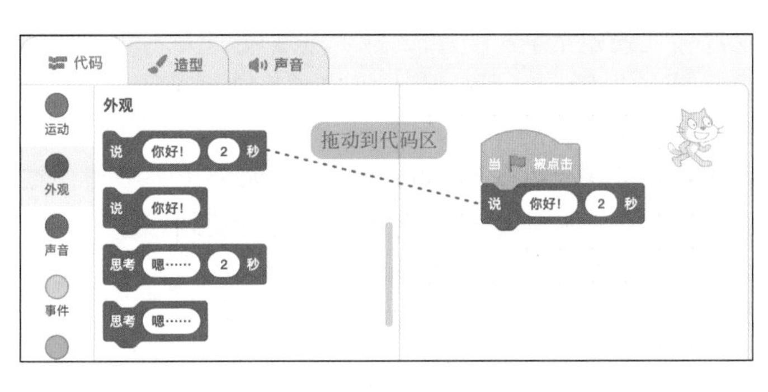

图 2-1-4 将“说”积木拖动到代码区并拼接

图 2-1-5 “小猫背唐诗”脚本清单

5. 保存和运行项目

在 Scratch 编辑器的“文件”菜单中选择“保存到电脑”命令，以“小猫背唐诗”为名称将这个项目保存到本地磁盘上。之后，我们就可以开始测试这个案例程序了。

单击舞台右上方的按钮运行该项目，可以看到舞台上的小猫以漫画风格的气泡框显示《静夜思》的内容，小猫每“说”一句诗会持续显示 2 秒，最后气泡对话框消失。

2.1.2 让角色说话和思考

在使用 Scratch 创作交互式故事情节类型的项目时，漫画风格的气泡框能够让角色在舞台上生动地呈现说话和思考的内容，如图 2-1-6 所示。所谓说话和思考，指的是在一个气泡框中显示一段文本信息。

图 2-1-6 角色说话和思考的效果

如图 2-1-7 所示，在 Scratch 的“外观”指令面板中提供 4 个能够让角色“说话”和“思考”的指令积木。

图 2-1-7　让角色说话和思考的 4 个指令积木

如果要让角色说话，可以使用“说”或“说……秒”积木，前者显示的内容会一直伴随角色在舞台上，而后者显示的内容会在设定的时间（如 2 秒）过后就消失。同样地，如果要让角色思考，可以使用“思考”或“思考……秒”积木，除了气泡框的形状不一样，它们与“说”或“说……秒”积木的用法是一样的。

“说”和“思考”积木适合于需要持续显示数据变化的场合。例如，让一个角色在舞台上运动并实时报告自己的舞台坐标。这两个积木显示的内容会一直持续到整个项目停止后才会消失。如果在项目运行中想让这两个积木显示的内容消失，可以让它们显示空的内容。也就是说，当“说”和“思考”积木执行时，如果它们的文本框中没有内容，就会让角色隐藏掉说话或思考的气泡框。

如图 2-1-8 所示，在与“说……秒”积木等价的一段代码中使用一个内容为空的“说”积木达到隐藏气泡框的目的。

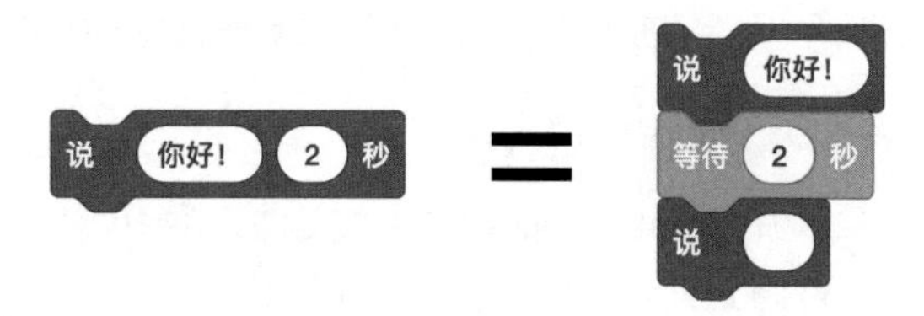

图 2-1-8　与“说……秒”积木等价的一段脚本

“说……秒”和“思考……秒”这两个积木在执行时会阻塞它们后面的脚本，直到它们设定的时间结束，才会继续执行它们后面的代码；而“说”和“思考”积木则不会阻塞后面代码的执行。

2.1.3　动手练：小猫的哲学思考

1. 练习重点

“思考”积木的使用。

2. 问题描述

启动 Scratch 软件之后，在空白的舞台上有一只孤独的小猫。如果小猫是一个哲学家，它可能会思考：“我是谁？我从哪里来？我要到哪里去？”

请编写一个程序，让小猫角色以 2 秒为间隔思考这 3 句话。

3. 解题分析

（1）使用“思考……秒”积木能够显示文本信息并持续一段时间。

（2）使用“思考……”积木和“等待……秒”积木配合，可以实现“思考……秒”积木的功能。

4. 练习内容

（1）把图 2-1-9 所示的程序脚本中的空白积木替换为真实积木。

（2）把这个项目以“小猫的哲学思考”为名保存到本地磁盘上。

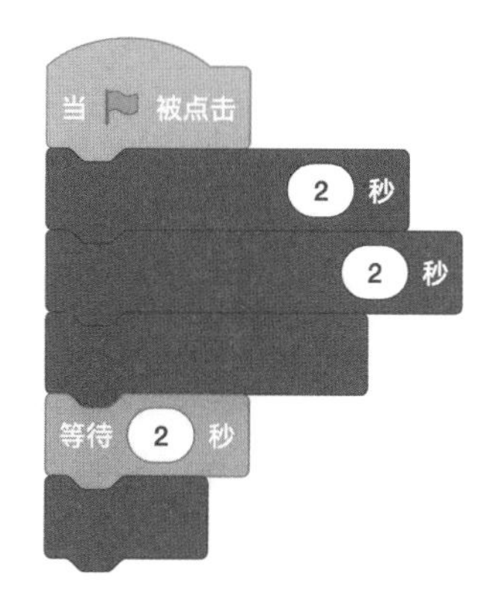

图 2-1-9 “小猫的哲学思考”空白脚本

2.2 问答指令

Scratch 提供简单易用的人机交互功能，能够让舞台上的角色以气泡框显示文本信息的方式向用户发出询问，并提供一个文本输入框收集用户通过键盘输入的信息作为回答。例如，在编写一个求解方程的程序时，需要由用户从键盘输入未知数的数值，再由程序计算出方程的解。如图 2-2-1 所示，在 Scratch 的“侦测”指令面板中，提供“询问……并等待”积木和“回答”积木用于实现基于键盘的人机交互功能。参照其他编程语言，问答指令可以归为基本输入指令。

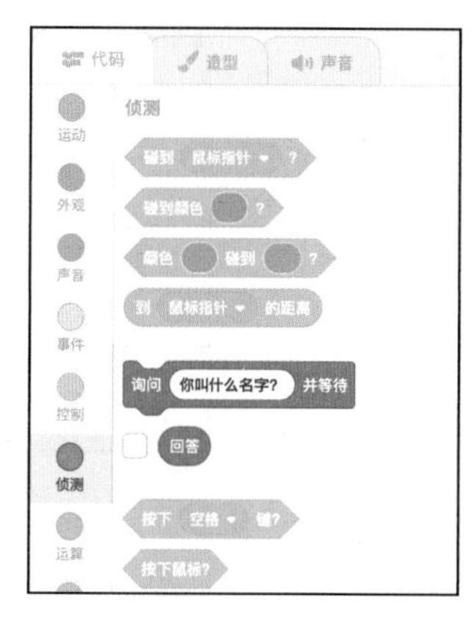

图 2-2-1 询问和回答指令积木

2.2.1 跟我做：简单的人机对话

使用 Scratch 的问答指令积木，很容易实现友好直观的人机交互功能。在本案例中，我们将与可爱的小猫进行简单对话，具体步骤如下。

（1）在 Scratch 编辑器的“文件”菜单中选择“新作品”命令，就会建立一个新的项目，即默认的白色背景和小猫角色。

（2）从“事件”指令面板中将“当🏴被点击”积木拖动到小猫角色的代码区。

（3）切换到“侦测”指令面板，将“询问……并等待”积木拖动到代码区，并拼接在“当🏴被点击”积木之下，再将“询问……并等待”积木文本框中的内容修改为“请问你叫什么名字？”。

（4）从“外观”指令面板中拖动一个“说……”积木到代码区，拼接在“询问……并等待”积木之后。然后，切换到“运算”指令面板，拖动一个“连接……和……”积木放入“说……”积木的文本框中。最后，将“连接……和……”积木的第 1 个文本框的内容修改为“你好,”，并在它的第 2 个文本框中放入一个“回答”积木。

至此，这个案例程序编写完毕，脚本清单如图 2-2-2 所示。单击🏁按钮运行项目，就可以开始对这个脚本进行测试。

图 2-2-2 “简单的人机对话”脚本清单

2.2.2 询问与回答

在 Scratch 的“侦测”指令面板中的“询问……并等待”积木和“回答”积木需要配合使用，为 Scratch 项目提供基本的输入功能。在创作需要交互功能的故事、游戏等类型的项目时，能够让用户通过键盘输入姓名、答案或其他信息，与舞台上的角色进行互动，从而创作出各种生动有趣的项目。

在角色的脚本中使用“询问……并等待”积木时，根据角色是显示状态还是隐藏状态，询问对话框会呈现不同的形式。如图 2-2-3 所示，当角色是显示状态，则会以说话气泡框的形式呈现询问的内容，并在舞台的下方显示一个文本输入框；如果角色是隐藏状态，则询问对话框中的内容将会作为舞台下方文本输入框的提示信息显示。另外，在舞台的代码中使用询问对话框时，呈现的也是如图 2-2-3 中右边的对话框样式。

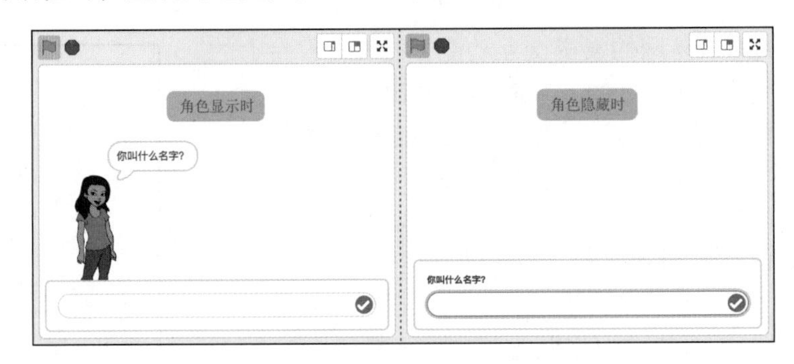

图 2-2-3 询问对话框的呈现形式

当用户通过键盘输入信息并按下回车键或者是单击✅按钮之后，询问对话框将会消失，而用户输入的信息将会被存储在“回答”积木中。需要说明的是，当下一次使用“询问……并等待”积木时，“回答”积木中的数据就会被新输入的信息覆盖。因此，需要在代码中使用一个变量来保存“回答”积木中的数据，以便在代码中其他地方使用。

2.2.3 动手练：和小猫猜谜语

1. 练习重点

问答指令积木的使用。

2. 问题描述

设计一个和小猫猜谜语的小游戏。程序运行后，小猫说：“我们来玩猜谜语吧！要求打一动物。”2 秒之后，又问道：“谜面：五更一声吼，惊动天下人，清晨再一叫，推开万户门。”这时舞台出现一个文本输入框，可以输入谜底。如果回答正确，小猫会说“恭喜你，答对了！”；否则，就说“答错了！谜底是：公鸡。”。

请使用问答指令积木和说指令积木编程实现这个小游戏。

3. 解题分析

（1）使用“说……秒”积木可以呈现“说话”内容并设定气泡框的持续时间。

（2）使用“询问”积木向用户呈现谜面的内容，并等待用户回答。

（3）在用户输入谜底后，通过“回答”积木取得用户输入的内容。

4. 练习内容

（1）探索“控制”指令面板中“如果……那么……否则”积木的使用方法。

（2）把图 2-2-4 所示的程序脚本中的空白积木替换为真实积木。

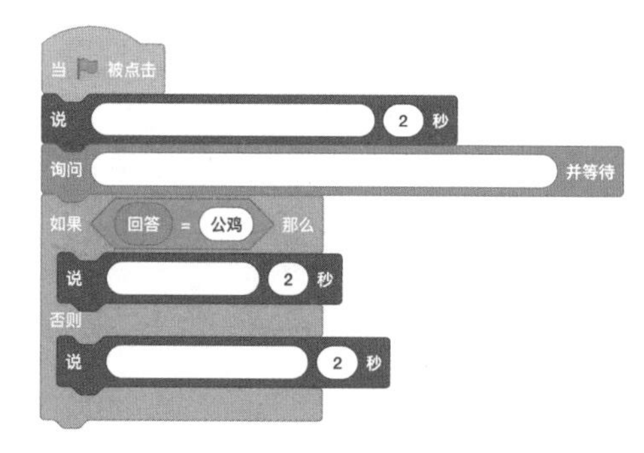

图 2-2-4　“和小猫猜谜语”空白脚本

2.3　变量

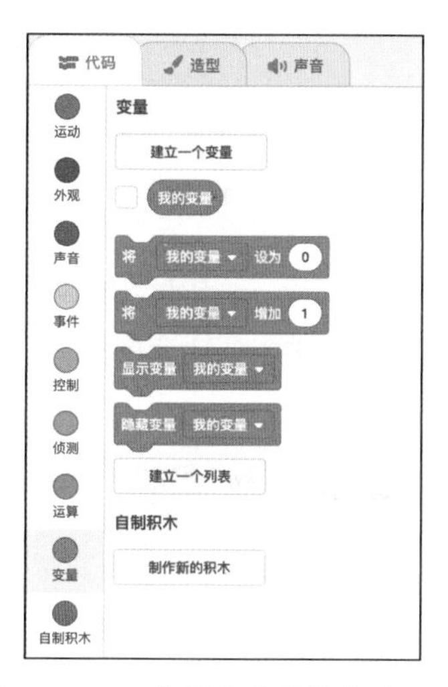

图 2-3-1　一些操作变量的指令积木

在 Scratch 编程中，变量是一个非常重要的编程元素，可以把它想象成一个数据盒子，用来存放程序中使用的各种数据。这些数据包括用户通过键盘输入的信息、游戏的状态和得分、角色的大小和坐标、解方程用到的各个未知数等。可以说，如果没有变量，我们将无法编写程序。

在 Scratch 的“变量”指令面板中提供一些指令积木用于对变量进行赋值、自增或自减等操作。如图 2-3-1 所示，Scratch 默认创建有一个名为“我的变量”的变量，并将操作该变量的一组指令积木显示在指令面板中。通过“建立一个变量”按钮，可以创建自己指定名字的任何变量。

2.3.1　跟我做：小猫变大变小

变量的作用非常大，使用也很简单。在本案例中，我们将学习使用变量进行编程，通过调整一个名为“大小”的变量的数值，控制舞台上的小猫变大或变小，具体步骤如下。

（1）启动 Scratch 软件并创建默认的项目，还是熟悉的白色背景和小猫角色。

（2）如图 2-3-2 所示，切换到“变量”指令面板，单击“建立一个变量”按钮❶，弹出一个“新建变量”对话框❷。在对话框的“新变量名”文本框中输入“大小”❸，然后单击“确定”按钮（或者按回车键），这样就创建了一个名为“大小”的变量❹，它会出现在“变量”指令面板中，同时一个同名的变量显示器出现在右侧的舞台上。

图 2-3-2　创建一个名为“大小”的变量

（3）从“事件”指令面板中拖动一个“当被点击”积木到小猫角色的代码区。

（4）切换到“控制”指令面板，把“重复执行”积木拖动到右侧的代码区，拼接在“当被点击”积木之下。

（5）切换到“外观”指令面板，把“将大小设为……”积木拖动到代码区，将它嵌入“重复执行”积木的内部。

（6）再次切换到“变量”指令面板，把前面创建好的“大小”变量拖动到代码区，将它嵌入“将大小设为……”积木的嵌入槽内。至此，这个案例程序编写完成，脚本清单如图 2-3-3 所示。

（7）在舞台上的“大小”变量显示器上右击，在弹出的菜单中选择“滑杆”命令。这时舞台上的“大小”变量显示器的外观发生了变化，多出了一个能够调整变量数值的滑杆，如图 2-3-4 所示。

图 2-3-3　“小猫变大变小”脚本清单　　图 2-3-4　切换变量显示器为“滑杆”模式

（8）单击按钮运行程序，再拖动“大小”变量显示器滑杆上的滑块，可以看到舞台上的“大小”变量显示器的数值在 0 到 100 的范围内变化，同时小猫角色的大小也会发生相应的变化。

2.3.2　变量显示器

当创建一个变量后，在“变量”指令面板中就会出现一个同名的变量积木，同时变量积木前面的复选框处于选中状态（见图 2-3-2），使得这个变量能够出现在舞台上。我们把在舞台上显示的“变量”称为变量显示器，它为变量提供一个可视化的外观。在 Scratch 项目中，可以把变量显示器作为舞台上的一个数据部件来使用，比如用于显示游戏的得分、状态或玩家名字等信息。变量显示器有 3 种样式的外观，分别是“正常显示”“大字显示”和“滑杆”，可以通过变量显示器的右键快捷菜单切换这 3 种外观，如图 2-3-5 所示。

当变量显示器切换到滑杆外观时，它的右键快捷菜单中将多出一个“改变滑块范围”命令，可以通过它调出“改变滑块范围”设置窗口，如图 2-3-6 所示。经过设置“最小值”和“最大值”之后，就可以限定变量显示器在给定的数值范围内变化。

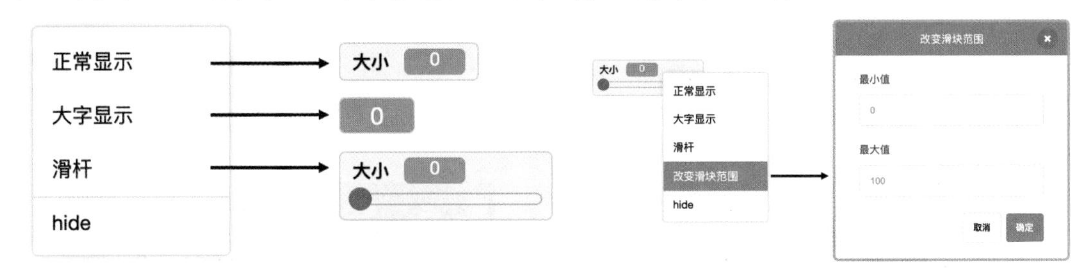

图 2-3-5　切换变量显示器的 3 种外观模式　　图 2-3-6　设置变量显示器的滑块数值范围

2.3.3　变量的数据类型和操作

变量是一种存放各种数据的容器，这些数据在 Scratch 中被分为 3 种类型，即数字类型（Number）、字符串类型（String）和布尔类型（Boolean）。数字类型指的是整数、小数等，比如 123、–2、9.8。字符串类型指的是一个文本值，通常由数字、字母和符号等可在键盘上直接输入的字符或者可以由输入法输入的汉字等字符构成，可以用来表示一本图书的名字、一句话或一段文字等。布尔类型指的是一个逻辑值，只有真（用 true 或 1 表示）和假（用 false 或 0 表示）两种情况。例如，对于关系运算“1 > 0”的运算结果是 true，而“1 > 2”的运算结果是 false。

在 Scratch 中创建变量时，并不需要指定变量的数据类型，而是在使用变量时由 Scratch 自动转换数据类型。通常，我们创建变量之后，在代码中使用“将 [……] 设为……”积木给变量设定一个数字类型或字符串类型的数据，那么 Scratch 就会把这个变量指定为相应的数据类型。Scratch 还为数字类型的变量提供一个“将 [……] 增加……”积木，可用于增加或减少变量的数值。

在图 2-3-7 所示的脚本中，首先将变量 *X* 设定为 5，这时变量 *X* 被指定为数字类型，然后对变量 *X* 进行增加 1 的操作，它的值变为 6；再对变量 *X* 进行增加 –3（减少 3）的操作，它的值变为 3。最后，将变量 X 的值传递给变量 *Y*，使变量 *Y* 的值变为 3。

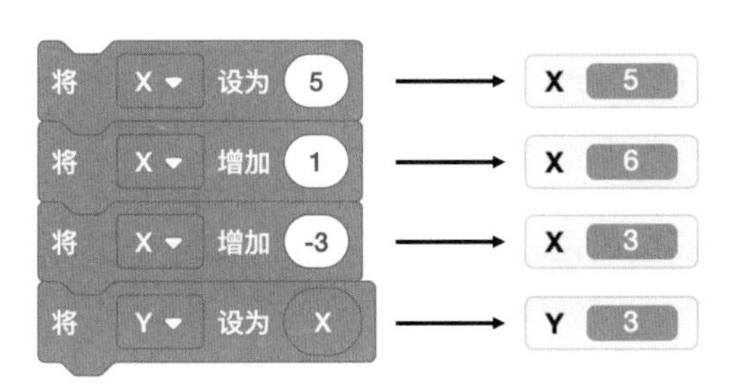

图 2-3-7　对数字类型变量的操作示例

如果试图对一个字符串类型的变量进行增加或减少的操作，那么 Scratch 会先将该变量强制转换为数字类型，然后再进行增加或减少的操作。

在图 2-3-8 所示的脚本中，首先将变量 *S* 设定为一个字符串 abc，这时变量 *S* 被指定为字符串类型；然后对变量 *S* 进行增加 1 的操作，这时 Scratch 将变量 *S* 强制转换为数字类型（得到的值为 0）后再增加 1，结果变量 *S* 的值为 1。

虽然布尔类型的数据使用 true 和 false 表示，但却不能通过将 true 或 false 传递给一个变量而使它变成布尔类型的变量。在 Scratch 中有些指令积木能够返回布尔类型的数据，可以将这些数据传递给变量而使其被指定为布尔类型。当变量是布尔类型时，它的取值 true 等于 1，false 等于 0，可以使用“将 [……] 增加……”积木对它进行操作。

在图 2-3-9 所示的脚本中，首先将一个字符串 true 传递给变量 *B*，这时变量 *B* 的值为 true；然后对变量 *B* 进行增加 1 的操作，这时变量 *B* 由字符串类型被强制转换为数字类型（得到的值为 0）后再增加 1，结果变量 *B* 的值为 1。可见，变量 *B* 是字符串类型，不能通过把 true 传递给变量 *B* 而使它被指定为布尔类型。

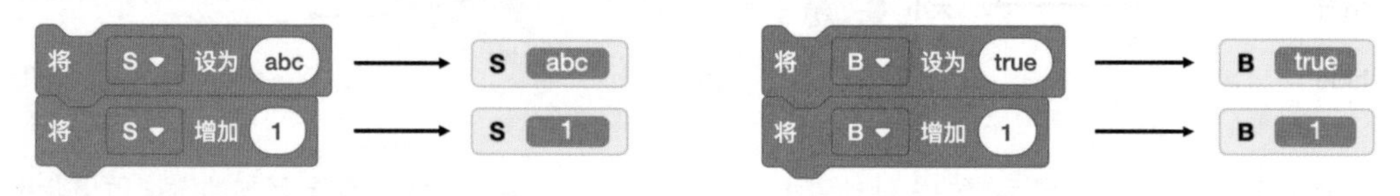

图 2-3-8　对字符串类型变量的操作示例　　**图 2-3-9　对布尔类型变量的操作示例 1**

在图 2-3-10 所示的脚本中，首先将大于运算“2 > 1”的结果（布尔值 true）传递给变量 *B*，这时变量 *B* 的值为 true；然后对变量 *B* 进行增加 1 的操作，这时变量 *B* 由布尔类型被强制转换为数字类型（得到的值为 1）后再增加 1，结果变量 *B* 的值为 2。

图 2-3-10　对布尔类型变量的操作示例 2　　**图 2-3-11　对布尔类型变量的操作示例 3**

在图 2-3-11 所示的脚本中，首先将小于运算“2 < 1”的结果（布尔值 false）传递给变量 *B*，这时变量 *B* 的值为 false；然后对变量 *B* 进行增加 –1（减 1）的操作，这时变量 *B* 由布尔类型被强制转换为数字类型（得到的值为 0）后再增加 –1，结果变量 *B* 的值为 –1。

2.3.4　变量的命名和作用域

在 Scratch 中创建一个变量时，需要给变量指定一个名字。可以使用字母、数字和下画线等通过键盘输入的字符为变量命名，也可以使用中文给变量命名。尽管 Scratch 对变量命名的要求非常宽松，任何可输入的字符几乎都能作为变量名，但是建议不要这么做。初学者一开始就养成良好的变量命名的习惯，有利于以后学习 Python、C/C++ 或 Java 等高级语言。下面介绍一些值得遵守的变量命名规范的建议。

（1）变量名由英文字母、数字和下画线构成，并且以英文字母开头。尽量不使用特殊字符，除非你明确这么做的真正目的，并且保持风格统一。

（2）为变量起一个能够准确表达其作用的、有意义的名字，使程序更容易维护和理解。

（3）变量名的首字母采用大写或小写。由多个单词组成变量名时，每个单词的首字母大写或者各个单词用下画线分隔。应确定一种风格，并保持统一。

（4）尽量不要使用汉语拼音作为变量名，而应使用英文命名，这也是提高自己英文水平的机会。

（5）对于国内的编程初学者（比如小学生），建议先使用中文命名变量名，这样可以集中精力学习编程。等到编程熟练之后，再使用英文命名方式。

在 Scratch 中，如果要修改变量名或删除变量，可以在“变量”指令面板中的变量积木上右击，在弹出的快捷菜单中选择“修改变量名”或“删除变量”命令。

除了给变量命名，在创建变量时还需要指定变量的作用域。变量的作用域是一个专业的编程概念，通常分为全局变量和局部变量。在 Scratch 中，变量的作用域分为两种：“适用于所有角色”和“仅适用于当前角色”。如果在创建变量时选择了“适用于所有角色”，那么就会创建一个全局变量，这个变量在整个 Scratch 项目的各个角色和舞台的代码中都能被访问和修改。如果在创建变量时选择“仅适用于当前角色”，那么就会创建一个局部变量，这个变量仅在当前角色的代码中能够被访问和修改。

变量的作用域在创建之后无法修改，但是可以先将变量删除再重新创建，达到修改变量作用域的目的。

2.3.5 动手练：求两数之和

1. 练习重点

变量积木的使用。

2. 问题描述

请设计一个程序脚本，输入两个数，计算出两数之和。

3. 解题分析

（1）使用问答积木询问并接收用户输入的两个数，存放在变量 *a* 和 *b* 中。

（2）使用“将……增加……”积木把变量 *a* 和 *b* 的值累加到变量 *s* 中。

（3）使用“说”积木输出两数之和（变量 *s* 的值）。

图 2-3-12　“求两数之和”空白脚本

4. 练习内容

（1）把图 2-3-12 所示的程序脚本中的空白积木替换为真实积木。

（2）修改上述脚本，使用“运算”指令面板中的加法运算积木实现求和功能。

2.4 数学运算

数学运算是编程语言提供的基本功能，与其他编程语言一样，Scratch 也提供强大的数学运算功能。如图 2-4-1 所示，在 Scratch 的“运算”指令面板中提供进行算术运算、关系运算、逻辑运算、三角函数运算、取整和求余运算、取随机数和字符串处理等丰富的指令积木。这些运算积木是一种报告积木，它们不能单独使用，需要和堆叠积木组合在一起使用。使用这些积木可以满足创作各种类型的 Scratch 项目的运算需求。

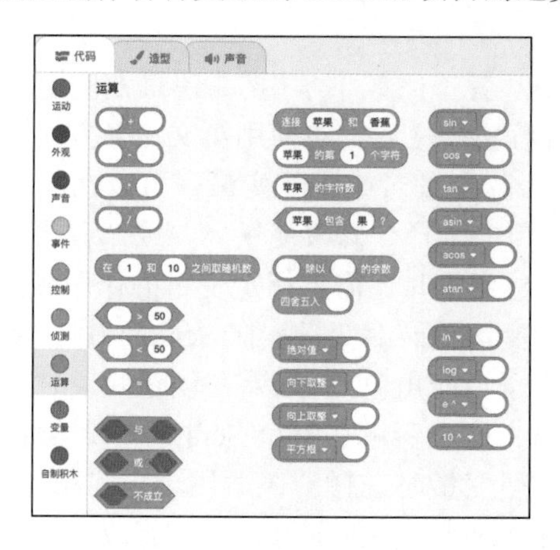

图 2-4-1　运算指令积木

2.4.1　跟我做：鸡兔同笼

使用 Scratch 提供的运算功能，可以编程求解各种数学问题。在本案例中，通过求解经典的“鸡兔同笼”问题来讲解数学运算的编程知识。

“鸡兔同笼”问题出自我国古代数学名著《孙子算经》下卷第 31 题，书中记载：

今有雉兔同笼，上有三十五头，

下有九十四足，问雉兔各几何？

这个流传很广的经典算题被收录在人教版小学《数学（四年级上册）》中，是一个常见的小学奥数题型。用白话文描述这个问题就是：

今有若干只鸡和兔子关在同一个笼子里，从上面数，有 35 个头；从下面数，有 94 只脚。问笼子里各有几只鸡和兔子？

“鸡兔同笼”问题有很多种解法，其中《孙子算经》里记载了一种简单的“砍足法”，它的计算公式是：

兔数 = 总脚数 ÷2– 总头数 = 94÷2–35 = 12

鸡数 = 总头数 – 兔数 = 35–12 = 23

我们只要做一次除法和一次减法，就能算出鸡和兔的数量。

接下来，我们根据上述算法编程求解“鸡兔同笼”问题，具体步骤如下。

（1）启动 Scratch 软件并创建默认的应用项目，将“当🏴被点击”积木拖动到代码区。

（2）通过“变量”指令面板中的“建立一个变量”按钮，分别创建 4 个变量：总脚数、总头数、兔数和鸡数。

（3）从“变量”指令面板中把“将……设为……”积木拖动到右侧代码区，在这个积木的下拉列表中选择“总脚数”变量，再按此方式分别设置总头数、兔数和鸡数这 3 个变量。最后将它们拼接在一起，放在“当🏴被点击”积木之下，如图 2-4-2 所示。

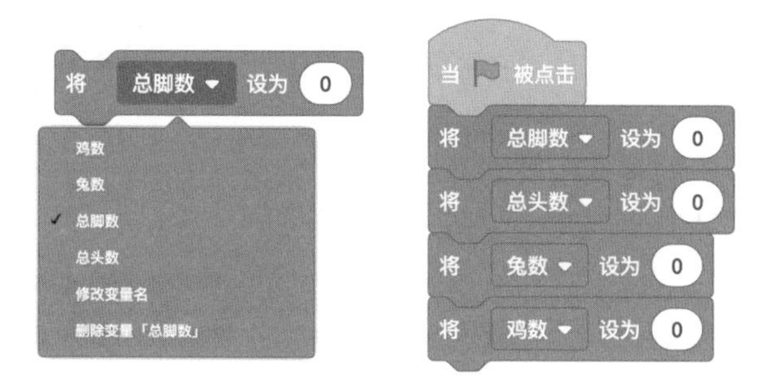

图 2-4-2　拼接四个变量积木

（4）在代码区中，将变量“总脚数”的值设定为 94，变量“总头数”的值设定为 35。

（5）兔数的计算公式是：总脚数 ÷2 – 总头数。从“运算”指令面板中把除法运算积木拖动到代码区，再把“总脚数”变量积木放入除法指令块的第一个嵌入槽，而在第 2 个嵌入槽输入数字 2。接着，把这个准备好的除法指令积木再放入减法运算积木的第一个嵌入槽，而在第 2 个嵌入槽放入“总头数”变量积木。这样就构建好了一个表达式组合积木，最后把它拖动到“兔数”变量积木的参数槽中，如图 2-4-3 所示。

（6）鸡数的计算公式是：总头数 – 兔数。按此公式构建表达式积木，并将其拖动到“鸡数”变量积木的参数槽中，如图 2-4-4 所示。至此，解决鸡兔同笼问题的程序编写完毕。

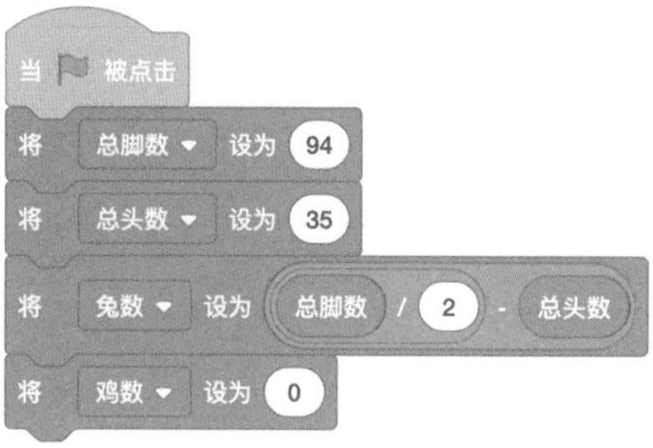

图 2-4-3　构建计算“兔数”的表达式

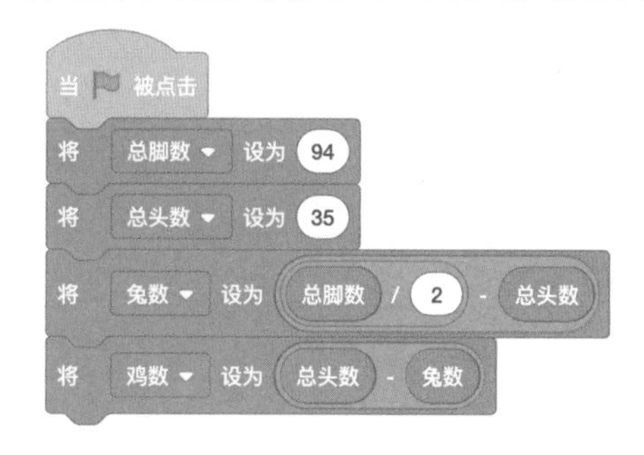

图 2-4-4　构建计算“鸡数”的表达式

（7）单击🏴按钮运行程序，将会计算出兔数和鸡数。通过查看舞台上这两个变量的值，就能知道答案。

2.4.2　算术运算和运算优先级

Scratch 提供进行加法、减法、乘法和除法等算术运算的指令积木。需要注意的是，在编程语言中，通常使用星号（*）表示乘法运算。这些积木的用法非常简单，需要配合其他积木使用，如图 2-4-5 所示。

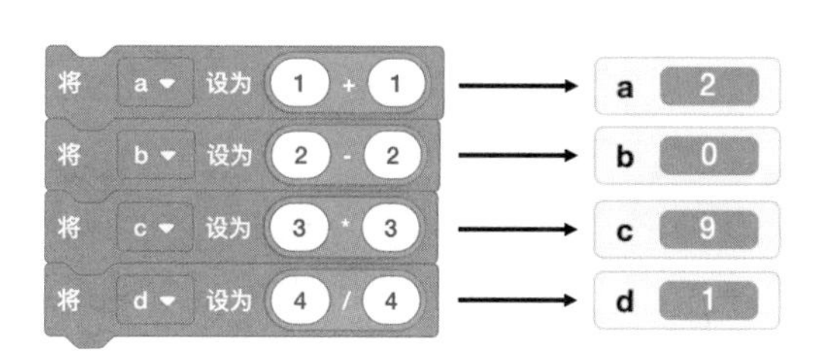

图 2-4-5　加法、减法、乘法和除法运算示例

Scratch 支持运算积木的嵌套使用，将不同的运算积木组合成复杂的算式。它的运算顺

序为：从内层到外层。从积木堆叠的角度看，也可以把运算顺序看作：从上层到下层。

例如，将算式 {[(4*5)−(2+3)]*6}/(1+2) 用 Scratch 的运算积木表示，它的嵌套结构如图 2-4-6 所示。图中从上到下展现的是从内层到外层的积木组合顺序，而它的运算顺序是先执行内层的积木，再执行外层的积木。

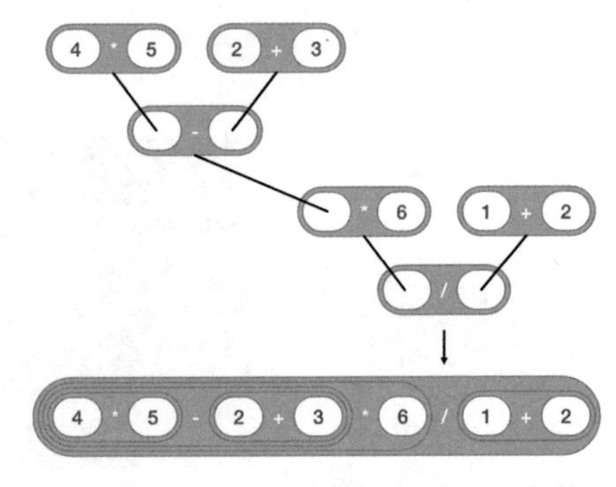

图 2-4-6　一个用运算积木描述的复杂算式

2.4.3　数学函数

Scratch 不仅能够进行基本的算术运算，还提供丰富的数学函数以满足多种需求的数学运算。这些函数包括：取余数、四舍五入、绝对值、向下取整、向上取整、平方根，以及常用的三角函数（sin、cos 和 tan 等）、对数和指数等。其中，取余数和四舍五入这两个函数以独立的运算积木出现在“运算”指令面板中；而其他函数集中在一个积木中，它有一个下拉列表可以选择使用的函数。如表 2-4-1 所示，这是一些常用函数的用法示例和积木说明。

表 2-4-1　一些常用函数使用示例及说明

示　例	运算结果	说　　明
5 除以 2 的余数	1	返回第 1 个数除以第 2 个数的余数，也叫取模运算。在其他编程语言中通常使用 mod 或 % 作为运算符。例如，5 mod 2 或 5 % 2
四舍五入 9.8	10	返回小数四舍五入后得到的整数
绝对值 ▾ -5	5	返回一个数的绝对值。正数和零的绝对值是它本身，负数的绝对值是它的相反数
向下取整 ▾ 9.8	9	返回一个不大于并且最接近给定参数的整数
向上取整 ▾ 9.2	10	返回一个不小于并且最接近给定参数的整数
平方根 ▾ 9	3	返回一个数的平方根
sin ▾ 30	0.5	返回一个角度的正弦值
cos ▾ 60	0.5	返回一个角度的余弦值
tan ▾ 45	1	返回一个角度的正切值

在实际编程中，有时会用到乘方或开方运算。虽然 Scratch 没有直接提供这两个运算功能的指令积木，但可以用其他积木的组合间接实现乘方或开方运算。

使用 e ^ ▾ 和 ln ▾ 的积木组合可以计算 2 的 4 次方，如图 2-4-7 所示。

使用 10 ^ ▾ 和 log ▾ 的积木组合可以计算 16 的 4 次方根，如图 2-4-8 所示。

e ^ ▾ (4 * ln ▾ 2)

图 2-4-7　计算“2 的 4 次方”的积木组合

10 ^ ▾ (log ▾ 16 / 4)

图 2-4-8　计算“16 的 4 次方根”的积木组合

2.4.4 动手练：龟鹤算

1. 练习重点

算术运算积木和变量积木的使用。

2. 问题描述

有龟和鹤共 40 只，龟的腿和鹤的腿共有 112 条。问龟、鹤各有几只？

3. 解题分析

该问题与“鸡兔同笼”问题类似，参照“鸡兔同笼”的解法即可求解。

4. 练习内容

（1）把图 2-4-9 所示的程序脚本中的空白积木替换为真实积木。

（2）运行程序，求得龟有________只，鹤有________只。

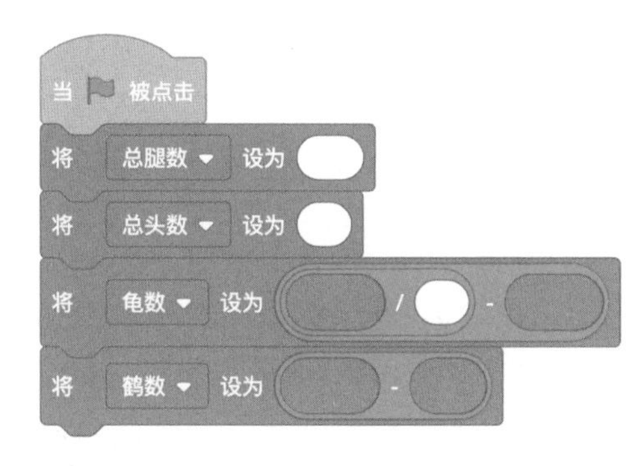

图 2-4-9 “龟鹤算”空白脚本

2.5 随机数

随机数的应用非常广泛，在创作游戏或模拟实验等类型的 Scratch 项目时，使用随机数能够创造出千变万化的运动效果、外观变化、实验参数等。例如，在大鱼吃小鱼游戏中让小鱼以随机的角度任意游动，在打地鼠游戏中让地鼠随机出现在不同的地洞中，在制作雪花动画时模拟雪花随机飘落的效果，等等。Scratch 提供一个“在……和……之间取随机数”运算指令积木，能够在给定的范围内随机生成整数或小数。

2.5.1 跟我做：小鱼逍遥游

使用 Scratch 提供的生成随机数的功能，能够实现效果逼真的小游戏。在本案例中，我们使用随机数让一条可爱的小鱼在舞台上自由自在地游动，具体步骤如下。

（1）启动 Scratch 软件后，在角色列表中单击小猫角色缩略图右上角的“删除”按钮，或者在小猫角色缩略图上右击，然后在弹出的快捷菜单中选择“删除”命令，把默认创建的小猫角色删除掉，如图 2-5-1 所示。

（2）在角色管理区中单击“添加角色”按钮，然后将 Scratch 角色库中的 Fish 角色添加到角色列表中，如图 2-5-2 所示，在打开的 Scratch 角色库窗口的搜索框内输入 Fish，就能够快速地找出小鱼角色。

图 2-5-1　从角色列表中删除角色

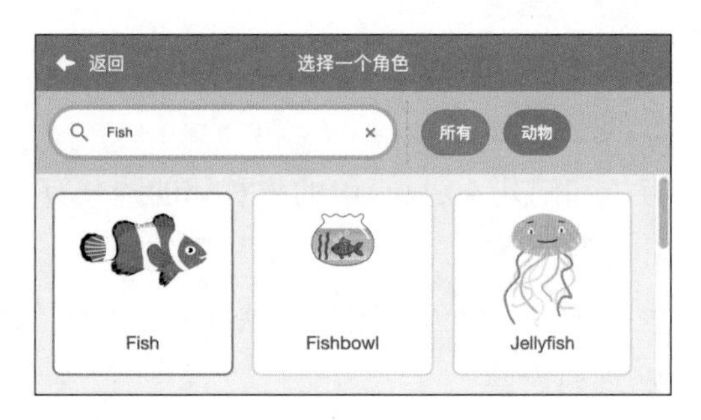

图 2-5-2　在角色库中查找小鱼角色

（3）切换到小鱼角色的代码区，编写控制小鱼游动的脚本。首先将一个“当被点击”积木拖动到右侧的代码区，然后从“外观”指令面板中把“将大小设为……”积木拖动到代码区，拼接在“当被点击”积木之下。为了让舞台上的小鱼缩小，把“将大小设为……”积木的参数设定为 50，这样使小鱼看上去显得协调一些。

（4）从“控制”指令面板中把一个“重复执行”积木拖动到代码区，拼接在前面的指令积木之后。

（5）从“运动”指令面板中把一个“移动……步”积木拖动到代码区，拼接在“重复执行”积木内部，将“移动……步”积木的参数设定为 2。

（6）把一个“左转……度”积木拖动到代码区拼接在“移动……步”积木之下。这个“左转……度”积木用于控制小鱼每次旋转的角度。为了让小鱼在舞台上运动得比较自然，使用一个随机函数生成 –10~10 的任意整数，作为小鱼每次运动时向左旋转的角度。

（7）最后再将一个“碰到边缘就反弹”积木拼接在“左转……度”积木之下。至此，“小鱼逍遥游”案例的程序脚本编写完毕，脚本清单如图 2-5-3 所示。

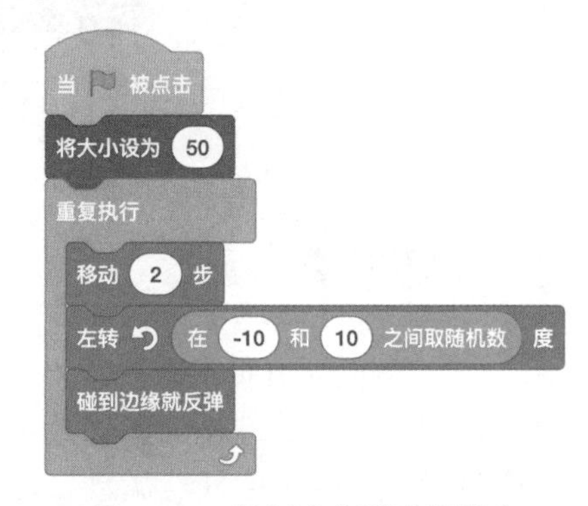

图 2-5-3　控制小鱼游动的脚本

（8）单击按钮运行程序，将会看到一条可爱的小鱼在舞台上自由自在地游动。

2.5.2　生成随机数

在 Scratch 中可以使用“在……和……之间取随机数”积木生成随机数。这个积木有两个参数，分别用于设定生成随机数的起始值和结束值，生成的随机数中包括这两个参数。例如，在执行“在 1 和 10 之间取随机数”积木时，将会返回包括 1 和 10 在内的 10 个数中的任意一个数。

根据给定的参数是整数或是小数，这个积木将会随机生成并返回整数或小数。例如，使用“在 1 和 10 之间取随机数”积木，返回的是整数类型的随机数；而使用“在 1 和 10.0 之间取随机数”积木，返回的则是小数类型的随机数。这是因为后者的参数中有一个是小数，所以它生成的随机数的类型是小数。

如果希望按照一定的间距生成随机数，可以将“在……和……之间取随机数”积木返回的随机数除以或乘以一个数。例如，使用“(在 0 和 10 之间取随机数) /10”的组合积木，能够生成 0 到 1 之间并且以 0.1 为间距的随机数；使用“(在 0 和 10 之间取随机数) *10”的组合积木，能够生成 0 到 100 之间并且以 10 为间距的随机数。

如表 2-5-1 所示，这里介绍了一些生成不同的随机数的方法。

表 2-5-1　生成随机数示例

使用示例	连续生成 5 个随机数的情况
在 0 和 10 之间取随机数	1，0，5，9，10
在 -10.0 和 10 之间取随机数	–6，3，1，–1，–4
在 0 和 10.0 之间取随机数	8.493871238190758，6.564499572164195，7.690744053657175，3.673250912218573，7.048583247721907
在 -10 和 10 之间取随机数	–6.775005429544669，3.430336032723904，4.5932417399417425，5.465876654096892，–5.987946275591454
在 0 和 10 之间取随机数 / 10	0.1，0.3，0.1，0.3，0.6
在 0 和 10 之间取随机数 * 10	40，30，100，0，10

2.5.3 动手练：幸运大转盘

1. 练习重点

随机数积木和变量积木的使用。

2. 问题描述

设计一个如图 2-5-4 所示的幸运大转盘抽奖程序。该程序由一个写有各种奖项的红色转盘角色和一个指针角色构成。当单击🏴按钮运行程序后，转盘角色就会以随机的速度开始转动，然后慢慢地减速直至停下来。最后，查看指针角色的指向就可知道所获的奖项。

注：本书资源包中提供的项目模板文件“幸运大转盘 [模板].sb3”，内含转盘角色和指针角色。

3. 解题分析

打开项目模板文件“幸运大转盘 [模板].sb3”，在转盘角色的代码区编写程序。

使用一个“速度”变量控制转盘角色的旋转。在转盘角色旋转之前，将“速度”变量设为一个随机数值 (例如，在 20~30 随机取一个数)。然后，在一个循环结构中使“速度”变量的值不断减小，从而控制转盘角色逐渐减慢速度。当“速度”变量的值小于 0 时，转盘停止转动，抽奖结束。

4. 练习内容

（1）使用角色属性面板修改角色坐标。将转盘角色的 x 坐标和 y 坐标都设定为 0，将指针角色的 x 坐标设定为 0、y 坐标设定为 50。

（2）把图 2-5-5 所示的程序脚本中的空白积木替换为真实积木。

图 2-5-4　幸运大转盘

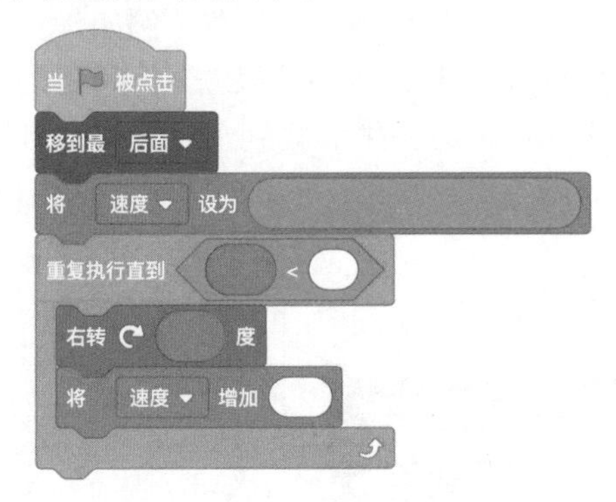

图 2-5-5　“幸运大转盘”空白脚本

2.6　字符串函数

与其他编程语言相比，Scratch 提供的字符串处理功能比较弱，只提供 4 个指令积木用来进行简单的字符串处理。这些积木能够将两个字符串连接成一个新的字符串，或者从一个字符串中取出某个字符，或者取得一个字符串的长度，或者检测一个字符串中是否包含另一个字符串。

2.6.1　跟我做：成语接龙

在本案例中，我们将和小猫玩一个大家很熟悉的成语接龙游戏，通过它来学习字符串的处理。

在这个成语接龙的游戏中，我们限定只能使用四字成语。小猫从“一马当先”开始出题，由用户输入成语进行接龙。如果用户输入的不是四字成语或者输入不匹配的成语，就提示“接龙出错，游戏结束！”。

接下来，我们编程实现成语接龙的功能，具体步骤如下。

（1）启动 Scratch 软件并创建默认的项目，在小猫角色的代码区，使用“说……2 秒”指令显示“成语接龙开始啦……”,再创建一个名为“成语”的变量,将它的初值设定为“一马当先”。这样就设置了接龙开始的成语，如图 2-6-1 所示。

（2）在进行成语接龙时，先让小猫角色说出“成语”变量中的成语，然后由程序用“……的第……个字符”积木取出该成语的第 4 个字符，再使用“询问……并等待”积木提示用户输入以某字开头的成语，并将用户的回答设置为变量“成语”的内容，最后把几个指令积木组合在一起放到一个“重复执行”循环指令积木内部。这样就得到了一个无限循环的成语接龙程序的基本框架，如图 2-6-2 所示。我们把这段脚本拼接在图 2-6-1 所示的脚本后面。

图 2-6-1　设置接龙开始的成语

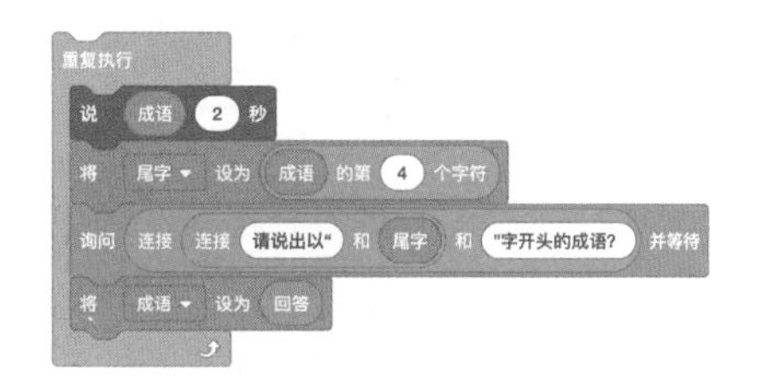

图 2-6-2　接龙程序的基本框架

（3）编写判断用户接龙的成语是否出错的脚本。在程序中使用“……的字符数”积木来取得用户回答的成语的长度，并使用“……的第……个字符”积木取得用户回答的成语的第一个字符，之后判断如果用户回答的成语不是 4 个字符，或者回答的成语的首字与前一成语的尾字不一样，就使用“说”积木显示提示信息“接龙出错，游戏结束!”，然后停止当前脚本的运行。我们把这段脚本（见图 2-6-3）追加到“重复执行”积木内部，即将这段脚本拼接在“将 [成语] 设定为 [回答]”积木之后。

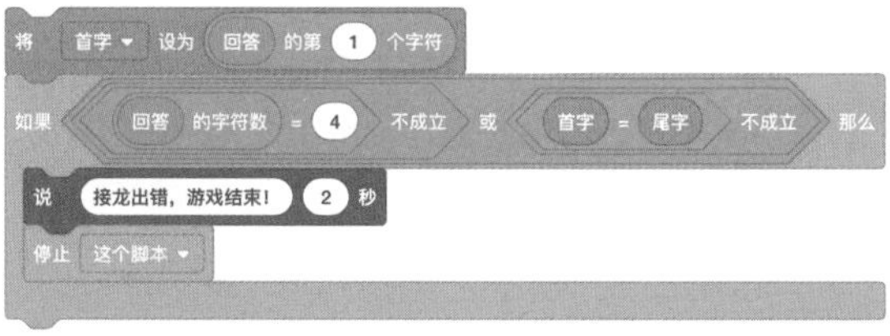

图 2-6-3　判断接龙出错的脚本

至此，一个简单的成语接龙程序编写完毕，可以开始对它进行测试了。

2.6.2　字符串处理

字符串类型是 Scratch 提供的 3 种基本数据类型之一。这种类型的数据是由若干个字母、数字、汉字或符号等组成的字符序列。值得注意的是，当一个字符串的长度为 0 时，把它称为空字符串（简称空串），它通常用来清空一个字符串类型变量中存储的内容。

Scratch 提供 4 个指令积木用于操作字符串类型的数据，它们的作用描述如下。

（1）“连接……和……”积木：将两个字符串连接成一个新的字符串。

（2）“……的第……个字符”积木：从一个字符串中取出指定位置上的一个字符。

（3）“……的字符数”积木：获取一个字符串的长度，也就是组成这个字符串的字符个数。

（4）“……包含……?”积木：检测一个字符串是否包含另一个字符串。

如图 2-6-4 所示，这是一些字符串操作的示例，说明如下。

（1）前两行积木分别将变量“词 1”和“词 2”的值设定为字符串“你好”和“中国”。

（2）第 3 行积木是在变量“词 1”的值后面连接一个字符串“世界”，得到一个新的字符串“你好世界”，并把它设定为变量“字符串”的值。

（3）第 4 行积木是在字符串“我爱”后面连接变量“词 2”的值，得到一个新的字符串“我爱中国”，并把它设定为变量“字符串”的值。

（4）第 5 行积木是取出变量“字符串”中的第 2 个字符（即“爱”字），并把它设定为变量“字符”的值。

（5）第 6 行积木是取得变量“字符串”的长度，并把它设为变量“长度”的值。

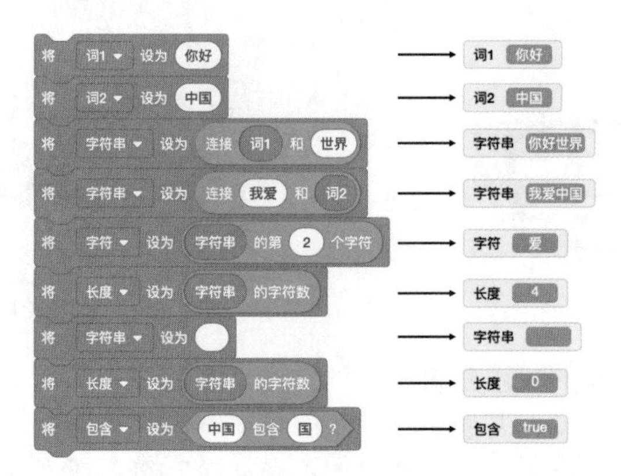

图 2-6-4　字符串操作示例

（6）第 7 行积木是把变量“字符串”的值设定为一个空字符串。

（7）第 8 行积木是取得变量“字符串”的长度，此时变量“字符串”的值是一个空串，所以它的长度为 0。

（8）第 9 行积木是检测字符串“中国”是否包含另一个字符串“国”，并将检测结果存放在变量“包含”中。因为“中国”中含有“国”字，所以检测结果为 true。

2.6.3　动手练：回文诗

1. 练习重点

取字符串长度、取某个字符和连接字符串等积木的使用。

2. 问题描述

宋代是回文诗创作的鼎盛时期，苏轼在他的《记梦回文二首并序》中有一首回文诗：

空花落尽酒倾缸，日上山融雪涨江。红焙浅瓯新火活，龙团小碾斗晴窗。

把这首诗倒着读是：

窗晴斗碾小团龙，活火新瓯浅焙红。江涨雪融山上日，缸倾酒尽落花空。

请设计一个程序脚本，让用户输入一首七言回文诗，由程序将它倒读出来。

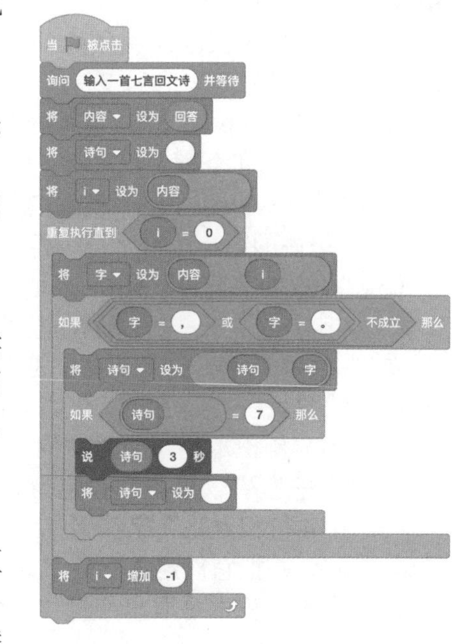

图 2-6-5　“回文诗”空白脚本

3. 解题分析

这个脚本的编程思路是，由后往前逐个字符读取回文诗的内容，如果字符不是句号或逗号，就用“连接”积木把单个字符连接起来。当凑够 7 个字时，就把这句诗说出来。

4. 练习内容

（1）探索“控制”指令面板中“重复执行直到……”积木和“如果……那么”积木的使用方法。

（2）把图 2-6-5 所示的程序脚本中的空白积木替换为真实积木。

第3章

程序控制

这一章将向读者介绍使用Scratch进行结构化程序设计和几种基本的编程策略，为编写结构复杂、逻辑清晰的程序和学习后续内容打好基础。

通过编程，我们能够让计算机解决各种实际问题。在解决问题时，需要仔细分析问题，将解决思路整理清楚。一般来说，无论问题如何复杂，总是可以把解决过程分解为若干个明确的步骤，这些步骤称为算法。我们可以使用自然语言来描述算法，也可以使用直观、形象的流程图来描述算法。流程图能够清晰明确地展现算法的逻辑关系和结构，在程序设计中被广泛使用。在实现算法的时候，我们可以采用一些基本的编程策略，如枚举策略、模拟策略、递推策略等。

程序其实是使用编程语言对算法进行描述的产物。任何程序无论它的结构是简单的还是复杂的，都可以归纳为三种基本结构，即顺序结构、选择结构和循环结构。在Scratch的“控制”指令面板中提供了用于创建选择结构和循环结构的指令积木，通过这些指令积木的组合或嵌套，就可以实现任何简单或复杂的程序控制流程，从而创建各种各样的应用程序项目。

本章包括以下主要内容。

- 顺序结构、选择结构和循环结构的程序设计。
- 使用流程图描述解决问题的算法。
- 关系运算和逻辑运算指令积木的使用。
- 几种基本的编程策略。

3.1 顺序结构

顺序结构是一种最简单的程序结构。只要把解决问题的计算机指令按顺序组合在一起，计算机就会按照自上而下的顺序依次执行每一条指令。例如有一些简单的数学题，只要将参数代入公式即可求解，它的解题过程通常是顺序结构的。以顺序结构描述解决问题的算法简单而直接，处理流程自上而下，不会转向。使用Scratch编程解决问题时，只要将一些指令积木按顺序堆叠在一起就能够组成顺序结构的程序脚本。

3.1.1 跟我做：计算梯形面积

在本案例中，我们通过计算梯形面积来讲解使用顺序结构编程解题。

1. 问题描述

设一个梯形的上底为 a，下底为 b，高为 h。请设计一个计算梯形面积的算法，并画出流程图和编写程序。

2. 算法分析

这个问题并不复杂，使用顺序结构就能把问题描述清楚，只要将各个参数代入梯形面积公式进行计算即可。

使用自然语言描述解决该问题的算法如下。

第 1 步，输入 a、b、h 的值。

第 2 步，计算梯形的面积 $S=\frac{1}{2}(a+b)h$。

第 3 步，输出梯形的面积 S。

使用流程图描述上述算法，如图 3-1-1 所示。

3. 编写程序

根据上述算法描述的各个步骤，使用问答积木、说积木、变量积木和运算积木等就能够创建一个顺序结构的程序脚本，如图 3-1-2 所示。运行这个脚本，就能计算出梯形面积。

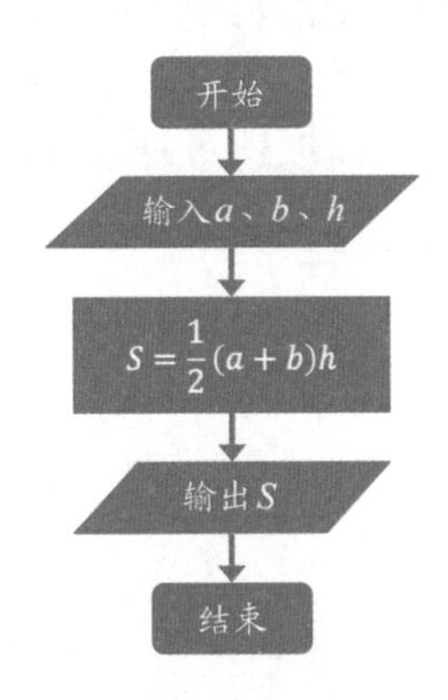

图 3-1-1 “计算梯形面积”流程图

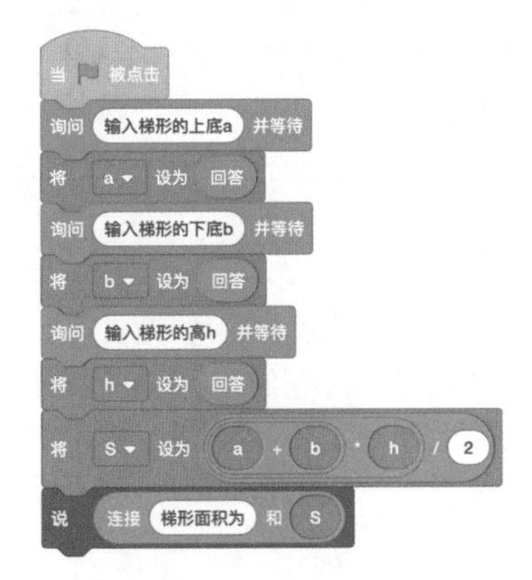

图 3-1-2 “计算梯形面积”脚本清单

3.1.2 流程图

在编程中，将解决问题的过程分解为若干个明确的步骤，称为算法。使用编程语言将算法准确地描述出来就得到程序，之后让计算机执行程序去解决问题。

除了使用自然语言描述算法之外，人们经常使用一种称为“流程图”的图形化方式描述算法。使用流程图，可以更直观和形象地描述算法的执行步骤，更清楚地展现算法的逻辑结构，也更容易理解算法的处理过程。

在编程中，流程图又称为程序框图，是一种用程序框、流程线和文字说明来表示算法的图形。如表 3-1-1 所示的是用于描述流程图的基本图形符号及其功能说明。

表 3-1-1　流程图的基本图形符号及其功能说明

程　序　框	符 号 名 称	功 能 说 明
	终端框（起止框）	表示一个算法的开始或结束
	输入框或输出框	表示数据的输入或结果的输出
	处理框（执行框）	表示一个执行步骤，如赋值、计算等
	判断框（选择框）	判断给定条件是否成立，成立时在出口标明“是”或 Y，不成立时标明“否”或 N
	流程线	用带有方向箭头的流程线连接不同的程序框，表示流程的方向

3.1.3　顺序结构的程序设计

在程序设计中，程序结构分为顺序结构、选择结构和循环结构。任何程序都可以由这 3 种基本结构组成。其中，顺序结构是最简单的程序结构，也是最常用的程序结构，任何程序都不可缺少。

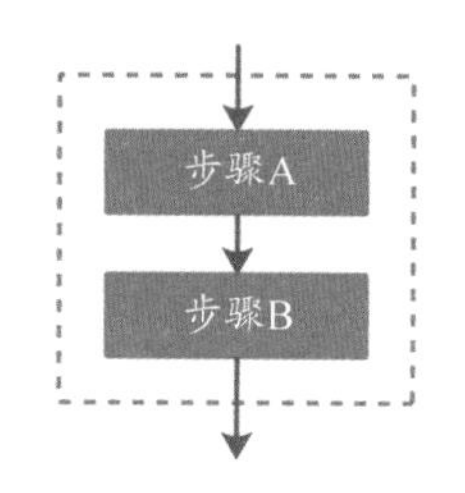

图 3-1-3　顺序结构示意图

在流程图中，顺序结构就是用流程线将程序框自上而下地连接起来，按顺序执行各个操作步骤。如图 3-1-3 所示，步骤 A 和步骤 B 是依次执行的，只有在执行完步骤 A 中的操作后，才能接着执行步骤 B 中的操作。

有一个脑筋急转弯问题。问：怎么把一只大象放到冰箱里？答：第 1 步把冰箱门打开；第 2 步把大象放进去；第 3 步把冰箱门关上（见图 3-1-4）。

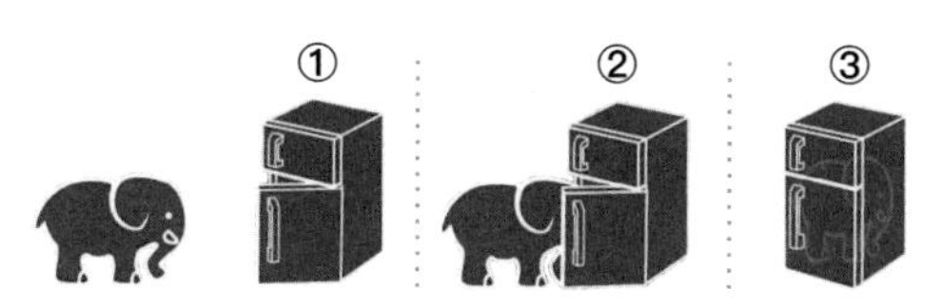

图 3-1-4　脑筋急转弯图示

与此类似，编写程序通常可以分为 3 个步骤，即输入数据、处理数据和输出数据。这种编写程序的方法称为 IPO（input processing output）模式。这个模式提供了一个简单的程序框架，让我们能够把一些看似复杂的问题描述成简单的顺序结构算法，然后编写出程序脚本。如图 3-1-5 所示，这种顺序结构的程序比较简单，脚本中的各个步骤从上到下依次执行，所有步骤执行完毕，问题也就得到解决。

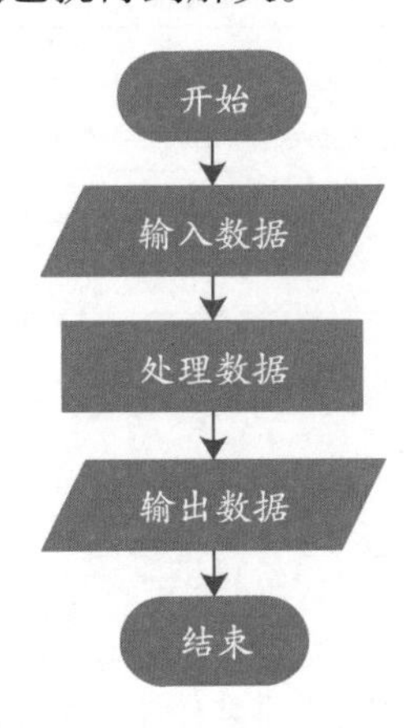

图 3-1-5　IPO 模式的流程图

3.1.4　动手练：计算圆锥体积

1. 练习重点

顺序结构的应用。

2. 问题描述

假设一个圆锥的底面半径是 r，高是 h。请设计一个计算圆锥体积的算法，并画出流程图和编写程序。

3. 解题分析

已知圆锥体积的计算公式为 $V=\frac{1}{3}Sh$，先使用圆的面积公式 $S=\pi r^2$ 计算出圆锥的底面积，再将 S 代入公式 $V=\frac{1}{3}Sh$，就可以计算出圆锥的体积。

使用自然语言描述计算圆锥体积的算法如下。

第 1 步，输入圆锥的底面半径 r 和圆锥的高 h。

第 2 步，计算圆锥底面积 $S=\pi r^2$。

第 3 步，计算圆锥体积 $V=\frac{1}{3}Sh$。

第 4 步，输出圆锥体积 V。

4. 练习内容

（1）在图 3-1-6 所示的算法流程图的程序框内写上文字说明。

（2）把图 3-1-7 所示的程序脚本中的空白积木替换为真实积木。

（3）运行程序，计算出底面半径为 3、高为 8 的圆锥体积为 ______。

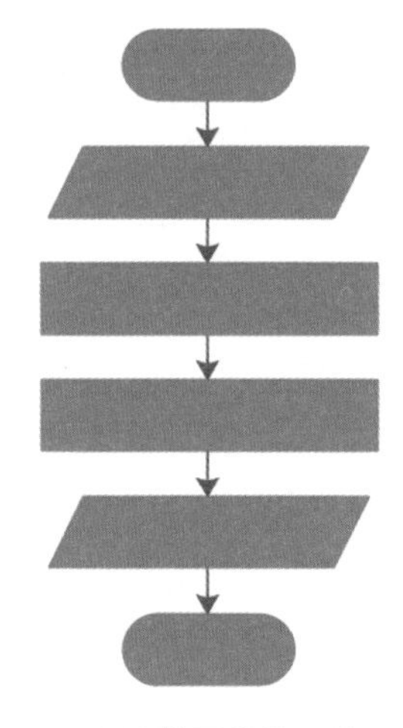

图 3-1-6 “计算圆锥体积”流程图

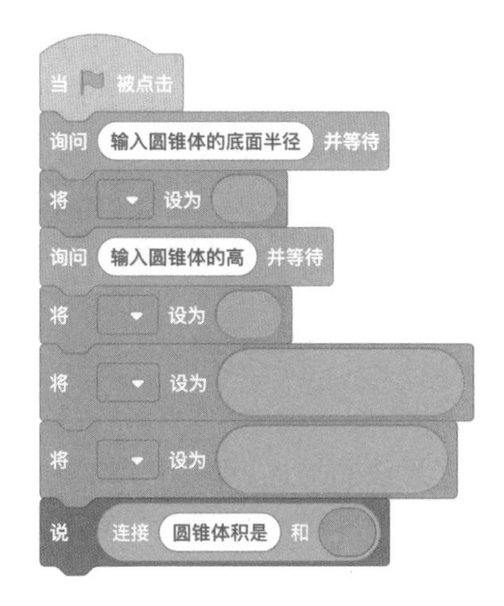

图 3-1-7 “计算圆锥体积”空白脚本

3.2 选择结构

选择结构又称条件结构或分支结构，它是程序设计中的 3 种基本结构之一。在编写程序时，经常会遇到一些算法步骤需要在满足一定条件时才会被执行的情况。例如，在用 Scratch 创作的射击游戏项目中，通过判断子弹是否碰撞目标来决定是否命中，通过判断目标是否被击中而增加玩家的得分，通过判断玩家的得分来决定是否取得胜利，等等。选择结构就是用来处理这种需要根据条件来选择执行步骤的程序结构。

如图 3-2-1 所示，在 Scratch 的“控制”指令面板中，提供“如果……那么”积木和“如果……那么……否则”积木用来创建选择结构的程序。

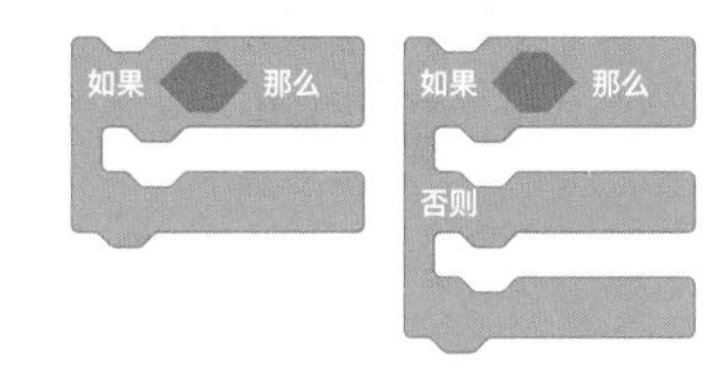

图 3-2-1 选择结构指令积木

3.2.1 跟我做：求绝对值

在程序中使用选择结构能够实现一些复杂的逻辑判断。在本案例中，我们以求数的绝对值为例来讲解选择结构在编程中的应用。

1. 问题描述

设计一个求数的绝对值的算法，任意输入一个数 x，计算 $y = |x|$，并输出 y 的数值。要求画出流程图，并编写程序。

2. 算法分析

让我们先介绍一下有关绝对值的数学知识。

一般地，数轴上表示数 a 的点与原点的距离叫作数 a 的绝对值，记作 $|a|$。这里的数 a 可以是正数、负数和 0。

由绝对值的定义可知：一个正数的绝对值是它本身；一个负数的绝对值是它的相反数；0 的绝对值是 0。即：如果 $a>0$，那么 $|a|=a$；如果 $a=0$，那么 $|a|=0$；如果 $a<0$，那么 $|a|=-a$。

根据上述关于绝对值的介绍，应该使用选择结构来解决求绝对值的问题。

使用自然语言描述求绝对值的算法如下。

第 1 步，输入一个数 x。

第 2 步，如果 x 小于 0，则使 $y=-x$。

第 3 步，如果 x 大于或等于 0，则使 $y=x$。

第 4 步，输出 y。

使用流程图来描述上述算法，如图 3-2-2 所示。

3. 编写程序

根据上述算法的描述，使用“如果……那么……否则”积木、关系运算积木、字符串连接积木、问答积木等来创建一个选择结构的程序脚本，如图 3-2-3 所示。

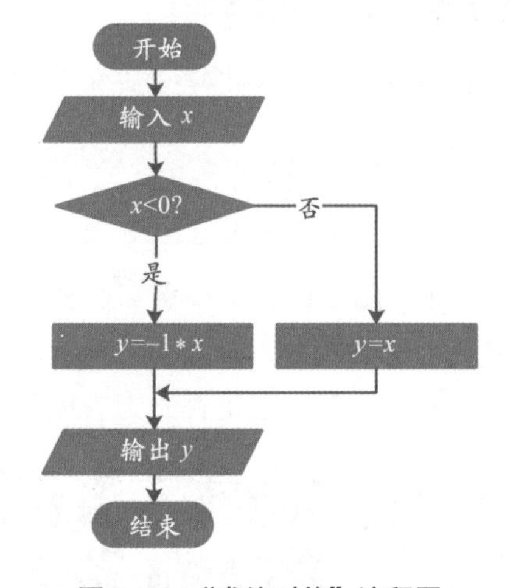

图 3-2-2 “求绝对值”流程图

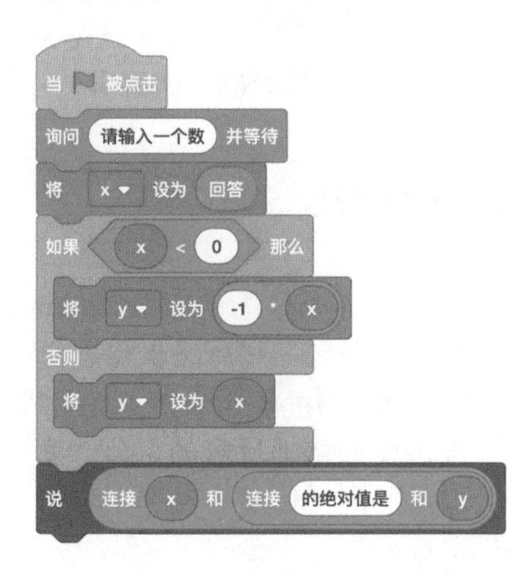

图 3-2-3 “求绝对值”脚本清单

3.2.2 关系运算和逻辑运算

在编程中，选择结构中的给定条件在运算后会得到一个逻辑值（只有真或假两种状态），当这个逻辑值为真时，则说明给定条件成立；而当逻辑值为假时，则说明给定条件不成立。逻辑值在 Scratch 中也称为布尔值（Boolean）。Scratch 提供两类运算积木用于对各种条件进行运算并返回一个布尔值，它们是关系运算积木和逻辑运算积木。

1. 关系运算

关系运算是对两个运算量进行大小关系的比较，运算的结果是一个布尔值。Scratch 提供 3 种积木用于进行关系运算，它们分别是小于（<）、等于（=）、大于（>）。

如图 3-2-4 所示，当比较数字的大小时，按照数字在数轴上的位置进行比较，在数轴右边的数字比在数轴左边的数字大；当比较字符串的大小时，按照字典顺序进行比较，并且不区分字母的大小写。

2. 逻辑运算

逻辑运算又称布尔运算，是用来测试运算量的逻辑关系，运算的结果是一个布尔值。需要注意的是，参与逻辑运算的运算量也是一个布尔值。Scratch 提供 3 种积木用于进行逻辑运算，它们分别是与（and）、或（or）、不成立（not）。在 Scratch 中，逻辑运算积木需要和关系运算积木或逻辑运算积木自身嵌套使用。

“与”积木：只有两个运算量的值为 true 时，它的运算结果才为 true；如果其中一个运算量的值为 false，那么它的运算结果就为 false。

“或”积木：只有两个运算量的值为 false 时，它的运算结果才为 false；如果其中一个运算量的值为 true，那么它的运算结果就为 true。

“不成立”积木：当运算量的值为 true 时，它的运算结果为 false；当运算量的值为 false 时，它的运算结果为 true。

如图 3-2-5 所示，这是一些逻辑运算积木使用示例，说明如下。

（1）第 2 行，“与”积木的两个运算量的值都为 true，所以运算结果为 true。

（2）第 3 行，“与”积木的两个运算量中有一个的值为 false，所以运算结果为 false。

（3）第 4 行，“或”积木的两个运算量中有一个的值为 true，所以运算结果为 true。

（4）第 5 行，“或”积木的两个运算量的值都为 false，所以运算结果为 false。

（5）第 6 行，“不成立”积木的运算量的值为 true，所以运算结果为 false。

（6）第 7 行，“不成立”积木的运算量的值为 false，所以运算结果为 true。

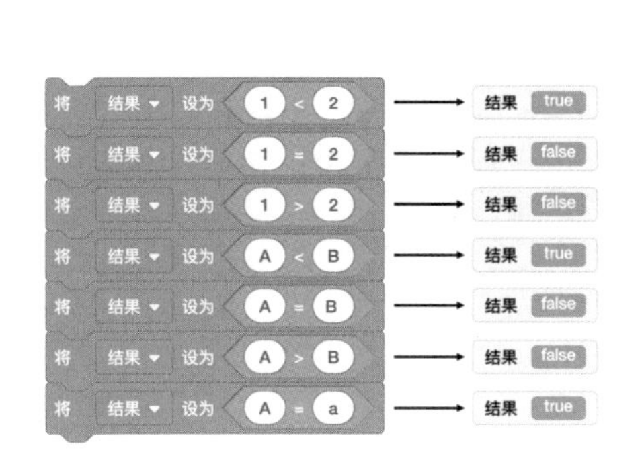

图 3-2-4　使用关系运算积木比较数字和字母大小的示例

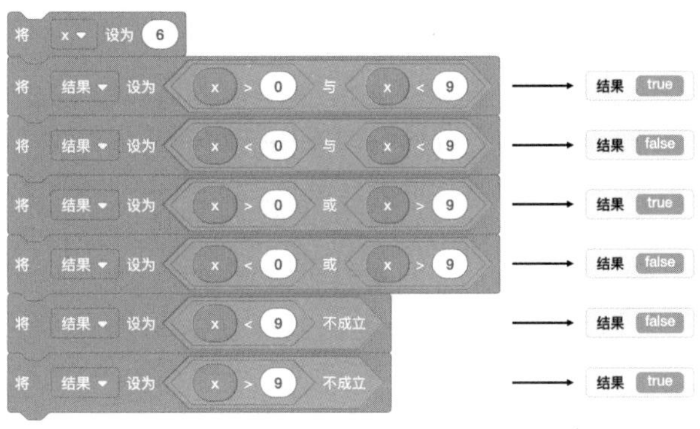

图 3-2-5　逻辑运算积木使用示例

3. 复杂条件的表示

在选择结构中，判断条件的表示是重点。在编程解决问题时，一些简单的判断条件单独使用关系运算积木或者逻辑运算积木就可以描述清楚，而一些复杂的判断条件需要将关系运算积木和逻辑运算积木结合使用。

例如，判断某年是否为闰年。闰年分普通闰年和世纪闰年两种。普通闰年的判断方法是：公历年份为 4 的倍数，但不是 100 的倍数，即能被 4 整除，但不能被 100 整除的公历年份；世纪闰年的判断方法是：公历年份为整百，且为 400 的倍数，即能被 400 整除的公历年份。

倍数可以通过余数来判断。例如，一个数是 4 的倍数，可以描述为该数除以 4 的余数等于 0。“不是”可以用逻辑非来表示，使用“……不成立”积木进行运算。两个同时存在的条件可以用逻辑与来表示，使用“……与……”积木进行运算。那么，普通闰年的判断条件“年份是 4 的倍数，但不是 100 的倍数”就可以描述为如图 3-2-6 所示的表达式。

图 3-2-6　判断普通闰年的表达式

两个可选的条件可以用逻辑或来表示，使用“……或……”积木进行运算。那么，普通闰年和世纪闰年就可以放在一起判断，则闰年的判断条件“年份是 4 的倍数，但不是 100 的倍数；或者年份是 400 的倍数”就可以描述为如图 3-2-7 所示的表达式。

图 3-2-7　判断闰年的表达式

3.2.3 选择结构的程序设计

在程序设计中，顺序结构无法描述复杂的流程。算法中经常需要对某些条件进行判断，再根据条件是否成立而有选择地执行一些操作步骤。选择结构就是用来实现这种需求的逻辑结构。根据选择结构分支的多少，通常分为单分支选择结构、双分支选择结构和多分支选择结构。

在流程图中，选择结构使用判断框（选择框）表示。把给定条件写在判断框内，它的两个出口分别指向两个不同的分支，在指向条件成立的出口处标明“是”或 Y，在指向条件不成立的出口处标明“否”或 N。一个判断框可以用来描述单分支选择结构和双分支选择结构，而通过多个判断框的组合可以用来描述多分支选择结构。如图 3-2-8 所示的是单分支选择结构，图 3-2-9 所示的是双分支选择结构。

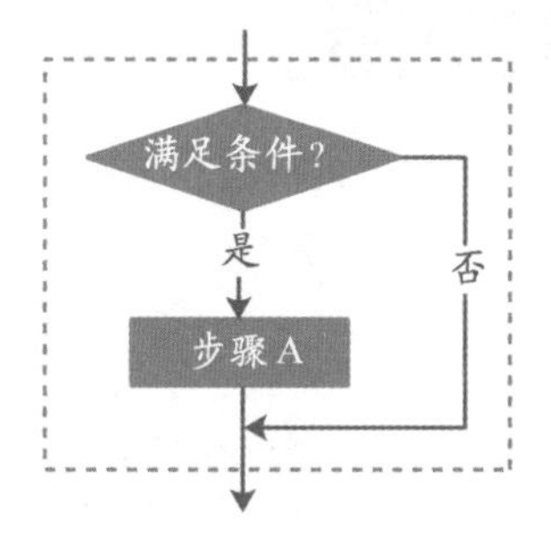

图 3-2-8　单分支选择结构

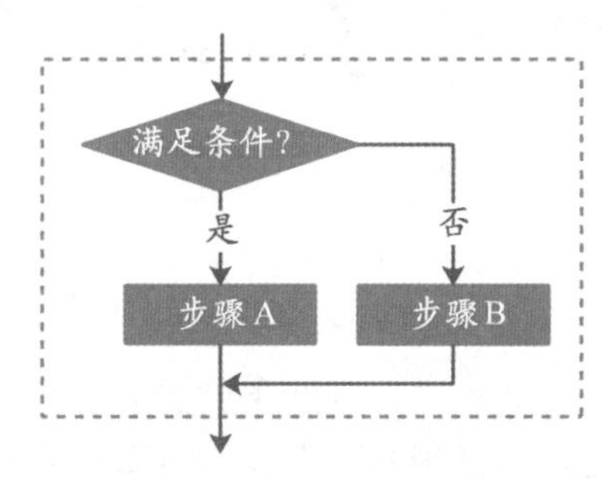

图 3-2-9　双分支选择结构

Scratch 提供“如果……那么”积木和“如果……那么……否则”积木来支持单分支选择结构和双分支选择结构，而通过这两种积木的组合使用也能实现多分支选择结构。

在解决实际问题中，将选择结构应用于需要进行逻辑判断的算法中，并结合关系运算和逻辑运算操作，可以描述各种复杂的逻辑规则，从而使程序能够处理各种复杂的问题。

1. 问题描述

请设计一个判断奇偶数的算法，输入一个正整数，判断它是偶数还是奇数，并画出流程图和编写程序。

2. 算法分析

如果一个正整数能够被 2 整除，那么该正整数是偶数，否则它就是奇数。这个判断要用到选择结构。

使用自然语言描述判断奇偶数的算法如下。

第 1 步：输入一个正整数 N。

第 2 步：判断 N 是否能被 2 整除，即判断条件是“N 除以 2 的余数 = 0”是否成立。

第 3 步：若判断条件成立，则输出 N 是偶数，否则输出 N 是奇数。

使用流程图来描述上述算法，如图 3-2-10 所示。

3. 编写程序

根据上述算法的描述，使用“如果……那么……否则”积木来创建一个选择结构的程序脚本，如图 3-2-11 所示。

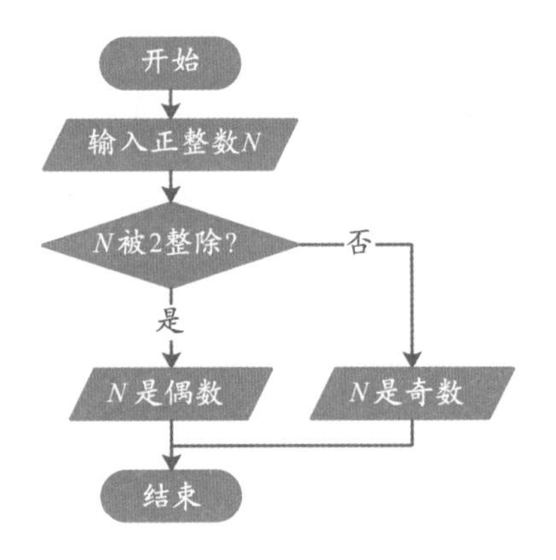

图 3-2-10　“判断奇偶数”流程图

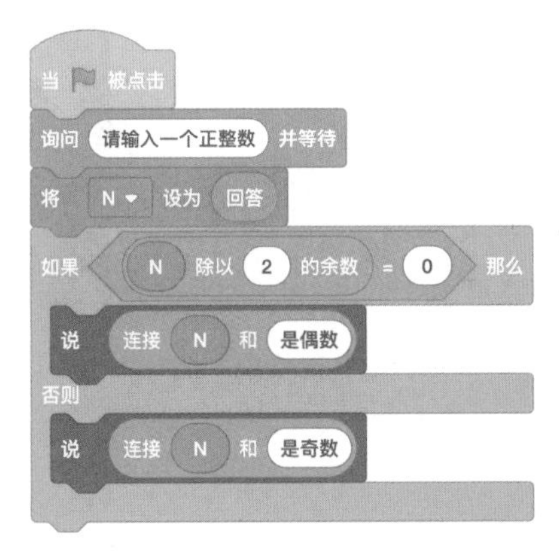

图 3-2-11　“判断奇偶数”脚本清单

由此可见，选择结构使程序具有判断和选择的能力，让程序能够根据给定条件选择不同的步骤去执行，这为编写复杂逻辑的应用程序提供了支持。

3.2.4　动手练：判断三角形构成

1. 练习重点

选择结构、关系运算和逻辑运算的应用。

2. 问题描述

设计一个判断三角形构成的算法，判断以任意给定的 3 个正实数作为 3 条边的边长能否构成一个三角形。请描述该算法，并画出流程图和编写程序。

3. 解题分析

在任意给定的 3 个正实数中，如果任意两个数的和大于第 3 个数，那么这 3 个数就可以构成一个三角形。这个验证需要用到选择结构。

使用自然语言描述判断三角形构成的算法如下。

第 1 步，输入 3 个正实数。

第 2 步，判断 $a+b>c$、$b+c>a$、$c+a>b$ 是否同时成立。如果成立，就可以构成三角形；

否则，就不能构成三角形。

4. 练习内容

（1）在图 3-2-12 所示的算法流程图的程序框内写上文字说明。

（2）把图 3-2-13 所示的程序脚本中的空白积木替换为真实积木。

（3）运行程序，判断 3 条边边长分别为 3.2、4.6、5.9 时能否构成一个三角形？答：______。

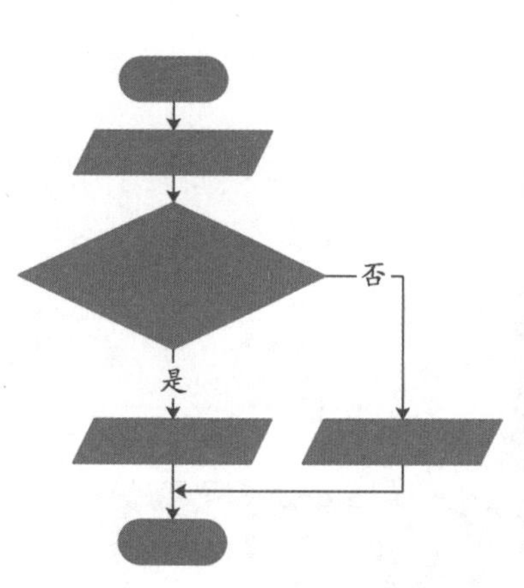

图 3-2-12 “判断三角形构成”流程图

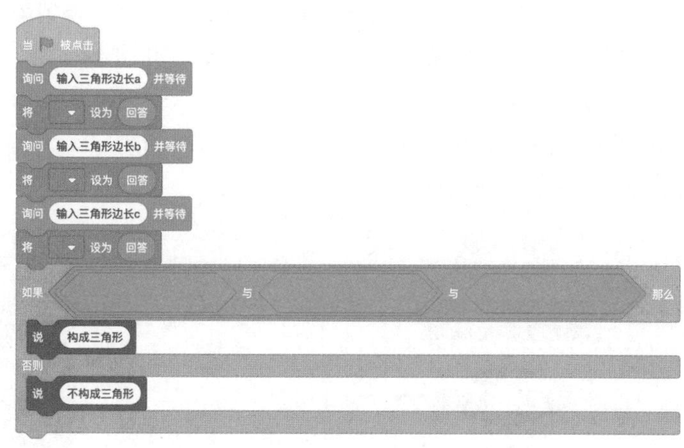

图 3-2-13 “判断三角形构成”空白脚本

3.3 循环结构

循环结构是指重复地执行算法中的某些步骤，直到满足某个条件时，才结束循环操作。在编程中，循环结构是经常被使用的一种基本结构。例如，在判断自然数在 1000 以内的所有质数时，需要重复判断每个自然数是否为质数，这种重复的操作就适合使用循环结构来完成。一般情况下，循环结构不会单独使用，通常配合顺序结构或选择结构一起使用。这 3 种结构就是程序的基本结构，任何复杂的程序都能使用这 3 种基本结构组合而成。

在 Scratch 的“控制”指令面板中，提供如图 3-3-1 所示的一些指令积木用于创建循环结构的程序脚本。这些指令积木是“重复执行直到……”积木、“重复执行……次”积木和“重复执行”积木，可以将需要重复执行的一组指令积木作为循环体嵌套到这些循环指令积木内部。

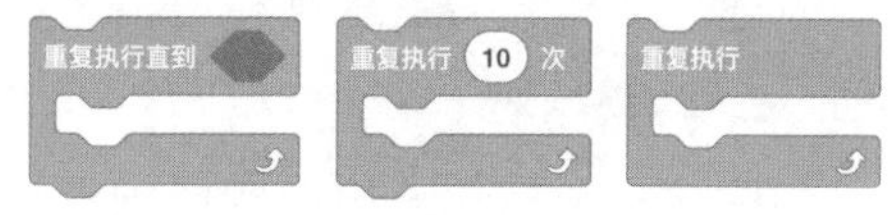

图 3-3-1 循环结构指令积木

3.3.1 跟我做：冰雹猜想

在程序中使用循环结构，能够执行一些重复性的操作。在本案例中，我们以编程验证“冰雹猜想”为例来讲解循环结构在编程中的应用。

1. 问题描述

冰雹猜想是一种有趣的数字黑洞，它的规则描述如下。

任意取一个正整数 n。如果 n 是奇数，则把 n 变为 $3n+1$；如果 n 是偶数，则把 n 变为 $n\div 2$。按此规则不断重复操作，最终一定会得到 1。

请设计一个验证“冰雹猜想”的算法，并画出流程图和编写程序。

2. 算法分析

我们以正整数 52 为例，按照冰雹猜想的规则对它进行变换操作，整个变化过程是：26、13、40、20、10、5、16、8、4、2、1。可以看到，把正整数 52 经过 11 步变换之后就能得到 1。

由于变换操作是需要重复进行的，适合使用循环结构来描述算法。为了便于观察整个变换的过程，需要把每次变换的数值记录下来，这些数值可用 Scratch 中的列表来存放。为此，我们需要使用“变量”指令面板中的“建立一个列表”按钮来创建一个名为“日志”的列表。

使用自然语言来描述验证冰雹猜想的算法如下。

第 1 步，清空“日志”列表。

第 2 步，输入一个正整数 n。

第 3 步，判断 n 是否等于 1，如果是，则结束循环；如果不是，则执行第 4 步。

第 4 步，如果 n 是偶数，则使 $n = n/2$；如果 n 是奇数，则使 $n = 3n+1$。

第 5 步，将变换后的 n 值输出到“日志”列表中，返回到第 3 步重复执行。

使用流程图来描述上述算法，如图 3-3-2 所示。

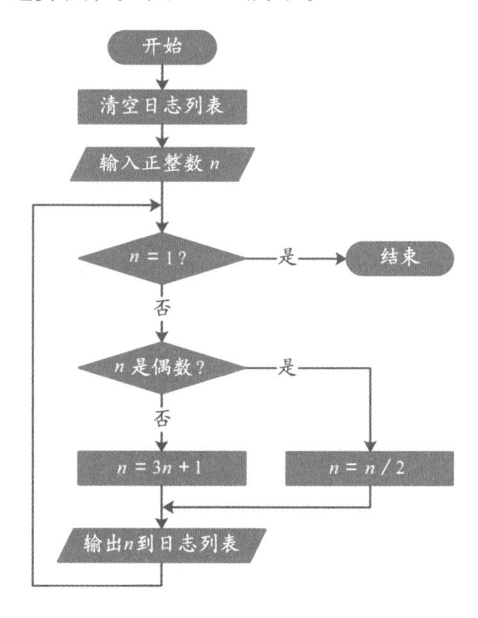

图 3-3-2　验证“冰雹猜想”流程图

3. 编写程序

根据上述算法的描述，使用“重复执行直到……”积木、“如果……那么……否则”积木、

“列表”积木等来创建循环结构的程序脚本，如图 3-3-3 所示。

在这个脚本中使用一个名为“日志”的列表来存放数据，可以通过“变量”指令面板中的“建立一个列表”按钮来创建这个列表。之后，在“变量”指令面板中就会显示“删除 [日志] 的全部项目”积木和“将……加入 [日志]”积木，如图 3-3-4 所示。

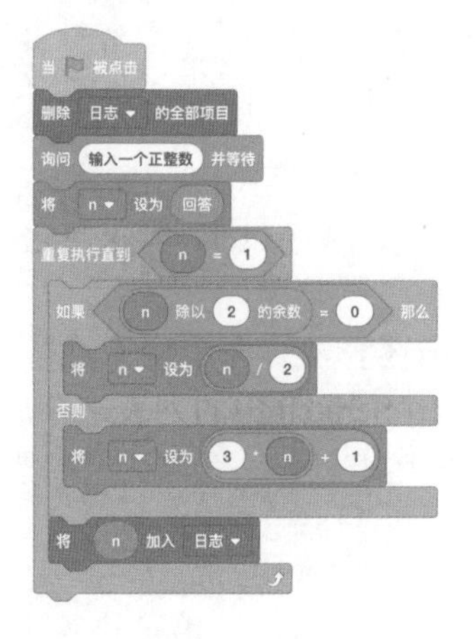

图 3-3-3　验证“冰雹猜想”脚本清单

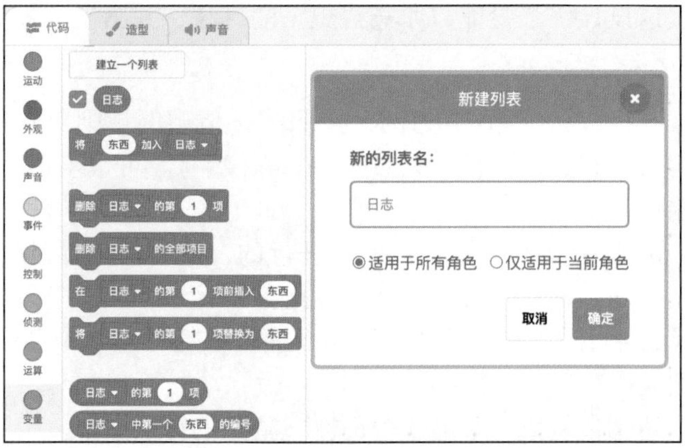

图 3-3-4　创建一个名为“日志”的列表

运行这个程序，输入任意一个正整数，总是可以变换得到 1。如图 3-3-5 所示，这是输入 27 时在“日志”列表中记录的各个变换数值，这个列表共记录了 111 个数值，最后一个数是 1。由此可认为，“冰雹猜想”验证通过。

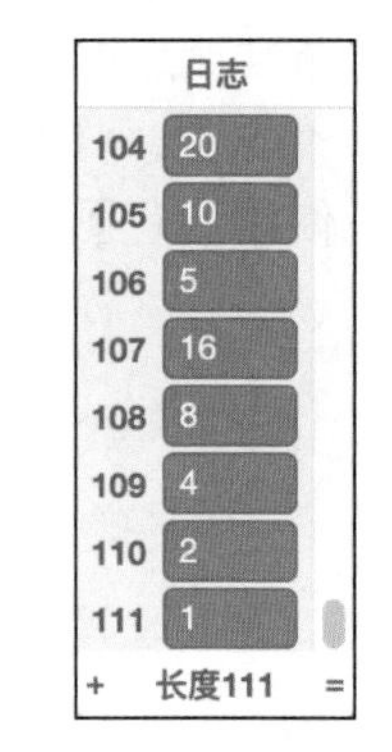

图 3-3-5　自然数 27 的变换日志

3.3.2　循环结构的程序设计

在程序设计中，算法的某些操作步骤被设计为在一定条件下能够重复执行的部分，这就是算法中的循环结构，反复执行的操作步骤称为循环体。循环体是由若干操作步骤组成的，它们可以是顺序结构的，也可以是选择结构的，或者是循环结构的，还可以是这些基本结构的嵌套组合。

1. 循环结构介绍

在流程图中，循环结构使用判断框和流程线表示。在判断框内写上条件，它的两个出口分别指向条件成立和条件不成立时所执行的不同操作步骤。其中一个出口指向循环体，再从循环体回到判断框的入口处；另一个出口指向循环结构之外的其他操作步骤。根据条件满足时是跳出循环还是进入循环，可以将循环结构分为直到型循环和当型循环。

如图 3-3-6 所示，在这种循环结构中，先执行循环体内的操作步骤，再判断给定条件是否成立，若给定条件不成立，则再次执行循环体；如此反复，直到给定条件成立时就结束循环。因此，这样的循环结构称为直到型循环。

如图 3-3-7 所示，在这种循环结构中，先判断所给条件是否成立，若给定条件成立，则执行循环体内的操作步骤；再判断给定条件是否成立；若给定条件成立，则再次执行循环体；如此反复，直到某一次给定条件不成立时为止。因此，这样的循环结构称为当型循环。

简单地说，直到型循环和当型循环的区别如下。

区别 1：直到型循环先执行后判断，当型循环先判断后执行。

区别 2：直到型循环至少执行一次循环体，当型循环可以不执行循环体。

区别 3：对同一算法来说，直到型循环和当型循环的条件互为反条件。

大多数编程语言都提供以上两种基本的循环结构的控制指令（语句）。但是，Scratch 是一个例外，它支持的是一种将判断条件前置的直到型循环结构，对应的是 Scratch 控制指令面板中的“重复执行直到……”积木。如图 3-3-8 所示，在这种直到型循环结构中，判断条件被放置在循环体的前面。当给定条件不成立时，就执行循环体；如此反复，直到给定条件成立时就结束循环。

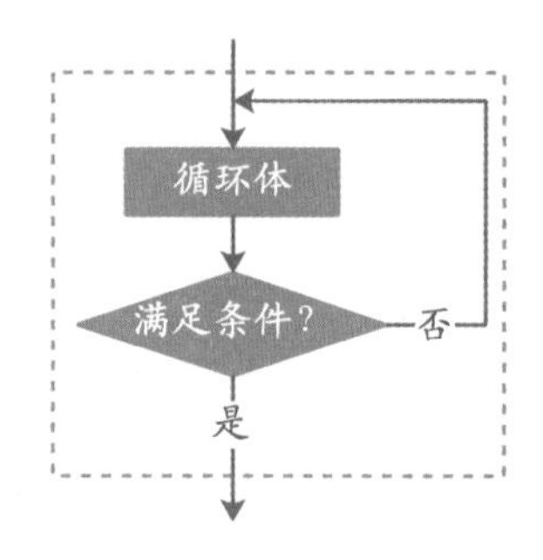

图 3-3-6 直到型循环结构

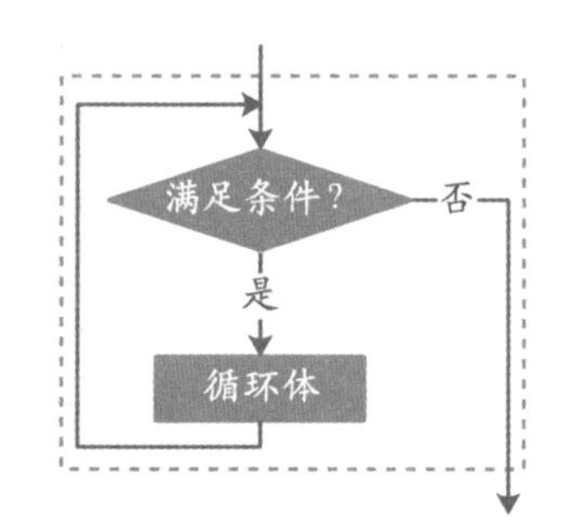

图 3-3-7 当型循环结构

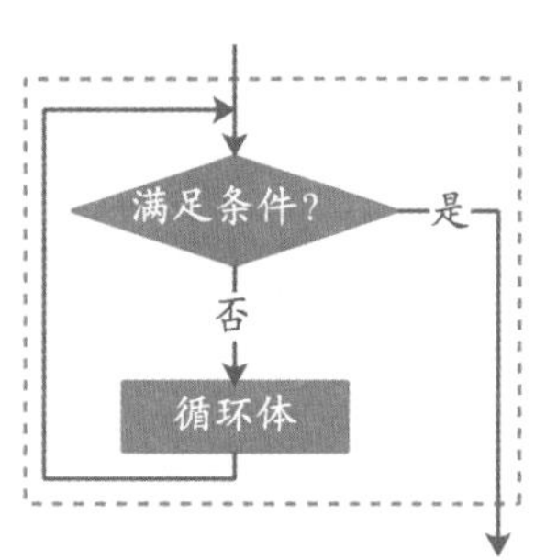

图 3-3-8 条件前置的直到型循环结构

2. 循环结构示例

1）问题描述

设计一个算法，计算 1+2+3+…+100 的值，并画出流程图和编写程序。

2）算法分析

对于这个问题，如果能像高斯那样发现其中的规律，就可以使用 50×101=5050 这样简便的方法快速计算出结果。但是，很多人采用的解决办法可能就是从 1 加到 100，从而得到结果，计算过程如下。

第 1 步，0+1=1。

第 2 步，1+2=3。

第 3 步，3+3=6。

⋮

第 100 步，4950+100=5050。

从上述过程中可以看到，虽然每一步计算的数字都在变化，但是它的计算方式却是有规律的，这适合使用循环结构来描述。

假设以 S 表示累加的和（初始为 0），i 表示从 1 到 100 变化的加数，那么上述计算过程的规律就是，每一步都是用上一步累加的和 S 加上每一步变化的加数 i。这个计算规律可用公式 $S = S + i$ 来表示，它可以作为循环结构中被重复执行的循环体。

使用 Scratch 支持的条件前置的直到型循环结构来描述解决这个问题的算法如下。

第 1 步，将变量 S 设定为 0，变量 i 设定为 1。

第 2 步，判断如果变量 i 大于 100 不成立，那么就执行第 3 步，否则就执行第 5 步。

第 3 步，计算 $S=S+i$。

第 4 步，将变量 i 加 1，并返回第 2 步。

第 5 步，输出累加和 S。

使用流程图来描述上述算法，如图 3-3-9 所示。

3）编写程序

根据上述算法的描述，使用“重复执行直到……”积木来创建循环结构的程序脚本，如图 3-3-10 所示。

由上可见，循环结构本身非常简单，但在解决实际问题中，将循环结构应用于需要重复执行某些步骤的算法中，能极大地简化编程。只要设计好循环体中的可重复执行的步骤，并设置好循环的退出条件，剩下的事情就可以交给计算机去执行。

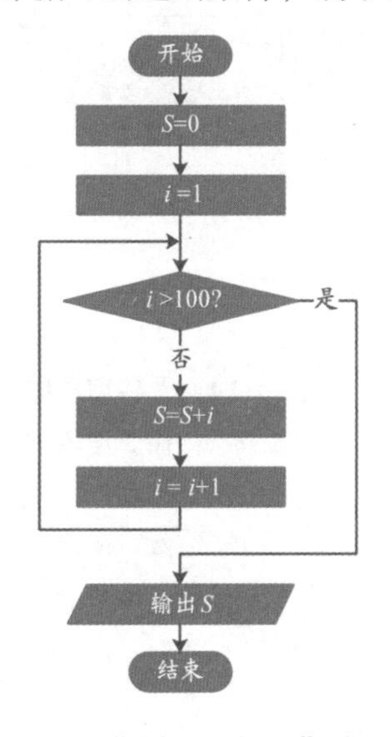

图 3-3-9 “累加 1 到 100”流程图

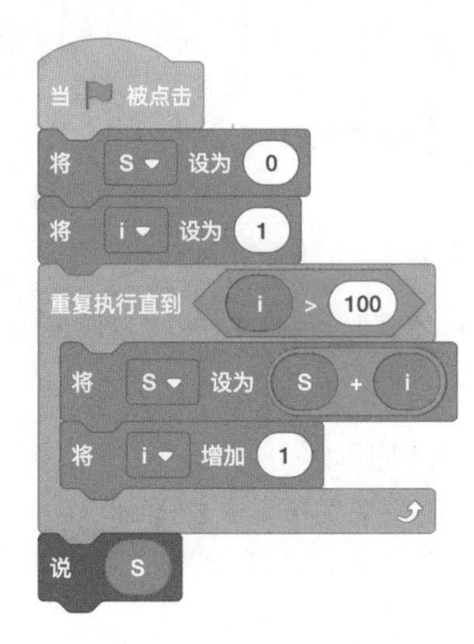

图 3-3-10 “累加 1 到 100”脚本清单

3. 直到型循环转为当型循环

Scratch 提供一个“重复执行直到……”积木来创建条件前置直到型循环结构的程序，而没有提供用于创建当型循环的指令积木。因为对于同一算法来说，直到型循环和当型循环的条件互为反条件，所以，使用能够进行逻辑非运算的“……不成立”积木与“重复执行直到……”积木的组合，就能够间接地实现当型循环结构。

举例来说，假设要创建一个循环结构，让循环变量 i 从 1 开始逐一递增，使循环体被重复执行 3 次。那么，直到型循环结构的循环结束条件是 i = 4，再根据这个条件创建一个直到型循环结构，如图 3-3-11 所示。

而当型循环结构的循环进入条件是 i < 4，对这个条件使用“……不成立”积木进行逻辑取反运算，并使用“重复执行直到……”积木建立一个循环结构，就得到一个与直到型循环等价的当型循环结构，如图 3-3-12 所示。

4. 次数循环和无限循环

Scratch 还提供另外两个循环指令积木：“重复执行……次”积木和“重复执行”积木。

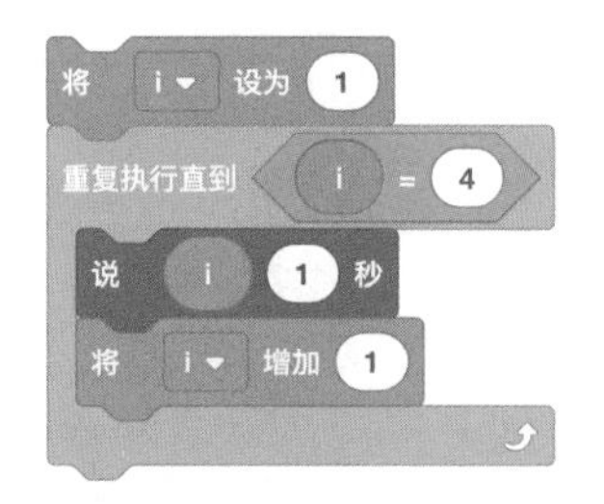

图 3-3-11　Scratch 中的直到型循环结构

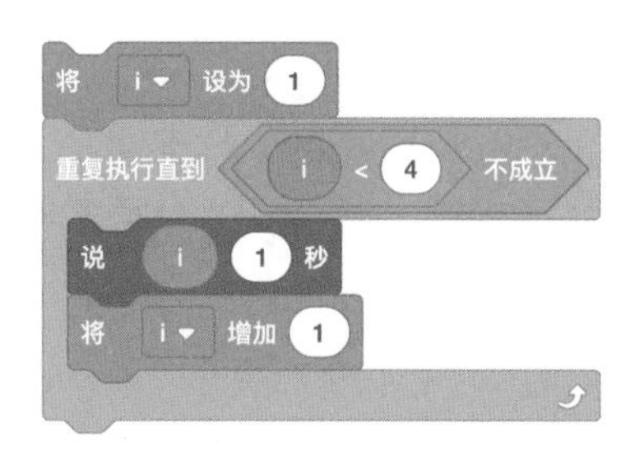

图 3-3-12　Scratch 中模拟当型循环结构

前者有一个数字参数用于设定循环体被执行的次数；而后者是一个没有循环条件的循环结构，它会无限次地重复执行循环体，这在其他语言中被称为“死循环”，除非明确地知道这种“死循环”是有意义的，否则应该尽量避免使用。

5. 循环的跳出

在一些编程语言中，当某个条件满足时，可以使用 break 语句从一个循环结构中跳出，转到循环结构后面的代码继续执行。虽然在 Scratch 中没有提供专门的跳出循环的指令积木，但是也有办法实现类似的功能。

如图 3-3-13 所示,这个脚本演示了使用“停止 [这个脚本]”积木从一个循环结构中退出。当用户输入的字符串是 exit 时，当前脚本被停止执行，当前循环结构也被强制结束。这种退出循环的方法存在一个缺点，就是循环结构后面的脚本无法继续执行。

如图 3-3-14 所示，这个脚本演示了使用一个控制变量跳出循环结构的方法。当用户输入 exit 时，需要退出循环。于是将变量“退出”的值设为 1，使得“重复执行直到……”积木的条件成立，从而结束循环，并转到循环结构后面的脚本继续执行。

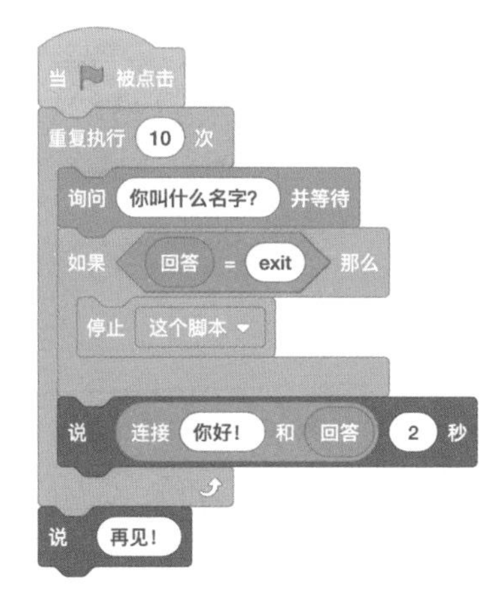

图 3-3-13　用“停止 [这个脚本]”积木结束循环

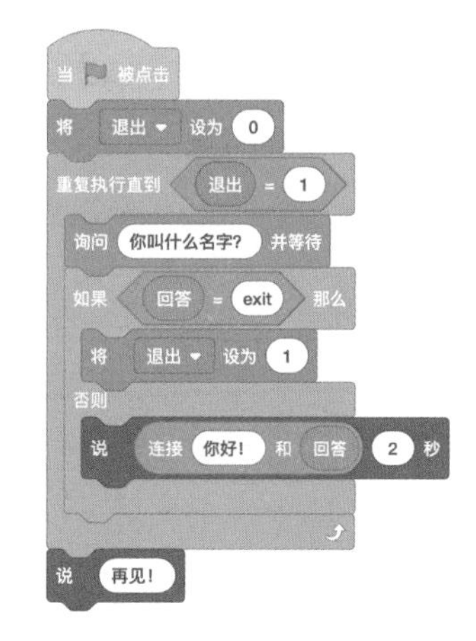

图 3-3-14　用控制变量跳出循环

6. 循环的嵌套与优化

在一个循环结构中包含另一个循环结构，称为循环嵌套。通常，按照循环嵌套的层数，嵌套几层就叫几重循环。循环嵌套的层数越多，运行时间就越久，程序也越复杂。一般常用的有双重循环和三重循环。

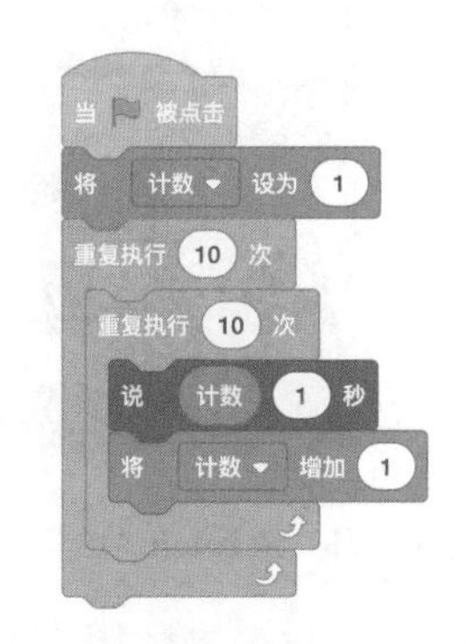

图 3-3-15 用双重循环从 1 说到 100

如图 3-3-15 所示，这个脚本演示了使用双重循环结构让角色从 1 说到 100。在这个双重循环结构中，外层循环结构的循环次数是 10 次，内层循环结构的循环次数也是 10 次，因此，内层循环结构的循环体总共被执行 100 次，“计数”变量的值从 1 增加到了 100。

如图 3-3-16 所示，这个脚本使用双重循环结构求解“鸡兔同笼”问题。内层循环用于枚举兔子的数量，执行次数设为 35；外层循环用于枚举鸡的数量，执行次数也设为 35；整个双重循环结构的内层循环体的执行次数是 35 × 35 = 1225。在内层循环体中，对枚举的鸡、兔数量进行验证，如果求得问题的解就停止脚本的执行。实际上，在程序执行时，内层循环体被执行 782 次就求得问题的解。

上面的程序可以进行优化，将双重循环结构修改为单重循环结构，只需要枚举鸡的数量，兔子的数量可以根据鸡的数量计算出来。修改后的程序如图 3-3-17 所示。运行程序，循环体被执行 23 次就求得问题的解。

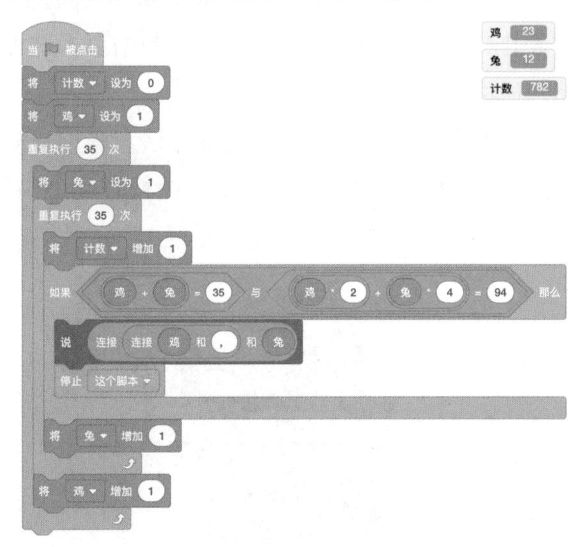

图 3-3-16 用双重循环求解“鸡兔同笼”问题

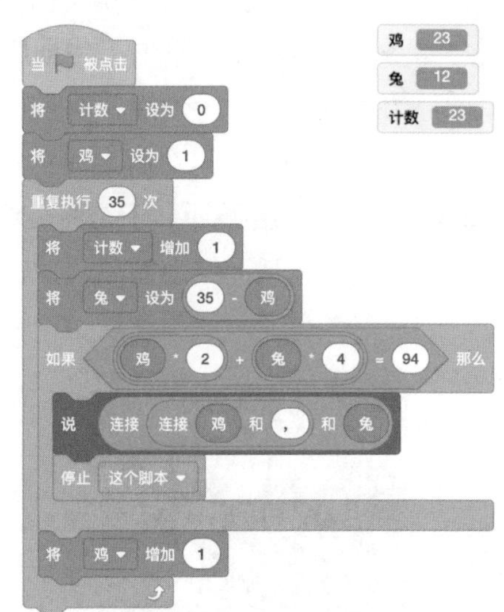

图 3-3-17 用单层循环求解“鸡兔同笼”问题

经过优化，程序的执行效率大幅提高。不过由于所举例子的规模很小，主观感觉并不明显。总之，在实际编程中，使用嵌套的循环结构时应根据具体情况进行必要的优化，尽量减少循环的层数和循环的次数。

3.3.3 动手练：西西弗斯黑洞

1. 练习重点

循环结构、判断结构、关系运算和字符串处理函数的应用。

2. 问题描述

西西弗斯黑洞，又称为 123 数字黑洞，它的规则如下。

任意取一个自然数，求出它所含偶数的个数、奇数的个数和这个自然数的位数，然后将这 3 个数按照“偶 - 奇 - 总”的顺序排列组成一个新数。对这个新数重复前面的做法，最终结果必然得到 123。

请编写一个程序，验证输入的自然数是否变换得到 123。

3. 解题分析

根据西西弗斯黑洞的规则，举例分析如下。

假设取一个自然数 1234567890，该自然数中包含 5 个偶数和 5 个奇数，该数总共有 10 位数字。

将统计出的这 3 个数字按照“偶 - 奇 - 总”的顺序排列得到一个新数：5510。

接着将新数 5510 按照以上规则重复进行操作，又得到一个新数：134。

又将新数 134 按照以上规则重复进行操作，最终得到数字：123。

使用流程图来描述验证西西弗斯黑洞的算法，如图 3-3-18 所示。

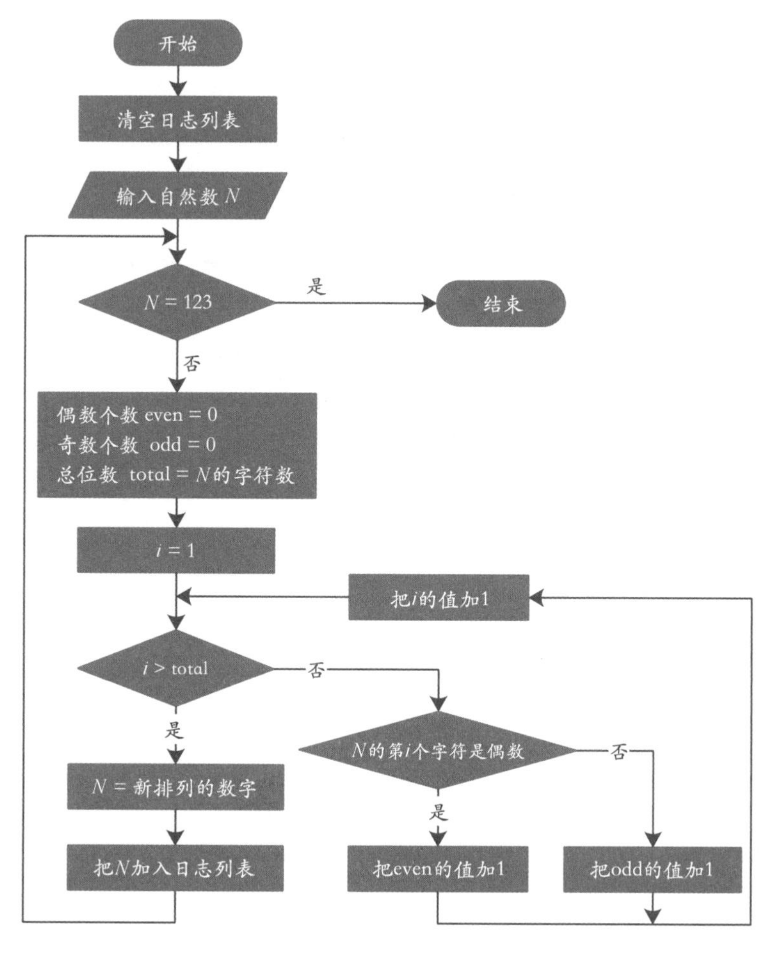

图 3-3-18　“西西弗斯黑洞”流程图

4. 练习内容

（1）理解图 3-3-18 所示的“西西弗斯黑洞”流程图。

（2）参照“西西弗斯黑洞”流程图将图 3-3-19 所示的程序脚本中的空白积木替换为真实积木。

（3）输入任意数字进行测试，查看“日志”列表中，验证最终结果是否为 123。

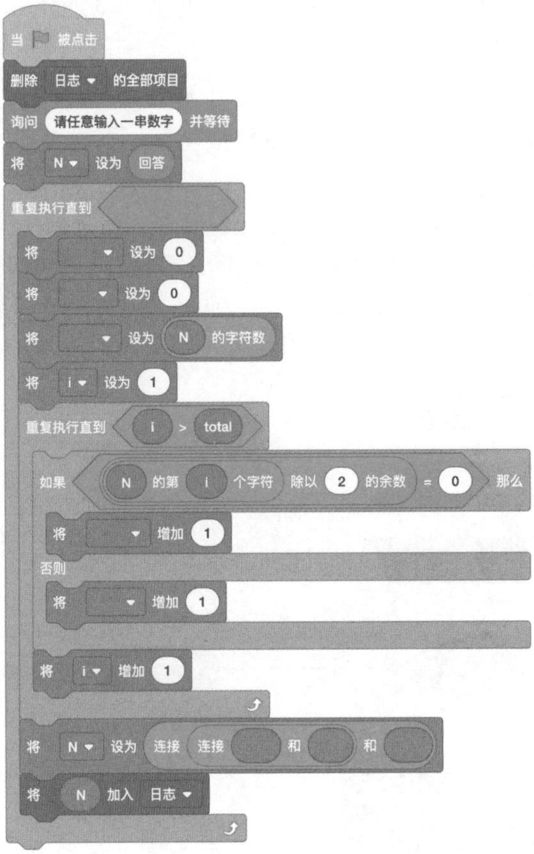

图 3-3-19 “西西弗斯黑洞”空白脚本

3.4 编程策略

算法是程序的灵魂。简单地说，算法就是解决问题的方法和步骤。利用计算机编程解决问题的过程，其实就是设计和实现算法的过程。在针对具体问题设计算法时，需要选择合适的算法策略。基本的算法策略有枚举策略、模拟策略、递推策略、贪心策略、分治策略和回溯策略，等等。下面将介绍应用基本的算法策略来编程解决一些数学问题。

3.4.1 隔沟算羊（枚举策略）

枚举策略是将解决问题的可能方案全部列举出来，并逐一验证每种方案是否满足给定的检验条件，直到找出问题的解。编程时通常使用循环结构和判断语句来实现枚举策略。

1. 问题描述

在明代数学家程大位所著的《算法统宗》书中记载有这样一道趣味数学题：

甲乙隔沟放牧，二人暗里参详。

甲云得乙九个羊，多你一倍之上。

乙说得甲九只，两家之数相当。

两边闲坐恼心肠，画地算了半晌。

这道古算题以词牌“西江月”填词，用现代语言描述如下。

甲、乙牧人隔着山沟放羊，两人心里都在想对方有多少羊。甲对乙说：“我若得你9只羊，我的羊就多你一倍。”乙说：“我若得你9只羊，我们两家的羊数就相等。”两人闲坐山沟两边，心里烦恼，各自在地上列算式计算了半天才知道对方羊数。

请采用枚举策略编写程序，算一算甲、乙各有几只羊？

2. 算法分析

在小学四、五年级就开始学习简易方程，也就是一元一次方程。一般来说，列方程求解问题的步骤如下。

第 1 步，找出未知数，用字母 x 表示。

第 2 步，分析实际问题中的数量关系，找出等量关系，列方程。

第 3 步，解方程并检验作答。

再来看“隔沟算羊”问题。根据甲、乙的对话内容，分析其中的数量关系，尝试列出等式方程。在这个问题中有两个未知数，所以设甲有 x 只羊，乙有 y 只羊。

根据甲说的话，如果甲得到乙的 9 只羊，那么甲的羊就是乙的一倍。由此得到一个等量关系：

$$x+9=2(y-9)$$

根据乙说的话，如果乙得到甲的 9 只羊，那么乙的羊就和甲的相等。由此又得到一个等量关系：

$$y+9=x-9$$

将这两个等式方程综合起来，就得到一个二元一次方程组：

$$\begin{cases} x+9=2(y-9) \\ y+9=x-9 \end{cases}$$

那么，问题来了。求解二元一次方程组需要用到初中的数学知识，而小学生只学了一元一次方程。怎么办呢？别担心，可以使用枚举策略编程求解答案。

采用枚举策略求解“隔沟算羊”问题，算法步骤如下。

第 1 步，从 1 开始列举甲的羊数 x。

第 2 步，将甲的羊数 x 代入等式 $y+9=x-9$，并算出乙的羊数 y。

第 3 步，将甲、乙羊数 x 和 y 代入等式 $x+9=2(y-9)$，并判断如果等式成立，则输出甲、乙的羊数 x 和 y，问题就此解决；否则就将甲的羊数 x 加 1，之后转到第 2 步去执行。

使用流程图描述上述算法步骤，如图 3-4-1 所示。

根据上面所述的枚举算法，尝试使用手算方式来求解答案。如表 3-4-1 所示，从 1 开

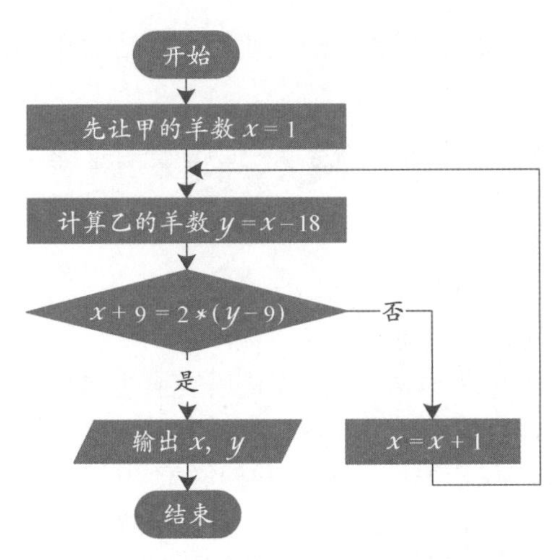

图 3-4-1 “隔沟算羊”流程图

始一个个地列举甲的羊数，再求出乙的羊数，直到甲的羊数为 63、乙的羊数为 45 时，才能够使等式 x+9 = 2（y−9）成立。这时，就求得“隔沟算羊”问题的解。

表 3-4-1　用手算方式实现枚举算法

列举甲的羊数 x	求出乙的羊数 $y = x - 18$	x+9 = 2（y−9）成立？
1	–17	否
2	–16	否
3	–15	否
⋮	⋮	⋮
61	43	否
62	44	否
63	45	是

由此可见，枚举算法是一种很“笨”的方法。当问题规模较小时，手工计算能很快求解答案；但是当问题的规模很大时，使用人工枚举就成了不可能完成的任务。这时，可以借助计算机程序来解决问题。

3. 编写程序

如图 3-4-2 所示，这是根据上面算法编写的求解“隔沟算羊”问题的程序。在程序中，使用“重复执行”积木构建一个无限循环结构，用来不断地列举甲的羊数 x，并计算出乙的羊数 y，然后验证 x 和 y 的值是否为解。在循环体中，使用“如果……那么”积木对等式 x+9 = 2（y–9）进行验证。如果等式成立，则求得问题的解，将其用“说”

图 3-4-2 “隔沟算羊”脚本清单

积木输出，然后停止脚本的执行；否则，继续列举和验证下一组数据。

运行程序，由输出结果可知，甲有羊63只，乙有羊45只。

通过这个案例可以看到，利用编程方式求解方程问题，降低了解决问题的难度，使小学生也能够解决需要初中数学知识才能求解的二元一次方程组问题。

4. 练习题

甲、乙两人去买酒，不知道谁买多买少。只知道乙买酒钱的三分之一与甲买酒钱之和恰好为200元。若乙得到甲买酒钱的一半，也有200元。请问甲、乙两人买酒钱各是多少？

请根据下面给出的提示信息编写程序，并求出答案。

（1）根据题意，设甲、乙买酒的钱分别为 x 和 y，列出方程组。

$$\begin{cases} x+\dfrac{1}{3}y=200 \\ y+\dfrac{1}{2}x=200 \end{cases}$$

（2）采用枚举策略求解方程问题，使用流程图（见图3-4-3）描述算法如下。

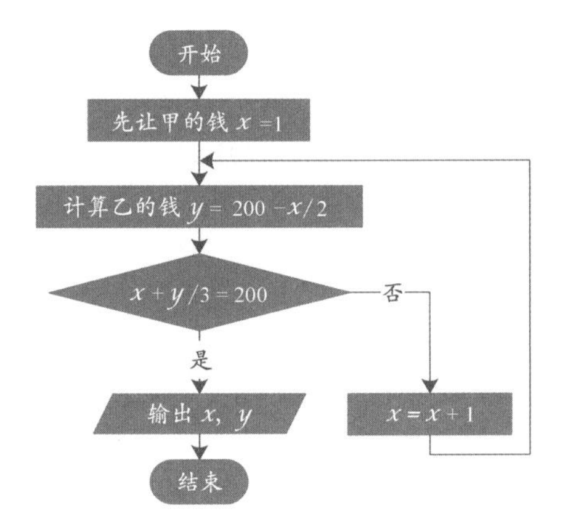

图3-4-3　流程图

3.4.2　李白沽酒（递推策略）

在解决某些数学问题时，根据题目中的已知条件，利用计算公式进行若干次重复的运算即可求解答案，这种方法被称为递推策略。根据推导问题的方向，可将递推策略分为顺推法和逆推法。所谓顺推法，就是从问题的起始条件出发，由前往后逐步推算出最终结果的方法。而逆推法则与之相反，它是从问题的最终结果出发，由后往前逐步推算出问题的起始条件，它是顺推法的逆过程。

1. 问题描述

在清代数学家梅毂成的《增删算法统宗》著作中记载了这样一道数学题：

李白沽酒探亲朋，路途遥远有四程。

一程酒量添一倍，却被安童喝六升。

行到亲朋家里面，半点全无空酒瓶。

借问高明能算士，瓶内原有多少升？

用现代语言将这道题翻译如下。

大诗人李白买了酒要去探望亲朋，路途遥远分四段才走到。每走一段路，就按瓶中的酒量添加一倍，但是却被随从的书童偷偷喝去 6 升。当李白来到亲朋家里时，发现酒瓶是空的。请问瓶中原有多少升酒？

请你想一想，采用递推策略编程求解答案。

2. 算法分析

根据“李白沽酒”问题的描述，只知道最后酒瓶是空的，需要算出瓶中原来有多少酒，这适合使用逆推法。假设时光能够倒流，让李白从亲朋家里倒着走回去，让书童由喝酒 6 升（减 6）变为加酒 6 升（加 6），添酒一倍（乘以 2）变为减酒一半（除以 2），那么经过 4 次迭代，就能推算出瓶中原有多少升酒。

对于这个问题，使用逆推法从第四次反推到第一次，在路途中酒量的变化如下。

第四次：$(0+6) \div 2 = 3$

第三次：$(3+6) \div 2 = 4.5$

第二次：$(4.5+6) \div 2 = 5.25$

第一次：$(5.25+6) \div 2 = 5.625$

这样经过 4 次计算就求得酒瓶中原有 5.625 升酒。

如果遇到规模较大的问题时，手工计算将不可取，这时就可以借助计算机运算速度快的优势，通过编程来解决问题。

分析上述递推求解的步骤，可见其计算方法是相同的。如果用 n 表示酒量，可将计算规律表示为 $n=(n+6) \div 2$。在编程时，设 n 从 0 开始，对这个式子进行 4 次迭代，就能求出问题的解。类似地，遇到规模更大的同类问题时，只要增加迭代次数即可求解。

采用递推策略求解“李白沽酒”问题，算法步骤如下。

第 1 步，将变量 n 设定为 0，变量 i 设定为 1。

第 2 步，如果 i 小于或等于 4，那么就执行第 3 步，否则执行第 5 步。

第 3 步，计算 $n=(n+6) \div 2$。

第 4 步，将变量 i 加 1，并返回第 2 步。

第 5 步，输出变量 n 的值。

使用流程图来描述上述算法，如图 3-4-4 所示。

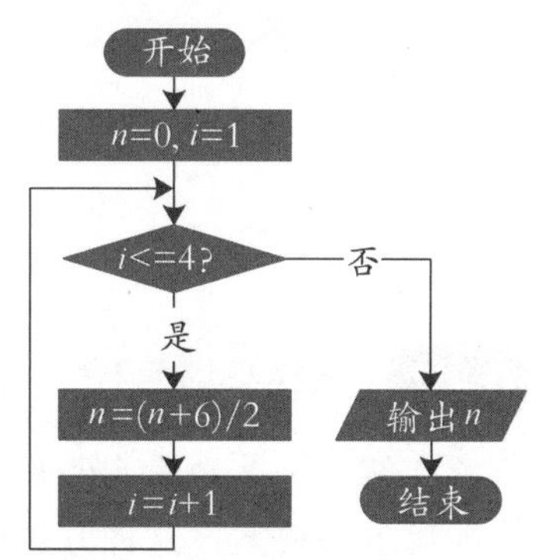

图 3-4-4 “李白沽酒”流程图

3. 编写程序

如图 3-4-5 所示，这是根据上面算法编写的求解“李白沽酒”问题的程序。在程序中，使用“重复执行直到……”积木构建一个条件型循环结构，在循环体中对算式 $n=(n+6) \div 2$ 迭代 4 次，即可求出“李白沽酒”问题的答案。

另外，由于迭代次数是已知的，使用次数型循环结构更合适。将程序中的“重复执行直到……”积木替换为“重复执行……次”积木，循环控制变量 i 也不需要了，修改后的程序更为简洁，如图 3-4-6 所示。

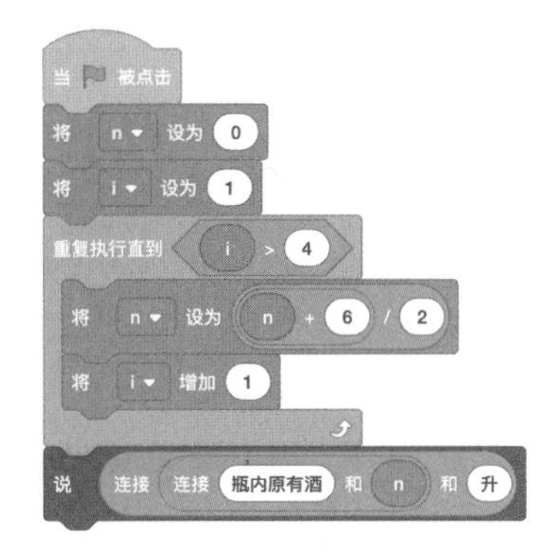

图 3-4-5　“李白沽酒”脚本清单

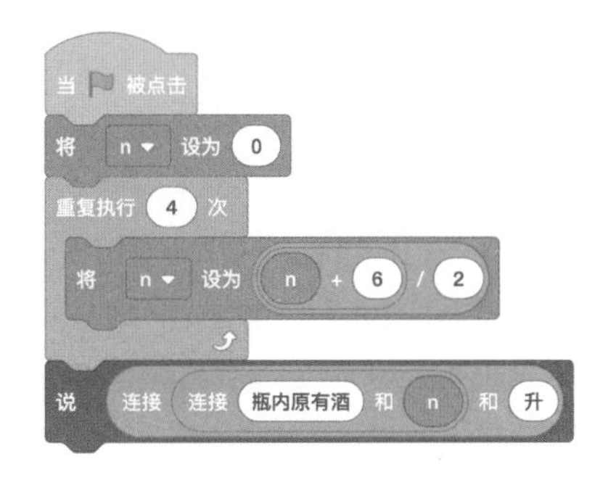

图 3-4-6　修改后的“李白沽酒”脚本清单

4. 练习题

在苏联数学家契斯佳可夫所著的《初等数学古代名题集》中有这样一道数学题：

有一位法国人来到一个小饭馆，没人知道他带了多少钱。但是大家看到他向饭馆老板借了与身上钱数相同的钱，然后在这个饭馆花去 1 卢布。接着，他又来到第二家饭馆，在那里借了与余下钱数相同的钱，再花去 1 卢布。此后，他又走进第三、第四家饭馆，并且做了同样的事情。当他最后从第四家饭馆出来时，已经身无分文。请问，这位法国人原有多少钱？

请根据下面给出的提示信息编写程序，并求出答案。

（1）使用逆推法从第四家饭馆反推到第一家，法国人身上的卢布变化如下。

第 4 家:（0 + 1）/2 = 0.5

第 3 家:（0.5 + 1）/2 = 0.75

第 2 家:（0.75 + 1）/2 = 0.875

第 1 家:（0.875 + 1）/2 = 0.9375

（2）采用递推策略求解问题，使用流程图（见图 3-4-7）描述算法如下。

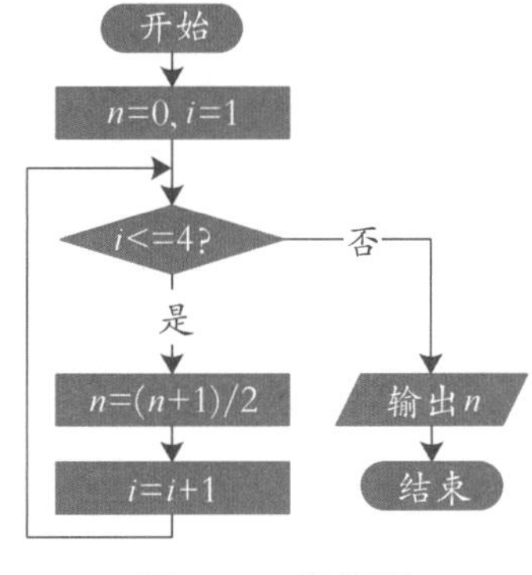

图 3-4-7　流程图

3.4.3　蜗牛爬树（模拟策略）

所谓模拟策略，就是编写程序模拟现实世界中事物的变化过程，从而完成相应任务的方法。模拟策略对算法设计的要求不高，需要按照问题描述的过程编写程序，使程序按照问题要求的流程运行，从而求得问题的解。

1. 问题描述

在《歌词古体算题》书中有一道“蜗牛爬树”的算题：

一棵树高九丈八，一只蜗牛往上爬。

白天往上爬一丈，晚上下滑七尺八。

试问需要多少天，爬到树顶不下滑。

这道诗题浅显易懂，题意自明。要注意题中使用的度量单位是旧制，一丈为十尺。

请你想一想，采用模拟策略编程求解答案。

2. 算法分析

采用数学方法求解该问题，设蜗牛第 x 天爬到树顶不下滑，那么爬到 88 尺时需要（$x-1$）天，按题意列出方程如下。

$$(10-7.8)(x-1)+10=98$$

解方程可得 $x=41$。即蜗牛爬到树顶不下滑需要 41 天。

还可以采用模拟蜗牛爬行的过程来求解该问题。根据题意，使用变量 S 记录蜗牛爬行的距离，使用变量 T 记录蜗牛的爬行次数。蜗牛是从白天开始爬行的，让变量 T 从 1 开始逐一增加，当它是奇数时表示白天，使变量 S 增加 10 尺；当它是偶数时表示晚上，使变量 S 减去 7.8 尺。当变量 S 达到或超过 98 尺时，则表示蜗牛爬到树顶不下滑。最后，取爬行次数的一半就得到蜗牛爬到树顶需要的天数。

采用模拟策略求解“蜗牛爬树”问题，算法步骤如下。

第 1 步，将距离变量 S 设为 0，次数变量 T 设为 1。

第 2 步，如果 S 大于或等于 98，计算并输出天数，程序结束；否则，转到第 3 步。

第 3 步，如果 T 是偶数，则将 S 减去 7.8；否则，将 S 增加 10。

第 4 步，将 T 增加 1，之后转到第 2 步去执行。

使用流程图描述上述算法步骤，如图 3-4-8 所示。

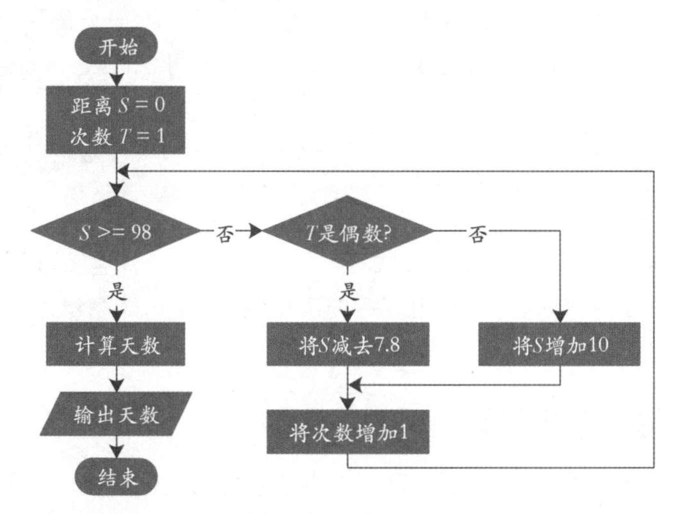

图 3-4-8 “蜗牛爬树”流程图

3. 编写程序

如图 3-4-9 所示，这是根据上面算法编写的求解“蜗牛爬树”问题的程序。在程序中，使用“重复执行直到……”积木构建一个条件型循环结构。在循环体中，使次数 T 不断增加，并统计蜗牛爬行的距离。根据次数 T 除以 2 的余数是否为 0 来判断其为偶数或奇数，并据此增加或减少蜗牛爬行的距离。当距离 S 不小于 98 时，则表示蜗牛爬到树顶，循环到此结束。之后计算出蜗牛爬到树顶需要的天数，并用“说”积木输出。

运行程序，由输出结果可知，蜗牛爬到树顶不下滑需要41天。

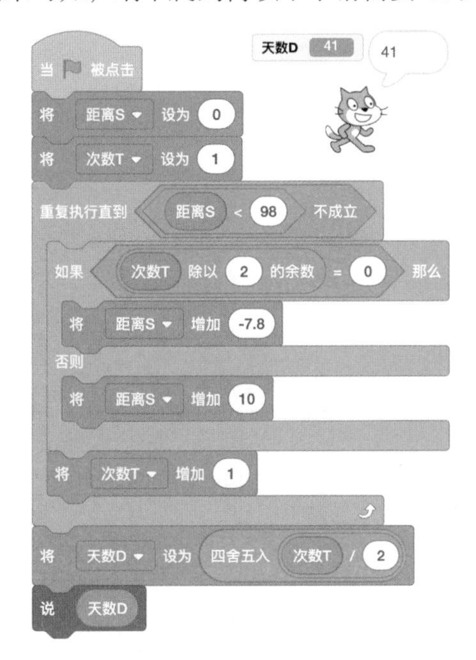

图 3-4-9 “蜗牛爬树”程序清单

4. 练习题

大文豪托尔斯泰对数学也很感兴趣，他喜欢的一道数学题是这样的。

一个木桶的上方有两个水管。如果单独打开其中一个，则24分钟可以注满水桶；如果单独打开另一个，则15分钟可以注满。在木桶底部还有一个小孔，水可以从小孔中向外流，一满桶水2小时可流完。如果同时打开两个水管注水，并且小孔也同时放水，那么多长时间才能将水桶注满?

请你想一想，采用模拟策略编程求解答案。

3.4.4 肖像在哪里（逻辑推理）

解决逻辑推理问题的关键是，根据题目中给出的各种已知条件，提炼出正确的逻辑关系，并将其转换为编程语言描述的逻辑表达式。Scratch提供基本的关系运算符（小于、等于、大于）和逻辑运算符（与、或、不成立），可以用来构建各种逻辑表达式。在解决逻辑推理问题时，一般使用枚举策略，也就是使用循环结构将各种方案列举出来，再逐一判断根据题目建立的逻辑表达式是否成立，最终找到符合题意的答案。

1. 问题描述

少女鲍西娅品貌双全，贵族子弟、公子王孙纷纷向她求婚。鲍西娅按照其父遗嘱，由求婚者猜盒订婚。鲍西娅有金、银、铅3个盒子，分别刻有3句话，其中只有1个盒子放有鲍西娅的肖像。求婚者通过这3句话，谁猜中鲍西娅的肖像放在哪只盒子里，她就嫁给谁。3个盒子上刻的3句话分别如下。

金盒子：肖像不在此盒子中。

银盒子：肖像在铅盒中。

铅盒子：肖像不在此盒中。

鲍西娅告诉求婚者，上述 3 句话中，只有 1 句是真的。请问鲍西娅的肖像究竟放在哪个盒子里？请你想一想，编写程序求解答案。

2. 算法分析

这个问题是一道逻辑推理题，需要用到关系运算、逻辑运算和循环结构。假设用变量 n 代表盒子编号，金、银、铅 3 个盒子的编号分别为 1、2、3，然后将题目中的 3 个已知条件转为能够进行关系运算和逻辑运算的表达式，如表 3-4-2 所示。

表 3-4-2 “肖像在哪里”的已知条件

已 知 条 件	逻辑表达式
肖像不在金盒中	n = 1 不成立
肖像在铅盒中	n = 3
肖像不在铅盒中	n = 3 不成立

由于关系运算和逻辑运算的结果是布尔值（true 或 false），如果对布尔值进行加法运算，布尔值会被自动转为 1 或 0 后再参与运算。因此，要表示 3 句话中只有 1 句话是真的，可以把表 3-4-2 中的 3 个表达式进行关系运算或逻辑运算后的结果值相加，然后判断它们的和是否为 1。假设变量 p1、p2 和 p3 代表 3 个表达式的值，将表 3-4-2 中的表达式用 Scratch 的指令积木来描述，如图 3-4-10 所示。

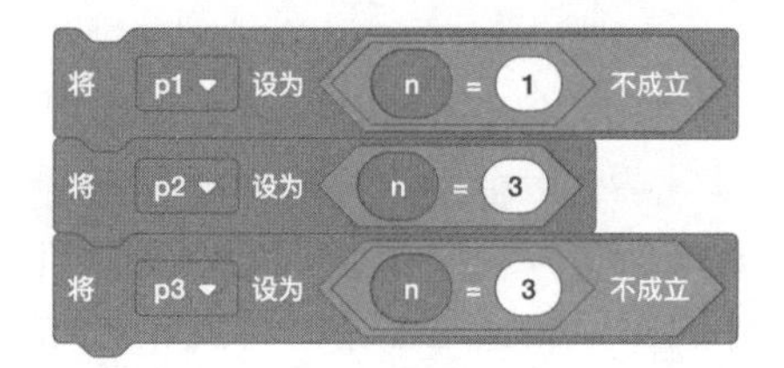

图 3-4-10 用 Scratch 积木表示已知条件

解决这个逻辑推理问题可以采用枚举策略。通过一个循环结构使代表盒子编号的变量 n 从 1 到 3 变化，在循环体中将变量 n 的值代入 3 个表达式中运算，然后判断如果 3 个表达式的运算结果相加等于 1，则变量 n 的值就是该问题的解。

使用自然语言来描述解决这个逻辑推理问题的算法，具体步骤如下。

第 1 步，将变量 n 设定为 1。

第 2 步，判断如果变量 n 大于 3 成立，就结束循环；如果不成立，就执行第 3 步。

第 3 步，设置变量 p1 为“n=1 不成立”、变量 p2 为“n=3”、变量 p3 为“n=3 不成立”。

第 4 步，判断如果 p1+p2+p3=1 不成立，就执行第 5 步；如果成立，就执行第 6 步。

第 5 步，使变量 n 增加 1，并返回第 2 步重复执行。

第 6 步，输出变量 n 值，并结束脚本。

使用流程图来描述上述算法，如图 3-4-11 所示。

3. 编写程序

如图 3-4-12 所示，这是根据上面算法编写的求解“肖像在哪里”问题的程序。在程序中，使用“重复执行直到……”积木构建一个条件型循环结构。在循环体中，依次列举盒子的编号（使变量 n 的值由 1 变化到 3），并验证已知的 3 个条件的逻辑表达式的值之和是否等于 1。如果条件成立，则求得问题的解，用“说”积木输出变量 n 的值，然后停止脚本的执行；否则，继续列举和验证下一个盒子编号。

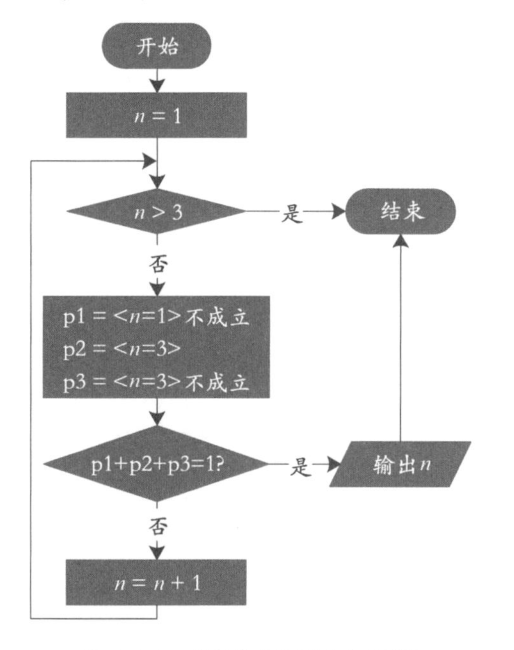

图 3-4-11 “肖像在哪里”流程图

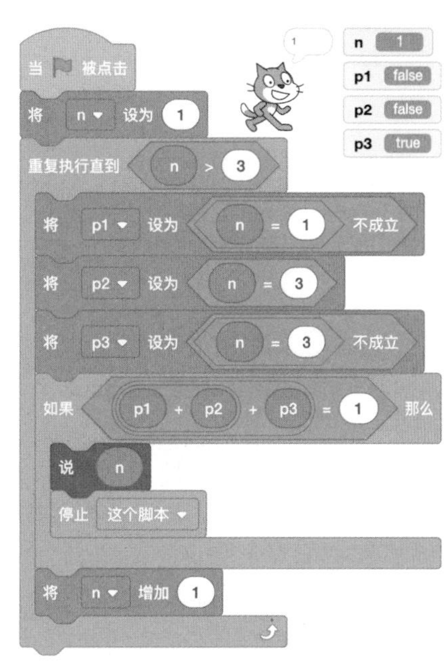

图 3-4-12 “肖像在哪里”脚本清单

4. 练习题

某校有一位学生学习雷锋做好事不留名。据同学们反映，这个“雷锋”是甲、乙、丙、丁四人中的一个。当老师问他们时，他们分别这样说。

甲说：“这件好事不是我做的。”

乙说：“这件好事是丁做的。”

丙说：“这件好事是乙做的。”

丁说：“这件好事不是我做的。”

已知这四人中只有一个人说了真话，请问谁是做了好事的“雷锋”？ 请你想一想，编写程序求解答案。

第 4 章

列　表

这一章将向读者介绍在 Scratch 中用于批量管理数据的容器——列表，在其他编程语言中也把它叫作数组。在创作 Scratch 项目时灵活使用列表，能够简化编程和实现复杂的应用程序。

简单地说，列表是一种用于存放一组数据的容器，可以将批量数据集中在一起管理。这样可以在编程中简化对数据的读写操作。例如，如果要创作一个英语生词本的应用程序，就可以用列表来存放不断增多的英语单词；如果要创作一个问答类型的应用程序，那么把问题和答案分别存放在两个列表中将是非常好的方案；如果要编写一个对班级成绩进行排名的应用程序，也离不开列表的使用。总之，列表的应用非常广泛。

由于中文翻译的原因，在 Scratch 软件的各个版本中，对列表的叫法各有不同，有的版本把它翻译成“链表”或“数组”。为使读者不产生疑惑，特此提醒，“列表”“链表”和“数组”等在 Scratch 中指的是同一个东西。

本章主要包括以下内容。

- 使用列表显示器管理数据，包括增加、修改、删除、导入和导出等。
- 使用列表指令积木操作数据，包括增加、替换、读取和删除等。
- 对列表中的数据进行处理，包括打乱顺序、去重、查找和排序等。

4.1 列表显示器

如果把变量比作存放数据的盒子，那么列表就是存放数据的储物架，可以把批量数据存放在储物架上集中管理。想要创建这样的一个数据储物架，可以使用“变量”指令面板中的“建立一个列表”按钮来创建一个新的列表。新创建的列表会以列表显示器的形式显示在舞台上，从外观上看很像一个多层储物架，每一层可以存放一个数据，数据可以是字符串、数字或布尔等类型的。通过舞台上的列表显示器，可以对列表中的数据进行增加、删除、修改等基本操作，也可以对批量数据进行导入或导出的操作。

4.1.1 跟我做：求平均气温

Scratch 的列表显示器提供可视化的操作界面，能够以直观的方式在舞台上操作列表，非常适合管理批量数据。在本案例中，通过计算平均气温来介绍列表的使用。

1. 问题描述

某个气象小组连续一周测得每天早上 8 时的气温分别为 13℃、13℃、13℃、14℃、15℃、14℃、16℃。请编程求一周的平均气温。

2. 算法分析

该问题的解决思路是，先把一周的气温数据录入到一个列表中，然后编写脚本读取列表中的各个温度数据并进行累加求和，最后计算出一周的平均气温。

3. 解决步骤

1）创建“气温”列表

如图 4-1-1 所示，在“变量”指令面板中单击“建立一个列表”❶，在弹出的“新建列表”对话框中的“新的列表名”文本框中输入“气温”❷，再单击“确定”按钮，这样就创建了一个名为“气温”的列表。这时舞台上会显示一个“气温”列表显示器❸，同时，在“变量”指令面板中，也会显示“气温”列表的名字和一些用于操作列表的指令积木❹。

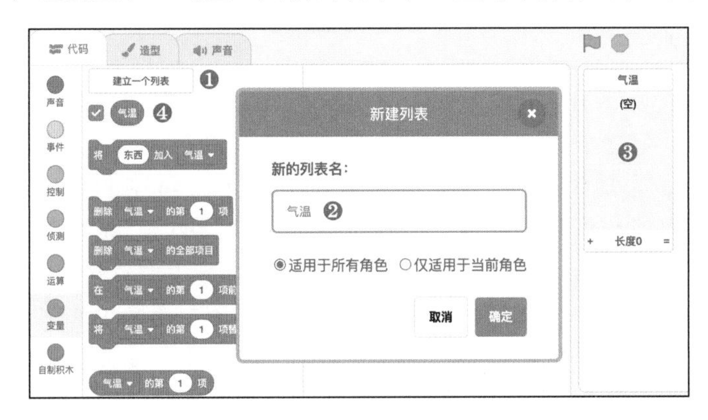

图 4-1-1　创建“气温”列表

2）录入气温数据

如图 4-1-2 所示，在舞台上找到“气温”列表显示器左下方的 + 号，单击 + 号将会创建一个空的列表项。这个新添加的列表项呈现为一个输入框的形式，可以把气温数据录入到里面。按此方法依次把一周的气温数据录入到“气温”列表中。

3）编写程序

在代码区中，创建一个循环结构的程序脚本，在循环体内依次使用“[气温]的第……项”积木读取列表中的气温数据，并累加到一个“总温度”变量中。在循环结束后，计算平均值并存放在“平均气温”变量中。如图 4-1-3 所示，这是求一周平均气温的程序脚本。

4.1.2 列表显示器的使用

1. 列表显示器的基本操作

1）新建列表

使用“变量”指令面板中的“建立一个列表”按钮可以创建一个新列表，在舞台上显

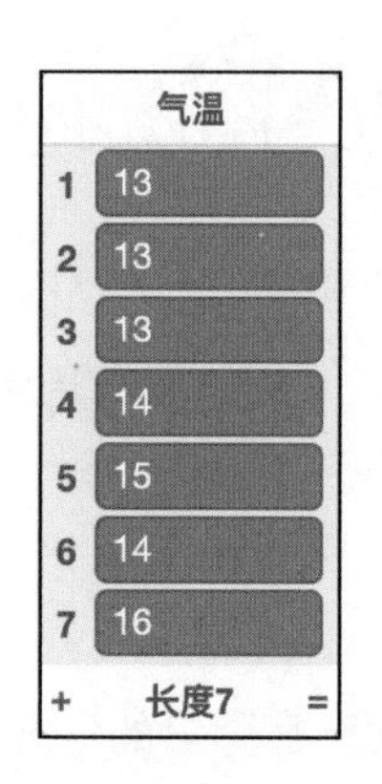

图 4-1-2　一周气温数据

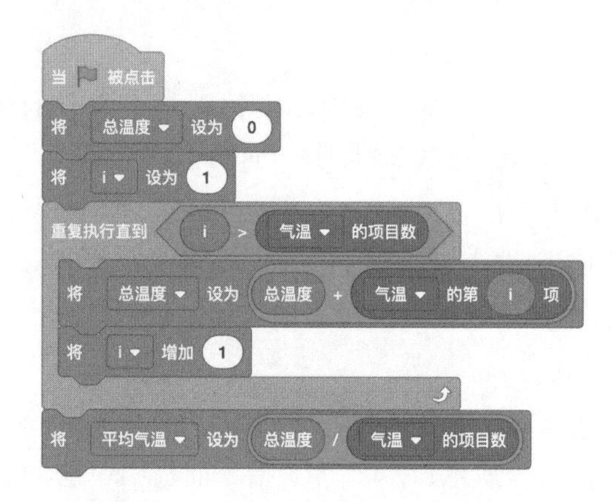

图 4-1-3　“求平均气温”脚本清单

示的列表显示器的外观如图 4-1-4 中的第 1 个图。此时列表是空的，在列表显示器中提示“(空)”，列表的长度（即列表的元素个数）为 0。

2）增加或修改列表元素

在列表显示器的左下方位置有一个 + 号图标，单击它就可以向列表中添加一个新的元素，如图 4-1-4 中的第 2 个图。新元素默认是空的，可以在列表显示器中单击某个元素，使其获得输入焦点，呈现为一个可编辑的文本框，如图 4-1-4 中的第 3 个图。当看到光标闪烁时，就可以向文本框中输入内容。使用同样的方式，可以修改列表中的各个元素。

3）删除列表元素

如果要删除列表中的某个元素，可以在列表显示器中单击某个元素，使其变成一个可编辑的文本框，同时在文本框的右侧会出现一个删除图标（叉号），如图 4-1-4 中的第 4 个图所示。单击这个删除图标，就可以把一个元素从列表中删除。

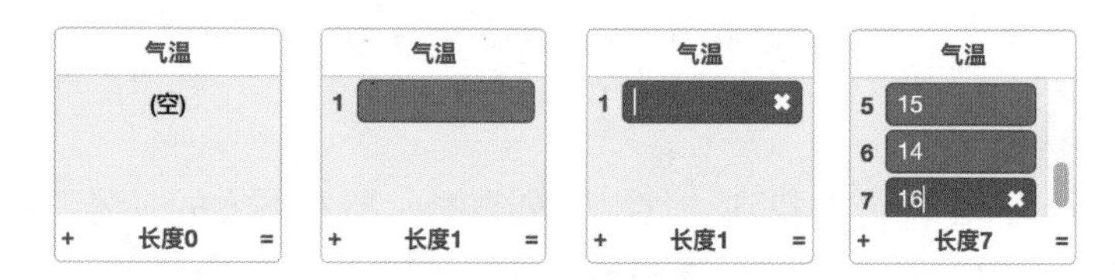

图 4-1-4　列表显示器的基本操作

4）调整列表显示器大小

将鼠标指针移动到列表显示器右下角的等号（ = ）图标上并拖动鼠标，就可以调整列表显示器的显示区域。

2. 数据的批量导入或导出

如果数据量小，可以直接在舞台上的列表显示器中逐个操作。当数据量大时，可以使用更为方便的批量导入或导出功能来管理数据。

1）导入数据

例如，我们要创作一个查询英语单词的项目，就可以使用导入功能把一个具有大量词条的单词表（文本文件）导入到一个列表中。如图 4-1-5 所示，首先创建一个名为“单词表”

的列表，然后在列表显示器的空白处右击，在弹出的快捷菜单中选择“导入”命令打开文件选择对话框，从本地磁盘上选择一个文本文件（单词表.txt），将其导入到“单词表”列表中。文本文件中的每一行内容会成为列表中的一个元素。

图 4-1-5　把外部的“单词表”文本文件导入到“单词表”列表

2）导出数据

同样地，使用列表显示器右键菜单的“导出”命令，弹出保存文件对话框，提示选择本地磁盘上的一个存储位置，并以列表名字作为文件名，单击“确定”按钮，把列表中的数据保存到一个文本文件中。列表中的每个元素会成为文本文件中的一行内容。

3. 列表显示器的显示、隐藏和删除

在“变量”指令面板中，列表名称的前面有一个复选框（见图 4-1-6），勾选或取消复选框，能够控制舞台上列表显示器的显示或隐藏状态。也可以在舞台上的某个列表显示器上右击，然后在弹出的快捷菜单中选择 hide 命令将其隐藏。

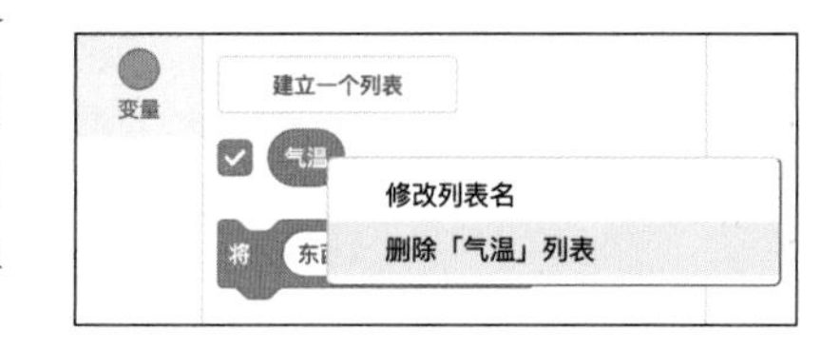

图 4-1-6　列表的复选框和右键菜单

如图 4-1-6 所示，在“变量”指令面板中的某个列表名字上右击，在弹出的快捷菜单中选择“删除……列表”命令就会删除该列表，同时还会删除脚本中所有使用该列表名的代码。一个列表被删除后，舞台上的同名列表显示器也随之消失。选择“修改列表名”命令，可以将一个列表修改为新的名字，脚本中所有使用该列表名的地方都会被修改为新的列表名。

4.1.3 动手练：评委打分

1. 练习重点

列表显示器的使用、数学运算。

2. 问题描述

在青年业余歌手卡拉 OK 大奖赛中，8 位评委给某位选手的评分如表 4-1-1 所示。计算方法是：去掉一个最高分，去掉一个最低分，其余分数的平均分作为该选手的最后得分。请计算该选手最后得分（精确到 0.01）是多少？

表 4-1-1　评委打分表

评　委	1	2	3	4	5	6	7	8
评　分	9.8	9.5	9.7	9.9	9.8	9.7	9.4	9.8

3. 解题分析

该问题的解题思路是，在 8 个评分中除去最高分 9.9 和最低分 9.4，把其余 6 个评分数据输入到一个“评分”列表中，然后编写程序脚本对列表中的各个评分进行累加，最后计算出选手的最后得分。

4. 练习内容

（1）把图 4-1-7 所示的程序脚本中的空白积木替换为真实积木。

（2）运行程序，计算出选手的最后得分是：________ 。

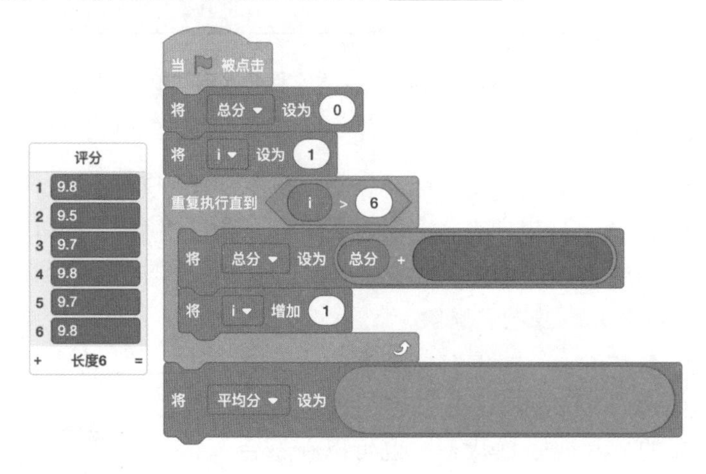

图 4-1-7　“评委打分”空白脚本

4.2 列表的操作

在 Scratch 的“变量”指令面板中提供一些操作列表的指令积木，利用它们能够灵活地在脚本中对列表进行各种操作，包括读取、插入、替换和删除列表中的元素等。在默认情况下，这些积木不会显示出来。当通过“变量”指令面板中的“建立一个列表”按钮创建一个新的列表之后，这些操作列表的指令积木就会显示在“变量”指令面板中。

4.2.1 跟我做：银行叫号系统

使用 Scratch 编程，能够在脚本中动态地向列表中增加或删除元素。在本案例中，将设计一个简单的模拟银行叫号系统，以此讲解使用指令积木对列表进行的基本操作。

1. 问题描述

假设有一个简单的银行叫号系统，它由申请排队和处理排队两个子系统组成。申请排队子系统负责模拟申请排队的情况，当用户按下空格键，一个排队编号被加入到排队队列中。

处理排队的子系统负责处理排队的编号，每隔一段时间会从排队队列中取出一个编号，显示形如“请 A1 到 1 号窗口”的提示信息。请设计并编程实现这个简单的模拟银行叫号系统。

2. 算法分析

在这个模拟的银行叫号系统中，可以使用一个名为“队列”的列表来存放排队编号。当空格键被按下时，就把一个形如 A1 的排队编号加入到“队列”列表的尾部，同时全局编号增加 1。以此来模拟申请排队的子系统。

而在另一个处理排队的子系统中，使用一个循环结构来处理“队列”列表，每次间隔 1~5 秒，从“队列”列表头部取出一个排队编号，并显示形如“请 A1 到 1 号窗口”的提示信息。先排队的编号先被处理，这和我们日常生活中的排队情形相似。

3. 编程步骤

1）创建“队列”列表和相关变量

在“变量”指令面板中单击“建立一个列表”按钮，在弹出的“新建列表”对话框中的“新的列表名”文本框中输入“队列”，再单击“确定”按钮，这样就建立了一个名为“队列”的列表。然后，使用“建立一个变量”按钮，分别创建“全局编号”“号码”和“窗口号”3 个变量。

2）实现申请排队子系统

如图 4-2-1 所示，先从“事件”指令面板中将“当按下 [空格] 键”积木拖到代码区中。然后，从“变量”指令面板中将“将……加入 [队列]”积木拖动到代码区，拼接到“当按下 [空格] 键”积木之下，并把形如 A1 的编号加入到“队列”列表中。最后，使变量“全局编号”增加 1。

3）实现处理排队子系统

从“事件”指令面板中将“当🏴被点击”积木拖动到代码区，在这个指令积木之后添加对“队列”列表进行处理的脚本。该子系统的流程图如图 4-2-2 所示，脚本清单如

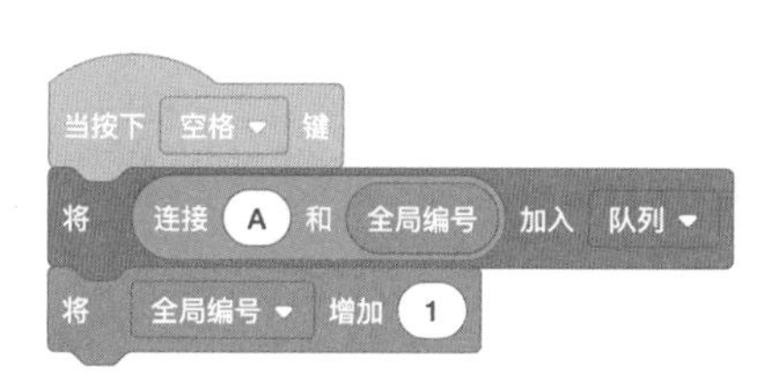

图 4-2-1　申请排队子系统的脚本

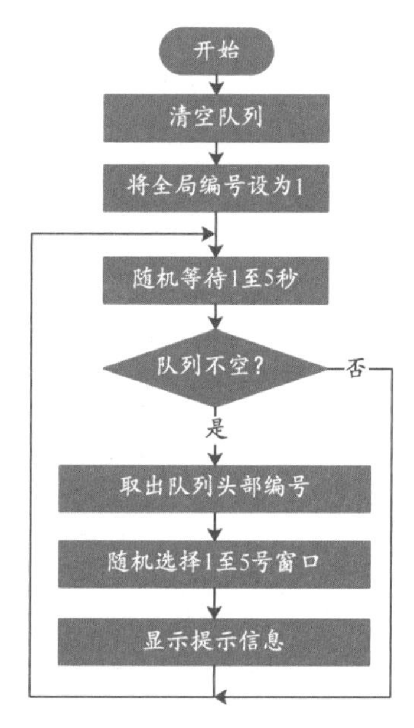

图 4-2-2　“处理排队”子系统流程图

图 4-2-3 所示。

4）运行项目

单击按钮运行项目，申请排队子系统和处理排队子系统将开始工作。任意按下几次空格键，在“队列”列表中将会增加几个排队的编号，之后舞台上的角色会显示“请 A1 到 5 号窗口”类似的提示信息，如图 4-2-4 所示。

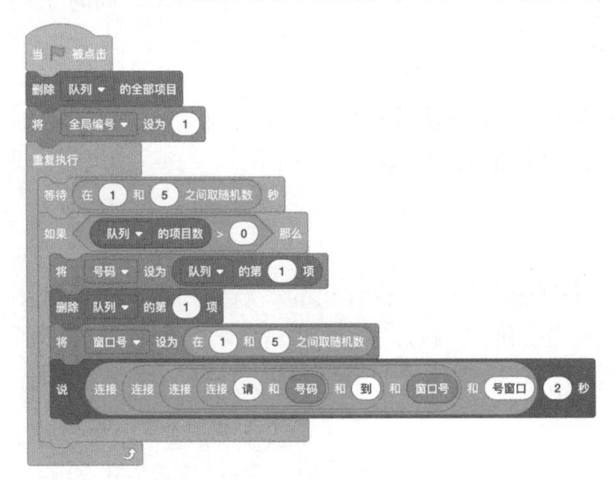

图 4-2-3　处理排队子系统的脚本

图 4-2-4　模拟银行叫号系统运行效果图

4.2.2 列表操作积木

如图 4-2-5 所示，在 Scratch 的“变量”指令面板中提供一组用于操作列表的指令积木，使用它们能够对列表中的数据进行读写操作，包括读取、添加、插入、替换和删除等。简单地说，列表（数组）是由一系列元素组成的数据集合，每个元素通过它在列表中的位置（下标）进行访问。Scratch 列表的下标是从 1 开始分配，而其他一些高级语言中数组的下标是从 0 开始分配。Scratch 对下标越界等错误进行了屏蔽，使得对列表的操作非常方便。

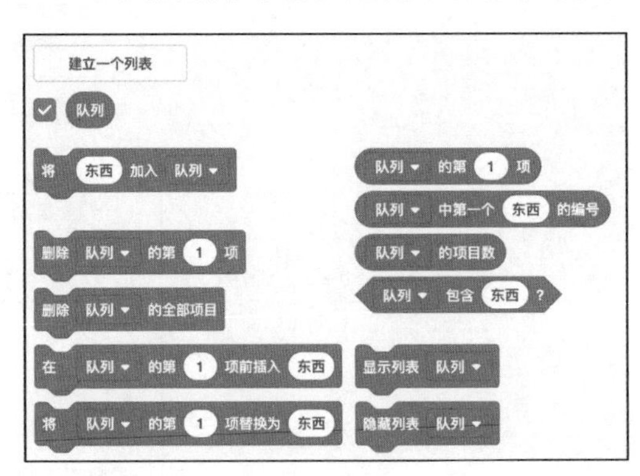

图 4-2-5　一些操作列表的指令积木

1. 向列表添加数据

在 Scratch 中，一个列表被创建之后，它的长度为 0，称为空列表。这时可以使用

"将……加入 [……]" 积木把数据追加到列表的尾部，而使用 "在 [……] 的第……项前插入……" 积木，则可以在列表中的指定位置插入数据。

如图 4-2-6 所示，有一个名为 "四大名著" 的空列表，在脚本中，使用 "在 [……] 的第……项前插入……" 积木把 "红楼梦" 和 "西游记" 这两个字符串插入到该列表的前两个位置（下标分别为 1 和 2）；使用 "将……加入 [……]" 积木把字符串 "三国演义" 追加到该列表的尾部（下标为 3）；最后将字符串 "水浒传" 插入到该列表的末尾（last）位置（下标为 4）。

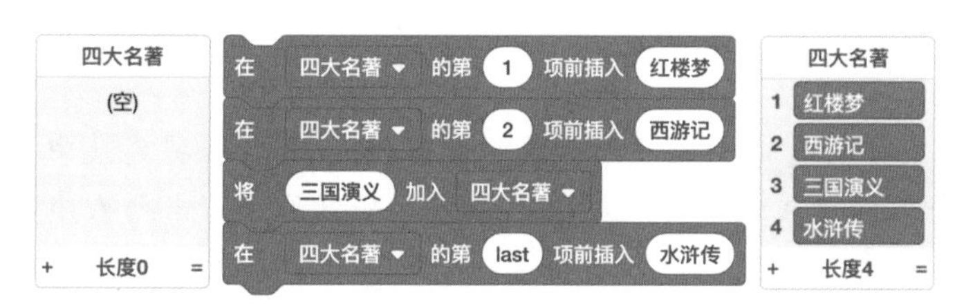

图 4-2-6　向列表添加数据

注意：在 Scratch 3.0 中，使用 last 表示列表的末尾位置，random 表示列表的随机位置。在列表指令积木的位置参数中输入 last 或者 random 时，需要切换到中文输入法状态下操作，或者使用粘贴的方式输入。

2. 替换列表数据

如果要修改列表中的数据，可以使用 "将 [……] 的第……项替换为……" 积木把列表中指定位置的元素修改为新的内容。

如图 4-2-7 所示，在脚本中，第一个替换指令积木把 "四大名著" 列表中的第 1 个元素的内容 "红楼梦" 替换为字符串 The Story of Stone；第二个替换指令积木把列表中末尾（last，下标为 4）位置的元素 "水浒传" 替换为 All Men Are Brothers。

图 4-2-7　替换列表数据

3. 读取列表数据

如果要从列表中读取数据，可以使用 "[……] 的第……项" 积木读取指定位置的元素的内容，或者通过列表名称读取整个列表的内容。

如图 4-2-8 所示，在脚本中，使用 "[四大名著] 的第 1 项" 积木读取列表中的第 1 个元素是 The Story of Stone；使用 "[四大名著] 的第 last 项" 积木读取列表中末尾（下标为 4）位置的元素是 All Men Are Brothers；而通过列表名称 "四大名著" 可以读取整个列表的内容，会以空格作为分隔符，把列表中的各个元素连接成一个字符串。

图 4-2-8 读取列表数据

注意：通过列表名称可以访问整个列表的内容，Scratch 会将列表中各个元素连接成一个字符串，并且会根据列表元素的长度决定是否添加分隔符。当列表中不存在空元素，并且各元素的长度都是 1 时，不会添加分隔符。除此之外，将会添加空格作为分隔符。

如果要遍历列表中的数据，需要使用“[……] 的项目数”积木获取列表的项目数（即列表的长度），然后在一个循环结构中从头开始读取列表中的各个元素。

如图 4-2-9 所示，这个脚本实现遍历列表数据的功能。循环变量 *i* 的值会从 1 开始每次增加 1，直到它的值大于“四大名著”列表的项目数时，才会结束循环。在循环体内，使用循环变量 *i* 的值作为列表的下标，通过“[四大名著] 的第 i 项”积木读取列表中第 *i* 项元素。

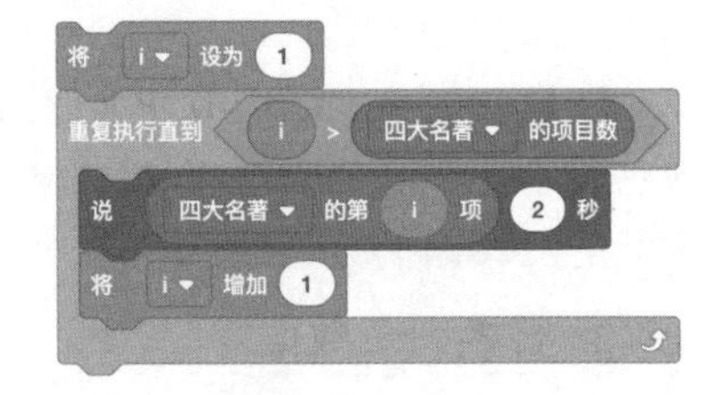

图 4-2-9 使用循环结构遍历列表数据

4. 删除列表数据

如果要从列表中删除数据，可以使用“删除 [……] 的第……项”积木删除列表中指定位置的元素，或者使用“删除 [……] 的全部项目”积木删除列表中的全部元素。

如图 4-2-10 所示，在脚本中，使用“删除 [四大名著] 的第 1 项”积木会删除列表中的第 1 个元素；使用“删除 [四大名著] 的第 last 项”积木会删除列表末尾（下标为 4）位置的元素。当列表中的元素被删除后，列表中剩下元素的下标会重新编号。

图 4-2-10 删除列表数据

5. 检查列表中的元素

如果想检查列表中是否存在某个元素，可以使用“[……] 包含……?”积木对目标内容进行检查，它返回一个布尔值（true 或 false）以表明是否存在目标元素。

如图 4-2-11 所示，在脚本中，执行“[四大名著] 包含 [红楼梦]?”积木时返回的值为 true，表明“四大名著”列表中存在字符串“红楼梦”；而执行“[四大名著] 包含 [山海经]?”积木时返回的值为 false，表明该列表中不存在字符串“山海经”。

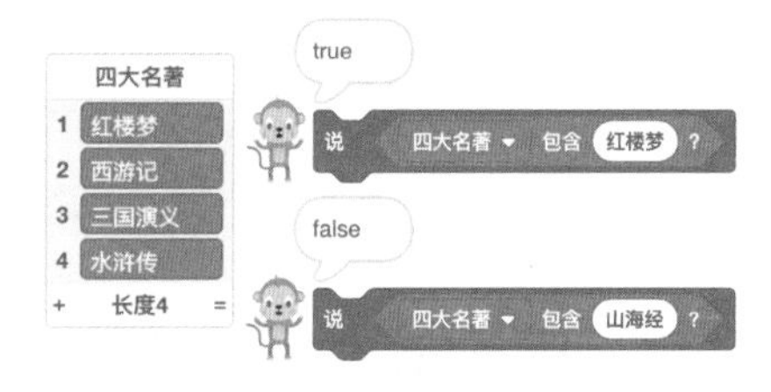

图 4-2-11　检测列表中的元素是否存在

6. 显示或隐藏列表显示器

使用“显示列表……”积木可以在舞台上显示某个列表显示器，而使用“隐藏列表……”积木则可以隐藏舞台上的某个列表显示器。

4.2.3　动手练：猴子选大王

1. 练习重点

列表积木的使用。

2. 问题描述

一群猴子要选猴王。方法是：让 41 只候选猴子围成一圈，从某位置起顺序编号为 1~41 号。从第 1 号开始报数，每轮从 1 报到 3，凡报到 3 的猴子就退出圈子，接着又从紧邻的下一只猴子开始以同样的方式报数。如此循环，最后剩下的一只猴子就选为猴王。请问原来的第几号猴子当选了猴王？

3. 解题分析

采用模拟策略编程，通过模拟猴子报数的过程找出最后剩下的那只猴子。先把 41 只猴子的编号放到一个名为“队列”的列表中，然后在一个循环结构中模拟报数。如果某个编号的报数能被 3 整除，则将该编号删除；否则，就把该编号移动到“队列”列表的尾部参与后面的报数。最后,列表中剩下的一个元素就是猴王的编号。如图 4-2-12 所示，这是使用流程图来描述解决问题的算法。

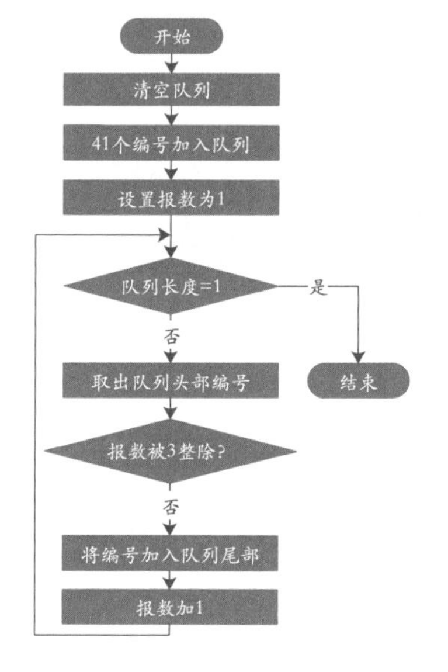

图 4-2-12　“猴子选大王”流程图

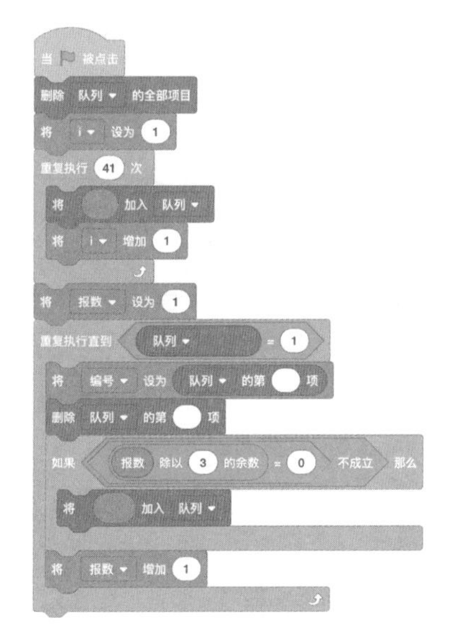

图 4-2-13　“猴子选大王”空白脚本

4. 练习内容

（1）把图 4-2-13 所示的程序脚本中的空白积木替换为真实积木。

（2）运行程序，求得猴王的编号是______。

4.3 用列表处理数据

列表可以用来批量存放各种类型的数据，如考试成绩、游戏得分、角色坐标等。集中存放的数据给管理带来了方便，处理数据时通过循环结构遍历列表，然后对各个元素进行统一操作。下面介绍一些在实际编程中经常使用的处理列表数据的方法。

4.3.1 打乱列表中各元素的顺序

把一批数据添加到列表之后，每个数据就有了一个固定的位置。有时候需要打乱列表中各个元素的位置，就像对一副扑克牌进行洗牌一样，使各个元素随机排列。

如图 4-3-1 所示，这段脚本用于向一个名为“数组”的列表中添加 5 个有序的整数。

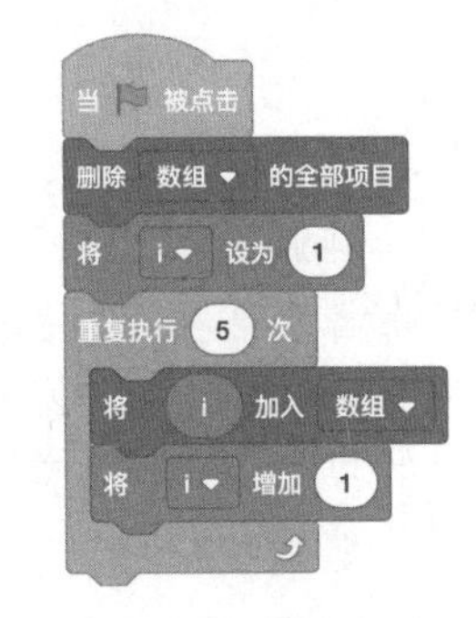

图 4-3-1 向“数组”列表中添加有序数据

将图 4-3-2 的脚本拼接在图 4-3-1 的脚本之后，用于打乱列表中各元素的位置。采用的方法是，先移出列表中的第 1 个元素，再将元素随机插入到该列表中。如此反复若干次，就能打乱列表中各元素的顺序。

使用“在 [……] 的第 (random) 项前插入……”积木，可以将一个元素插入列表中的一个随机位置。关键字 random 表示列表的随机位置。也可以通过“在……和……之间取随机数”积木生成一个随机位置。

如图 4-3-3 所示，这段脚本采用另一种打乱列表的方法。它是先移除列表中一个随机位置的元素，再将该元素追加到列表的尾部。如此反复若干次，就能打乱列表中各元素的顺序。

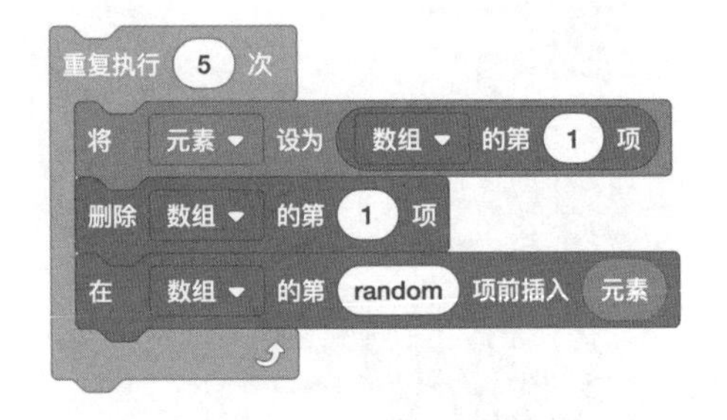

图 4-3-2 打乱列表中的数据（1）

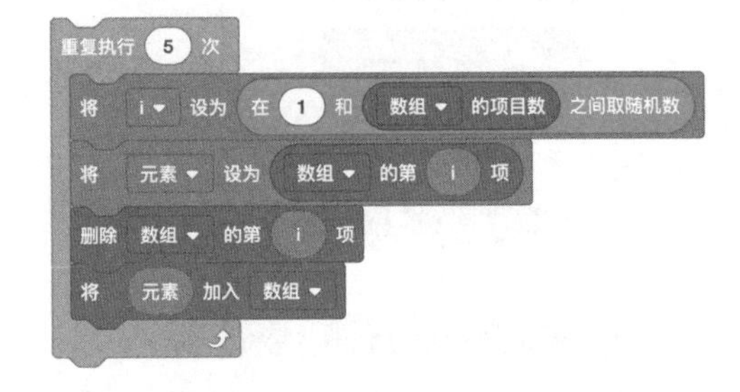

图 4-3-3 打乱列表中的数据（2）

此外，将随机取出的元素插入列表中的随机位置，也是一种打乱列表的方法。

4.3.2 在列表中生成不重复的随机数

集合是一种不允许元素重复的数据结构。在 Scratch 中，添加到列表中的元素是可以重复的。如果想让列表具有集合的特性，可以在向列表添加元素时，使用“[……] 包含……?”积木对列表进行检测，防止添加重复的元素。

如图 4-3-4 所示，这个脚本演示了在列表中生成一组不重复的随机数。采用的方法是，先生成一个随机元素，再判断如果该元素不包含在列表中，才会将该元素加入列表。如此反复操作，直到列表的元素数量满足需要为止。

4.3.3 查找列表中的最大值或最小值

在列表中可以存放很多数据，有时候需要从中找出最大值或最小值。例如，在用列表存放学生的考试成绩时，想从中找出最高分或最低分。

如图 4-3-5 所示，这段脚本用于向一个名为“成绩”的列表中随机添加 10 名学生的考试成绩（百分制）。

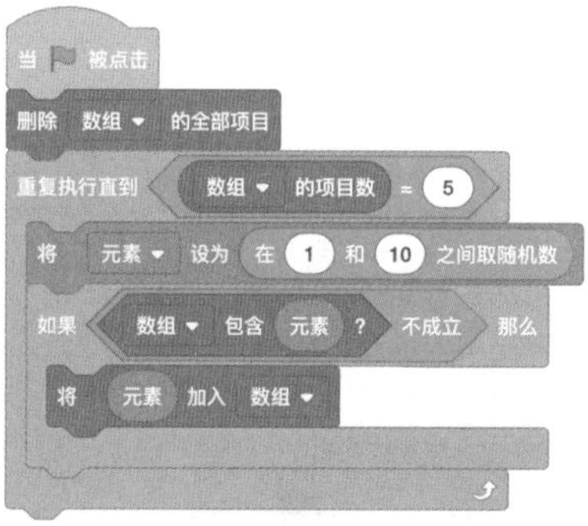

图 4-3-4　在列表中生成不重复的随机数

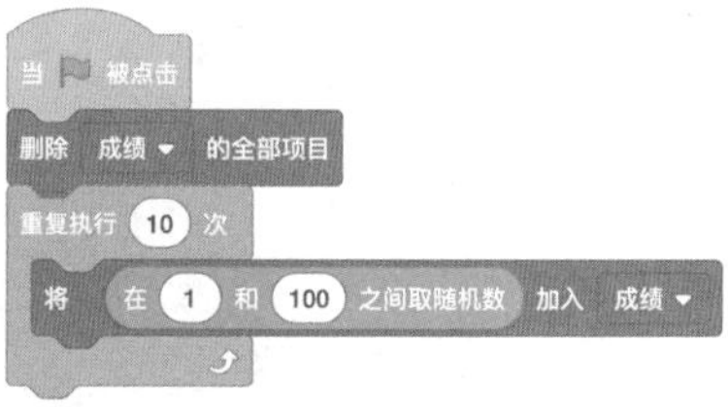

图 4-3-5　向“成绩”列表中随机添加 10 个考分

将图 4-3-6 的脚本拼接在图 4-3-5 的脚本之后，用于从“成绩”列表中找出一个最大值。采用的方法是，假设“成绩”列表的第 1 个元素为最大值，将其记录到“最大值”变量中；然后把该值与列表中其他元素依次比较，将大于该值的元素记录到“最大值”变量中；最后，“最大值”变量中记录的就是“成绩”列表中的最大值。

如果要从“成绩”列表中找出一个最小值，其采用的方法与查找最大值类似，只需要改变“如果……那么”积木中的判断条件即可。如图 4-3-7 所示，这段代码用于从“成绩”列表中找出一个最小值。

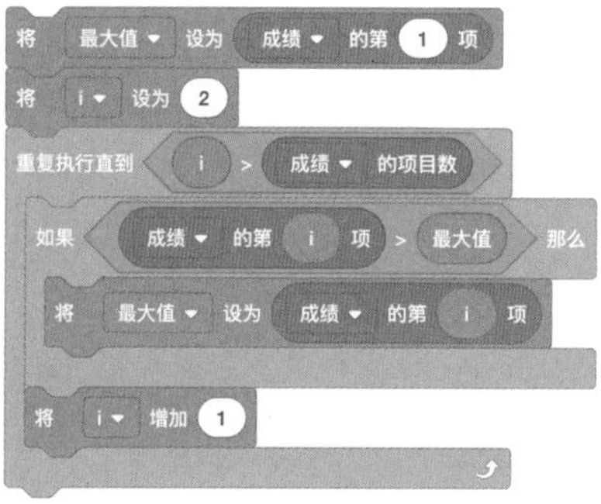

图 4-3-6　从“成绩”列表中找出最大值

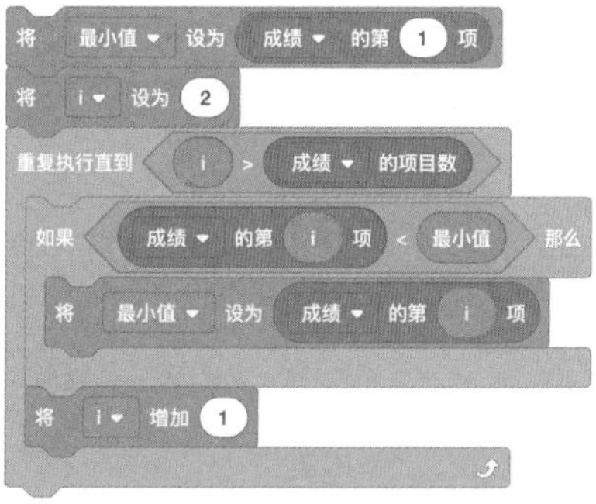

图 4-3-7　从“成绩”列表中找出最小值

在编写评委打分程序时，可以使用程序自动去掉“评分”列表中的一个最高分和一个最低分。去掉最高分的方法是，先从列表中找出最高分元素的位置，然后从列表中删除该位置的元素。去掉最低分的方法与之类似。

4.3.4 对列表中的元素进行排序

在实际编程中，有时候需要把有序的列表元素打乱，有时候则需要把无序的列表元素进行排序。排序时，可以按照从小到大或者从大到小的顺序进行。例如，在用列表存放学生的考试成绩时，对考试成绩按照从大到小的顺序排列，以获得学生成绩的排名。

首先使用图 4-3-5 所示的一段脚本向一个名为“成绩”的列表中随机添加 10 名学生的考试成绩（百分制），然后使用如图 4-3-8 所示的一段脚本把“成绩”列表中的各元素按照从大到小的顺序依次移动到“排名”列表中。

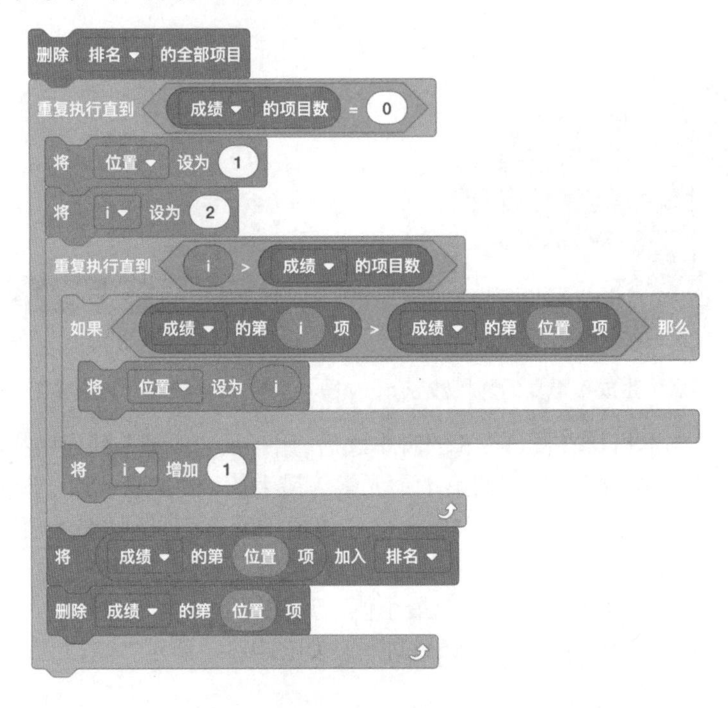

图 4-3-8　对列表元素进行排序

排序程序采用贪心策略编写，具体方法描述如下。

每次从“成绩”列表中查找出一个最大值，将它移动到“排名”列表中。每完成一轮排序，“成绩”列表中的元素减少一个，“排名”列表中的元素增加一个。当“成绩”列表为空时，则整个排序过程结束，“排名”列表中的各个元素已经按照从大到小的顺序排列。

这里说的“移动”，指的是将某个元素从“成绩”列表中删除，并将该元素添加到“排名”列表中。

这个排序程序其实是“选择排序”算法的一个变形，使用两个列表存储数据，虽然占用的空间多，但是代码容易理解。在“第 14 章　英汉词典”中，将介绍效率更好的基于一个列表实现的“选择排序”算法。

4.3.5 动手练：恺撒加密

1. 练习重点

列表积木的使用。

2. 问题描述

编写一个程序实现恺撒加密算法。使用英文输入一句话，只加密字母，其他字符保持不变。加密规则是，将字母 A 换作字母 D，B 变成 E，以此类推，X 将变成 A，Y 变成 B，Z 变成 C。加密时统一采用大写字母。

3. 解题分析

采用对照表的方式实现将明文转换成密文。将 26 个明文字母和对应的密文字母分别存放在两个列表中，两者顺序一致，一一对应。例如，明文列表中的字母 A 对应密文列表中的字母 D。在加密时，先查找要加密的字母在明文列表中的位置，再根据该位置从密文列表中取得加密后的字母。

使用“[……] 中第一个……的编号”积木可以获取列表中指定元素的位置编号。

4. 练习内容

（1）把图 4-3-9 所示的程序脚本中的空白积木替换为真实积木。

（2）运行程序，输入明文 hello 得到的密文是______。

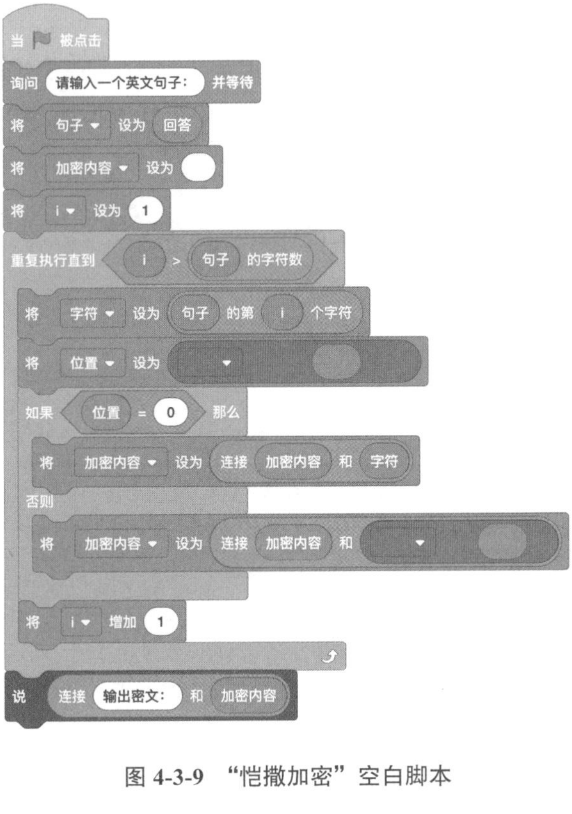

图 4-3-9　“恺撒加密”空白脚本

第 5 章

过　程

这一章将向读者介绍一种 Scratch 中重要的编程元素——过程（procedure）。

过程是编程语言中的一个重要概念。在许多编程语言中，可以把实现某个功能的一系列计算机指令（代码）封装在一起，并给这个功能指定一个名字，在需要使用这个功能时，直接调用它的名字即可。有了过程的支持，可以实现程序功能的重复利用，可以实现程序的递归调用，还可以采用面向过程的编程思想进行程序设计，从而实现逻辑复杂或规模庞大的应用程序的编写。

在 Scratch 中，可以通过定义新的积木创建自定义过程。例如，可以把在舞台上画一个圆形的一组积木放到一个新定义的积木里，并给这个新积木命名为“画圆”。之后就可以直接通过调用这个“画圆”积木在舞台上画出一个圆形。自定义的积木还支持使用参数，比如为“画圆”积木增加一个半径作为参数，就能重复利用这个积木画出许多大小不同的圆形。

在 Scratch 中，有了自定义过程的支持，就可以使用面向过程的编程思想进行程序设计。可以把一个复杂的大任务分解为若干个小任务，每个小任务使用一个过程来实现，最终这些过程组合在一起就能完成一个复杂的大任务。

本章主要包括以下内容。

- 使用“制作新的积木”创建自定义过程。
- 使用自定义过程实现递归调用。
- 介绍面向过程的程序设计方法。

5.1 自定义过程

与其他编程语言一样，Scratch 也支持创建自定义过程。比如一些数学题，尽管具体的参数不同，但是要解决的问题是相同类型。像这样就可以把一些功能封装成自定义过程，在需要的地方通过传递参数的方式调用自定义过程，达到功能复用的目的。这样既能减少编程工作量，又能减少程序错误。

一般来说，使用 Scratch 中丰富的指令积木就能够创建各种类型的应用程序。当现有的指令积木不能满足需求时，就可以尝试创建新的指令积木，即创建自定义过程。通过使用“自制积木”指令面板中的“制作新的积木”按钮，可以定制自己需要的指令积木，并且能够像使用 Scratch 自身提供的指令积木一样在脚本中使用自定义积木。

5.1.1 跟我做：计算圆的面积

在本案例中，我们将创建一个计算圆的面积的自定义过程，以此讲解制作新的指令积木。

1. 问题描述

设计一个自定义过程，用来计算圆的面积。

2. 算法分析

圆所占平面的大小叫作圆的面积，圆面积的计算公式是 $S=\pi r^2$。π 是一个常数，一般取值为 3.14，r 是圆的半径。只要知道半径 r 的值，就能够依据公式求出圆的面积 S。据此，我们制作一个新的积木用来计算圆的面积，其中，使用半径作为参数。

3. 解决步骤

1）制作新的积木

如图 5-1-1 所示，切换到“自制积木”指令面板，单击“制作新的积木”按钮❶，在弹出的“制作新的积木”对话框的积木名称文本框中输入“计算圆面积”❷；然后，单击下方的“添加输入项数字或文本”❸；接着，在“计算圆面积”后面会添加一个名为 number or text 的参数，将它的名字修改为“半径”❹；最后，单击对话框下方的“完成”按钮。至此，一个名为“计算圆面积”的新积木❺就出现在指令面板中，同时在代码区中也出现一个“定义 [计算圆面积]”的帽子积木❻。

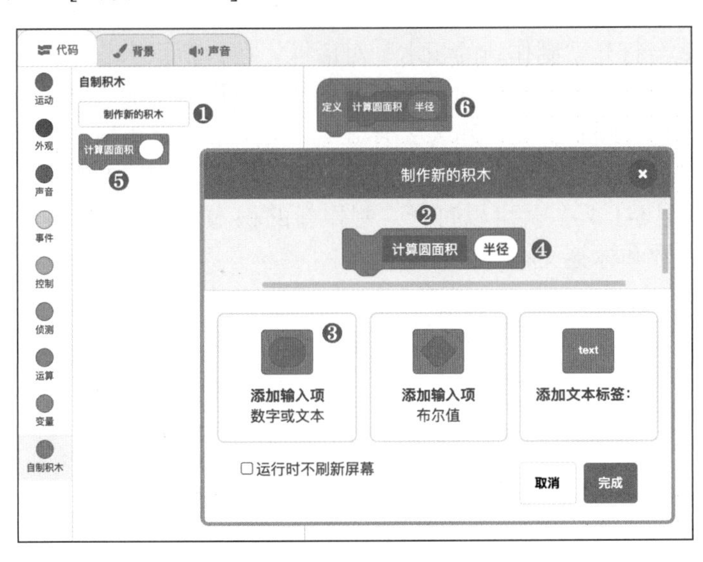

图 5-1-1　制作名为“计算圆面积”的新积木

2）实现新积木的功能

想要实现“计算圆面积”积木的功能，还要在帽子积木“定义 [计算圆面积]”的下方添加一些积木，用来根据半径计算圆面积。为此，创建一个名为 PI 的变量，设定它的值为 3.14；创建一个名为 S 的变量，用来存放根据圆的公式计算后得到的结果值。如图 5-1-2 所示，这样就能实现使用新积木计算圆面积的功能。

3）测试新积木

如图 5-1-3 所示建立测试脚本。“计算圆面积”积木的参数为 4，即计算半径为 4 的圆面积。单击按钮运行程序，求得半径为 4 的圆面积为 50.24。

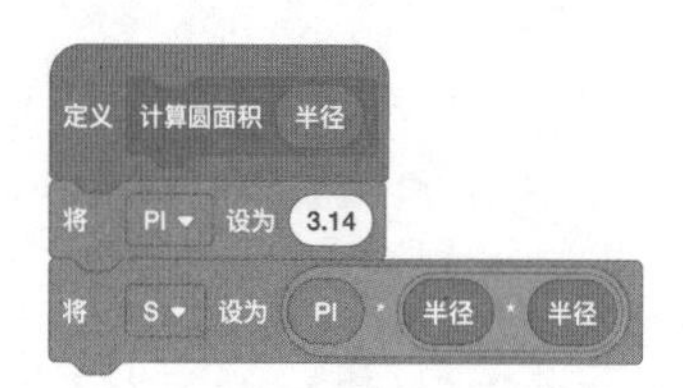

图 5-1-2 “计算圆面积”积木的实现脚本

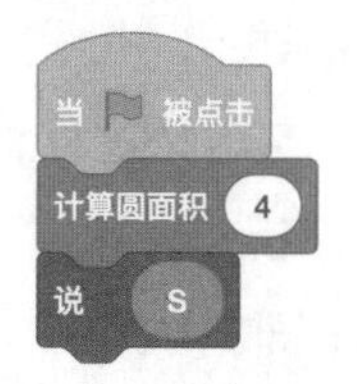

图 5-1-3 测试新积木

5.1.2 使用自定义过程

在 Scratch 中，创建自定义过程是通过制作新的积木实现的。在实际编程中，可以把脚本中功能重复的若干个积木抽取出来封装为一个新的积木，并可以给新积木添加参数。自定义积木和 Scratch 自身提供的指令积木的用法一样，在脚本中加入对新积木的调用即可。自定义积木只能在当前角色内部使用，不能被多个角色共享，而且也不能有返回值，需要使用变量积木来存放处理结果。

1. 创建、编辑和删除自定义积木

在 Scratch 中创建新的积木是非常简单的，单击“自制积木”指令面板中的“制作新的积木”按钮，就会打开“制作新的积木”对话框。在为新积木起一个名字，并设置若干选项后，单击“完成”按钮就能创建一个新的积木。新积木会加入到指令面板中，以桃红色作为积木的代表色。同时，在代码区中会出现一个用于定义新积木的帽子积木。

如果要编辑已经创建好的新积木，可以在新积木上方右击，在弹出的快捷菜单中选择“编辑”命令（见图 5-1-4），就可以打开“制作新的积木”对话框（见图 5-1-5），然后对新积木的名字、参数和标签文本等进行编辑。

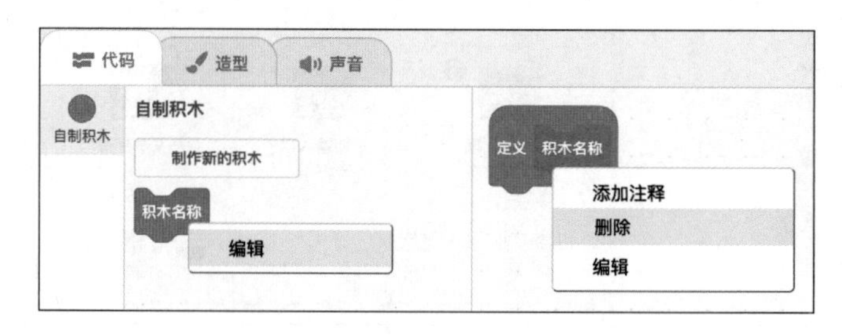

图 5-1-4 编辑新积木的菜单命令

如果要删除自定义积木，可以通过快捷菜单中的“删除”命令来操作，如图 5-1-4 所示。需要注意的是，要删除一个自定义积木，必须先删除脚本中所有对该积木的调用。

2. 自定义积木的参数

Scratch 的自定义积木支持数字、字符串和布尔类型的参数（见图 5-1-5）。在定义积木时创建的参数，我们称为形参（形式参数），它是只能在定义积木的脚本中使用的局部变量。

在调用自定义积木时使用的参数，我们称为实参（实际参数），它的值会传递给形参变量。定义新积木时用的 number、text 和 boolean 就是形参（见图 5-1-6），而调用新积木时用的 1、“ # ”和布尔值 true 等就是实参（见图 5-1-7）。

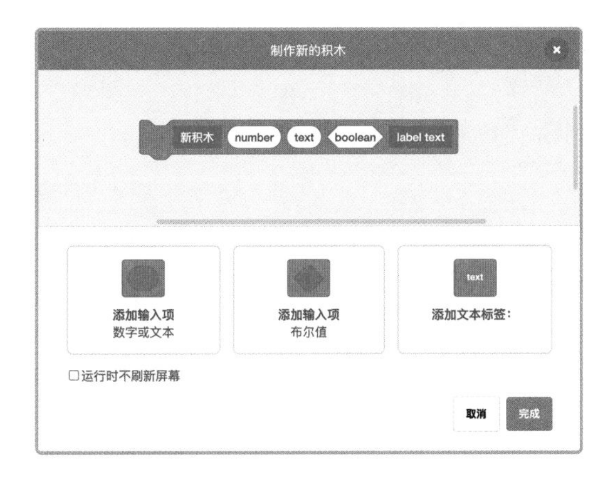

图 5-1-5　“制作新的积木”对话框

图 5-1-6　创建自定义积木时设定的形式参数

图 5-1-7　使用实参调用“新积木”

3. 在积木命名中使用文本标签

在给自定义积木命名时，灵活地使用文本标签（label text）可使积木名称更易于阅读和理解它的作用。如图 5-1-8 所示，这是创建用于计算圆柱体积的自定义积木时采用的两种方案，在左边的方案中积木名称简短，而在右边的方案中积木名称更易于阅读和理解。

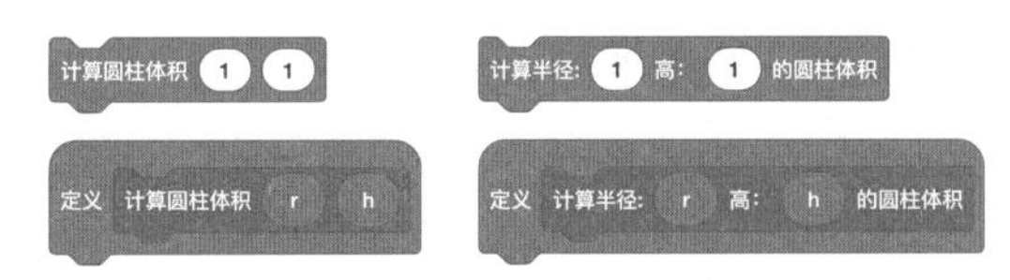

图 5-1-8　创建计算圆柱体积新积木的两种命名方案

5.1.3　动手练：判断质数

1. 练习重点

制作新的积木。

2. 问题描述

设计一个自定义积木，用于判断一个自然数是否是质数。

3. 解题分析

一个大于 1 的自然数，除了 1 和它自身外，不能被其他自然数整除的数叫作质数；否则称为合数。例如，11 是质数，因为它不能被 2~10 的任何一个自然数整除。因此，判断一个自然数 n 是否是质数，只要用 n 分别除以 $2\sim n-1$ 之间的每一个自然数，如果都不能被整除，那么 n 就是一个质数。

使用流程图来描述判断质数的算法，如图 5-1-9 所示。

4. 练习内容

（1）把图 5-1-10 所示的程序脚本中的空白积木替换为真实积木。

（2）分别以 2017、2035、3751、8847、10639 作为参数调用“判断质数”积木，其中是质数的是__________。

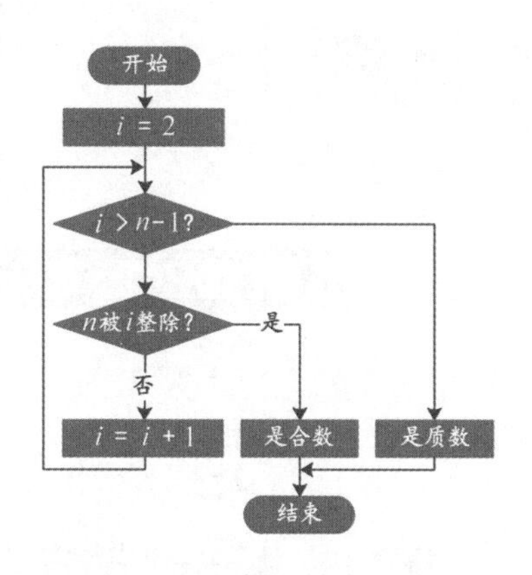

图 5-1-9 “判断质数”流程图

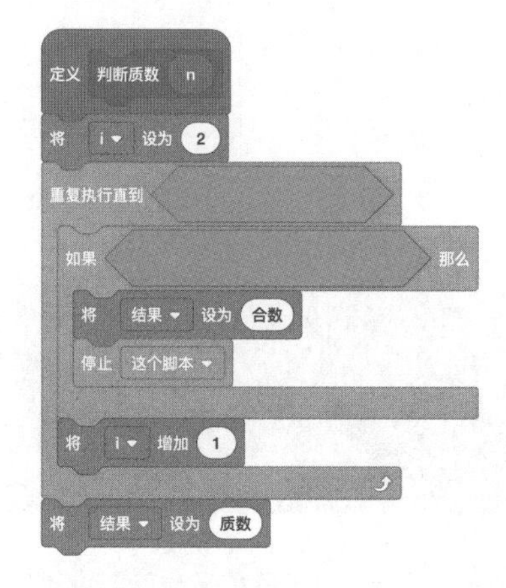

图 5-1-10 “判断质数”过程的空白脚本

5.2 递归的使用

在使用 Scratch 编程时，如果在一个自定义过程（自定义积木）中直接或者间接地调用了自身，那么这样的调用方式就称为递归调用。

在解决实际问题时，有些问题能够被分解为规模更小的子问题，并且这些小问题和大问题一样有着相似的结构和解决方法，这种情况就适合使用递归方法编程求解问题。

5.2.1 跟我做：辗转相除法

一旦理解了递归的思想，就会发现使用递归算法解决问题往往比非递归更简洁。在本案例中，我们将以递归方式实现求两数最大公约数的辗转相除法，以此讲解递归的运用。

1. 问题描述

请编写一个程序，用辗转相除法求两个自然数的最大公约数。

2. 算法分析

辗转相除法（又名欧几里得算法）是求两个自然数的最大公约数的一种算法。它的具体步骤是：用较大数除以较小数，得到一个余数；再用上一步中的除数去除以余数，得到一个新的余数。如此反复相除直到最后的余数是 0 为止，这时最后的除数就是两个数的最大公约数。

举例来说，用辗转相除法求 255 和 75 的最大公约数，具体步骤如下。

第 1 步，用 255 除以 75，余 30。

第 2 步，用 75 除以 30，余 15。

第 3 步，用 30 除以 15，余 0。

经过 3 步计算后余数为 0，这时就求得 255 和 75 的最大公约数是 15。

使用流程图来描述辗转相除法的算法，如图 5-2-1 所示。

3. 编写程序

根据辗转相除法的算法描述，创建一个名为“辗转相除法”的自定义过程，它有两个数字参数 a 和 b。在这个自定义过程的脚本中使用递归方式实现辗转相除法的算法，求得两数的最大公约数存放在变量 gcd 中。该过程的脚本比较简单，如图 5-2-2 所示。

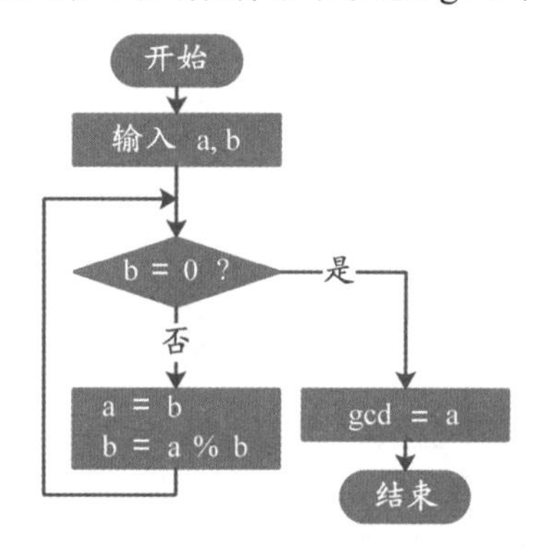

图 5-2-1 “辗转相除法”流程图

图 5-2-2 “辗转相除法”过程的脚本

4. 测试

对自定义过程“辗转相除法”进行测试，以 255 和 75 作为参数调用该积木，求得两数的最大公约数为 15，如图 5-2-3 所示。

图 5-2-3 测试“辗转相除法”过程

由上可知，使用递归方式编写的程序比较简洁。但是，刚开始接触递归时，可能不容易理解。接下来，我们将对递归调用过程进行详细讲解。

5.2.2 递归调用的分析

在编程中，递归算法看似简单，但有时也容易让人摸不着头脑。递归只是一种程序调用自身的编程技巧，而非解决问题的公式。面对问题时，先要将问题分析透彻，再决定是否采用递归的方法来解决。一般来说，在运用递归算法前需要考虑面对的问题是否满足以下两个条件。

第一，能通过递归调用不断缩小问题的规模，转化为一系列处理方法相同的子问题。

第二，要有明确的结束递归调用的条件，避免产生无限递归的情况。

为便于理解递归，我们通过使用递归方式计算阶乘为例，探讨递归的结束条件和递归调用的顺序。

1. 问题描述

设计一个计算阶乘的算法，输入一个自然数 n，计算它的阶乘 $n!$ 的值。

2. 算法分析

一个自然数的阶乘是所有小于或等于该数的自然数的积，并且规定 0 的阶乘为 1。自然数 n 的阶乘写作 $n!$。例如，1 的阶乘 $1! = 1$；2 的阶乘 $2! = 1 \times 2$；3 的阶乘 $3! = 1 \times 2 \times 3$，以此类推，n 的阶乘 $n!=1 \times 2 \times 3 \times \cdots \times n$。

使用流程图来描述计算阶乘的算法流程，如图 5-2-4 所示。

3. 程序分析

使用递归方式编写计算阶乘的程序脚本，如图 5-2-5 所示。该过程采用一个双分支选择结构来控制，以 $n<2$ 作为递归结束的条件。当条件不成立时，进入递归调用阶段；当条件成立时，结束递归调用并返回；在递归返回阶段计算阶乘。

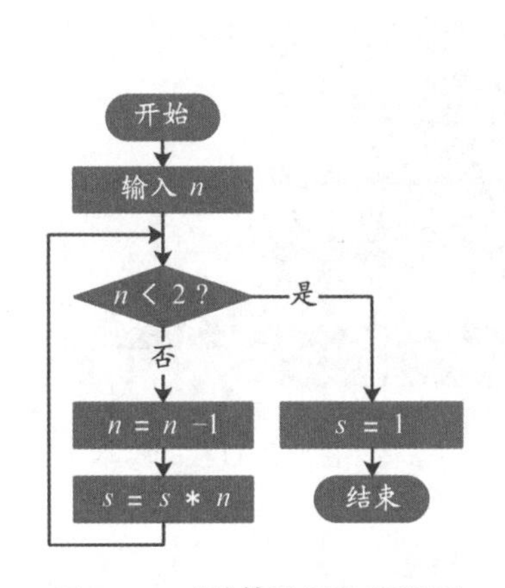

图 5-2-4 “计算阶乘”流程图

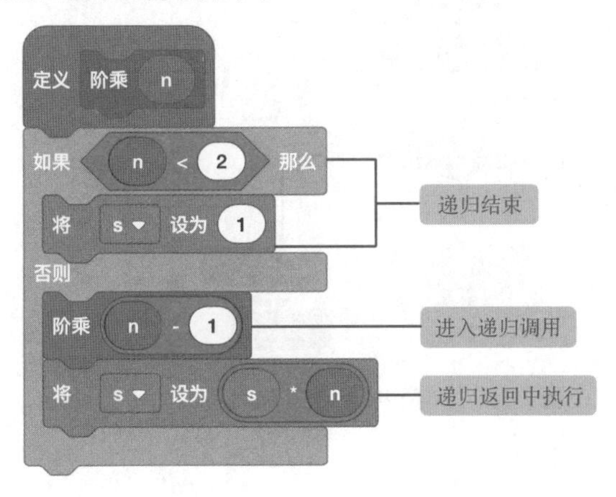

图 5-2-5 “阶乘”过程的脚本

如图 5-2-6 所示，结合程序脚本来理解递归调用的顺序，并把在每次递归调用过程中不需要关注的积木用半透明图层遮盖。

在图 5-2-6 中，在“当🏁被点击”下调用“阶乘（3）”进行阶乘 3! 的计算时，递归调用的深度为 3。红线表示递归调用的前进路径，依次为阶乘（3）、阶乘（2）、阶乘（1）；当进入到“阶乘（1）”过程时，递归结束的条件（$n<2$）成立，使变量 s=1，递归调用结束并返回；绿线表示递归调用的返回路径，返回到“阶乘（2）”过程时计算 s=1*2，返回到“阶乘（3）”过程时计算 s=2*3。至此，整个递归调用过程结束。之后使用“说”积木将阶乘的计算结果显示为 6。

如图 5-2-6 所示，在递归调用过程中，递归结束的条件是 $n<2$，它避免了进入无限次递归调用的情况发生。在递归返回的过程中计算阶乘，计算顺序为 s = 1、s = 1*2 = 2、s=2*3=6。

我们可以在“阶乘”过程的脚本中加入记录日志的功能，将递归调用过程中 n 值的变

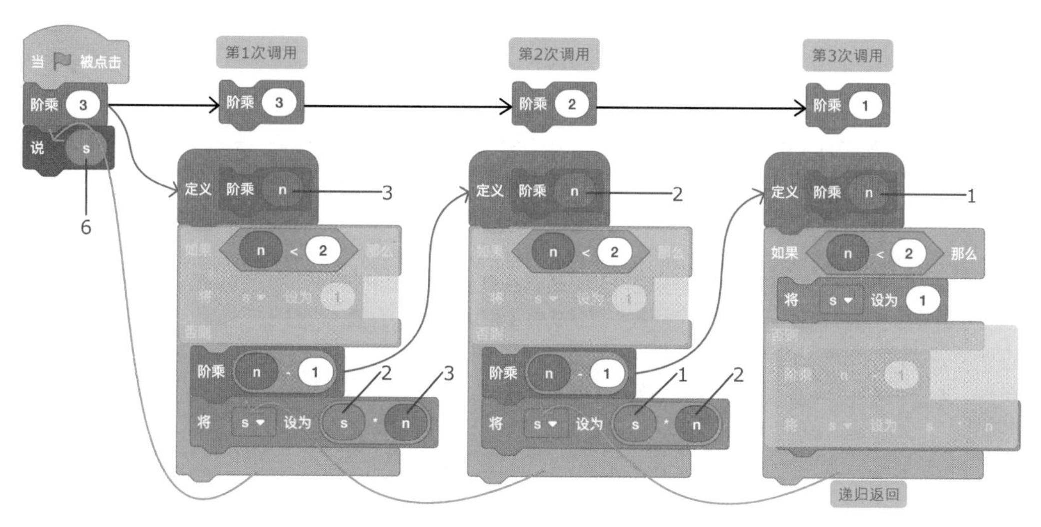

图 5-2-6　计算阶乘的递归调用顺序示意图

化保存到一个名为“日志”的列表，这样能直观地理解递归调用的顺序。修改后的脚本如图 5-2-7 所示。重新运行程序，通过“日志”列表可以看到，在递归向前推进时，*n* 值变化为 3、2、1，而在递归返回时，*n* 值变化为 1、2、3。

如图 5-2-5 所示的“计算阶乘”过程，是把计算阶乘的操作放在递归返回的过程中进行的。另外，也可以在递归调用时进行计算阶乘的操作，如图 5-2-8 所示，读者可以想一想两者的差异。

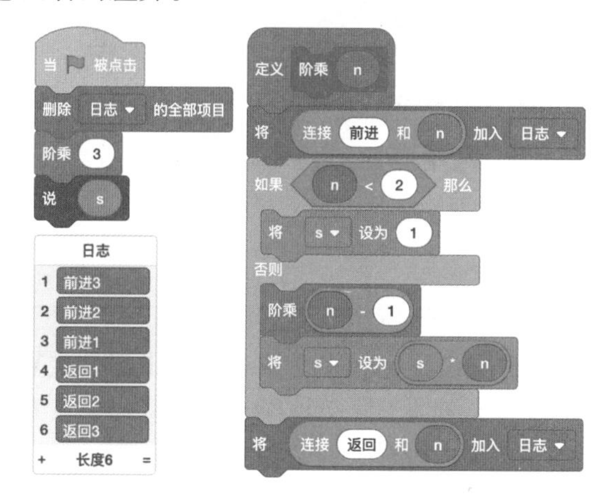

图 5-2-7　在递归调用过程中记录 *n* 值变化

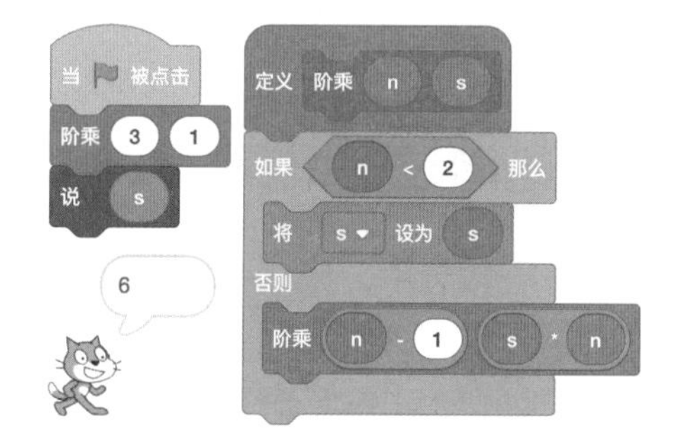

图 5-2-8　在递归调用时计算阶乘的过程

5.2.3　动手做：斐波那契数列

1. 练习重点

递归的使用。

2. 问题描述

有一个数列的分布规律为 1、1、2、3、5、8、13、21、34……求第 30 项的数字是多少？

请设计一个递归算法求解这个问题。

3. 解题分析

这个数列就是著名的斐波那契数列，由该数列的分布规律可知，这个数列从第 3 项开始，每一项都等于前两项之和。因此，只要按该数列的分布规律输出需要的某一项即可。

使用流程图来描述输出第 N 项斐波那契数列的算法，如图 5-2-9 所示。

4. 练习内容

（1）把图 5-2-10 所示的程序脚本中的空白积木替换为真实积木。

（2）运行程序，求得斐波那契数列的第 30 项的数字是__________。

（3）修改程序，求得斐波那契数列的前 30 项各数相加的和是__________。

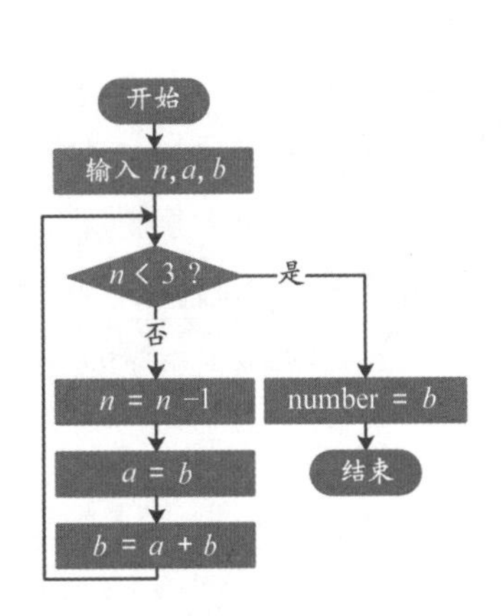

图 5-2-9 “斐波那契数列”流程图

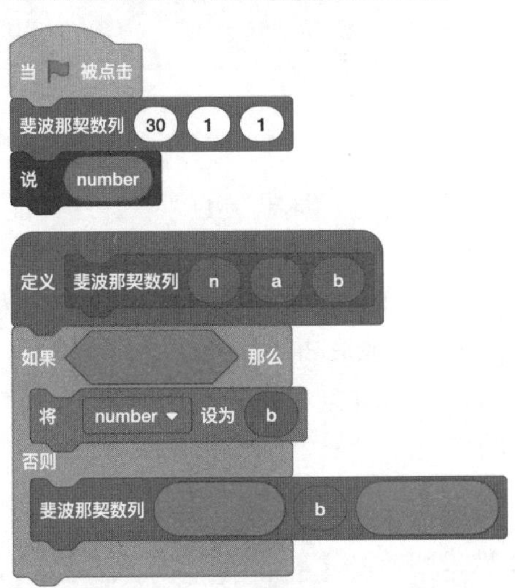

图 5-2-10 “斐波那契数列”空白脚本

5.3 面向过程编程

在实际编程中，如果面对的问题比较复杂，解决步骤比较多，或者有些步骤是重复出现的，就可以尝试使用面向过程的思想来分析和解决问题。简单地说，就是将一个较大的程序分解为多个子程序，每个子程序被设计为用来描述和解决一个独立的小问题，最后将这些子程序组合在一起就能够解决整个问题。这里说的子程序，在 Scratch 中就是自定义过程。

5.3.1 跟我做：卡普雷卡尔黑洞

在编程中，通过合理使用自定义过程，能让程序结构更清晰，有的功能还能复用。在本案例中，我们以验证卡普雷卡尔黑洞为例，讲解采用面向过程的思想进行编程。

1. 问题描述

卡普雷卡尔黑洞是由印度数学家卡普雷卡尔在 1949 年发现的一个有趣的数字黑洞，

它的规则描述如下。

任意取一个4位数（4个数字不能完全相同），把4个数字由大到小排列成一个大的数，又由小到大排列成一个小的数，再把两数相减得到一个差值。之后对这个差值重复前面的变换步骤，经过若干次重复就会得到6174。

请编写一个程序，验证卡普雷卡尔黑洞。

2. 算法分析

根据这个数字黑洞的规则，以自然数8848为例，对它进行变换操作。

重排取大数：将8848的4个数字按从大到小排列组成一个最大数8884。

重排取小数：将8848的4个数字按从小到大排列组成一个最小数4888。

求取差值：用大数减去小数得到差值3996。

重复变换：之后对差值继续按上述步骤进行变换操作的过程为9963–3699=6264、6642–2466=4176、7641–1467=6174。

经过4次变换之后，就将自然数8848变换为6174这个黑洞数字，并且继续变换也会一直是6174。

通过对这个数字黑洞的规则和上面的操作步骤进行分析，将整个解决问题的步骤进行分解，表示为如图5-3-1所示的功能结构图。

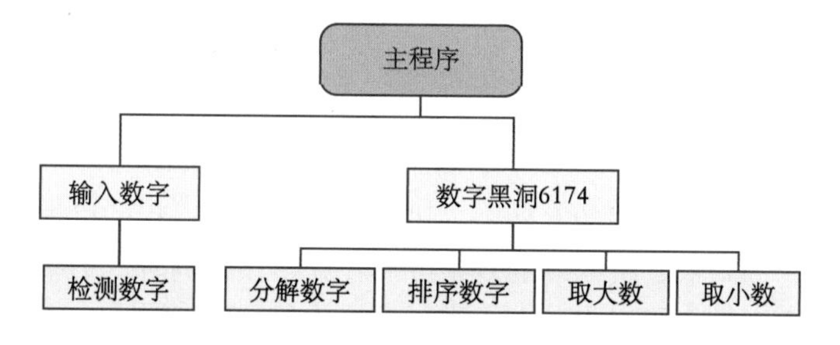

图5-3-1　“6174数字黑洞”功能结构图

通过这个功能结构图，可以看到各个模块之间是有层次结构的，上层模块调用（控制）下层模块。每个模块可以单独设计和编写程序，在全部调试通过后再集成到一起，从而得到功能完整的程序。

3. 编写程序

如图5-3-1所示，主程序包括“输入数字”和“数字黑洞6174”两个功能模块。

其中，“输入数字”模块用于接收用户输入的数字。由于程序要求用户必须输入一个4位的数字，并且该数字的4个数位不能完全相同，所以又设计了一个“检测数字”的子模块，由“输入数字”模块调用。

“数字黑洞6174”模块是整个程序的核心模块，用于对用户输入的数字按照6174数字黑洞的规则进行变换操作，它被设计成“分解数字”“排序数字”“取大数”和“取小数”4个更小的模块。另外，根据实际情况，如果分解后的模块仍然显得复杂，可以继续进行分解。如此一来，整个程序结构将变得层次分明，只要把每一个功能模块都实现了，整个问题也就迎刃而解。

由于篇幅有限，在此不给出所有模块的实现过程，仅给出主程序和核心模块“数字黑洞 6174”的程序脚本，如图 5-3-2 所示。可以看到，主程序的实现非常简单，采用的是顺序结构，依次调用它的两个下级模块。而核心模块“数字黑洞 6174”也不复杂，采用的是一个单分支选择结构和递归结构来实现的，对用户输入的数字进行变换操作是通过依次调用它的 4 个子模块来进行的，每个模块是一个自定义过程。

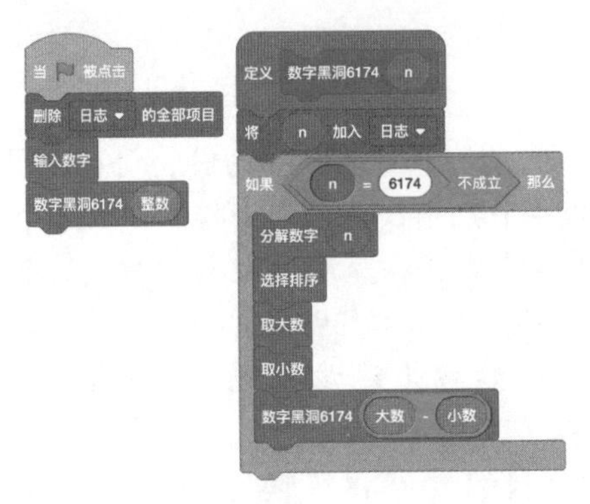

图 5-3-2 “卡普雷卡尔黑洞”的主程序和核心模块

注意：本案例的完整程序脚本在本书附带的资源包中可以找到，供读者参考。另外，由于本案例中涉及排序算法，读者在学习本书第 14 章中关于排序算法的内容后就能理解本案例中用到的选择排序算法了。

5.3.2 模块化程序设计

在前面验证卡普雷卡尔黑洞的案例中，讲述了采用面向过程的思想，将复杂的程序功能进行模块化分解，以降低解决问题的复杂度。在介绍该案例时，书中没有给出完整的程序脚本。如果读者有兴趣，可以尝试在不进行模块化分解的情况下，将解决这个问题的所有步骤写在一个脚本中，就能体会到进行模块化分解的重要性了。

对复杂的程序功能进行模块化分解，其实质就是“分而治之”，或者说是“化整为零，各个击破”，这是面向过程编程中最常用的分析和解决问题的方法。一般情况下，采用“自顶向下、逐步求精”的原则，先从整体出发将复杂的功能分解为若干个较大的模块，再从局部出发对大的模块进一步分解为更小的模块。这些模块被按照一定的层次结构组织起来，通常是上层模块负责调用（控制）下层模块，层次越高模块越抽象，层次越低模块越具体。这种分解使得每个模块要解决的问题变得相对简单，能够被清晰明确地描述为一系列可操作的步骤，从而使得各个功能容易被编程实现。

在进行模块化分解时，可以采用功能结构图来描述各个模块的层次结构。在功能结构图中，各个模块按照功能的从属关系排列，图中的每一个框表示一个功能模块，在框内用文字说明其功能。上级模块通过连接线与下级模块关联到一起，表示从属关系。同级模块之间保持相对独立，尽量不建立关联。

使用功能结构图不仅能使编程者解决问题的思路更清晰，也方便与其他合作者进行交流。同时，设计功能结构图的过程也是把一个复杂的程序功能进行模块化分解的过程。在分解模块时，可以采用以下两个方法。

（1）抽取可重用的功能作为一个模块。对算法描述进行分析，将算法中重复出现的相同或相似的若干操作步骤抽取出来，作为一个模块，定义为一个过程。这样做的目的是使相同的功能在程序中只需要实现一次，并得以重复使用。

（2）抽取逻辑独立的功能作为一个模块。对于算法中逻辑独立的若干操作步骤，即使只出现一次，也可以抽取出来作为一个模块（过程）。这样做的目的是降低模块的复杂度，使模块功能单一，容易编程实现。

5.3.3 动手练：快乐数黑洞

1. 练习重点

面向过程编程、功能结构图。

2. 问题描述

快乐数黑洞是由单一数值黑洞和循环黑洞两种类型组成的复合黑洞，它的规则描述如下。

任意取一个非0自然数，求出它的各个数位上数字的平方和，得到一个新数；再求出这个新数各个数位上数字的平方和，又得到一个新数。如此进行下去，最后要么出现1，之后永远都是1；要么出现4，之后开始按4、16、37、58、89、145、42、20循环。

请编写一个程序，验证快乐数黑洞。

3. 解题分析

例如，对于自然数139，按照该数字黑洞的规则进行变换，会落入数字黑洞1的分支中。它的变换过程是：

$1^2+3^2+9^2=91$，$9^2+1^2=82$，$8^2+2^2=68$，$6^2+8^2=100$，$1^2+0^2+0^2=1$……

再如，对于自然数42，按照该数字黑洞的规则进行变换，会落入数字黑洞4的分支中。它的变换过程是：

$4^2+2^2=20$，$2^2+0^2=4$，$4^2=16$，$1^2+6^2=37$，$3^2+7^2=58$，$5^2+8^2=89$，$8^2+9^2=145$，$1^2+4^2+5^2=42$，$4^2+2^2=20$，$2^2+0^2=4$……

根据快乐数黑洞的变换规则，我们把这个验证程序设计为以下几个部分。

（1）主程序：用于接收用户输入的非0自然数，并调用“快乐数黑洞”模块开始工作。

（2）“快乐数黑洞”模块：用于处理落入数字黑洞1的分支，同时在数字被变换为4之后就转向数字黑洞4的分支。

（3）“分支数字黑洞4”模块：用于对落入分支数字黑洞4的数字进行变换处理。

（4）“求平方和”模块：用于求出输入的自然数各数位数字的平方和。

4. 练习内容

（1）根据上述算法分析和程序设计要求画出功能结构图。

（2）按照功能结构图编写程序验证快乐数黑洞。

调试程序

这一章将向读者介绍在 Scratch 中调试程序的技术，这对编写高质量的程序非常重要，是一个编程者必须具备和掌握的基本技能。

Scratch 是新一代的图形化编程语言，它的指令系统是由采用防插错设计的图形化积木构成。使用 Scratch 编程，能够有效地避免在其他编程语言中出现的语法错误。尽管如此，编程者在创作 Scratch 项目时，仍然可能由于各种原因造成程序执行结果与预期不符。我们认为这样的程序是有错误的，这种错误称为语义错误，也叫逻辑错误。这通常是由编程者自身原因造成的，这种语义错误是使用任何编程语言都无法避免的。Scratch 编辑器没有提供专门的调试工具，但是我们仍然能够利用它现有的功能来查找和定位问题。

本章包括以下主要内容。

- 介绍产生程序错误的一些常见原因。
- 介绍以正确方式编程和培养良好的编程习惯等减少程序错误。
- 利用数据显示器、输出日志、降低程序执行速度和设置断点等方式调试程序。

6.1 程序错误概述

6.1.1 产生程序错误的原因

程序错误也被称为 Bug，在程序开发过程中是不可避免的。随着程序项目规模的增大或复杂度的增加，程序错误产生的概率也会增大。使用 Scratch 编写项目的程序脚本，虽然不会出现语法错误，但是出现语义错误（逻辑错误）却是不可避免的。在程序中出现逻辑错误，可能是由以下一些原因造成的。

（1）程序逻辑不够严密，对各个流程分支考虑不周，或者是程序的算法本身存在问题。例如，在编写递归程序时，对于递归结束的条件设置不当，致使递归程序没有按预期退出。

（2）缺少对数据进行边界检查，使得程序在处理中间数值时都是对的，而在边界处出现错误。例如，一个列表中有 10 个元素，但是却试图去获取列表的第 11 个元素。虽然在 Scratch 中不会产生下标越界的错误，但是却得不到预期的结果。

（3）编程时因为粗心大意而使程序产生各种低级错误。例如，在使用大于运算符的地方错误地使用了小于运算符。又如，Scratch 的初学者经常会犯的一个错误就是直接用字符代替变量名。如图 6-1-1 所示，对于脚本中的“如果……那么”积木的判断条件，预期是判断变量 *a* 是否等于 1，但是却错误地使用了字符 a 代替了变量名。

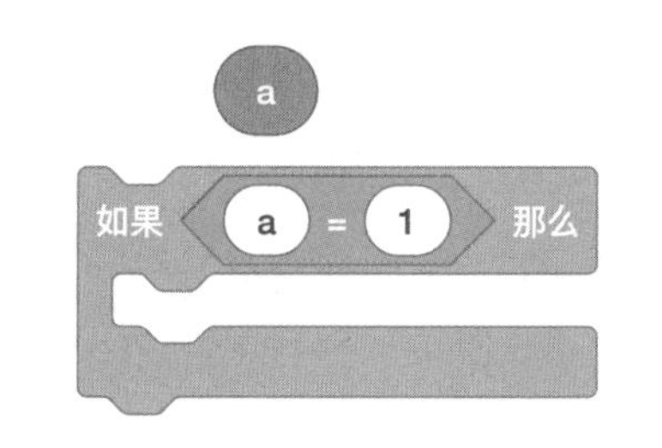

图 6-1-1 错误地使用字符 a 代替变量名

除此之外，还有很多原因可能造成程序执行结果与预期目标不符合。这些程序错误有的比较简单很容易修正，有的可能隐藏得比较深，查找定位比较困难。但是无论如何，作为编程者都需要掌握查找并修正程序错误的基本技能。

6.1.2 减少程序错误的方法

1. 使用任务清单列出程序功能需求

在使用 Scratch 创作项目前，先对项目进行整体规划，将功能需求罗列出来，整理成一份任务清单。就像一个寻宝者按照藏宝图去寻找宝物而不会迷失方向一样，使用任务清单，将使我们不会遗漏项目的功能需求，从而创作符合预期设计的项目。同时，在项目开发完成后，也可以依据这个任务清单对项目的各个功能逐一测试，检查是否实现了预期的目标。

2. 使用模块化思想设计和开发项目

根据 Scratch 项目的规划和任务清单，考虑设计项目的程序结构。项目的规模越大，程序出现错误的概率就越大。对于有一定规模的项目，我们可以采用模块化的思想进行设计，将一个项目分解为若干个小的功能模块，再单独对每个功能模块进行开发。在所有的模块都开发完成并测试通过后，再把它们集成在一起进行联合调试，从而完成整个项目的开发。由于每个功能模块的规模被限制在一定范围内，编写和调试都很方便。我们可以使用某种思维导图软件（如 XMind）或者在纸上画出项目的模块结构图，之后再编写项目的脚本，这样就能够减少程序出现错误的概率。在本书第 5 章的内容中就介绍了使用模块化思想编写验证卡普雷卡尔黑洞的程序，读者可以回顾一下。

3. 使用流程图整理程序逻辑

在使用 Scratch 编程前，首先要把解决问题的逻辑梳理清楚，各个流程分支都要考虑周全，不要遗漏。可以使用流程图把程序逻辑和控制流程画出来，在检查确认无误之后再开始编写程序脚本，就能减少程序错误出现的概率。根据个人情况，既可以在纸上画出程序的流程图，也可以使用 Word 等软件绘制流程图。在本书第 3 章的内容中介绍了流程图的知识，并使用流程图描述程序算法。对于复杂问题，先画流程图，再编写程序，能明显地减少错误，也利于后期调试和查找问题。

4. 培养良好的编程习惯

编程者养成良好的编程习惯，能够提高编程质量，减少程序错误。在专业的开发团队中，通过专门制定的编程规范对编程者的开发行为进行约束和指导，以提高开发质量。以下给出一些在 Scratch 编程中值得遵守的编程规范方面的建议。

（1）为变量、过程、角色等起一个有意义的名字。比如，在给变量起名时不要为了偷懒而使用 a1、a2、a3 之类的名字，给角色起名时不要使用 Sprite1、Sprite2、Sprite3 之类的名字，而应该起一个能够准确表达变量或角色等作用的名字。在本书第 2 章 2.3.4 小节中给出了关于变量命名的一些建议，读者可以回顾一下。

（2）使用“整理积木”功能使代码区排版整齐。有些 Scratch 学习者不太重视脚本的排版问题，在代码区中随意放置脚本。而凌乱的脚本不仅给自己的阅读、调试程序增加麻烦，也不利于与别人分享。其实，只要在代码区的空白处右击，然后在快捷菜单中选择“整理积木”命令，瞬间就能让代码区中的脚本排列整齐。

（3）避免在一个脚本中放置过多或过长的指令积木。不要试图在一个脚本中实现全部功能，而应该根据功能划分为多个独立的小脚本，可以为功能独立或者是重复使用的脚本创建自定义过程。还应该避免在一个指令积木中嵌入过多的指令积木，造成排版上的麻烦。

（4）避免嵌套过多的“如果……那么”积木，建议不要超过 3 层。如果指令积木嵌套过多，可读性就较差，通常意味着程序逻辑可能出现问题，这时应该更换其他算法。

（5）适当地给脚本添加注释。有些自己写的脚本，可能过几天回头来看都会觉得难以理解。因此应该对脚本中算法复杂、难以理解的部分添加一些简要的注释。不仅方便自己后期维护和修改，也方便与人分享。注释应该简明扼要，如果要说明的内容过多，可以编写成独立的文档。

总之，编程规范是一个很值得探讨的事情。我们不仅要学习使用 Scratch 编程解决问题，也要学习编程规范方面的知识，养成良好的编程习惯。

6.2 程序调试方法

无论如何，程序错误总是不可避免的。要修复错误，就要先找到它。下面我们介绍几种查找和定位错误的方法。

6.2.1 使用数据显示器

在编写程序的过程中，为了方便调试，可以打开变量或列表的数据显示器，这样可以直观地在舞台上观察变量或列表中的数据变化情况。在程序调试正确之后，再将它们隐藏起来。如图 6-2-1 所示，在编写冒泡排序算法的脚本时，将用到的变量和列表显示器打开，就能在舞台上看到排序过程中数据的变化。如果程序中有问题，就能很容易地找到原因。

6.2.2 输出日志

在调试程序时，使用舞台上的变量显示器只能查看变量最后变化的值，这显得不够方便。在程序运行中，可以把需要观察的变量值不断地放入一个专门的列表中，从而记录下这些变量值的变化过程。这种方式相当于给 Scratch 加上输出日志的功能，可以输出比较丰富的信息，有利于查找和定位复杂的问题。如图 6-2-2 所示，在验证“冰雹猜想”的脚本中，使用一个名为“日志”的列表记录下自然数 n 在每次变换前的值，这样就可以方便地观察和分析这些数据的变化规律。此外，还可以将列表中的数据导出到本地文件中。

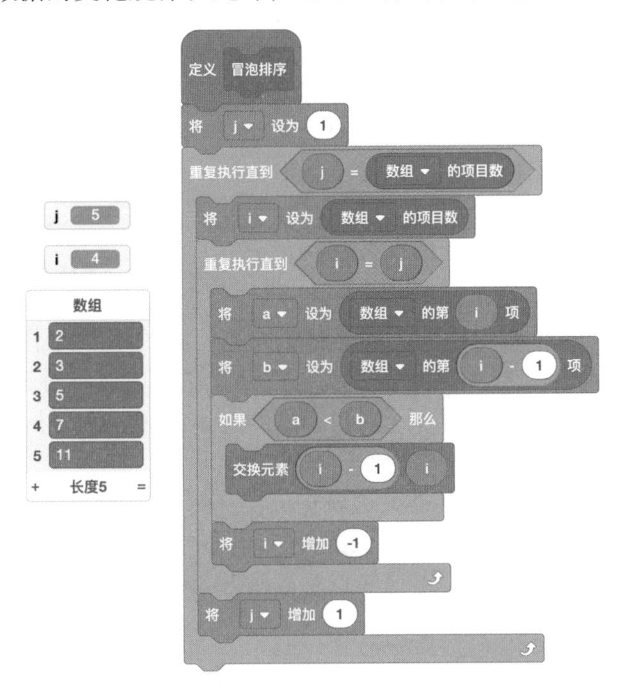

图 **6-2-1**　调试程序时打开数据显示器

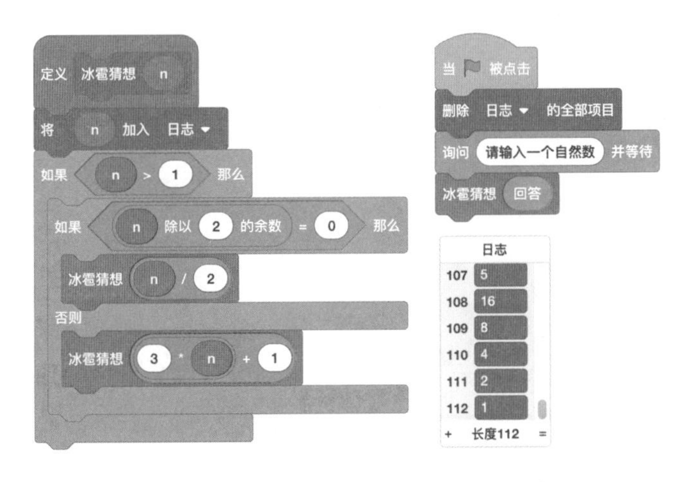

图 **6-2-2**　使用“日志”列表记录数据的变化

6.2.3 降低程序运行速度

有些时候，由于程序运行速度较快，不容易观察程序错误。这时可以把“等待 1 秒”指令积木加入脚本中，人为地降低程序的运行速度。同时结合观察变量显示器或输出日志等方式查找和定位问题。

6.2.4 设置断点

设置断点是一种最常用的技巧。虽然 Scratch 编辑器没有提供专门的调试器来实现设置断点的功能，但是我们能够使用“等待……”指令积木或其他指令积木来模拟断点的功能。

通常情况下，当一个程序出现错误时，可以大致猜测错误可能出现的位置，然后在该位置加入如图 6-2-3 所示的脚本作为一个断点。当程序脚本执行到该断点处就会暂停下来，这时可以检查各个变量的值，确定问题产生的原因。当按下空格键并弹起后，程序脚本才会继续运行。

图 6-2-3 等待空格键被按下并弹起的脚本

如图 6-2-4 所示，这是使用枚举法求解鸡兔同笼问题的程序脚本。我们在循环结构中增加了一个断点，当程序执行到该断点处就会暂停。这时可以查看舞台上“鸡”“兔”变量显示器中的数值和鸡兔总数，对每一次枚举的情况进行观察和分析。当按下空格键并弹起后，程序才会继续执行后面的指令积木。

我们还可以给断点加上一个条件，这就构成了一个条件断点。如图 6-2-5 所示，可以使用“如果……那么”积木对进入断点的条件进行限制，过滤掉一些不需要处理的情况。在这里，当兔子数量大于 5 时，设定的断点才会被激活。这时就可以对程序中的各种数据进行观察和分析。

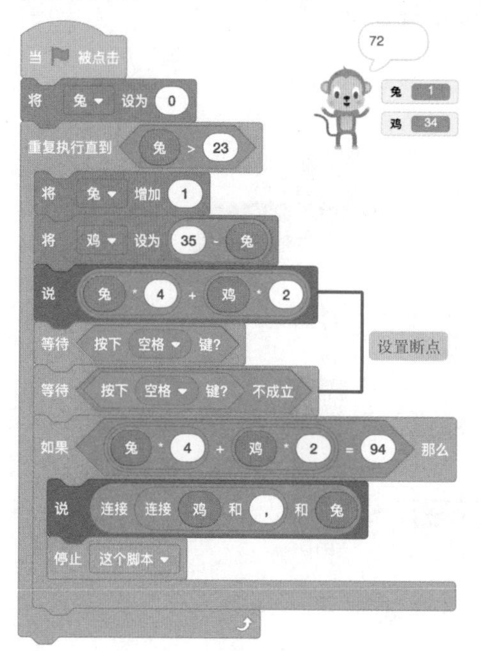

图 6-2-4 在“鸡兔同笼”程序中设置断点

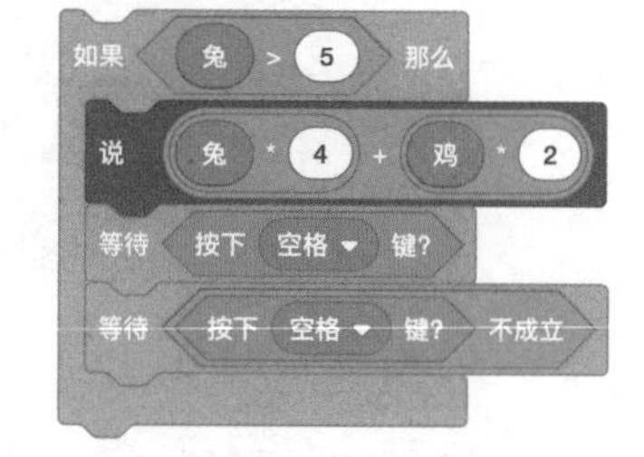

图 6-2-5 在“鸡兔同笼”程序中设置条件断点

另外，也可以不让程序脚本暂停执行，只把符合某种条件的数据记录到列表中，然后再对这些数据进行分析，查找错误原因。

总之，当程序出现错误时，只要细心和耐心，总是能够找到错误并加以修正的。

第 2 部分

图形编程篇

Scratch 提供丰富易用的 2D 图形编程功能，非常适合创作游戏、动画和音乐等交互式多媒体项目。在“基础编程篇”中，我们学习了变量和数学运算、结构化程序设计、模块化编程等基础的编程知识，这些内容在其他编程语言中也能使用。有了前面的基础，我们就能开发出结构化的程序，避免掉入一些简单的编程陷阱里。在“图形编程篇”中，我们将不再关注判断指令、循环指令、关系运算指令和逻辑运算指令等基础的编程知识，而是专注于讲解 Scratch 的外观、运动和侦测等类别指令的应用，学习具有 Scratch 自身特色的图形编程技术。

在图形编程篇中，我们以一个“海底探险”趣味游戏项目作为主线，把 Scratch 图形编程的主要知识安排到各个章节专门讲授，涉及舞台、外观、运动、侦测、绘图和声音等内容。读者将学习到各种实用而有趣的编程知识，比如通过特效方式制作舞台转场效果，通过切换造型和移动角色来制作简单的逐帧动画，通过距离侦测、碰撞侦测和键盘鼠标侦测等实现交互感极强的趣味游戏，通过音乐指令模拟弹奏各种乐器，通过画笔和图章绘制美丽的图形图案，等等。

完成图形编程篇的学习，读者将掌握 Scratch 图形编程技术，能够开发一些趣味游戏、动画或音乐等类型的应用项目。中小学生在掌握 Scratch 图形编程之后，可以尝试把编程与数学、物理、语文、音乐等学科结合，开发各种富有创意的作品。

第 7 章

舞　　台

这一章将向读者讲授 Scratch 舞台布局和工作模式、设置舞台背景、制作背景特效等知识。

Scratch 的舞台是一个封闭的矩形区域，它提供一个虚拟世界，让各式各样的角色在其中活动。犹如真实的剧场舞台能够为话剧的表演提供不同的背景，Scratch 的舞台也具有灵活的背景切换功能，并且能够设定丰富的背景特效。此外，还能为舞台加入背景声音以及编写舞台的控制脚本。值得一提的是，在 Scratch 编辑器中还提供各类主题的背景库、角色和造型库及声音库等内容丰富的资源，为创作各种动画、故事和游戏等项目提供了极大的便利。

从本章开始，我们将讲授“海底探险”游戏项目的制作，读者先以临摹的方式参照书中内容进行学习和创作，让程序能够跑起来，之后再对游戏中使用的知识点进行详细介绍。其他各章也均按此方式讲解 Scratch 图形编程知识。在本章的“海底探险”游戏案例中，我们将使用外部图片文件和 Scratch 素材库中的背景图片制作游戏场景。

本章包括以下主要内容。

- 为“海底探险”游戏项目制作游戏场景，并使用特效方式切换游戏背景。
- 介绍舞台布局和显示模式，以及舞台背景的创建、管理等。
- 介绍使用指令积木切换舞台背景和设置舞台背景特效等。

7.1 海底探险 1：游戏场景

7.1.1 游戏情节介绍

在太平洋上有一片被核试验污染的海域，海底的生物受到过量核辐射而产生了变异。一个科学家驾驶潜航器进入这片海域的海底，打算捕捉一些生物样本回到实验室做研究。当科学家从潜航器出舱后，就会被凶猛的变异怪鲨跟踪追击。科学家可以使用冷冻炸弹对鲨鱼进行还击，使鲨鱼被短暂冻住。潜航器在海底着陆之后，游戏就开始 300 秒的倒计时。倒计时结束，科学家将返回潜航器并离开海底。玩家在游戏中扮演穿着潜水服的科学家，初始生命值有 100 分，捕获生物样本会增加得分，而被鲨鱼攻击或使用炸弹就会减少得分。当得分低于 10 分时，潜航器会载着科学家自动离开海底。当潜航器离开海底时，如果玩家得分超过 200 分就视为游戏胜利，否则失败。

7.1.2 制作游戏场景

在这一节中，我们将制作“海底探险”游戏的场景部分，学习如何从外部文件和背景库导入背景图片，并编程实现以特效方式切换舞台背景。项目制作步骤如下。

1. 创建新的 Scratch 项目

启动 Scratch 软件后，删除默认的小猫角色，再以“海底探险”为项目名称将新建的项目保存到本地磁盘上。

2. 导入背景图

在这个游戏案例中，使用如图 7-1-1 所示的 4 张图片作为游戏背景，它们分别作为游戏的等待画面、胜利画面、失败画面、运行画面。这些图片都是利用 Scratch 的绘图编辑器对背景库和角色库中的图片素材进行加工制作而成的。

等待.png　胜利.png

失败.png　运行.png

图 7-1-1　用作游戏等待、运行、胜利和失败画面的背景图片

如图 7-1-2 所示，在 Scratch 编辑器界面的右下角，将鼠标指针移到舞台管理区的“添加背景”按钮上，在弹出的添加背景工具栏中单击“上传背景”按钮，然后从本书附带的素材中找到图 7-1-1 中的 4 张背景图片（等待 .png、胜利 .png、失败 .png、运行 .png），将它们同时选中并添加到背景列表中。添加之后，Scratch 编辑器会自动显示舞台的背景列表区，可以看到刚才添加的 4 张背景图。

接着，在背景列表中选中名为“背景 1”缩略图，单击它右上角的“删除”按钮，将这个无用的空白背景删除。

这样就把“海底探险”游戏需要用到的舞台背景准备完成了。

3. 以特效方式切换背景

为“海底探险”游戏设计一个转场效果，在切换不同的舞台背景时，使用“外观”指令面板中的“像素化”特效积木让舞台背景产生渐变的过渡效果。

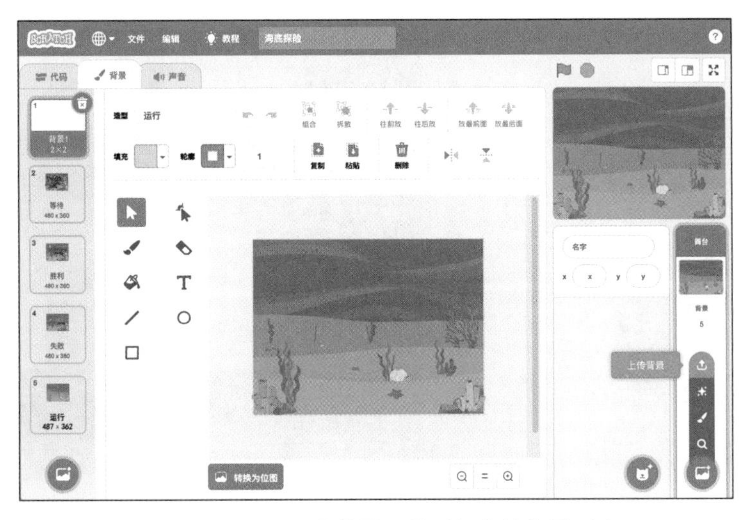

图 7-1-2　添加 4 张背景图片到舞台的背景列表

切换到舞台的代码区，创建一个名为“背景切换”的自定义过程，参数“背景”是字符串类型的，用于指定要切换的背景名称。以特效方式切换背景的算法：先将“像素化”特效设置为 0(即没有特效)，再从 0 变化到 250，然后把背景切换为指定的图片，最后把“像素化”特效从 250 变化到 0。这个过程的处理脚本如图 7-1-3 所示。

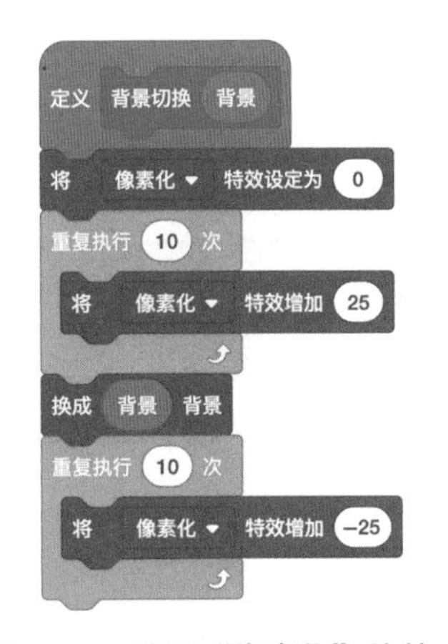

图 7-1-3　使用“像素化”特效切换背景的脚本

4. 游戏状态管理

在“海底探险”游戏中，根据需要将游戏设计为 5 个状态：等待、运行、胜利、失败和结束。其中，前 4 个状态对应着舞台的 4 张背景图片，在游戏进入这些状态时，就会把舞台背景切换为相应的背景图片。

切换到舞台的代码区，创建一个名为“状态”的全局变量，用来存放代表游戏不同阶段的状态值。为了让程序易于维护和理解，创建 5 个“常量”用来表示游戏的 5 个状态。由于 Scratch 并不支持常量的定义，可以用变量来代替，即创建以 # 开头的变量作为“常量”来使用。这 5 个“常量”是“# 等待”“# 运行”“# 胜利”“# 失败”“# 结束”。在创建了变量和“常量”之后,在“变量”指令面板中将它们名字前的复选框改为取消 (即把对号去掉)，不让它们显示在舞台上。

在游戏项目运行之后，首先要对游戏进行初始化设置，比如定义“常量”、设置游戏初始状态，以及设置游戏得分、总时间、倒计时等参数。我们把这些初始化操作放到一个名为“游戏初始化”的自定义过程中，如图 7-1-4 所示。在这个过程被调用之后，游戏的状态被设定为“等待”，舞台背景也被以“像素化”特效方式切换到等待画面。之后，在游戏变化为其他状态时，舞台背景应该切换到相应的背景画面。为此，可以编写一些脚本用来监听这些状态的变化并做出反应，如图 7-1-5 所示。

图 7-1-4 “游戏初始化”过程的脚本

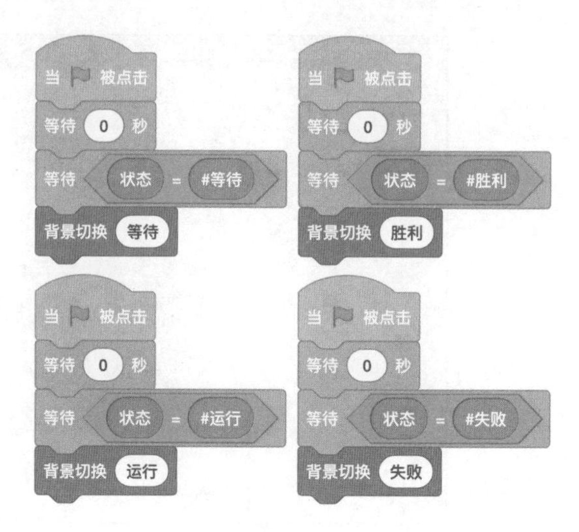

图 7-1-5 监听游戏状态变化的脚本

5. 游戏功能测试

为了测试游戏状态的变化情况，编写如图 7-1-6 所示的一段脚本。首先调用“游戏初始化”过程设置游戏的初始状态，然后让游戏状态按照“等待、运行、胜利、失败”的顺序变化。当游戏状态发生变化之后，与之对应的状态监听脚本就会执行，舞台背景会以“像素化”特效方式切换为相应状态的背景图片。

图 7-1-6 测试游戏状态的脚本

至此，“海底探险”游戏的场景部分制作完毕。单击按钮进行测试，观察游戏背景随着游戏状态的变化而产生渐变式切换的效果。

小技巧：为避免多个“当被点击”积木下的脚本同时被触发执行，在图 7-1-5 所示的几个脚本中加入“等待 0 秒”积木。这样可以起到延迟执行的作用，从而使图 7-1-6 所示脚本中的“游戏初始化”过程得以优先被执行。“等待 0 秒”积木被执行时会有一个非常短暂的时间开销，也可以根据需要设定这个等待时间。

7.2 舞台布局和管理

7.2.1 舞台布局和显示模式

舞台（stage）是 Scratch 项目最基本的构成要素，一个项目可以没有角色，但是不能缺少舞台。舞台是一个宽度为 480 个单位、高度为 360 个单位的矩形区域，所有的角色被限制在舞台中活动。在 Scratch 项目中，可以切换不同的背景图片或者为舞台设置背景特效来改变舞台外观，可以为舞台增加背景音乐，还可以与舞台上的各个角色进行交互。

如图 7-2-1 所示，舞台管理区位于 Scratch 编辑器界面的右下方，它以缩略图形式显示当前使用的背景图片，并显示舞台背景的数量。单击舞台管理区，就会切换到舞台的工作区，舞台的代码、背景和声音等资源就会分别加载到代码编辑区、背景编辑区和声音编辑区中。

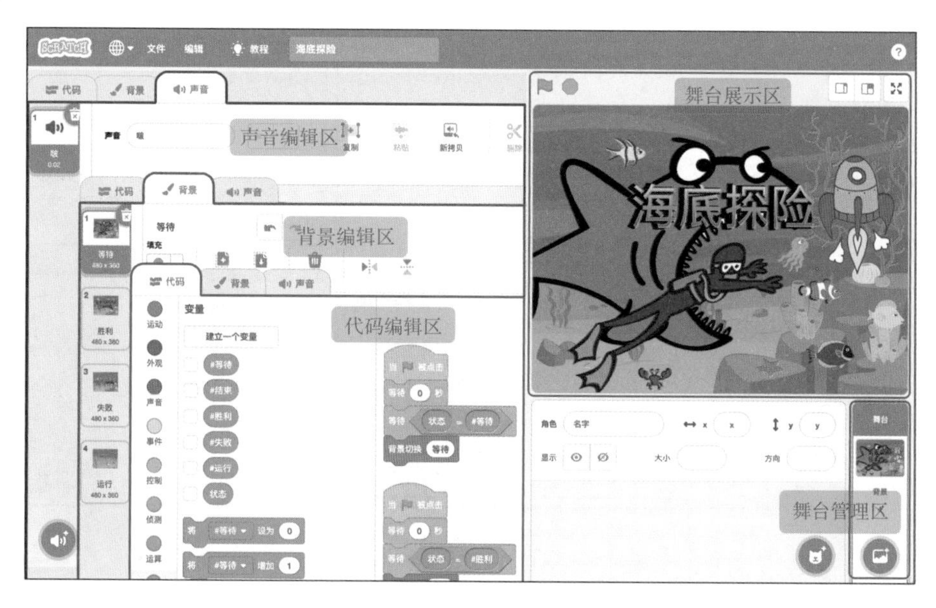

图 7-2-1　Scratch 编辑器的舞台展示区和工作区

舞台展示区位于 Scratch 编辑器界面的右上方。如图 7-2-2 所示，上部是控制栏，从左到右分别是“运行项目”按钮、“停止项目”按钮、“小舞台模式”按钮、“标准模式”按钮、“全屏模式”按钮；下部区域是 480 × 360 大小的舞台。

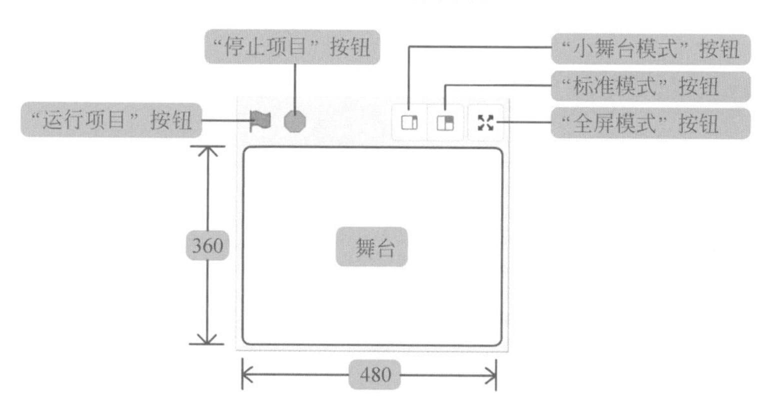

图 7-2-2　舞台展示区功能说明

在 Scratch 编辑器中，提供标准模式、小舞台模式和全屏模式 3 种不同的工作模式。如图 7-2-3 所示的是标准模式，在这个模式下，舞台展示区以默认大小显示，这样便于在舞台上调整角色位置，同时代码区也有足够空间用于脚本的排版。

如图 7-2-4 所示的是小舞台模式，在这个模式下，舞台展示区被压缩为默认大小的四分之一，使得代码区获得更大的空间，利于规模较大的程序脚本排版。

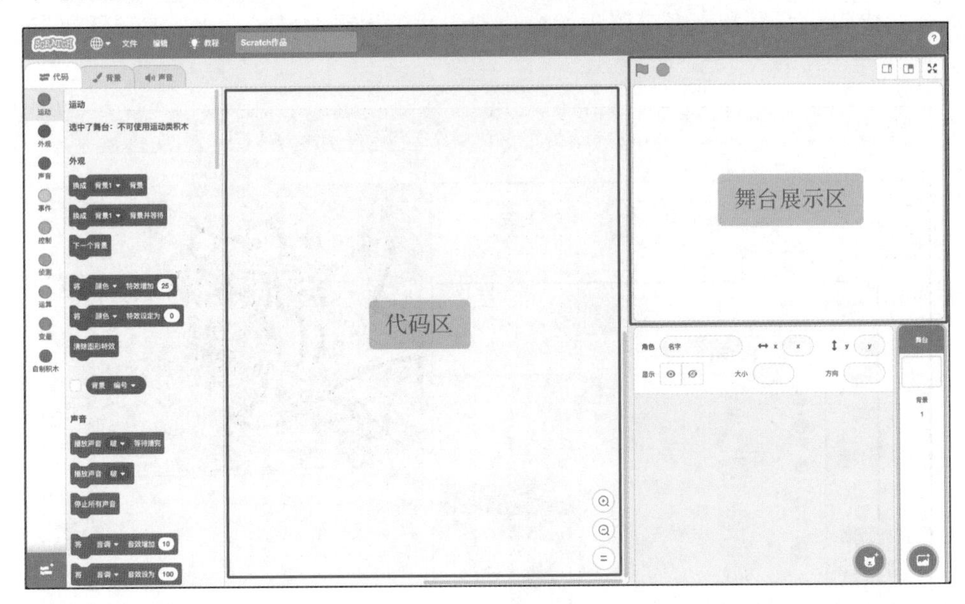

图 7-2-3　标准模式

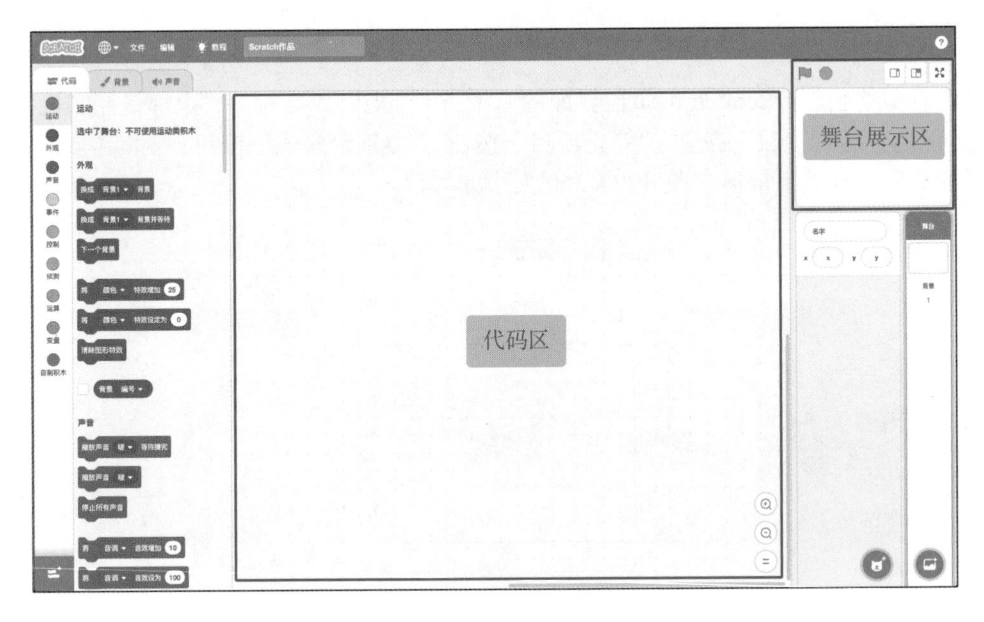

图 7-2-4　小舞台模式

在 Scratch 项目创作完毕时，单击舞台控制栏上的“全屏模式”按钮，能够切换到全屏模式（播放模式）下运行项目。如图 7-2-5 所示，这样可以获得最大的播放区域，利于游戏操作或动画观赏。再次单击“全屏模式”按钮，就会退出全屏模式，返回标准模式或小舞台模式。

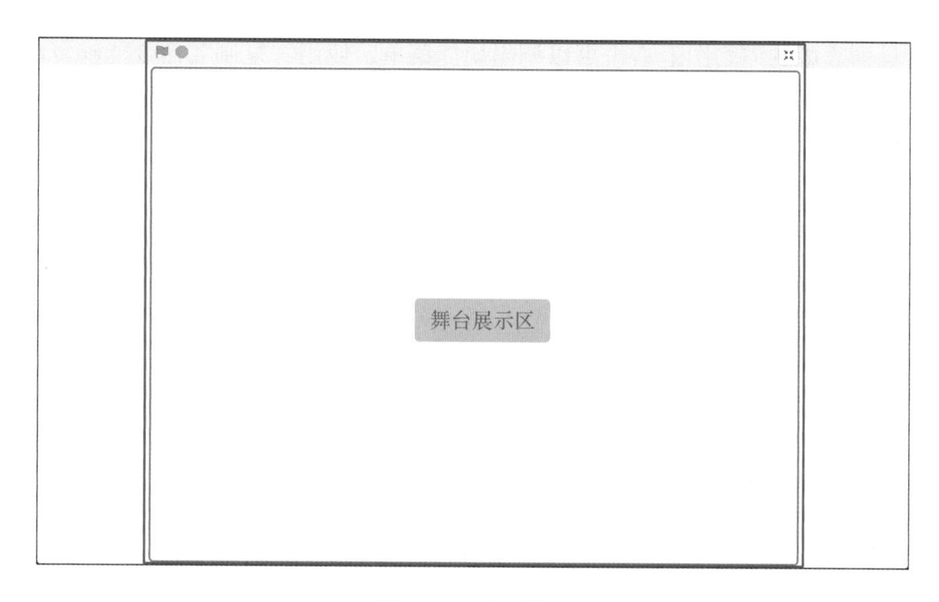

图 7-2-5　全屏模式

7.2.2　舞台背景管理

1. 背景列表

在 Scratch 编辑器的背景列表中，通过添加背景工具栏能够使用 4 种方式给舞台添加背景图片，添加的背景图片以缩略图的形式呈现在背景列表区。在这里，可以对舞台的背景进行一些管理操作，如图 7-2-6 所示，能够修改背景名称、复制和删除背景、将背景保存到计算机中，等等。

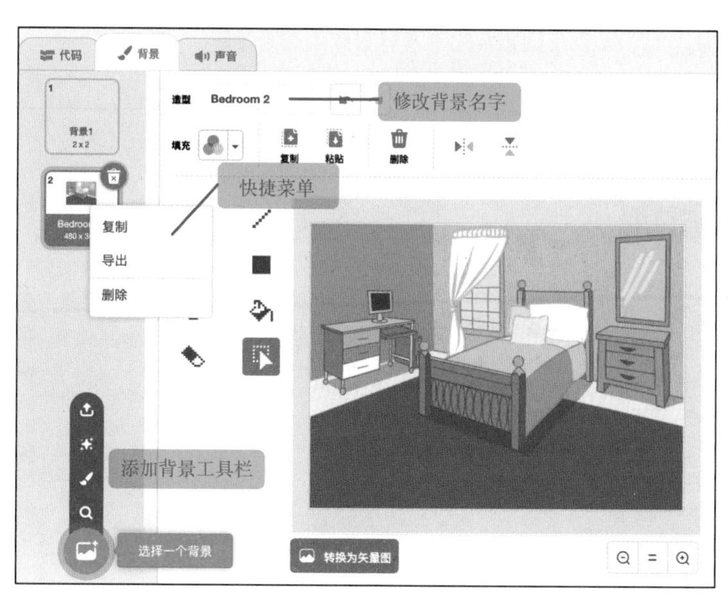

图 7-2-6　舞台背景的管理

在背景列表中的缩略图上右击可以调出快捷菜单，使用“复制”命令能够复制一个背景图片，使用“删除”命令能够删除一个背景图片，使用“导出”命令能够将一个背景图片保存到计算机中。

2. 创建背景

在 Scratch 中可以使用 4 种方式创建舞台的背景，分别是：从背景库中选取背景、绘制新背景、从本地文件中上传背景和从背景库中随机选择背景。Scratch 的背景库提供奇幻、音乐、运动、户外、室内、太空、水下等多种主题的背景图片，可以从中选择并应用到项目中，如图 7-2-7 所示。Scratch 的绘图编辑器支持位图模式和矢量图模式，可以用它绘制新背景，如图 7-2-8 所示。如果你的计算机中存储有自己喜欢的图片，可以从本地文件中上传 png、svg、bmp 和 jpg 等格式的图片作为背景，如图 7-2-9 所示。

图 7-2-7　从背景库中选择背景

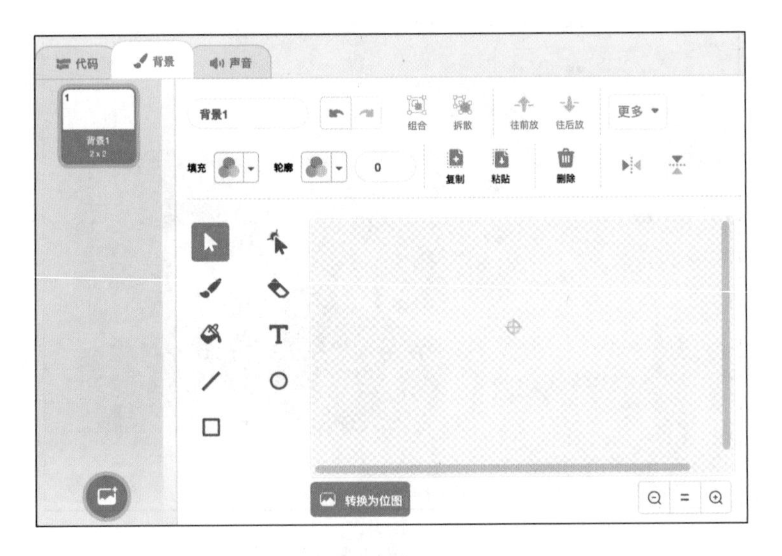

图 7-2-8　使用绘图编辑器绘制新背景

3. 背景切换

如图 7-2-10 所示，这是 Scratch 提供的一组用于切换舞台背景的指令积木。

图 7-2-9　从本地文件中上传背景

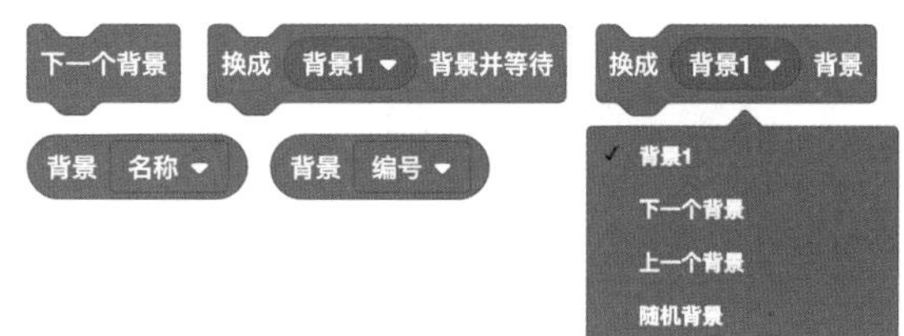

图 7-2-10　切换背景的指令积木

如图 7-2-11 所示，在这个演示项目中，假设要讲述两个故事，一个故事用到企鹅角色和 winter 背景，另一个故事用到猴子角色和 Room 2 背景。当切换到 winter 背景时，只显示企鹅角色；当切换到 Room 2 背景时，只显示猴子角色。在舞台的脚本中分别使用“换成……背景”“换成……背景并等待”和“下一个背景”3 种指令积木以 3 秒为间隔重复地切换舞台背景。

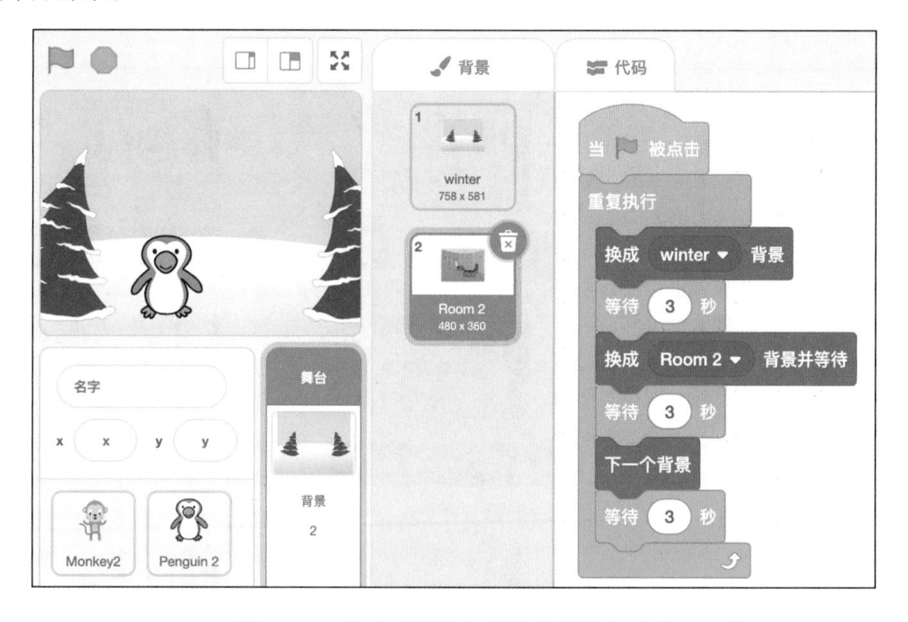

图 7-2-11　舞台背景和切换背景的控制脚本

当舞台背景切换时，会触发执行以“当背景换成……”积木开始的一段脚本。如图 7-2-12 所示，在企鹅角色的脚本中，当舞台背景切换到 winter 时，会显示企鹅角色，而将猴子角色隐藏。如图 7-2-13 所示，在猴子角色的脚本中，当舞台背景切换到 Room 2 时，会显示猴子角色，而将企鹅角色隐藏。这样就能实现在两个不同的故事场景中使用各自的角色。

图 7-2-12　企鹅角色的控制脚本

图 7-2-13　猴子角色的控制脚本

4. 背景特效

Scratch 提供一组设置舞台背景特效的指令积木，能够对舞台背景设置颜色、鱼眼（超广角镜头）、漩涡、像素化、马赛克、亮度和虚像 7 种特效。可以假设舞台有一个特效层，对它可以设置一种或多种特效，这些特效会对舞台的所有背景图片产生影响。

如图 7-2-14 所示，通过特效指令积木能够设置背景特效，这些特效不仅能单独使用，也能叠加使用。如果要将背景还原到初始状态，就使用“清除图形特效”积木。

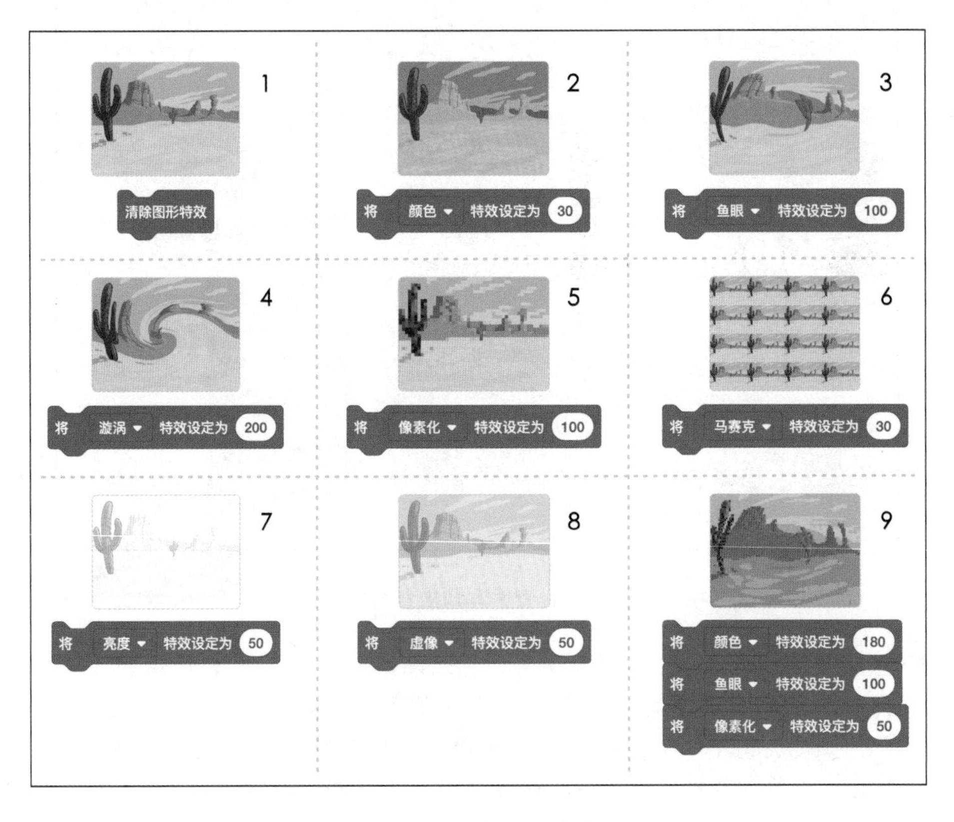

图 7-2-14　设置背景特效的示例

以下是舞台能够使用的特效类型和推荐的取值范围。

颜色：0~199；鱼眼：–100~100；漩涡：–360~360；像素化：0~100；马赛克：0~100；亮度：–100~100；虚像：0~100。

7.3 动手练：电子相册

1. 练习重点

舞台背景切换和制作特效。

2. 问题描述

设计制作一个简单的电子相册播放程序。

3. 解题分析

可以参照“海底探险”游戏中的背景切换特效制作电子相册的照片切换效果。如图 7-3-1 所示的是一个“漩涡”特效的实现脚本，它产生的变化效果如图 7-3-2 所示。

4. 练习内容

（1）尝试制作马赛克、鱼眼、亮度和虚像等特效的背景切换效果。

（2）将自己喜欢的照片制作成电子相册，并编写程序以随机方式切换各种特效。

（3）尝试使用“声音”指令面板中的“播放声音……等待播完”积木为电子相册加入背景音乐。

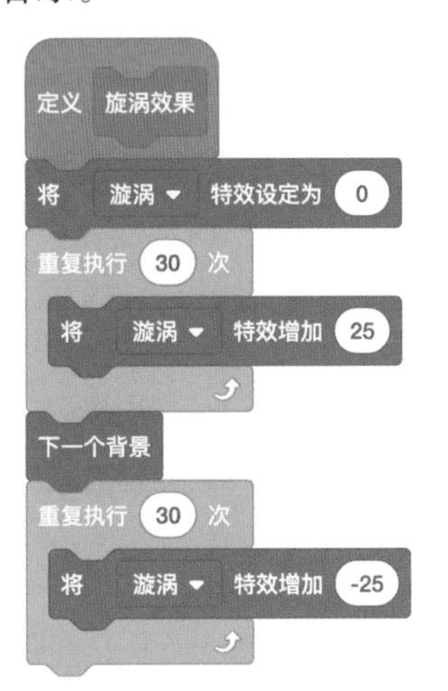

图 7-3-1 实现“漩涡”特效的脚本

图 7-3-2 “漩涡”特效变化过程

角色外观和运动

这一章将向读者讲授 Scratch 图形编程中重要的编程元素——角色的编程知识，主要包括角色的创建、造型切换、角色特效和运动控制等内容。

Scratch 的角色（sprite）是一个背景透明的二维图像，能够融合在 Scratch 舞台的背景之中。角色是 Scratch 项目的核心和基本元素，所有编程工作都是围绕着角色进行的。犹如话剧舞台上各种各样的演员能够表演一出精彩的剧目，在 Scratch 项目中可以创建不同的角色并呈现到舞台上，再通过编写脚本控制角色进行各种运动、变换造型或产生特效、或者与其他角色进行交互，从而让我们能够发挥自己的创意来创作故事、动画和游戏等。

在本章的“海底探险”游戏案例中，我们将为游戏添加各种角色，包括小鱼、螃蟹、章鱼、鲨鱼、潜航器和潜水员等，然后编写脚本切换角色的造型和控制角色运动，使这些角色能够生动活泼地在舞台中活动。为了模拟受到过量核辐射而变异的海洋生物，我们将使用随机数为这些角色制作颜色特效，使它们变得光怪陆离。

本章包括以下主要内容。

- 创建“海底探险”游戏的各个角色，并控制它们的外观和运动等。
- 介绍创建角色或造型的方式和修改角色的信息等。
- 使用指令积木切换角色造型、控制角色运动和设置角色特效等。

8.1 创建角色

8.1.1 海底探险 2：创建角色

在这一节中，我们将为“海底探险”游戏创建各种角色，这些角色来自 Scratch 的角色库或本地文件，包括小鱼、螃蟹、章鱼、鲨鱼、潜水员和潜航器等。打开前面创作的“海底探险”游戏项目，继续进行创建角色的工作。

1. 创建游戏“开始”按钮

在游戏的等待画面中添加一个控制游戏开始的按钮，玩家通过单击该按钮，让游戏从等待画面切换到游戏运行画面，并修改游戏状态为“运行”，使整个游戏进入“运行”阶段。

在角色管理区中单击“添加角色”按钮，然后从角色库中选择按钮角色 Button2 添加到角色列表中。

制作游戏“开始”按钮的过程如图 8-1-1 所示。首先，切换到这个按钮角色的造型列表区，选中蓝色椭圆造型 button2-a 的缩略图 ❶，就可以在绘图编辑器中对该造型进行编辑。接着，单击工具栏中的“文本” T 按钮 ❷，再单击画布中的蓝色椭圆图层就会进入文字输入状态，这时在光标处输入“开始”两字 ❸。然后，单击工具栏中的“选择” 按钮 ❹ 就会进入选择状态，这时将“开始”文字图层拖动到蓝色椭圆图层的中心位置。最后，将“开始”文字用白色进行填充 ❺。

使用同样的方法，在橙色椭圆造型 button2-b 上也添加“开始”两字，并使其和蓝色椭圆造型具有一样的位置、大小和颜色。

如图 8-1-2 所示，拖动舞台上的“开始”按钮角色，将其放到舞台底部居中位置 ❶。然后，在角色属性面板中将该角色的名称由 Button2 修改为“开始” ❷。

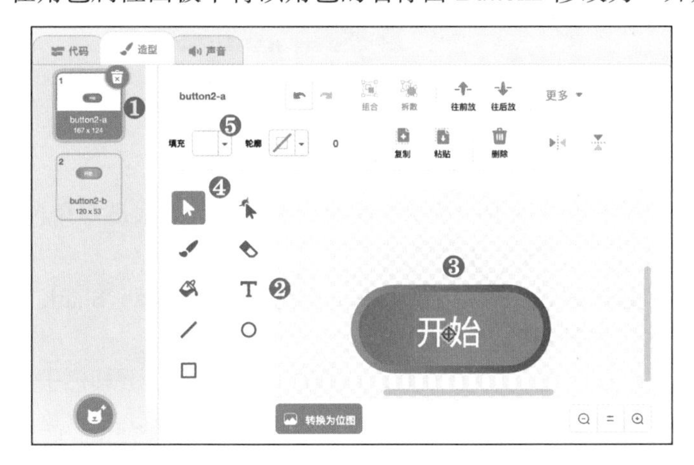

图 8-1-1　制作游戏“开始”按钮

图 8-1-2　调整“开始”按钮位置和修改角色名称

2. 编写“开始”按钮的控制脚本

切换到“开始”按钮角色的代码区，编写该角色的控制脚本，如图 8-1-3 所示。

在“当🏴被点击”积木下添加用于控制“开始”按钮显示或隐藏的脚本，它的程序逻辑是：当游戏进入“等待”状态时，在等待画面中显示“开始”按钮，直到游戏进入“运行”状态时，就将“开始”按钮隐藏。

在“当角色被点击”积木下添加用于修改游戏状态的脚本，它的程序逻辑是：当“开始”按钮被单击时，修改游戏状态为“运行”。之后，整个游戏进入“运行”阶段。

另外，还要将舞台代码区中的测试脚本删除（或将它和其他脚本分开），如图 8-1-4 所示。

小技巧：在实际编程中，通常会创建许多用于测试的脚本。在不需要的时候并不用急于将它们删除，只要把它们与其他脚本分开即可。

至此，可以单击🏴按钮运行“海底探险”游戏，测试“开始”按钮是否能够正确工作。

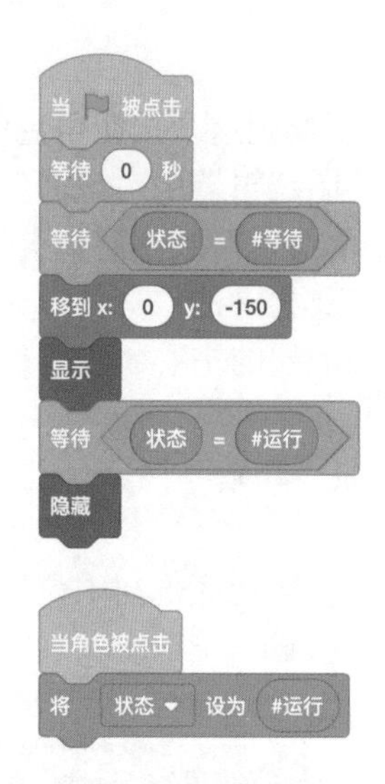

图 8-1-3　游戏“开始”按钮的控制脚本

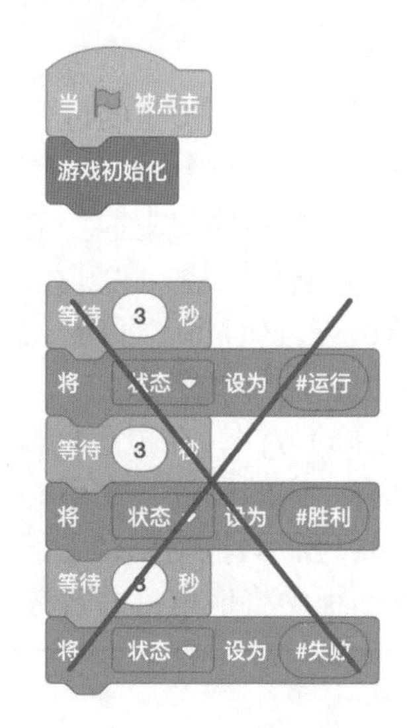

图 8-1-4　删除舞台脚本中的测试脚本

3. 添加游戏角色

在“海底探险”游戏中，需要用到小鱼、螃蟹、章鱼、鲨鱼、潜航器、潜水员等角色，这些角色可以在 Scratch 的角色库或本书提供的素材中找到。

在角色管理区中单击“添加角色”按钮，然后从角色库中依次选择 Fish、Crab、Shark 2、Diver1、Rocketship、Ball 这 6 个角色添加到角色列表中。

将鼠标指针移到角色管理区的“添加角色”按钮上，在弹出的添加角色工具栏中单击“上传角色”按钮，然后从本书附带的素材中选择 Octopus.sprite3 角色文件，将章鱼角色添加到角色列表中。

如图 8-1-5 所示，这是“海底探险”游戏中用到的各个角色及其英文名称。其中，Rocketship 角色是火箭飞船的造型，在游戏中作为潜航器使用；Ball 角色是有多种颜色的小球造型，在游戏中作为潜水员攻击鲨鱼的冰冻炸弹。

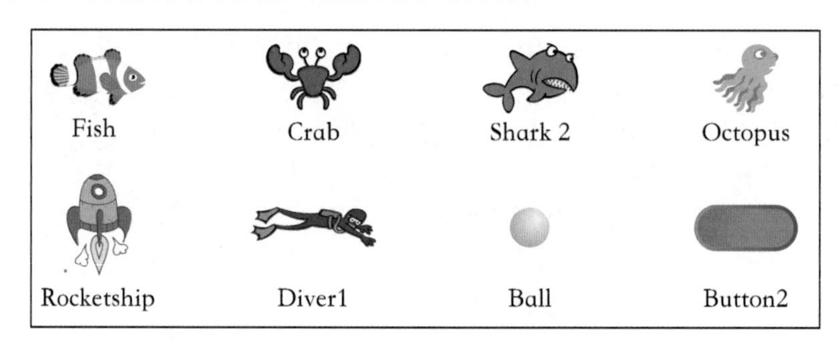

图 8-1-5　“海底探险”游戏中用到的各个角色

把游戏中用到的各个角色添加到角色列表之后，在角色属性面板中依次把各个角色的名称统一修改为中文名称，如图 8-1-6 所示。

至此，就完成了“海底探险”游戏的角色创建工作。

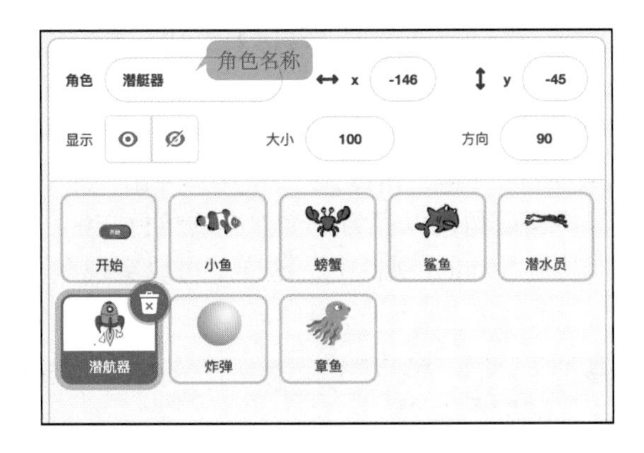

图 8-1-6　修改各角色的名称为中文名称

注意：在角色列表中单击角色缩略图时，如果不小心单击了某个角色右上角的“删除”按钮，那么 Scratch 会在没有提示的情况下直接删除该角色。这时，只要单击菜单栏中的“编辑”菜单，选择“复原删除的角色”命令，就可以将误删的角色恢复。

8.1.2　创建角色的方式

角色是 Scratch 中重要的编程元素，一个角色可以拥有代码（脚本）、造型和声音等资源。创作 Scratch 项目，就是围绕角色进行编程的。Scratch 提供 4 种方式用于创建角色，分别是：从角色库中选取角色、绘制新角色、从本地文件上传角色和从角色库中随机选择角色。这些创建角色的方式和添加背景的方式是类似的。

Scratch 的角色库提供动物、人物、奇幻、舞蹈、音乐、运动、食物、时尚和字母等分类的角色，有的是位图格式，有的是矢量图格式。这些丰富的角色资源给创作 Scratch 项目带来极大的便利。还可以使用绘图编辑器绘制位图格式或矢量图格式的角色，或者从本地文件中上传 PNG、SVG、BMP 和 JPG 等格式的图片作为角色。

8.1.3　角色管理区

如图 8-1-7 所示，角色管理区由角色列表和角色属性面板构成，角色列表中以缩略图呈现项目中创建的各个角色，角色属性面板用于修改当前角色的基本信息。在角色管理区的右下角有一个“添加角色”按钮，将鼠标指针移到它上面，将会出现一个添加角色工具栏，它有 4 个按钮，提供 4 种方式创建角色。

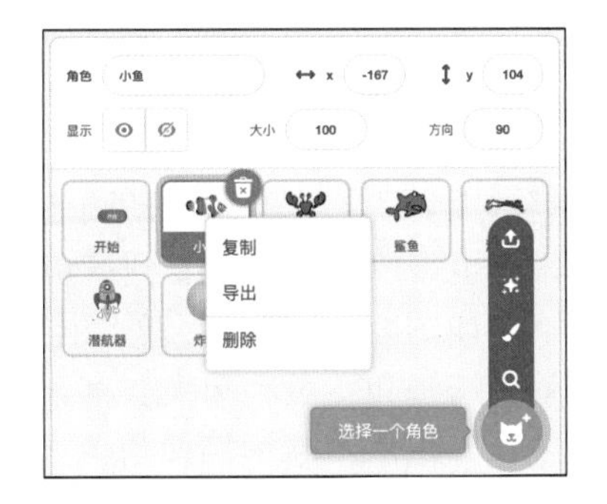

图 8-1-7　角色管理区

单击角色列表中某个角色的缩略图就可以选中该角色，同时切换到该角色的工作区，把该角色的代码、造型和声音资源分别加载到代码编辑区、造型编辑区和声音编辑区中。处于选中状态的角色缩略图的右上角会出现一个“删除”按钮，可以用来删除该角色；同时，选中角色的信息会出现在角色属性面板中，这些信息包括角色的名字、角色的 x 坐标、角色的 y 坐标、角色的显示状态、角色的大小、角色的方向。通过角色属性面板，可以对上述信息进行修改。

右击角色列表中某个角色的缩略图会弹出一个快捷菜单（见图 8-1-7）。使用“复制”命令，可以将当前角色复制为一个相同的新角色（代码、造型和声音资源都会被复制）。使用“删除”命令,可以从项目中删除当前角色。使用“导出”命令,将弹出一个“另存为”对话框（见图 8-1-8）,可以将当前角色保存为一个独立的角色文件（文件扩展名为 .sprite3）,之后可以将角色文件导入其他 Scratch 项目中，这样就可以实现在不同的 Scratch 项目中共享角色资源。

图 8-1-8　导出角色到文件的“另存为”对话框

8.2　角色造型

8.2.1　海底探险 3：角色动画

在这一节中，我们将为“海底探险”游戏中的螃蟹和章鱼角色创建简单的逐帧动画效果。这种动画是以一定的时间间隔切换角色的不同造型，利用视觉暂留现象实现动画效果的。打开前面创作的“海底探险”游戏项目，继续进行项目的制作。

如图 8-2-1 所示，添加到“海底探险”游戏项目中的螃蟹和章鱼角色都具有两个不同的造型。在螃蟹角色的造型列表中反复单击螃蟹的两个造型缩略图，可以在舞台上看到螃蟹的大夹子一张一合的动画效果。在章鱼角色的造型列表中反复单击章鱼的两个造型缩略图，也可以在舞台上看到章鱼游动的动画效果。

如图 8-2-2 所示，这是控制角色切换不同造型的脚本。当游戏进入“运行”状态后，就让螃蟹和章鱼动起来，直到游戏结束时才停止。在一个条件型循环结构中使用“下一个造型”积木不断地切换角色的造型，两次切换之间等待 0.5 秒，这样就能使角色产生动画效果。由于角色尺寸比较大，所以将它设定为原大小的 20%。把这个脚本分别放到螃蟹角色和章鱼角色的代码区中。

小技巧：根据一个角色造型数量的多少来设定等待时间的长短，可以让角色的动画效果更加自然协调。

单击绿旗按钮运行程序，在进入游戏之后就能在舞台上看到螃蟹和章鱼的动画效果。

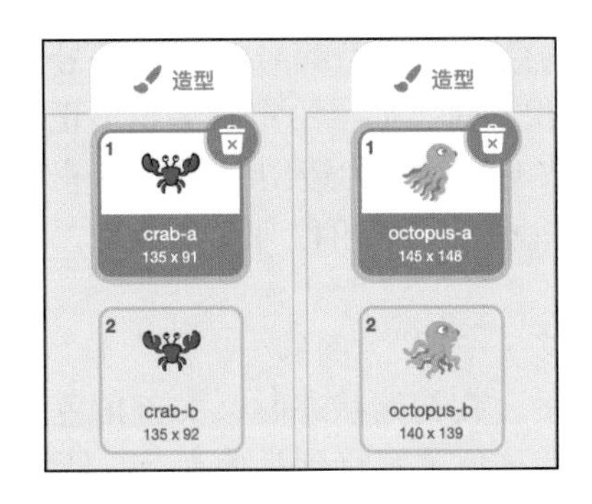

图 8-2-1　螃蟹和章鱼的造型列表

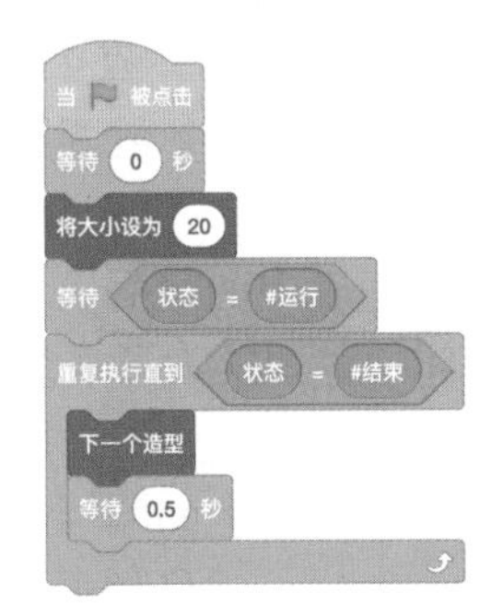

图 8-2-2　产生角色动画效果的脚本

8.2.2 造型控制

角色的外观是由造型构成的。Scratch 提供 4 种方式添加造型，分别是：从造型库中选取造型、绘制新造型、从本地文件上传造型、从造型库中随机选择造型。这些方法和添加角色、背景的方式类似。

在 Scratch 的“外观”指令面板中提供一组用于控制角色外观的指令积木，如图 8-2-3 所示，使用它们能够显示或隐藏角色、调整角色大小和层次、切换造型等。

使用“将大小设为……”积木能够通过一个百分比数值设定角色的大小，也可以使用“将大小增加……”积木以增量方式调整角色的大小。如图 8-2-4 所示，这个脚本演示了以增量方式将角色大小从 50% 不断变化到 100% 的效果。

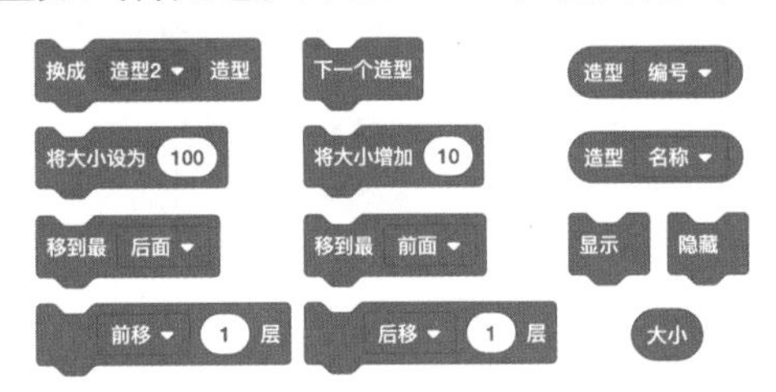

图 8-2-3　控制角色外观的指令积木

图 8-2-4　将角色由小变大

使用“下一个造型”积木能够依次切换角色造型列表中的造型，而使用“换成……造型”积木能够以造型名字或造型编号来切换指定的造型。如图 8-2-5 和图 8-2-6 所示，这两个脚本分别演示了使用造型名字和造型编号来切换角色的造型，从而让角色产生走路的动画效果。

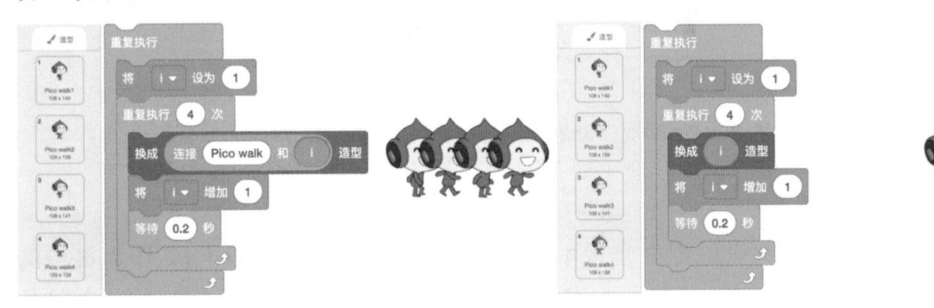

图 8-2-5　用造型名字切换造型实现动画效果　　图 8-2-6　用造型编号切换造型实现动画效果

在角色造型列表中，每个造型缩略图左上角的数字是造型编号。造型编号从 1 开始顺序编排。当使用数字参数调用“换成……造型”积木时，如果给定数字超出正常的造型编号范围，那么 Scratch 将把给定数字除以造型总数的余数作为造型编号。如果余数为 0，则对应到造型列表中的最后一个造型。如图 8-2-7 所示，气球角色有 3 个造型，这些代码都可以将气球角色切换为第 3 个造型。

使用“移到最 [前面]”“移到最 [后面]”“后移……层”“前移……层”4 个指令积木能够调整角色在舞台上的图层位置。如图 8-2-8 所示，在初始状态时，女孩角色位于树木角色的后面。在执行“移到最 [前面]”指令后，女孩角色被移到最前面，位于石头角色的前面。而在执行“后移 1 层”指令后，女孩角色又被移到石头角色的后面，树木角色的前面。

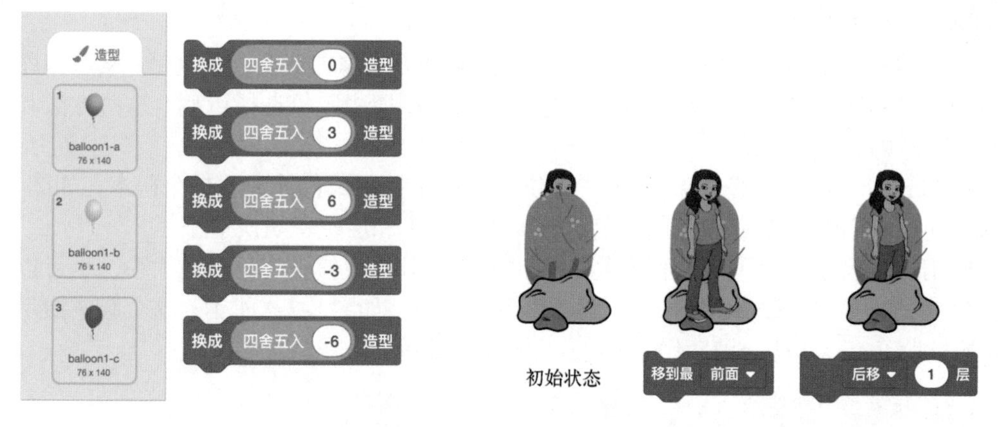

图 8-2-7　多个数字对应到同一个造型编号

图 8-2-8　调整角色的层次

8.2.3　动手练：街舞表演

1. 练习重点

角色造型的切换。

2. 问题描述

使用图 8-2-9 中的背景和角色素材设计一个街舞表演的项目。

图 8-2-9　实现街舞表演的背景图片和角色

3. 解题分析

Scratch 提供丰富的素材可以用来实现本案例。从背景库中选择 Spotlight 作为舞台的背景，然后从角色库中的“舞蹈”分类下找到 Anina Dance 等 4 个角色，将它们添加到角色列表中，并调整它们在舞台上的大小和位置。最后编写脚本切换这些角色的造型，使之在舞台上进行街舞表演。

4. 练习内容

（1）通过切换造型，使各个角色产生动画效果。

（2）将角色放置在舞台的不同位置，并调整角色大小，使之与舞台背景协调。

8.3 角色运动

8.3.1 海底探险 4：角色运动

在这一节中，我们将为“海底探险”游戏中的各个角色定义不同的运动方式，从而让各个角色“活”起来。例如，小鱼会随机向各个方向自由运动，螃蟹在海底水平运动，章鱼从舞台左下方朝着右上方运动，等等。打开前面创作的“海底探险”游戏项目，继续进行项目的制作。

1. 控制小鱼运动

切换到小鱼角色的代码区，编写控制小鱼运动的脚本，如图 8-3-1 所示。在游戏进入“运行”状态后，将小鱼角色从 4 个造型中随机切换一个，并把小鱼显示在舞台上的任意位置。之后让小鱼开始自由运动，直到游戏结束。小鱼在运动时，从 –20 到 20 之间随机选择一个角度向左转并前进一步，这样使小鱼产生摆动前进的运动效果。如果小鱼碰到舞台边缘就反弹，换个方向继续前进。

2. 控制螃蟹运动

切换到螃蟹角色的代码区，编写控制螃蟹运动的脚本，如图 8-3-2 所示。在游戏进入“运行”状态后，让螃蟹面向正东方向（90°）方向，将螃蟹的 y 坐标设定在舞台下方的 –170 处，让螃蟹在“海底”水平移动，直到游戏结束。螃蟹运动速度较慢，每前进 2 步就等待 0.2 秒。将螃蟹的旋转方式设为左右翻转，当螃蟹碰到舞台边缘就朝着相反方向运动。

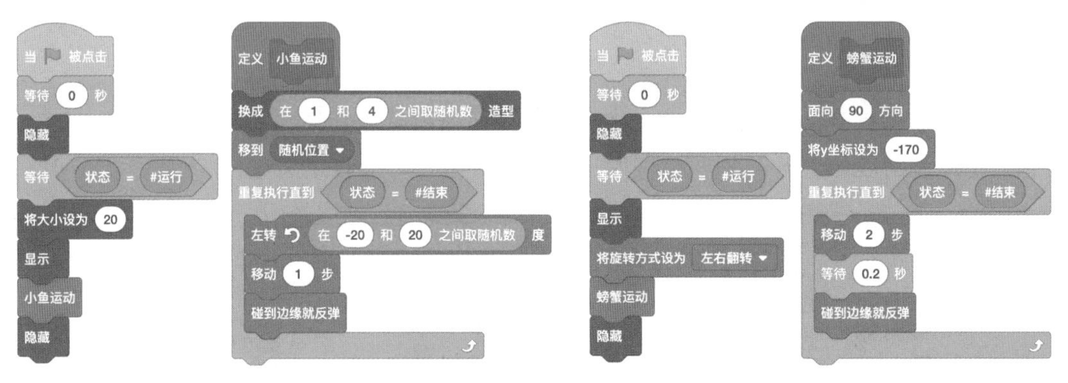

图 8-3-1　小鱼运动的控制脚本　　图 8-3-2　螃蟹运动的控制脚本

3. 控制章鱼运动

切换到章鱼角色的代码区，编写控制章鱼运动的脚本，如图 8-3-3 所示。在游戏进入

“运行”状态后，将章鱼移到舞台的左下方，然后让它在 10 秒内滑行到舞台的右上方。如此反复进行，直到游戏结束。

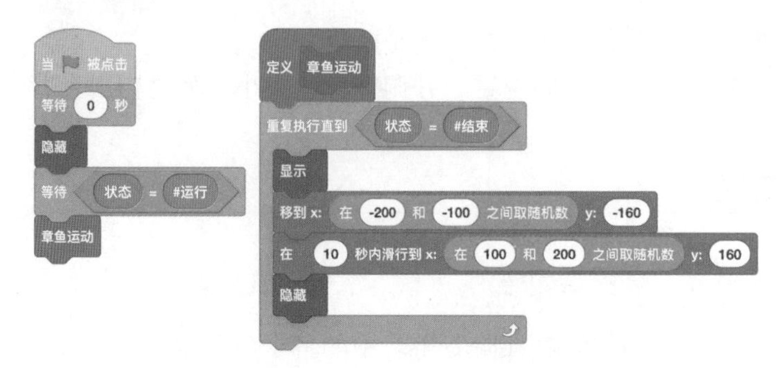

图 8-3-3　章鱼运动的控制脚本

4. 控制潜航器运动

在“海底探险”游戏中，将潜航器角色的运动设计为 4 种状态，分别为降落、着陆、回舱和返航。在游戏过程中，潜航器按照这 4 种状态变化。游戏开始时，潜航器从舞台的上方开始降落。在潜航器着陆后，潜水员出舱，同时鲨鱼会出现。当潜水员回舱后，潜航器就会上浮返航。

图 8-3-4　添加的脚本到“游戏初始化”过程

切换到舞台的代码区，创建一个名为“潜航器”的全局变量存放潜航器的状态，同时创建 4 个“常量”表示潜航器的 4 种状态。如图 8-3-4 所示，将这段脚本追加到舞台代码区的“游戏初始化”过程的脚本中。

切换到潜航器角色的代码区，继续编写控制潜航器降落和上升的脚本。在游戏进入“运行”状态后，潜航器角色切换为 rocketship-e 造型，从舞台上方中间位置在 3 秒内降落到舞台底部，潜航器状态修改为“着陆”。如图 8-3-5 所示，把控制潜航器降落的脚本编写为一个名为“降落”的自定义过程。

在潜水员回舱后，潜航器的状态为“回舱”。当潜航器上升时，换成 rocketship-a 造型，在 3 秒内从舞台底部的中间位置滑行到舞台顶部，潜航器状态修改为“返航”。如图 8-3-6 所示，将控制潜航器上升的脚本编写为一个名为“上升”的自定义过程。

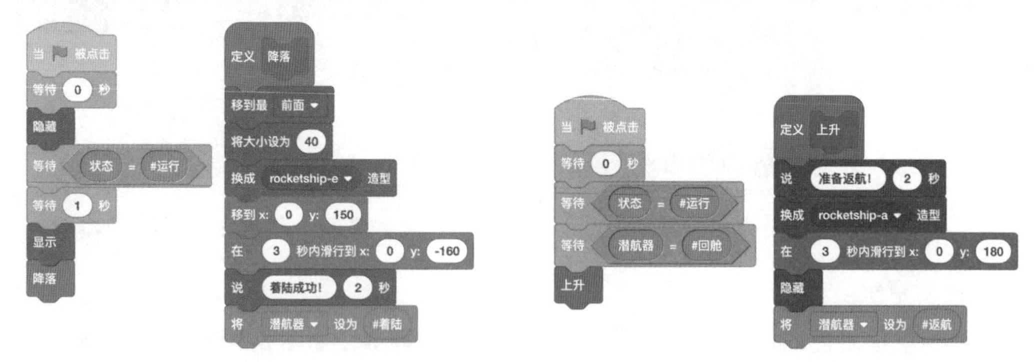

图 8-3-5　潜航器降落的控制脚本　　图 8-3-6　潜航器上升的控制脚本

5. 控制鲨鱼运动

切换到鲨鱼角色的代码区,编写控制鲨鱼运动的脚本,如图 8-3-7 所示。在游戏进入“运行”状态后，鲨鱼角色将等待潜航器着陆，之后把鲨鱼角色移动到舞台的随机位置，然后让它先右转 5 度再左转 5 度，如此产生摆动效果，直到游戏结束。

6. 控制潜水员运动

切换到潜水员角色的代码区，编写控制潜水员运动和出舱的脚本，如图 8-3-8 所示。在潜航器着陆后，将潜水员移到潜航器所在位置，并让它在 2 秒内向上滑行到舞台中心位置，完成出舱动作。同时，潜水员在游戏过程中一直处于摆动状态（让它先右转 5 度再左转 5 度）。

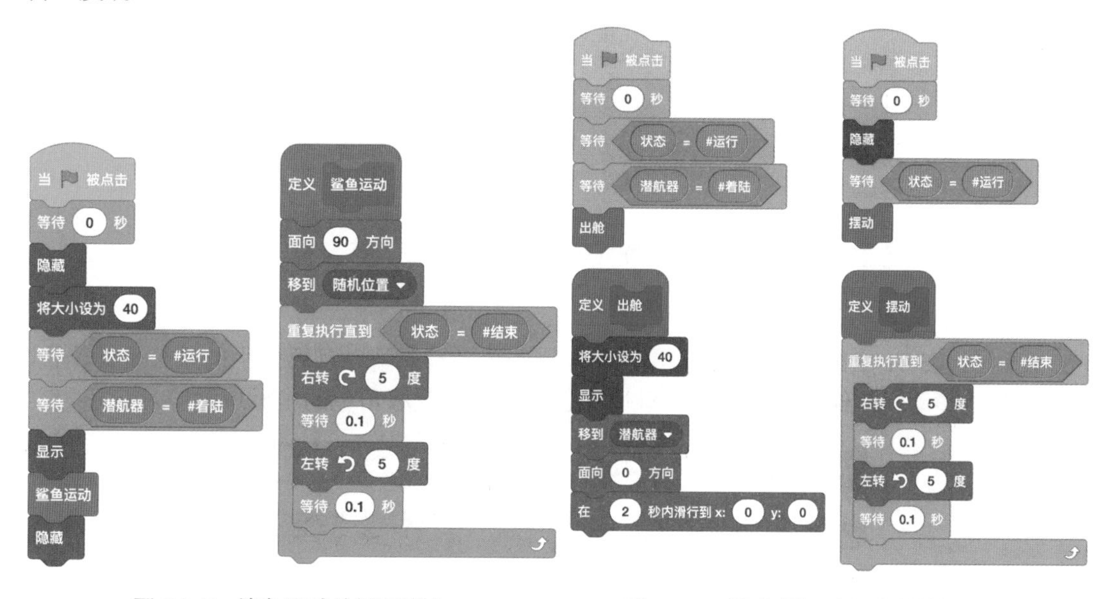

图 8-3-7 鲨鱼运动的控制脚本

图 8-3-8 潜水员运动和出舱的控制脚本

7. 游戏功能测试

单击按钮运行程序，然后对该游戏项目进行测试，观察各个角色是否按照定义的方式在舞台上运动，如图 8-3-9 所示。

在潜水员出舱之后，由玩家操作潜水员去捕捉生物样本。在游戏倒计时结束或得分小于 10 分时，就让潜水员自动回舱，游戏将进入“结束”阶段。这些行为的控制脚本将在后面进行介绍。

图 8-3-9 观察各个角色的运动方式

8.3.2 运动控制

运动控制是游戏编程中的一个重要内容，使用 Scratch 设计游戏主要是围绕如何控制角色运动展开的。在“运动”指令面板中提供一组用于运动控制的指令积木，支持使用平面直角坐标系和极坐标系两种方式控制角色在舞台上进行运动。

1. 平面直角坐标系

Scratch 的舞台是一个 480×360 大小的矩形区域，即宽度为 480 个单位、高度为 360 个单位。舞台支持使用平面直角坐标系进行定位，如图 8-3-10 所示，水平方向为 *x* 轴，取向右为正方向，舞台宽度的范围是从 –240 到 240；垂直方向为 *y* 轴，取向上为正方向，舞台高度的范围是从 –180 到 180；坐标系的原点位于舞台的中心位置，可表示为（*x*:0, *y*:0）。

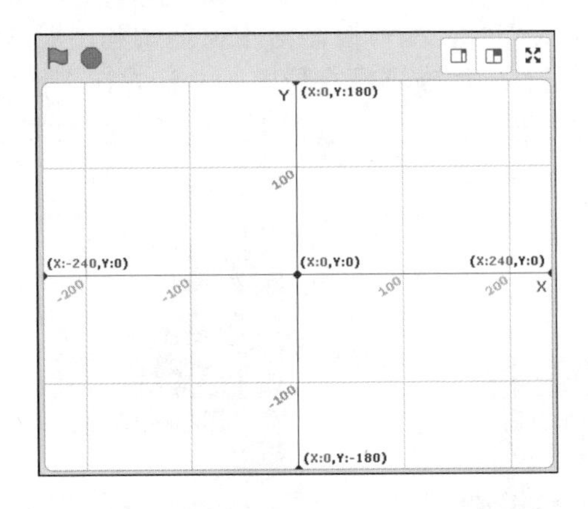

图 8-3-10　Scratch 舞台的平面直角坐标系统

使用图 8-3-11 中的这些指令积木，能够控制角色精确地移动到舞台上的某个坐标位置，或者将角色移动到其他角色、鼠标指针所在位置，以及获取角色的坐标位置。

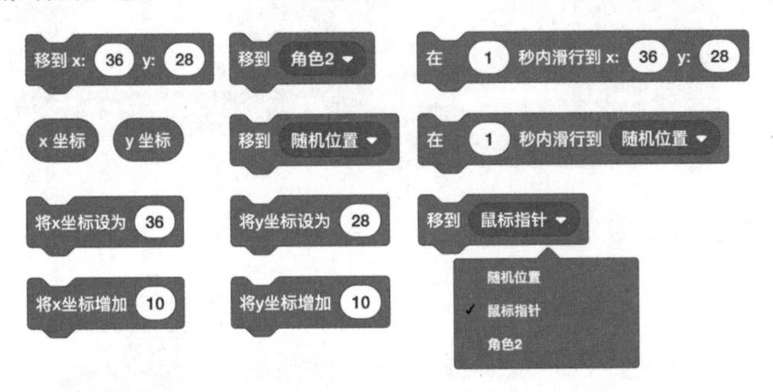

图 8-3-11　使用平面直角坐标系控制角色运动的指令积木

对于舞台上的任意一点，都有唯一的一个有序数对（*x*,*y*）与它对应；反之，对于任意一个有序数对（*x*,*y*），都可以对应到舞台上的一个点，或者是舞台之外的一个点。使用“移到 x……y……”积木可以将角色直接移动到由参数 *x* 和 *y* 指定的坐标位置；而使用“x 坐标”积木和“y 坐标”积木可以获取角色的 *x* 坐标和 *y* 坐标。

假设要制作一个小鱼移动的效果，让小鱼角色从舞台上的（–200,0）移动到（200,0）。如果使用图 8-3-12 中的脚本将小鱼移到指定位置，那么这个过程是瞬间完成的。如图 8-3-13 所示，在一个循环结构中使用“将 x 坐标增加……”积木让小鱼角色的 *x* 坐标值每次增加 1 个单位，这样就能够观察到小鱼水平方向缓慢移动的过程。同样，使用“将 y 坐标增加……”积木，则可以单独控制角色在 *y* 坐标上垂直移动。

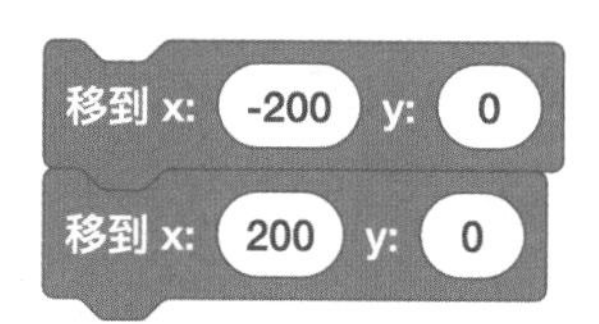

图 8-3-12　瞬间移动角色的脚本

图 8-3-13　缓慢移动角色的脚本

使用“在……秒内滑行到……”积木，能够方便地控制角色在指定时间内平滑地移动到指定坐标位置。如图 8-3-14 所示，这个脚本能够控制小鱼角色在 10 秒内从舞台上的（–200,0）平滑移动到（200,0）。

使用“将 x 坐标设为……”积木和“将 y 坐标设为……”积木，能够单独设定角色的 *x* 坐标和 *y* 坐标。图 8-3-14 和图 8-3-15 是等价的平滑移动角色的脚本。

图 8-3-14　平滑移动角色的脚本

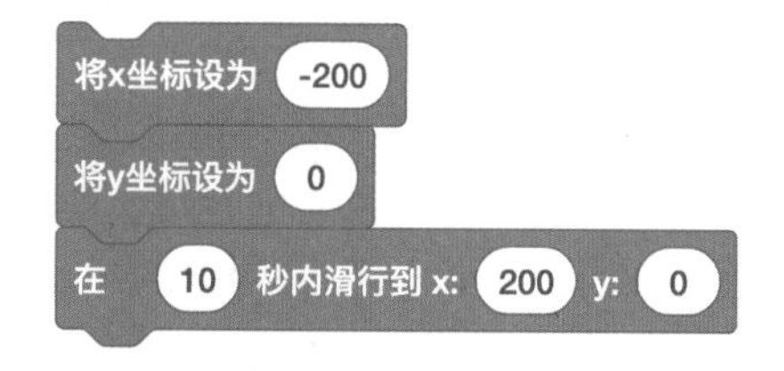

图 8-3-15　平滑移动角色的等价脚本

小技巧：角色是以造型中心作为坐标位置的，使用“移到 x……y……”等指令积木时，作为参数的坐标位置（*x,y*）指的就是角色的造型中心位置。在绘图编辑器中可以设置造型中心，如图 8-3-16 所示，单击工具栏中的“选择”按钮切换到选择模式，在选取造型图层之后会有一个十字图形✚出现在图层的中心位置，拖动所选图层使十字图形✚与造型中心点⊕重叠在一起，就能够把造型图层的中心位置设为造型中心。

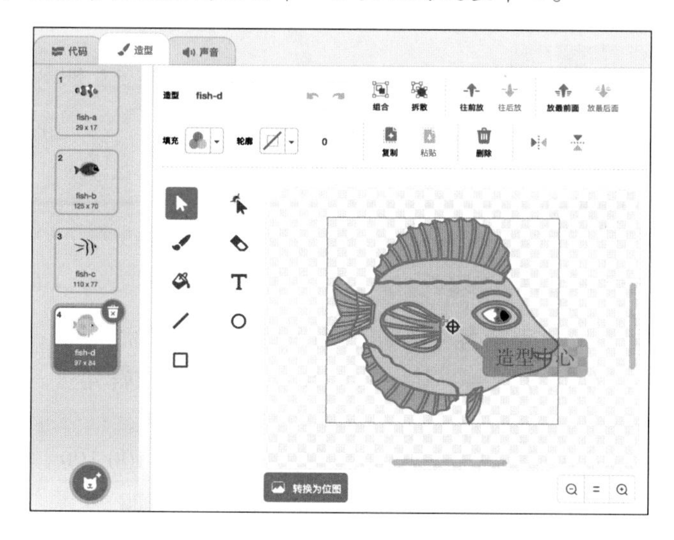

图 8-3-16　设置造型中心

2. 极坐标系

除了支持平面直角坐标系，Scratch 还支持使用极坐标系的方式控制角色在舞台中运动。使用图 8-3-17 中的这些指令积木，能够通过方向和距离这两个参数控制角色移动到舞台上的任意位置。

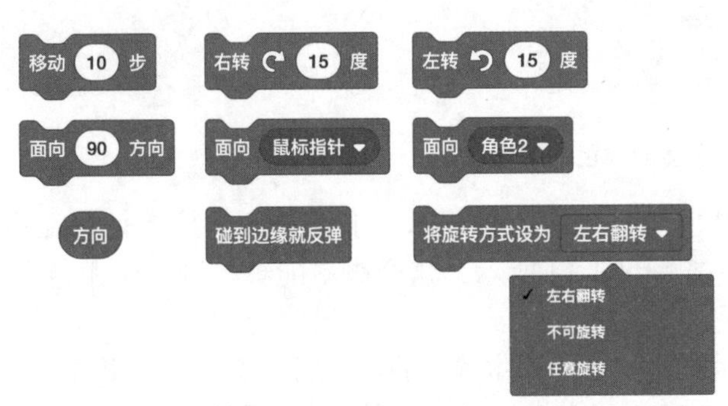

图 8-3-17　使用极坐标系控制角色运动的指令积木

使用“移动……步”积木能够以指定距离（步数）在舞台上移动角色，该指令积木的参数取正数值时控制角色向前运动，取负数值时向后运动。

如果想让小鱼角色从舞台上的（–200,0）移动到（200,0），需要移动 400 步，即 1 步对应舞台上的一个单位。回到前面介绍的小鱼移动的例子，如果使用“移动 400 步”积木，会让小鱼角色瞬间移动到目标位置，看不到移动过程。因此，在一个重复执行 400 次的循环结构中，让小鱼角色每次移动 1 步，就能够观察到小鱼缓慢移动的过程，如图 8-3-18 所示。

使用“面向……方向”“左转……度”和“右转……度”等指令积木能够改变角色的运动方向。如图 8-3-19 所示，当单击“面向……方向”积木中的方向参数框时会出现一个仪表盘，可以通过鼠标操作方便地设定方向参数。默认情况下，角色面向的是 90 度方向（向右），因此，图 8-3-18 所示的脚本能够控制角色向右运动。

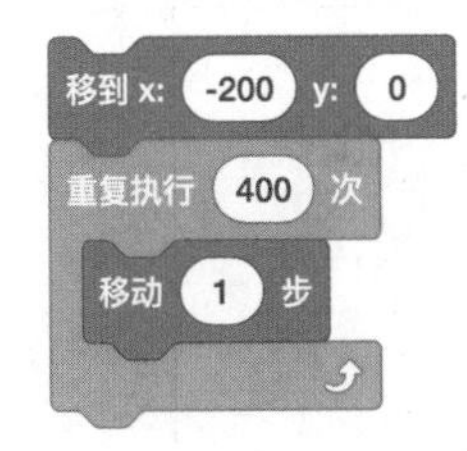

图 8-3-18　控制角色缓慢运动的脚本

图 8-3-19　“面向……方向”积木的仪表盘

Scratch 使用坐标方位角表示各个方向的角度。在使用“面向……方向”积木时，各个方向对应的角度如图 8-3-20 所示，其中的正数表示的是顺时针角度，而负数表示的是逆时针角度。

如图 8-3-21 所示，这个脚本先将小鱼角色移到舞台的（–100,100）位置，并面向 90 度方向（向右）。之后小鱼每次移动 200 步，并将自身的方向增加 90 度，这样小鱼角色在舞台上运动一圈之后又回到出发位置。

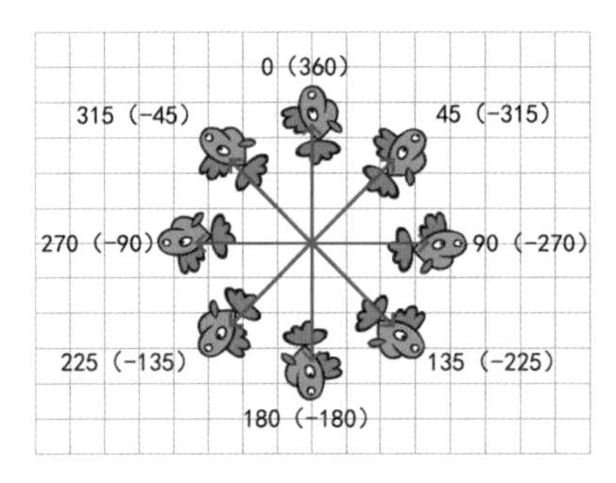

图 8-3-20　小鱼角色面向各个方向对应的角度

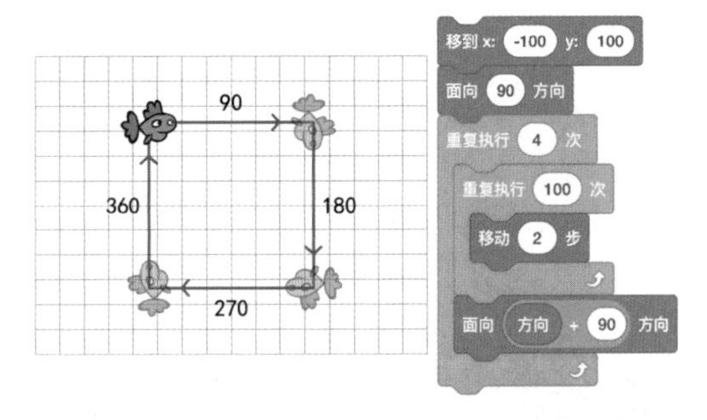

图 8-3-21　控制小鱼按四个方向绕圈运动的脚本

如图 8-3-22 所示，这个脚本先将小鱼角色移到舞台中心位置，并面向 0 度方向（向上）。之后控制小鱼角色先后按照顺时针和逆时针两个方向旋转和移动，从而产生 8 字形的运动效果。

使用“将旋转方式设为……”积木可以设定角色的旋转方式，该积木的下拉菜单中有 3 个选项，分别为“左右翻转”“不可旋转”“任意旋转”。默认情况下，角色的旋转方式为“任意旋转”，能够按照其他指令积木的设定使角色旋转。除了在脚本中设定角色的旋转方式，还可以在角色属性面板中设定旋转方式（见图 8-3-23）。

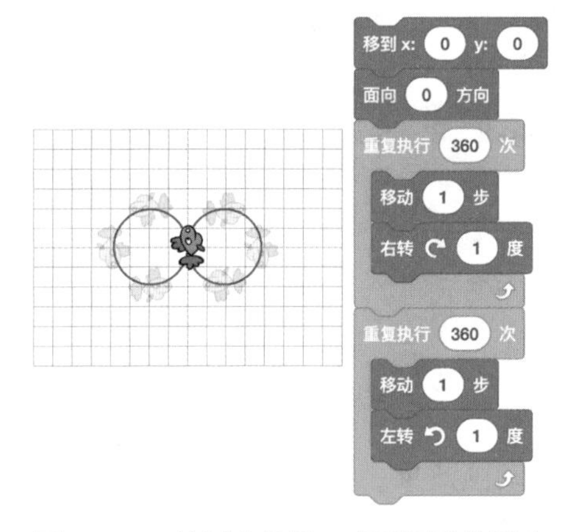

图 8-3-22　控制小鱼绕 8 字形运动的脚本

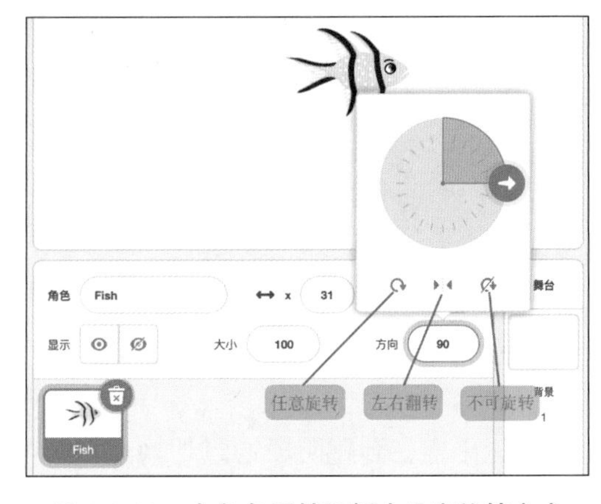

图 8-3-23　在角色属性面板中设定旋转方式

如图 8-3-24 所示，这个脚本将角色的旋转方式设定为“左右翻转”，使小鱼角色在舞台上左右来回游动，碰到舞台边缘就反弹，朝相反的方向游动。

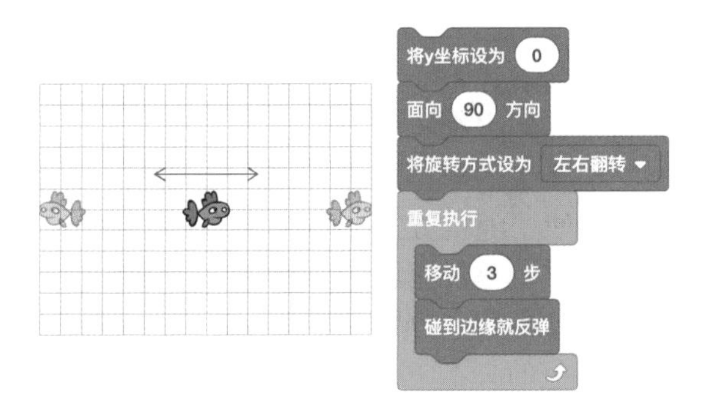

图 8-3-24　控制小鱼在舞台上左右来回游动的脚本

图 8-3-25　小猫运动路线

8.3.3　动手练：飞行猫

1. 练习重点

角色运动、造型切换。

2. 问题描述

设计一个程序，让小猫沿着图 8-3-25 中的路线运动最后消失在天空中。

3. 解题分析

从 Scratch 的背景库中找到 Blue Sky 图片并添加为舞台背景，再从造型库的动物分类下找到图 8-3-26 中的 4 个姿势不同的小猫造型，放到一个名为“小猫”的角色中。之后，按照图 8-3-25 中的运动路线，先让小猫从舞台的左侧位置（–200，–140）奔跑到舞台的中间位置（0，–140），同时切换图 8-3-26 中的前两个造型产生跑步的动画效果。然后，向上跳跃（滑行到 50，–50）并以 45 度角方向前进（角色不断变小）直到消失（隐藏）。

图 8-3-26　小猫角色的四种造型

4. 练习内容

（1）编写程序控制小猫按照图 8-3-25 中的路线运动，并在不同阶段使用不同的造型。

（2）让小猫在奔跑阶段通过切换造型产生奔跑的动画效果。

8.4　角色特效

8.4.1　海底探险 5：角色特效

在这一节中，我们将为“海底探险”游戏中的各个角色添加颜色特效，用来模拟海底生物因为受到过量核辐射而产生的变异现象。如图 8-4-1 所示，对角色使用随机方式生成颜色特效，从而使角色的外观呈现色彩斑斓的效果。将这个颜色特效指令积木分别添加到小鱼、螃蟹和章鱼等角色的脚本中。

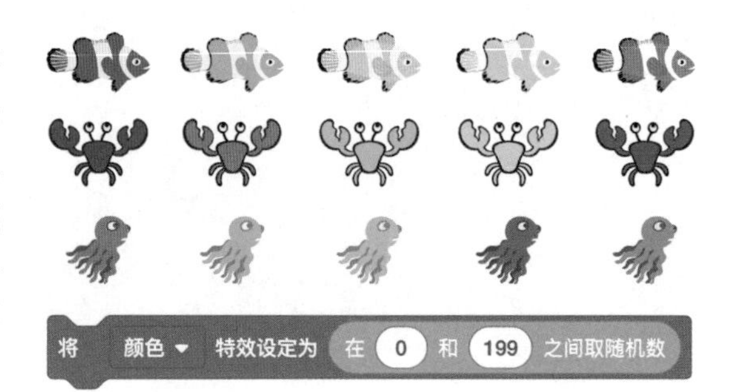

图 8-4-1　为角色随机生成颜色特效

在小鱼角色随机切换造型之后，加入颜

色特效指令积木，如图 8-4-2 所示。

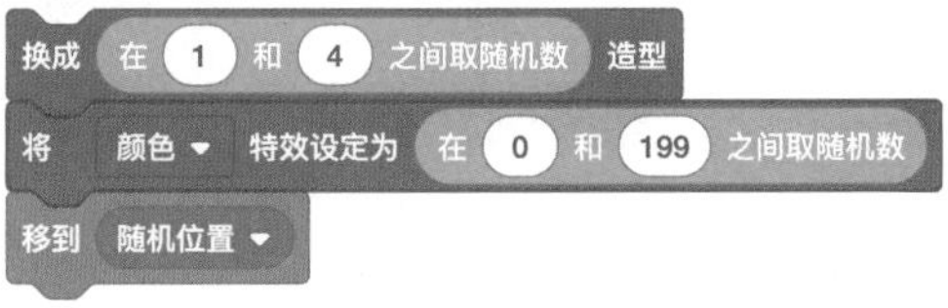

换成 在 1 和 4 之间取随机数 造型
将 颜色 特效设定为 在 0 和 199 之间取随机数
移到 随机位置

图 8-4-2　添加颜色特效指令到小鱼角色的脚本中

在螃蟹角色显示之后，加入颜色特效指令积木，如图 8-4-3 所示。

显示
将 颜色 特效设定为 在 0 和 199 之间取随机数
将旋转方式设为 左右翻转

图 8-4-3　添加颜色特效指令到螃蟹角色的脚本中

在章鱼角色显示之后，加入颜色特效指令积木，如图 8-4-4 所示。

显示
将 颜色 特效设定为 在 0 和 199 之间取随机数
移到 x: 在 -200 和 -100 之间取随机数 y: -160

图 8-4-4　添加颜色特效指令到章鱼角色的脚本中

另外，鲨鱼在受到炸弹攻击时会发怒变色，在第 9 章中将介绍为鲨鱼添加颜色特效。

8.4.2　设置角色特效

在 Scratch 中，不仅能够设置舞台背景的特效，还能够对每一个角色设置不同的特效。使用“将……特效设定为……”积木能够给角色设置颜色、鱼眼（超广角镜头）、漩涡、像素化、马赛克、亮度和虚像 7 种特效。

如图 8-4-5 所示，通过特效指令积木设置角色的特效，这些特效能够单独使用或是叠加使用。如果要将角色还原到初始状态，可以使用“清除图形特效”指令积木。

以下是角色能够使用的特效类型和推荐的取值范围。

颜色：0~199；鱼眼（超广角镜头）：–100~100；漩涡：–360~360；像素化：0~100；马赛克：0~100；亮度：–100~100；虚像：0~100。

8.4.3　动手练：魔术师

1. 练习重点

角色特效。

图 8-4-5　设置角色特效的示例

2. 问题描述

设计一个程序，利用角色特效实现图 8-4-6 中的魔术师表演变身的效果。

3. 解题分析

如图 8-4-6 所示，从 Scratch 的背景库的音乐分类中找到 Theater 图片并添加为舞台背景，从造型库的人物分类中找到 3 个人物造型（Wizard Girl、Abby-d、Dee-c），放到一个“魔术师”角色的造型列表中。之后，编写“魔术师”角色的变身程序。选择像素化和虚像特效作为角色的特效，让魔术师从第一个造型开始变身，像素化特效从 0 变化到 250，虚像特效从 0 变化到 100，这时切换角色的造型，再把两种特效恢复到初始值，就完成一次变身表演。如此反复进行，让魔术师不停地表演变身魔术。

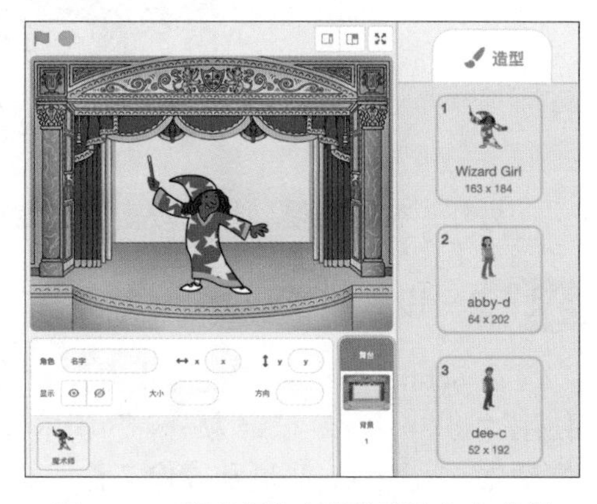

图 8-4-6　魔术师变身的造型和舞台背景

4. 练习内容

（1）编写程序，使用像素化和虚像特效实现让魔术师变身的效果。

（2）使用亮度特效让舞台产生由黑变亮的开灯效果。

第 9 章

侦　测

这一章将向读者讲授 Scratch 图形编程中重要的侦测功能，对各种侦测指令的应用进行详细介绍，为编写交互式游戏项目打下良好基础。

在 Scratch 中能够实现距离侦测、碰撞侦测、键盘和鼠标侦测、时间侦测、视频侦测和响度侦测等类型丰富的侦测功能，可以非常容易地在 Scratch 项目中灵活地组合运用各种碰撞检测功能，实现交互感极强的游戏或动画等类型的项目。

在本章的“海底探险”游戏案例中，我们将利用各种侦测功能对角色进行编程，实现对角色的操作控制、对各个角色进行碰撞检测及制作游戏的倒计时功能等。例如，利用鼠标侦测功能，玩家能够通过鼠标控制潜水员角色运动，可以灵活地躲避鲨鱼的攻击；利用距离侦测功能，能够让鲨鱼自动追踪并攻击潜水员；利用碰撞侦测功能，能够在潜水员捕获小鱼时加分，在被鲨鱼攻击时减分；利用键盘侦测功能，玩家可以向鲨鱼扔炸弹，等等。

本章包括以下主要内容。

- 为“海底探险”游戏中的角色添加控制方式和碰撞检测功能。
- 介绍距离侦测、碰撞侦测、键盘和鼠标侦测等技术及其应用。
- 介绍“视频侦测”和“响度侦测”指令积木的使用和实现简单的手势控制。

9.1 距离侦测

9.1.1 海底探险 6：距离侦测

在这一节中，我们将为“海底探险”游戏中的潜水员角色和鲨鱼角色编写距离侦测的控制脚本。

1. 用鼠标控制潜水员移动

在潜水员出舱完成之后，玩家能够使用鼠标控制潜水员角色移动到舞台上的各个位置去捕捉生物样本。在游戏倒计时结束或者得分小于 10 分时，玩家将不能再控制潜水员角色。潜水员将自动回舱，并进入游戏结束阶段。

在使用鼠标控制潜水员移动时，利用“距离侦测”积木检测潜水员角色到鼠标指针的距离，如果距离超过 10 个单位，就让潜水员面向鼠标指针并移动到鼠标指针附近。

切换到潜水员角色的代码区，编写控制潜水员移动的脚本，如图 9-1-1 所示。将用鼠标控制潜水员角色移动的脚本编写为一个名为“操控”的自定义过程，并把调用这个过程的代码追加到“出舱”过程的后面。

2. 鲨鱼自动追踪潜水员

切换到鲨鱼角色的代码区，编写让鲨鱼自动追踪潜水员的脚本，如图 9-1-2 所示。在潜航器着陆之后，让鲨鱼出现在舞台的任意位置，并开始自动追踪潜水员。当鲨鱼角色到潜水员角色的距离超过 20 个单位时，就让鲨鱼面向潜水员并移动到潜水员附近。鲨鱼的移动速度设为在 1 和 1.9 之间的随机数，使其略慢于潜水员角色的移动速度。

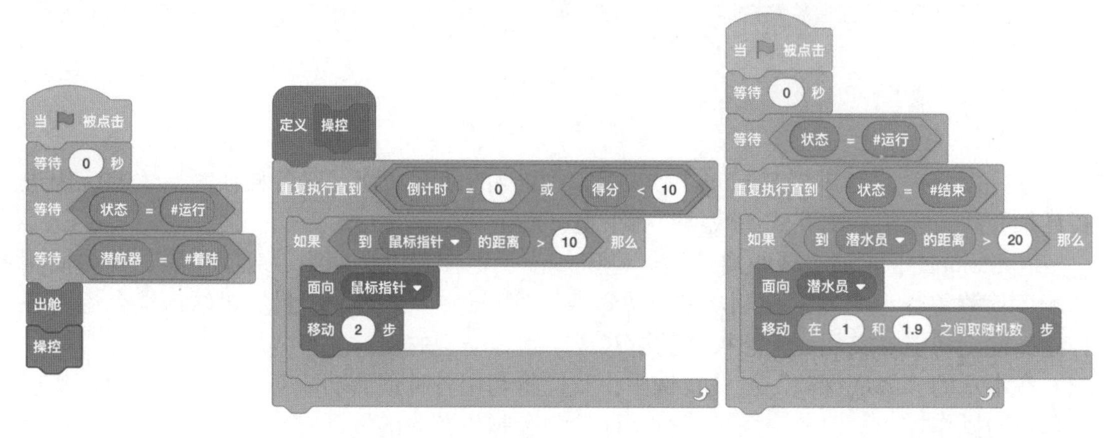

图 9-1-1　用鼠标控制潜水员移到的脚本

图 9-1-2　鲨鱼自动追踪潜水员的脚本

至此，“海底探险”游戏雏形初现，玩家可用鼠标控制潜水员移动，躲避鲨鱼追踪。

9.1.2　距离侦测积木

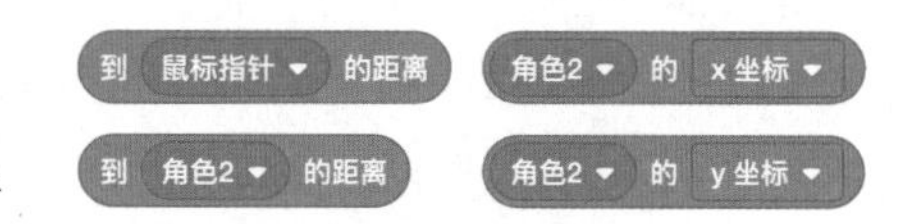

图 9-1-3　距离侦测的指令积木

在 Scratch 的“侦测”指令面板中提供一组用于侦测距离的指令积木（见图 9-1-3），这些积木能够检测角色到鼠标指针的距离或者到其他角色的距离，以及获取其他角色的坐标位置。

如图 9-1-4 所示，这个脚本用于演示一条小鱼在靠近鲨鱼（到鲨鱼的距离小于 100 个单位）时，就立即掉头游走的效果，这比碰撞到鲨鱼之后再逃跑显得更加自然。

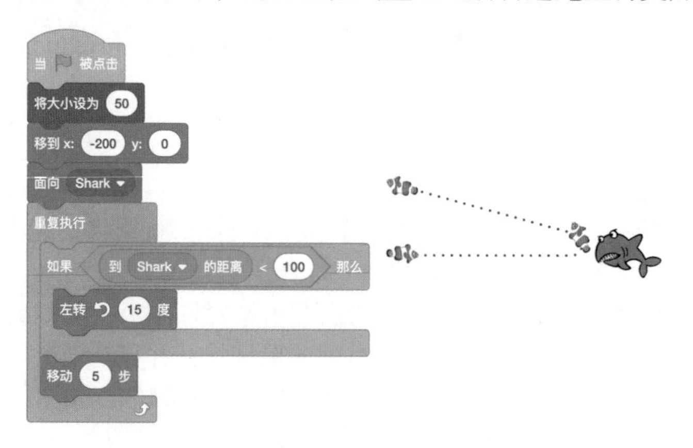

图 9-1-4　小鱼靠近鲨鱼就掉头游走的控制脚本

另外，也可以使用两点距离公式$|P_1P_2|=\sqrt{(x_2-x_1)^2+(y_2-y_1)^2}$计算两个角色之间的距离。如图 9-1-5 所示，把当前角色和角色 2 的坐标分别代入两点距离公式就能计算出这两个角色之间的距离。

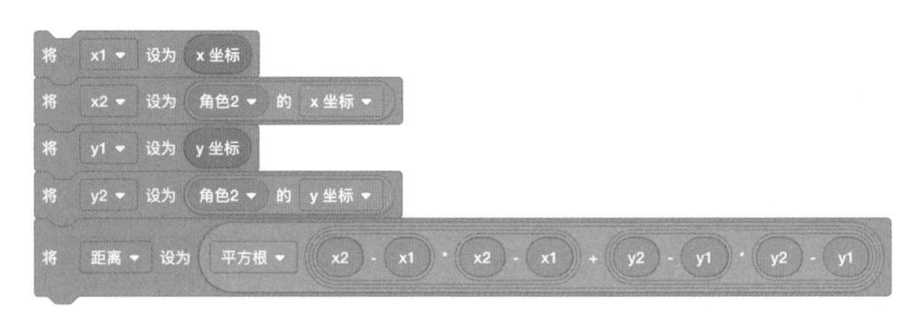

图 9-1-5　计算两个角色之间距离的脚本

9.1.3　动手练：Pico 和小狗散步

1. 练习重点

距离侦测、运动控制、造型切换。

2. 问题描述

设计一个程序，利用距离侦测技术实现让图 9-1-6 中的小狗跟随 Pico 自由散步，当小狗远离 Pico 时会自己跑回来。

3. 解题分析

首先从角色库的动物分类下找到 Dog2 角色，在奇幻分类下找到 Pico Walking 角色，分别将它们添加到角色列表中，如图 9-1-6 所示。小狗角色有两个连贯的动作造型，Pico Walking 角色有 4 个行走的造型，如图 9-1-7 所示，通过切换角色造型，就能让小狗和 Pico

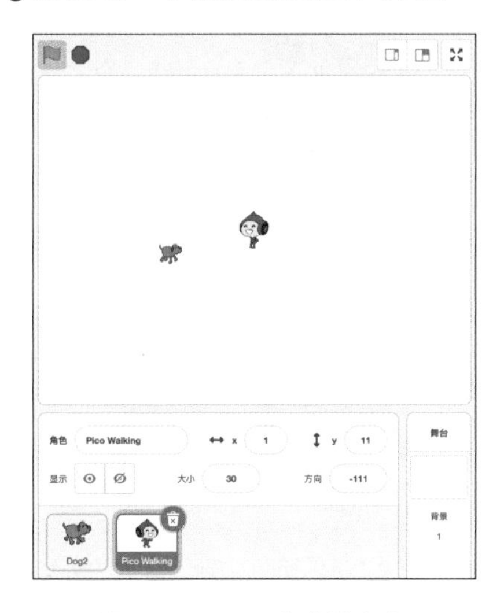

图 9-1-6　Pico 和小狗角色

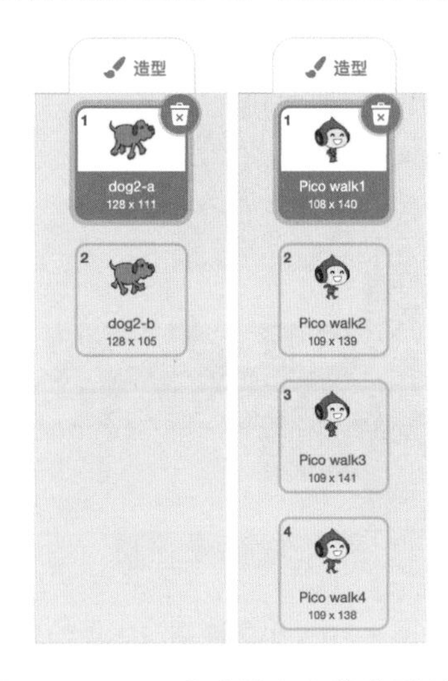

图 9-1-7　Pico 和小狗角色的造型列表

动起来。要让小狗和 Pico 自由散步，可以使用随机数生成角色的旋转角度，使角色朝任意方向自由移动。如果碰到舞台边缘，就让角色反弹，使角色在舞台之内移动。同时要将角色的旋转模式设置为“左右翻转”,并将小狗角色的大小设定为比 Pico 小些,这样显得比较协调。

4. 练习内容

（1）编写程序控制小狗运动，让小狗在自由散步 5 秒后，如果距离 Pico 超过 50 个单位就跑向 Pico，之后又会自由散步 5 秒，如此反复进行。

（2）通过切换小狗和 Pico 的不同造型使之产生行走的动画效果。

9.2 碰撞侦测

9.2.1 海底探险 7：碰撞侦测

在这一节中，我们将为“海底探险”游戏中的各个角色编写碰撞侦测的控制脚本。

1. 小鱼碰到潜水员

切换到小鱼角色的代码区，编写小鱼碰到潜水员后的处理脚本，如图 9-2-1 所示。当游戏进入“运行”状态后，在一个循环结构中对小鱼和潜水员角色进行碰撞侦测和处理。当小鱼碰到潜水员后，就隐藏小鱼，表示小鱼被潜水员捕获。然后，将小鱼随机变换造型和颜色，再将小鱼移动到随机位置显示。如此反复进行，直到游戏结束。

2. 螃蟹碰到潜水员

切换到螃蟹角色的代码区，编写螃蟹碰到潜水员后的处理脚本，如图 9-2-2 所示。当游戏进入“运行”状态后，在一个循环结构中对螃蟹和潜水员角色进行碰撞侦测和处理。当螃蟹碰到潜水员后，就隐藏螃蟹，表示螃蟹被潜水员捕获。然后，随机等待 1~3 秒后，将螃蟹的 x 坐标修改为它的相反数并显示。如此反复进行，直到游戏结束。

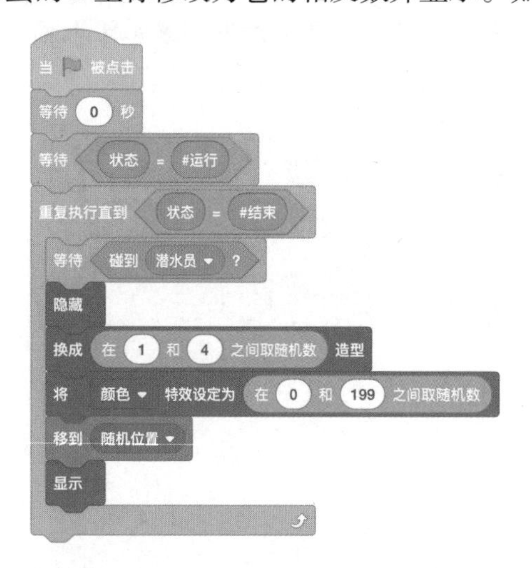

图 9-2-1　小鱼碰到潜水员的处理脚本

图 9-2-2　螃蟹碰到潜水员的处理脚本

3. 章鱼碰到潜水员

切换到章鱼角色的代码区，编写章鱼碰到潜水员后的处理脚本，如图 9-2-3 所示。在游戏进入“运行”状态后，在一个循环结构中对章鱼和潜水员角色进行碰撞侦测和处理。

当章鱼碰到潜水员后，就隐藏章鱼，表示章鱼被潜水员捕获。如此反复进行，直到游戏结束。

4. 鲨鱼碰到潜水员

切换到鲨鱼角色的代码区，编写鲨鱼碰到潜水员后的处理脚本，如图 9-2-4 所示。当游戏进入“运行”状态后，在一个循环结构中对鲨鱼和潜水员角色进行碰撞侦测和处理。当鲨鱼碰到潜水员后，就切换鲨鱼角色的造型，使鲨鱼呈现张开大嘴巴咬东西的动画效果。如此反复进行，直到游戏结束。

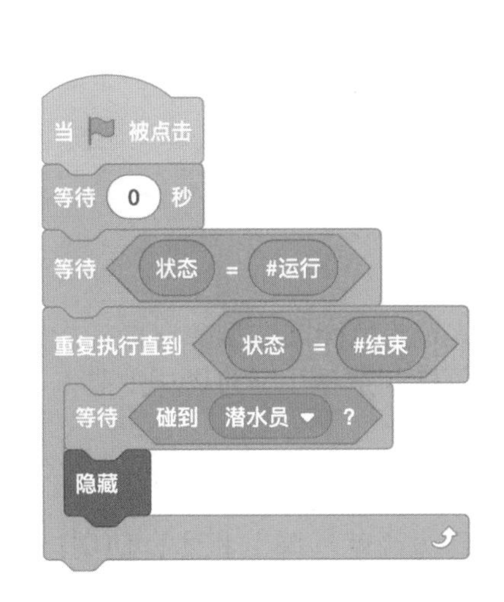

图 9-2-3　章鱼碰到潜水员的处理脚本

图 9-2-4　鲨鱼碰到潜水员的处理脚本

5. 潜水员碰到潜航器

在游戏倒计时结束或者得分小于 10 分时，就让潜水员返回潜航器，从而进入游戏结束阶段。潜水员角色在回舱时，面向潜航器，从当前位置向潜航器移动，直到碰到潜航器为止。这时将潜水员隐藏，并将“潜航器”变量修改为“回舱”状态。切换到潜水员角色的代码区，将整个回舱的过程编写为一个名为“回舱”的自定义过程，并将调用“回舱”过程的代码添加到“操控”过程的后面，如图 9-2-5 所示。

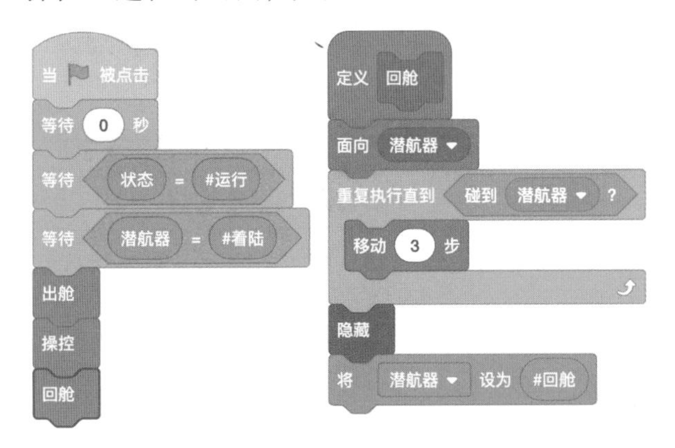

图 9-2-5　潜水员回舱的控制脚本

至此，“海底探险”游戏已经可以简单地玩一玩了。由于给各个角色加入了碰撞侦测功能，玩家能够控制潜水员去捕捉小鱼、螃蟹和章鱼等。

9.2.2 碰撞侦测积木

碰撞检测是游戏中非常重要的功能，在 Scratch 的“侦测”指令面板中提供一组用于碰撞检测的指令积木（见图 9-2-6），这些积木能够检测角色之间的碰撞，以及碰到鼠标指针、舞台边缘和颜色等，从而让角色具有灵活的交互功能。

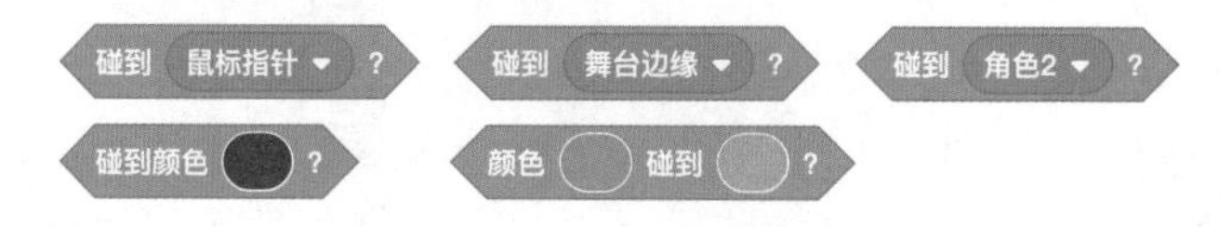

图 9-2-6　碰撞侦测的指令积木

1. 当前角色碰到鼠标指针

如图 9-2-7 所示，舞台上有一个按钮角色，默认为蓝色椭圆造型，在鼠标指针碰到它时会切换为橙色椭圆造型，离开它时又会恢复为蓝色椭圆造型。通过图中的脚本可以使按钮角色产生碰到鼠标指针后被激活的效果。

2. 当前角色碰到舞台边缘

在 Scratch 的“运动”指令面板中有一个“碰到边缘就反弹”积木，使用该积木时，如果角色碰到舞台边缘，就会转向一个反弹的方向。而在“侦测”指令面板中提供一个“碰到 [舞台边缘]”积木，能够检测角色是否碰到舞台边缘。例如，在射击类游戏中，当子弹发射之后，在碰到舞台边缘时就消失。如图 9-2-8 所示，这个脚本演示了类似的效果，一个黄色的小球从舞台底部向上运动，当碰到舞台顶部边缘时就会消失。

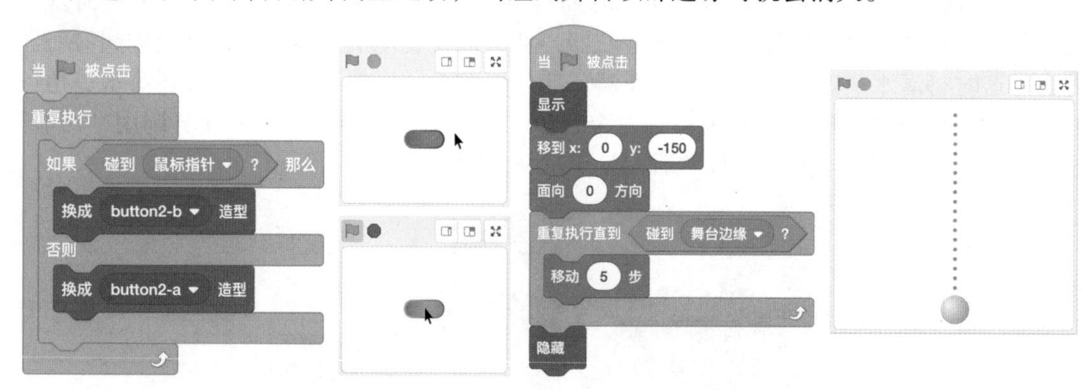

图 9-2-7　按钮在鼠标经过时改变颜色的控制脚本

图 9-2-8　子弹碰到舞台边缘就消失的控制脚本

3. 当前角色碰到其他角色

角色之间的碰撞检测是游戏编程中经常用到的功能。例如，在空战类游戏中，敌机在碰到导弹后就会发生爆炸。如图 9-2-9 所示，这个脚本演示了类似的效果，在接苹果的小游戏中，一个苹果从舞台顶部落下，在碰到舞台底部的一个碗时就会消失，表示苹果被接住了。

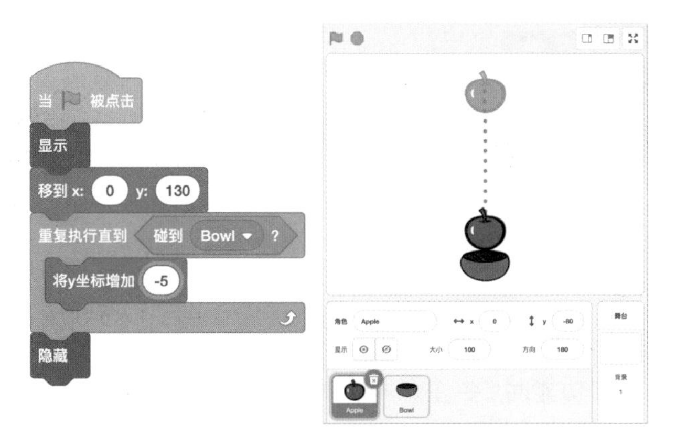

图 9-2-9　苹果碰到碗就消失的控制脚本

4. 当前角色碰到某种颜色

Scratch 还提供基于颜色的局部碰撞检测，能够检测到角色（或自身的某种颜色）是否碰到舞台背景或其他角色的某种颜色，这样能够实现更加精准的碰撞检测。

使用“碰到颜色……”积木或“颜色……碰到……”积木时，利用颜色选择器从舞台上拾取某种颜色。选择颜色的操作过程如图 9-2-10 所示，先在“碰到颜色……”积木的颜色框内单击❶,调出颜色设置面板。接着,单击颜色设置面板下方的“拾取颜色”按钮❷,这时舞台之外的区域会变暗。然后，将鼠标指针移动到舞台上，这时鼠标指针将变成外圆内方的形状,内部的小正方形就是取色点。移动鼠标使小正方形对准舞台上的某种颜色(例如舞台上小猫头部的橙黄色）❸，这时单击鼠标即可将该颜色作为拾取的颜色。之后，屏幕恢复正常，所拾取的颜色出现在“碰到颜色……”积木的颜色框内。

如图 9-2-11 所示，这个脚本演示的是一艘太空船在降落过程中，当它碰到地面（舞台背景底部的棕色区域）时就停止运动，完成着陆动作。在这个脚本中使用“碰到颜色……”积木来实现检测碰到棕色的功能。

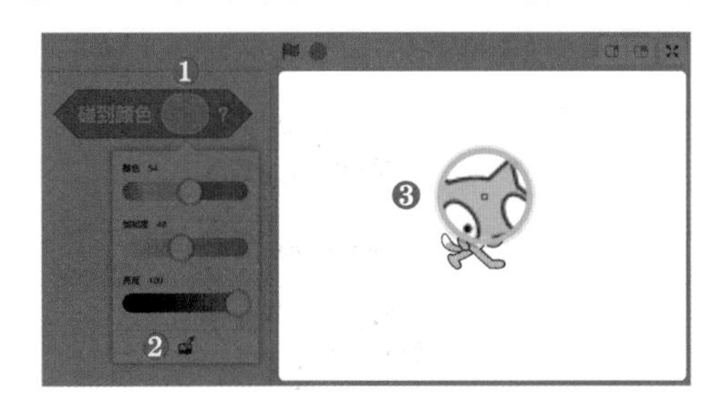

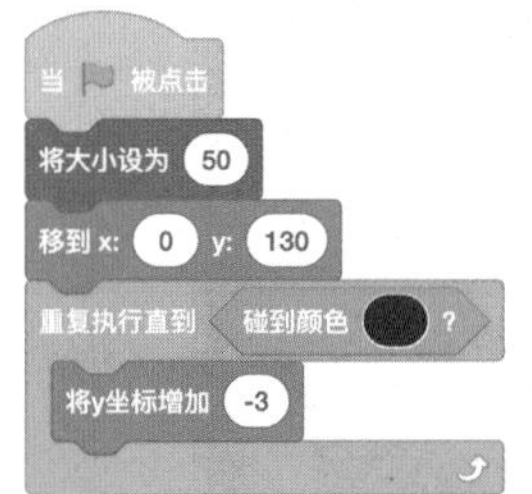

图 9-2-10　选择颜色的操作过程

图 9-2-11　飞船角色碰到棕色地面就停止的控制脚本

使用“颜色……碰到……”积木能够利用角色自身的某种颜色与其他角色身上的某种颜色进行碰撞检测。如图 9-2-12 所示，这个脚本演示了“颜色碰到颜色”的控制方式，当小猫角色鼻子位置的棕色碰到终点线上的红色时就会让小猫停止运动。这个脚本使用角色身上小范围的颜色与其他颜色进行碰撞检测,实现对角色的局部区域进行精确地碰撞检测。

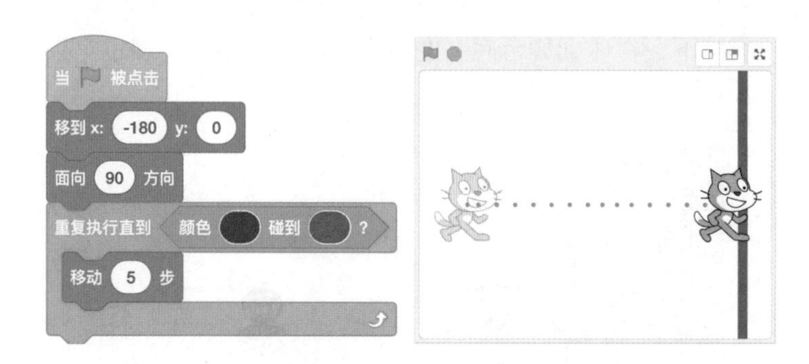

图 9-2-12　小猫角色鼻子处的棕色碰到红色就停止的控制脚本

在使用颜色碰撞检测功能时，要注意避免背景或其他角色身上的颜色可能造成的干扰，不能影响到颜色碰撞检测的控制逻辑。

9.2.3　动手练：巡线甲虫

1. 练习重点

碰撞侦测、运动控制。

2. 问题描述

设计一个程序，使用碰撞侦测指令实现控制甲虫运动，使其沿着图 9-2-13 中的灰色路线移动到终点的蓝色圆点处。

3. 解题分析

如图 9-2-13 所示，使用绿色填充舞台背景，再绘制一条曲折的灰色路线，并在路线终点处绘制一个蓝色圆点，这样就得到一张甲虫行走的地图。然后，从角色库的动物分类下找到 Ladybug1 角色添加到角色列表中，再切换到该角色的造型编辑区，在右侧的绘图编辑器中把甲虫造型的左触角填充为红色，右触角填充为紫色，如图 9-2-14 所示。

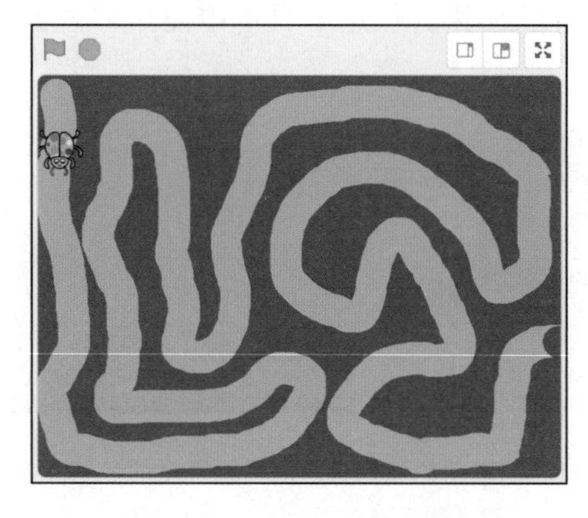

图 9-2-13　巡线甲虫的舞台效果

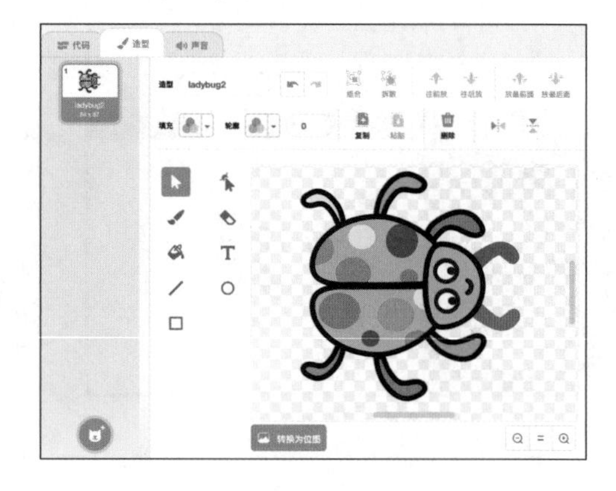

图 9-2-14　将甲虫触角填充为红色和紫色

接下来，编写甲虫巡线移动的控制脚本，其思路为：让甲虫以（–220，150）作为起点，在一个循环结构内，每次向前移动 3 步。如果左边红色的触角碰到绿色，就让甲虫退后 3 步并向右旋转 3 度；如果右边紫色的触角碰到绿色，就让甲虫退后 3 步并向左旋转 3 度。

如此一边检测一边前进，直到甲虫碰到蓝色时才到达终点。

使用“侦测”指令面板中的“碰到颜色……”积木和“颜色……碰到……”积木进行颜色的碰撞检测，可以让甲虫角色识别舞台上的颜色。

4. 练习内容

（1）编写程序控制甲虫沿着灰色路线移动到蓝色终点。

（2）绘制多种不同的地图，检测程序是否都能让甲虫通行。

9.3 键盘和鼠标侦测

9.3.1 海底探险 8：扔炸弹

在这一节中，我们将为“海底探险”游戏中的潜水员角色增加扔炸弹的功能。

潜水员在海底捕捉生物样本，会遭受鲨鱼攻击，而潜水员的防身武器是一种冷冻炸弹。当鲨鱼被这种炸弹击中后会暂时被“冻”住，3s 之后才能继续追踪潜水员。

在游戏进入“运行”状态，并在潜航器着陆之后，玩家可以按下键盘上的空格键，从而让潜水员扔出一颗能够自动攻击鲨鱼的冷冻炸弹。炸弹从潜水员所在位置出发，一直面向鲨鱼移动，直到碰到鲨鱼为止。切换到炸弹角色的代码区，编写让玩家通过键盘触发扔炸弹的控制脚本，如图 9-3-1 所示。

在冷冻炸弹被扔出之后，它会自动追踪并攻击鲨鱼。鲨鱼碰到炸弹后，会改变颜色，并暂停移动 3 秒。切换到鲨鱼角色的代码区，编写鲨鱼被炸弹攻击后的处理脚本，如图 9-3-2 所示。

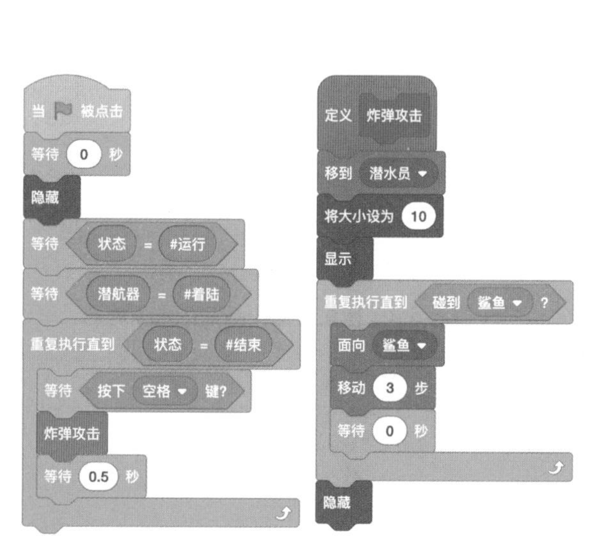

图 9-3-1　玩家扔炸弹的控制脚本

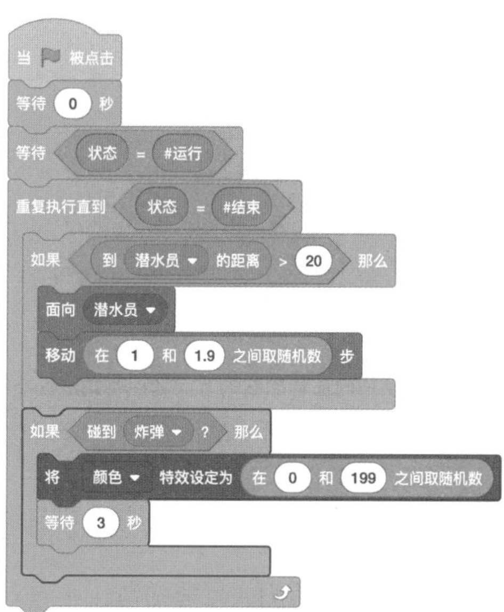

图 9-3-2　鲨鱼被炸弹攻击后的处理脚本

至此，潜水员拥有了防卫鲨鱼攻击的武器。运行“海底探险”游戏项目，测试扔炸弹的功能是否能正常工作。

9.3.2 键盘和鼠标侦测积木

在 Scratch 的“侦测”指令面板中提供一组侦测键盘按键、鼠标按键和鼠标位置的指令积木，如图 9-3-3 所示。

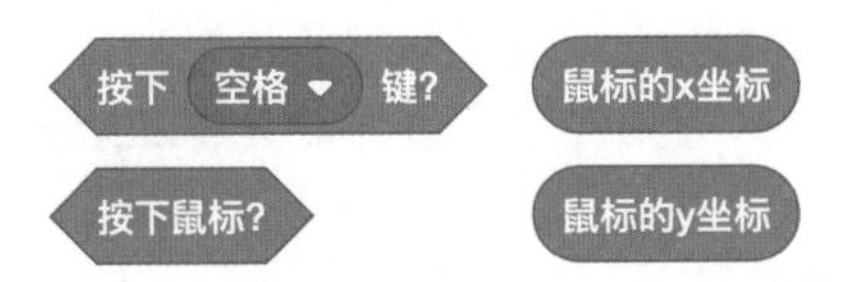

图 9-3-3　键盘和鼠标侦测的指令积木

使用“按下……键?”积木能够对字母、数字、方向键、空格键或其他键进行检测。当设定的按键被按下时，该积木将返回 true，否则返回 false。通过键盘按键检测功能，可以在游戏程序中设置各种控制按键。例如，通过按键发射导弹、使角色跳跃或游戏暂停等。如图 9-3-4 所示，这个脚本通过键盘上的向左和向右的方向键，控制角色往左、右两个方向运动。

使用“按下鼠标?”积木时，如果按下鼠标按键，那么该积木返回 true；否则返回 false。使用“鼠标的 x 坐标”积木和“鼠标的 y 坐标”积木时，分别返回鼠标指针当前所在位置的 *x* 坐标和 *y* 坐标。如图 9-3-5 所示，这个脚本使用鼠标控制角色做水平移动，当按下鼠标按键时，角色将移动到鼠标指针所在的 *x* 坐标位置。

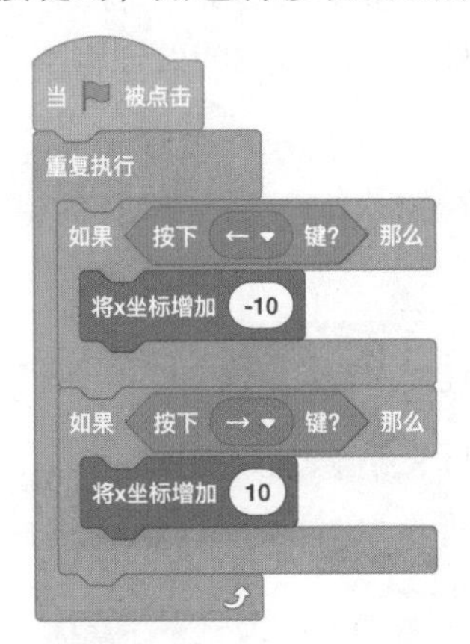

图 9-3-4　使用向左和向右的方向键控制角色左右移动

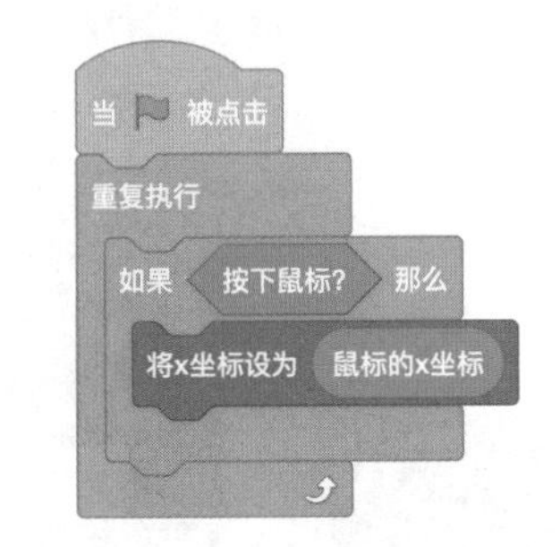

图 9-3-5　使用鼠标控制角色水平移动

9.3.3 动手练：反弹球

1. 练习重点

键盘和鼠标侦测、碰撞侦测。

2. 问题描述

设计一个如图 9-3-6 所示的反弹球游戏，使用鼠标控制绿色的挡板左右移动，当运动中的黄色小球碰到挡板时就会反弹，当小球落到底部时则游戏结束。

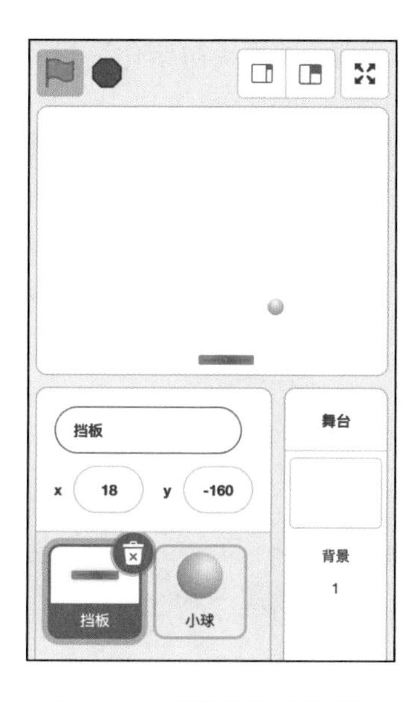

图 9-3-6 反弹球游戏效果图

3. 解题分析

如图 9-3-6 所示，这个游戏中的挡板和小球角色可以在角色库中找到。如果要用鼠标控制挡板左、右移动，可以使用“侦测”指令面板中的“鼠标的 x 坐标”积木获取鼠标的 *x* 坐标位置，并使挡板角色的 *x* 坐标设定为鼠标的 *x* 坐标，从而控制挡板角色跟随鼠标指针左、右移动。如果要用键盘的左、右方向键控制挡板左、右移动，可以使用“按下……键?”积木来检测左、右方向键是否按下，如果被按下，就使挡板左、右移动即可。当小球碰到挡板时，改变小球方向，使其向另一个方向反弹，避免落到底部。小球反弹的方向可以使用“180－ 小球方向”计算得到。

4. 练习内容

（1）编程实现反弹球游戏，分别使用鼠标或键盘两种方式控制挡板移动。

（2）尝试增加一个小球，使游戏难度加大。

9.4 时间侦测

9.4.1 海底探险 9：游戏倒计时

在这一节中，我们将为“海底探险”游戏添加倒计时功能。

这个游戏设定的时间为 300 秒（读者可自行修改），玩家要在限定时间内控制潜水员尽可能多地捕捉各种生物样本。当潜航器着陆之后，倒计时随之开始。通过检测“倒计时”变量的值实现游戏的倒计时功能。“倒计时”变量的初值为 300，当检测到“倒计时”变量的值为 0 时，提示“时间到，迅速回舱！”。这时潜水员角色将会移动回到潜航器，整个游戏也随之结束。

实现游戏倒计时功能需要用到“总时间”和“倒计时”这两个全局变量，在舞台代码

图 9-4-1　初始化倒计时变量的脚本

区的“游戏初始化”过程的脚本中对它们进行初始化设定（见图 9-4-1）。

切换到潜航器角色的代码区，编写游戏倒计时功能的脚本。创建一个名为“倒计时”的自定义过程，利用“计时器”积木实现游戏倒计时功能，并把调用“倒计时”过程的代码追加到调用“降落”过程的代码后面，如图 9-4-2 所示。

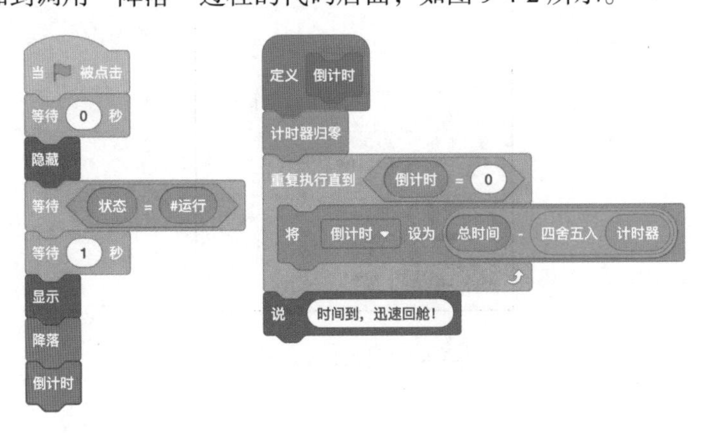

图 9-4-2　倒计时功能的处理脚本

在“变量”指令面板中，勾选“倒计时”变量前面的选择框使它显示在舞台上，再将“倒计时”变量显示器切换为“大字显示”模式，然后将它移动到舞台的右上角位置。这样就可以在玩游戏的过程中观察游戏的剩余时间。

9.4.2　时间侦测积木

在 Scratch 的“侦测”指令面板中提供计时器和获取系统时间的指令积木，如图 9-4-3 所示。“计时器”积木和“计时器归零”积木可以实现计时器的功能，“2000 年至今的天数”积木可以获取自 2000 年以来的时间戳，“当前时间的……”积木可以获取当前的日期和时间（包括年、月、日、周、时、分、秒）。

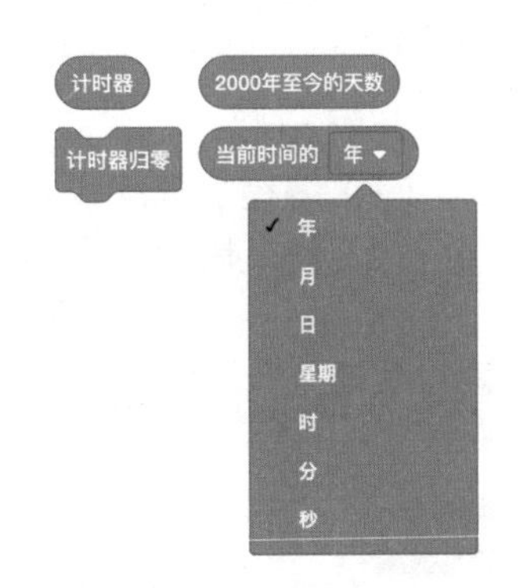

图 9-4-3　时间侦测指令积木

如图 9-4-4 所示，这个脚本是一个获取当前日期和时间的自定义过程，它将各个独立的日期和时间的数字连接成一个时间字符串（如“2017 年 12 月 21 日 13 时 5 分 32 秒”）并存放在“时间”变量中。

倒计时是游戏中很常用的功能，使用 Scratch 提供的“计时器”“2000 年至今的天数”和“等待……秒”等指令积木能够很容易实现倒计时功能。下面我们以实现倒计时 300 秒的功能为例，介绍 3 种不同的实现方式。

1. 使用“计时器”积木实现倒计时功能

如图 9-4-5 所示，在这个脚本中，“计时器”积木被调用之前，先使用“计时器归零”积木重置计时器，使其从 0 开始计时，然后在一个循环结构中计算出倒计时的剩余时间，直到“倒计时”变量的值为 0 时结束循环。

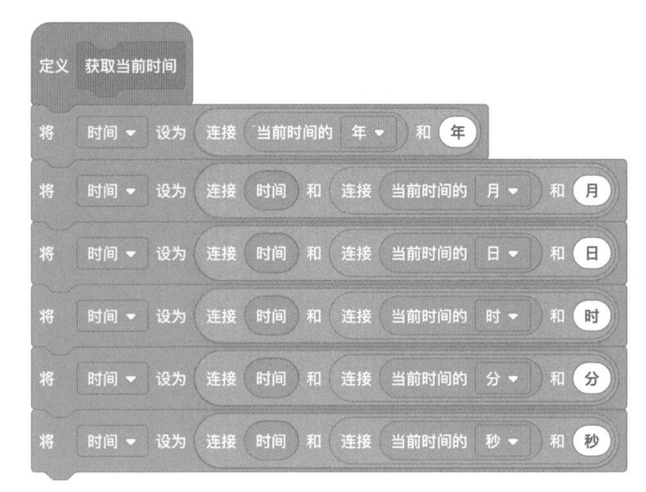

图 9-4-4　获取当前时间的自定义过程

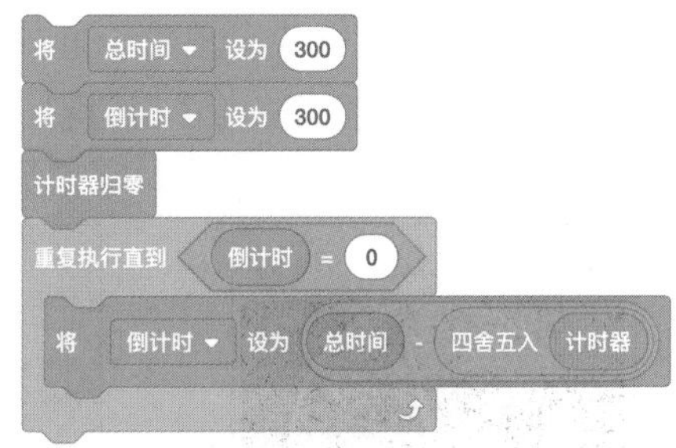

图 9-4-5　使用“计时器”积木实现倒计时功能

2. 使用“2000 年至今的天数”积木实现倒计时功能

如图 9-4-6 所示，在这个脚本中，首先使用“开始时间”变量记录一个计时开始前的时间戳，然后在一个循环结构中计算流逝的时间和倒计时的剩余时间，直到“倒计时”变量的值为 0 时结束循环。

3. 使用“等待……秒”积木实现倒计时功能

如图 9-4-7 所示，在这个脚本中，在一个循环结构中使用“等待……秒”积木每次让脚本等待 1 秒，并把“倒计时”变量减少 1，直到“倒计时”变量的值为 0 时结束循环。

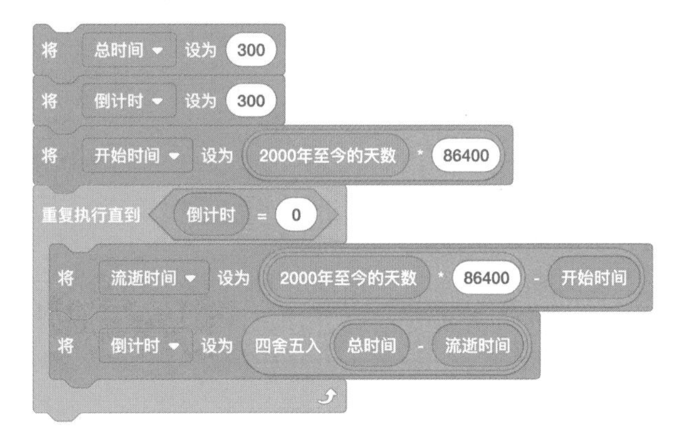

图 9-4-6　使用“2000 年至今的天数”积木实现倒计时功能

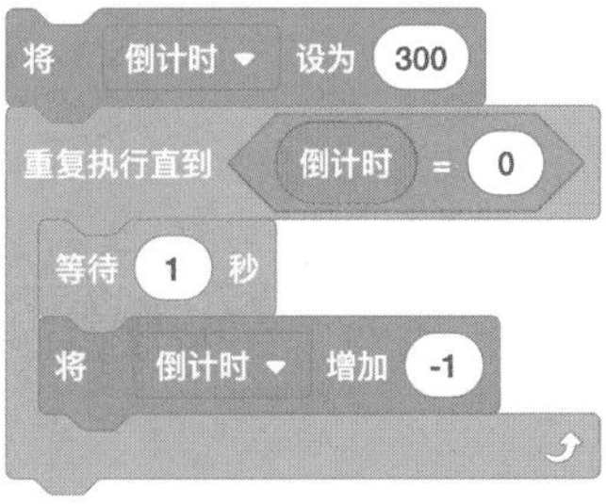

图 9-4-7　使用“等待……秒”积木实现倒计时功能

9.4.3　动手练：时钟

1. 练习重点

时间侦测、设置造型中心。

2. 问题描述

设计一个如图 9-4-8 所示的时钟程序，使它跟随计算机系统的时间运行。

3. 解题分析

从本书附带的资源中找到“时钟表盘 .png”图片并将它导入为舞台背景，然后分别创建时针、分针和秒针 3 个角色，并使用绘图编辑器绘制出白色时针和分针造型及红色秒针造型，如图 9-4-8 所示。在绘制秒针造型时，使秒针呈水平放置，并把造型中心设置在左端位置，如图 9-4-9 所示。同样，时针和分针也按此处理。

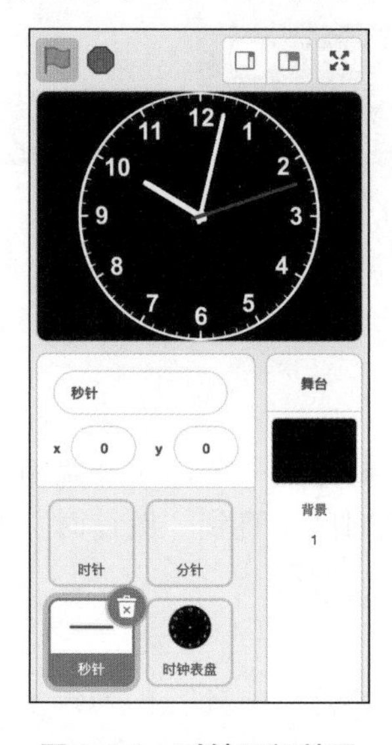

图 9-4-8　时钟运行效果

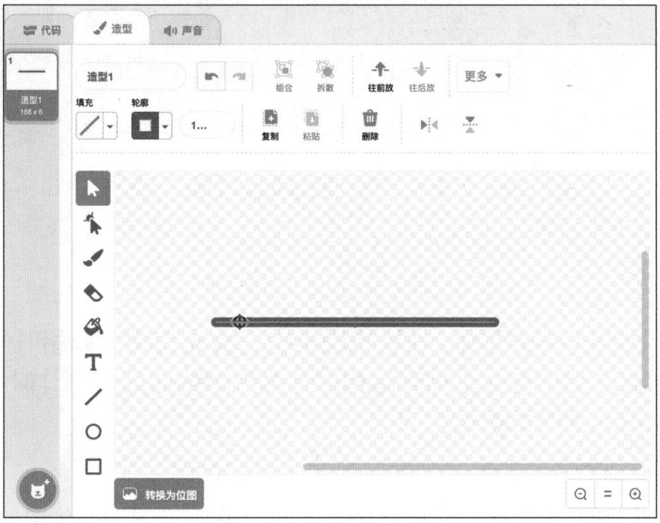

图 9-4-9　绘制秒针造型

之后，就可以编程实现时钟程序。使用“侦测”指令面板中的“当前时间的……”积木获取计算机系统当前时间时、分、秒的数值，将之转换为时针角色、分针角色和秒针角色需要面向的角度即可。

4. 练习内容

（1）编程实现时钟程序，并使其能够正确显示系统时间。

（2）给时钟增加整点报时功能，在整点时播放声音库中的 Bell Toll 声音。

9.5 视频侦测

9.5.1 跟我做：人体感应开灯

在这一节中，我们将使用视频侦测技术制作一个人体感应开灯。

在该案例中，使用一个房间图片作为舞台背景，并且使用亮度特效将舞台变黑，以此模拟夜间情形。当有人在房间内移动时，摄像头能够捕捉到视频画面的变化，从而触发脚本执行，将舞台背景变亮。

注意：要实现这个案例，请确保当前使用的计算机已经连接摄像头，并且能正常工作。

默认情况下，“视频侦测”指令积木没有显示在指令面板中。单击指令面板下方(屏幕左下角)的“添加扩展”按钮，在弹出的“选择一个扩展”窗口中单击“视频侦测”扩展的选项(见图9-5-1),将其加载到当前项目中。这样“视频侦测”指令积木就会显示在指令面板中。

图 9-5-1 添加“视频侦测”扩展

接下来，编程实现这个简单的人体感应开灯案例，以此讲解 Scratch 中的视频侦测功能，具体步骤如下。

（1）创建一个新的 Scratch 项目，并把默认的小猫角色删除。在这个案例中，只需要在舞台的代码区中编写程序。

（2）从背景库的室内分类中选取一张房间背景图片（例如 Bedroom 1），将它加入到舞台的背景列表中。

（3）切换到舞台的代码区，编写视频侦测的处理脚本（见图 9-5-2）。该脚本的编程思路：首先，使用“视频侦测”指令积木将摄像头开启，并将视频透明度设为 100，使摄像头拍摄到的视频画面完全不可见。接着，将舞台的亮度特效设定为 –100，使舞台变暗（模拟房间内黑灯的情形）。然后，检测视频动作的数值如果大于 70 就将舞台的亮度特效由暗逐渐变亮（模拟亮灯的情形），之后保持亮灯 5 秒。这样就实现了人体感应开灯的功能。

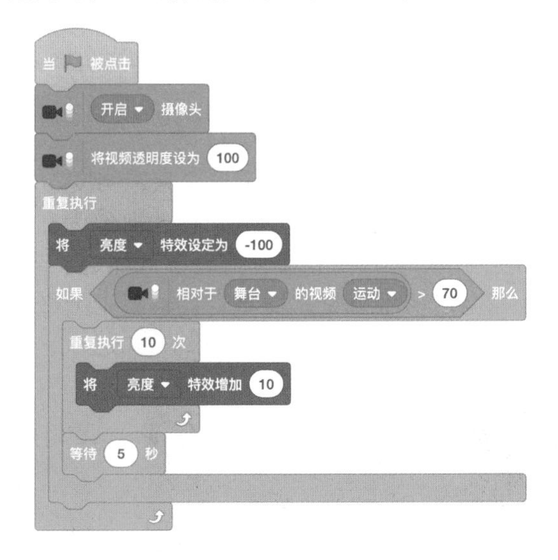

图 9-5-2 人体感应开灯的处理脚本

（4）单击按钮运行这个项目，可以看到舞台立即变成黑色，这时只要对着摄像头挥挥手或者是晃动身体使视频画面产生变化，就能够看到舞台由暗变亮，并将房间背景图片显示出来。

9.5.2 视频侦测积木

在 Scratch 的“侦测”指令面板中提供一组用于侦测视频画面的指令积木（见图 9-5-3），这组积木能够采集与计算机连接的摄像头的视频画面，检测出视频在舞台或角色上产生的移动和方向变化的数值。使用视频侦测指令积木，能够实现简单的手势控制等人机交互，利用摄像头控制舞台上角色的行为。在使用视频侦测指令积木时，请确保与计算机连接的摄像头设备能够正常工作。

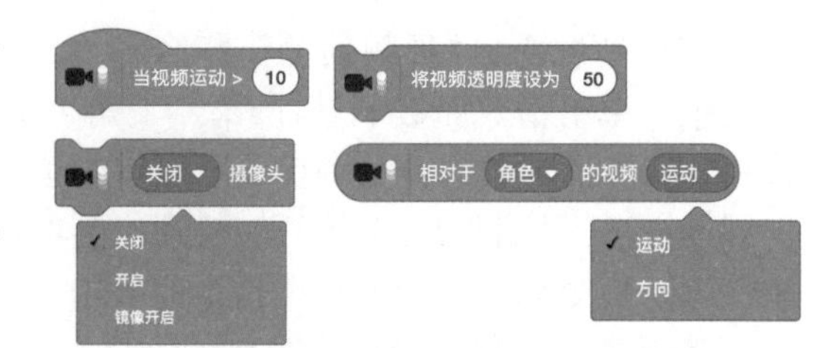

图 9-5-3　视频侦测指令积木

在使用“……摄像头”积木开启摄像头时，可以选择“开启”选项以正常模式开启摄像头，也可以选择“镜像开启”选项以镜像模式（左右翻转）开启摄像头，效果如图 9-5-4 所示。默认情况下，在“视频侦测”扩展被加载时摄像头会自动开启，可以在代码中选择“关闭”选项控制摄像头关闭。

开启摄像头

镜像开启摄像头

图 9-5-4　使用不同模式开启摄像头的视频画面

使用“将视频透明度设为……”积木能够设置视频透明度，取值为 0~100，默认值为 50。这个设置只能影响到舞台背景，而不会影响角色。取值为 0 时，视频画面完全可见，而舞台背景则看不到；取值为 50 时，视频画面和舞台背景都是半透明的，两者叠加在一起；取值为 100 时，视频画面完全透明不可见，而舞台背景则完全可见。如图 9-5-5 所示，这些是将视频透明度分别设置为 20、50 和 80 时的效果。

(a) 将视频透明度设为20

(b) 将视频透明度设为50

(c) 将视频透明度设为80

图 9-5-5　使用不同透明度的视频画面

如图 9-5-6 所示，这个脚本演示了使用简单的手势控制进行弹球游戏的功能。在这个游戏中，篮球位于舞台中央，使用手指沿着某个方向轻轻划过篮球，就能控制篮球往指向的方向移动。篮球移动到舞台边缘后停留 1 秒，之后会重新回到舞台中央。在这个脚本中，使用“相对于[角色]的视频[运动]”积木和“相对于[角色]的视频[方向]”积木能够检测到手指在篮球角色上的视频运动数值和方向数值。当检测到视频运动数值大于50时，就让篮球往手指移动的方向运动。

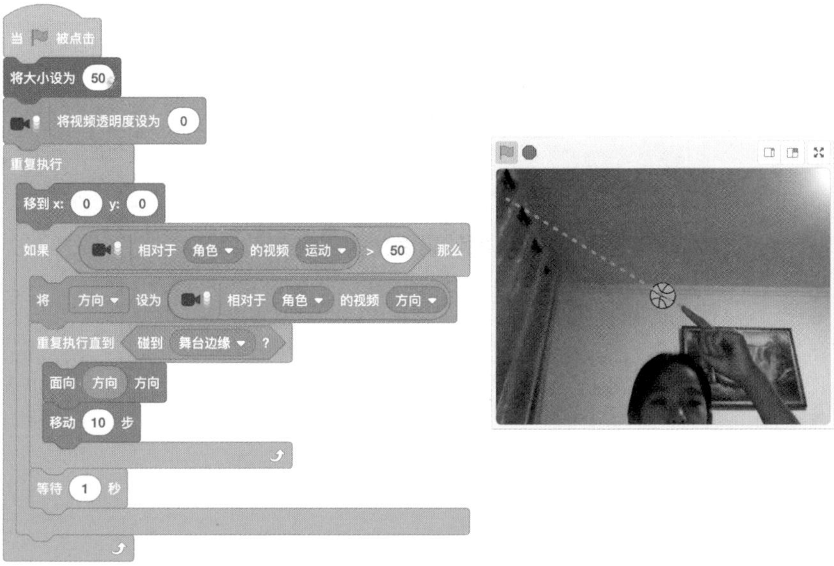

图 9-5-6 手势弹球的控制脚本和游戏画面

9.5.3 动手练：手势抓蝴蝶

1. 练习重点

视频侦测、运动控制。

2. 问题描述

设计一个如图9-5-7所示的抓蝴蝶游戏，使用视频侦测功能实现简单的手势控制，通过手势去抓蝴蝶。

3. 解题分析

如图9-5-7所示，从背景库中找到Blue Sky图片并添加为舞台背景，再从角色库的动物分类中找到Butterfly 2并添加到角色列表中。之后，编写脚本使蝴蝶角色在舞台上自由运动，并切换造型实现动画效果。使用“视频侦测”指令面板中的“相对于[角色]的视频[运动]”积木侦测视频画面的变化，从而实现用简单的手势去“抓”蝴蝶。蝴蝶被“抓”后就将它隐藏，等待1秒后再重新出现，并随机生成颜色特效，使蝴蝶色彩斑斓。最后将蝴蝶角色复制多个副本，就可以玩抓蝴蝶游戏了。

4. 练习内容

（1）使用视频侦测功能编程实现手势抓蝴蝶游戏，让蝴蝶能够自由移动、切换造型和使用颜色特效。

（2）增加计数功能，记录玩家抓到蝴蝶的数量。和小伙伴比比看，谁抓的蝴蝶多？

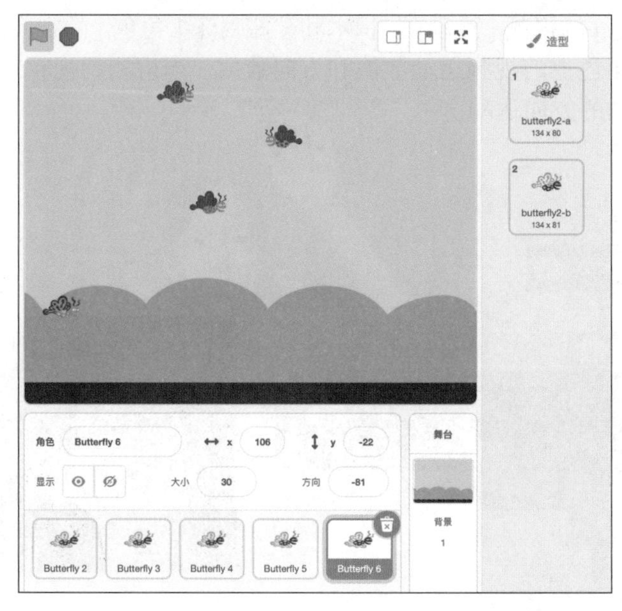

图 9-5-7　手势抓蝴蝶游戏

9.6　响度侦测

9.6.1　跟我做：声控开灯

在这一节中，我们将介绍使用响度侦测技术实现一个声控开灯的案例。

在该案例中，使用一个房间图片作为舞台背景，并且使用亮度特效将舞台变黑，模拟夜间情形。当计算机的麦克风设备检测到响度值大于设定数值时，就会触发脚本执行，将舞台背景变亮。

注意：要实现这个案例，请确保当前使用的计算机已经连接麦克风设备，并且能正常工作。

接下来，编程实现这个简单的声控开灯案例，以此讲解 Scratch 中的响度侦测功能，具体步骤如下。

（1）创建一个新的 Scratch 项目，并把默认的小猫角色删除。在这个案例中，我们只需要在舞台的代码区中编写程序。

（2）从背景库的室内分类中选取一张房间背景图片（例如 Bedroom 1），将它加入到舞台的背景列表中。

（3）切换到舞台的代码区，编写响度侦测的处理脚本（见图 9-6-1）。该脚本的编程思路：先将舞台的亮度特效设定为 –100，使舞台变黑（模拟房间内黑灯的情形）。然后，检测当响度值大于 50 时，就将舞台由暗逐渐变亮（模拟亮灯的情形），之后保持亮灯 5 秒。这样就实现了声控开灯的功能。

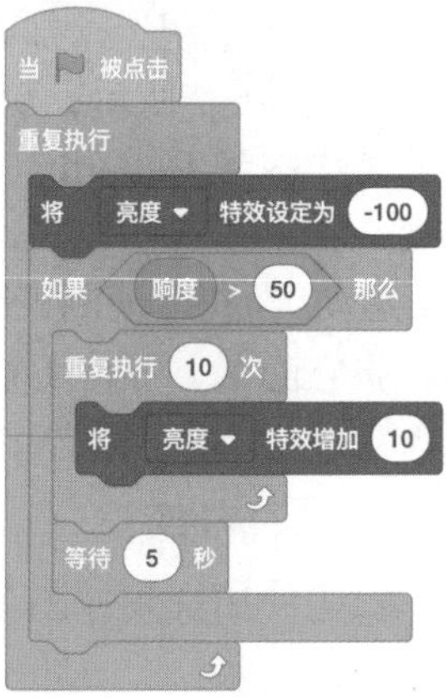

```
当 🏴 被点击
重复执行
    将 亮度 ▾ 特效设定为 -100
    如果 响度 > 50 那么
        重复执行 10 次
            将 亮度 ▾ 特效增加 10
        等待 5 秒
```

图 9-6-1　声控开灯的处理脚本

（4）单击按钮运行该项目，可以看到舞台立即变成黑色的，这时只要对着计算机的麦克风拍手或喊叫，使麦克风能够检测到声音，就能够看到舞台由暗变亮，并将房间背景图片显示出来。

9.6.2 响度侦测积木

在 Scratch 的“侦测”指令面板中提供“响度”积木，能够检测与计算机连接的麦克风设备的音量大小，该积木返回一个 0 到 100 的数值。把“响度”积木前的选择框勾选，可以在舞台上显示响度数值的变化。通过麦克风设备采集声音响度，能够实现人机交互，利用外界声音来控制舞台上角色的行为。在使用响度侦测积木时，请确保与计算机上连接的麦克风设备能够正常工作。

如图 9-6-2 所示，一个脚本播放声音库中的 Birthday 音乐；另一个脚本使用“响度”积木采集麦克风的声音大小，再根据返回的声音大小在舞台上画出播放的声音变化曲线的图像。

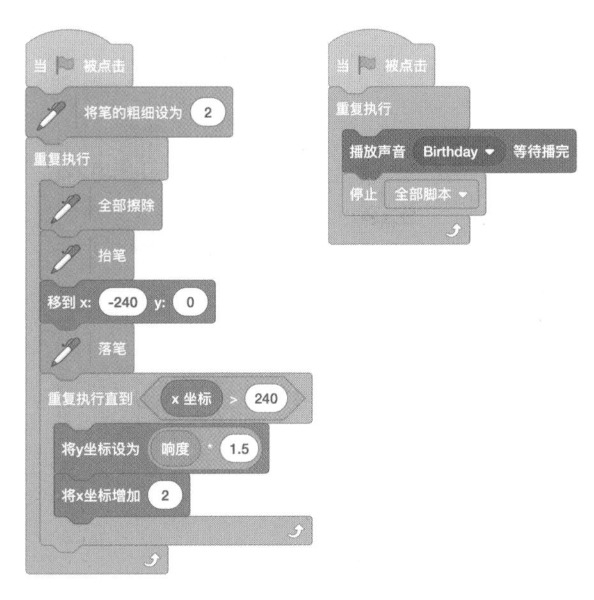

图 9-6-2 播放、采集声音并绘制声音变化曲线的脚本

当把计算机的扬声器音量分别调整为 10% 和 50% 时，这两个脚本在运行后，根据采集到的声音大小绘制出声音变化曲线图像分别如图 9-6-3 和图 9-6-4 所示。

9.6.3 动手练：吹生日蜡烛

1. 练习重点

响度侦测。

2. 问题描述

设计一个如图 9-6-5 所示的吹生日蜡烛的程序，使用响度侦测技术实现对着麦克风吹

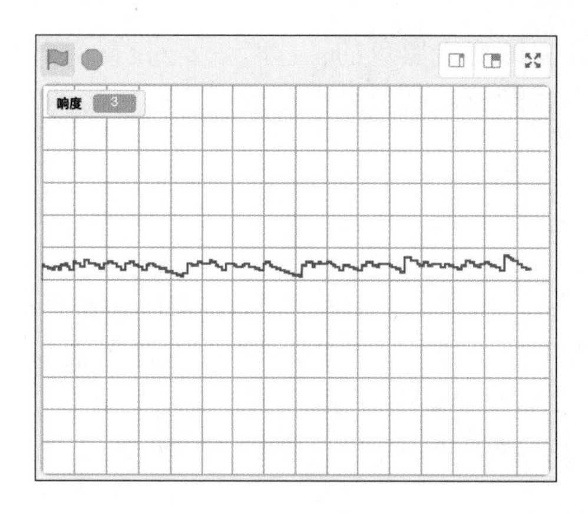

图 9-6-3　扬声器音量为 10% 时采集到的声音图像

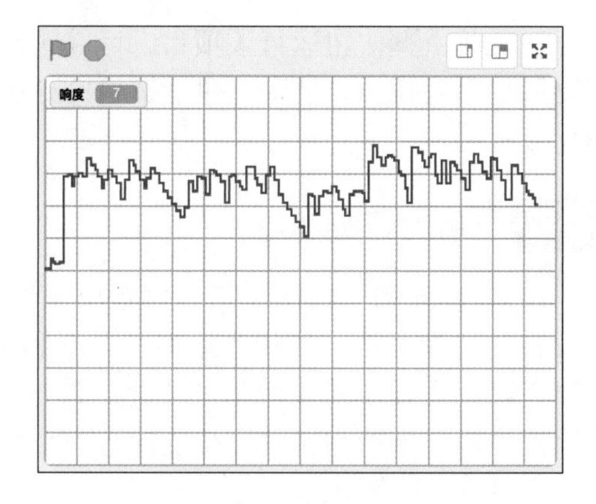

图 9-6-4　扬声器音量为 50% 时采集到的声音图像

灭生日蜡烛的功能，同时播放生日快乐音乐。

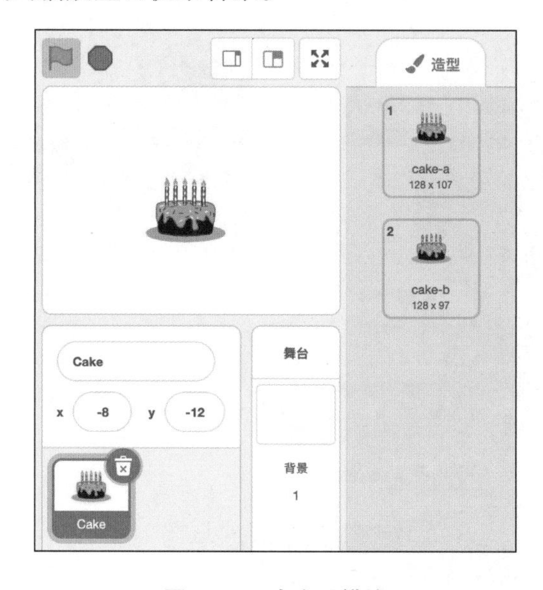

图 9-6-5　吹生日蜡烛

3. 解题分析

如图 9-6-5 所示，创建一个新项目，从角色库的食物分类中找到 Cake 角色并添加到角色列表中，从声音库找到 Birthday 音乐并添加到 Cake 角色的声音列表中。之后，使用响度侦测功能编写吹灭蜡烛的控制脚本。开始时让 Cake 角色使用第 1 个点燃蜡烛的造型，并播放生日快乐音乐；当侦测到响度值大于 50 时，就切换到第 2 个蜡烛灭掉的造型，同时停止音乐。

4. 练习内容

（1）利用响度侦测技术编程实现对着麦克风吹灭生日蜡烛的功能。

（2）使用声音指令面板中的“播放声音……等待播完”积木播放生日快乐音乐。

第 10 章

绘　图

这一章将向读者讲授在 Scratch 中利用画笔和图章功能在舞台上绘制图形和图案的编程知识。

Scratch 的舞台就像是一块画布，每个角色都具有画笔和图章的功能，可以在画布上“作画”。通过代码控制角色在舞台上运动的同时，就可以利用画笔和图章在舞台上绘制出各种各样的图形和图案。使用画笔功能绘制图形时，可以先设定画笔的颜色、大小和亮度等，再使用“运动”指令积木移动角色（相当于移动画笔），然后运用“落笔”和“起笔”积木就可以绘制出图形。使用图章功能绘制图案时，可以先使用“外观”指令积木调整角色的大小、造型或颜色特效，再使用“运动”指令积木移动角色，然后运用“图章”积木就可以绘制出图案。

在本章的“海底探险”游戏案例中，将实现三个功能：使用画笔功能根据玩家的得分实时地绘制血条；按照游戏的计分规则在各角色中增加计分功能；在游戏结束时根据玩家的得分判断游戏胜负。

本章包括以下主要内容。

- 为“海底探险”游戏增加绘制血条、计分和判断游戏胜负的功能。
- 介绍画笔功能和创作“彩虹画板”项目。
- 介绍图章功能和创作“种蘑菇”项目。

10.1　海底探险 10：游戏计分和血条

在这一节中，我们将为“海底探险”游戏增加绘制血条、计分和判断胜负的功能。

1. 创建血条角色

如图 10-1-1 所示，将鼠标指针移动到角色管理区右下角的“添加角色”按钮❶上，调出添加角色工具栏，然后单击工具栏中的“绘制”按钮❷创建一个新的角色，接着在角色属性面板中将新角色的名称修改为“血条”❸。

小技巧：创建一个含有空白造型的角色，用于管理功能独立的脚本，能使 Scratch 项目结构更清楚，职责划分更明确，便于后期维护。

默认情况下，“画笔”指令积木没有显示在指令面板中。单击指令面板下方（屏幕左下角）的“添加扩展”按钮，在弹出的“选择一个扩展”窗口中单击“画笔”扩展的选项（见图 10-1-2），将其加载到当前项目中。这样“画笔”指令积木就会显示在指令面板中。

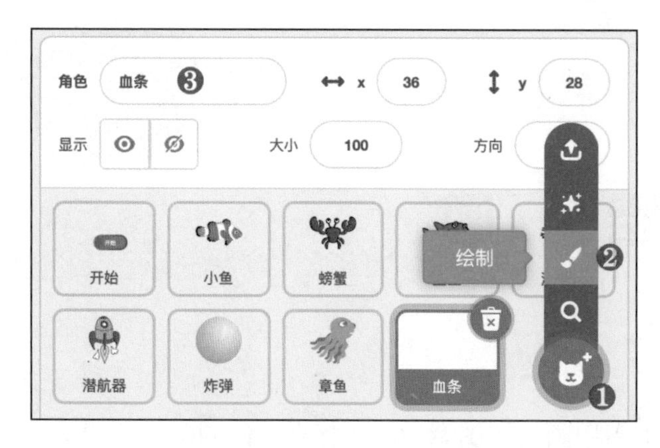

图 10-1-1　创建“血条”角色

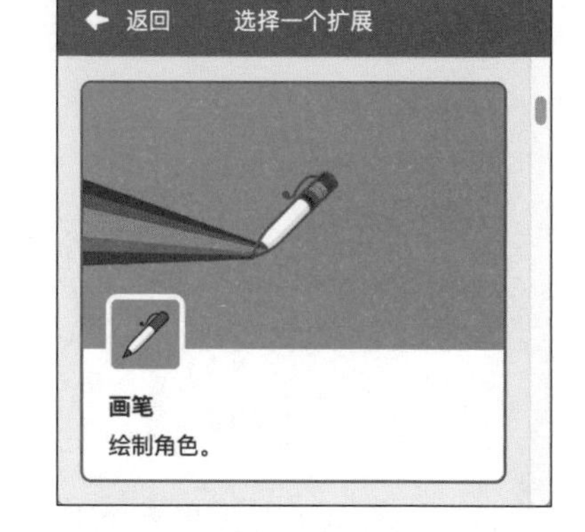

图 10-1-2　添加“画笔”扩展

切换到血条角色的代码区，编写根据游戏得分绘制血条的处理脚本（见图 10-1-3）。在绘制血条时，先将舞台清空，再把画笔颜色设定为蓝色（颜色值为 30）、画笔大小设定为 10，然后在舞台左上角位置根据“得分”变量的值绘制出代表玩家得分的蓝色血条。把绘制血条的功能编写为一个名为“绘制血条”的自定义过程，然后在一个循环结构中不断地调用该过程，直到游戏结束。

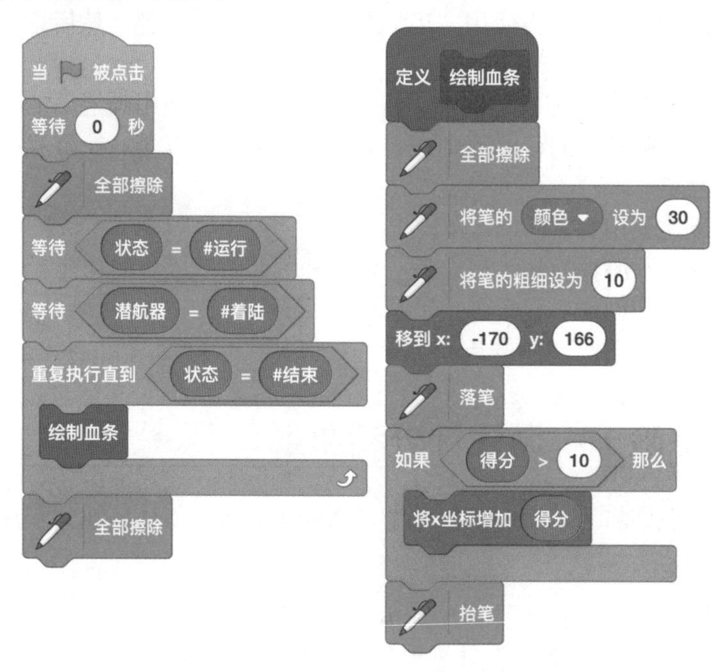

图 10-1-3　根据得分绘制血条的处理脚本

在“变量”指令面板中，勾选“得分”变量前面的选择框使它显示在舞台上。然后，将“得分”变量显示器切换为“大字显示”模式，并把它移动到舞台的左上角位置。

2. 增加计分功能

在“海底探险”游戏中，小鱼、螃蟹和章鱼等角色在碰到潜水员角色时就会隐藏，视为被潜水员捕获。潜水员在捕获这些海洋生物时,每次使“得分”变量加 1。把“将 [得分] 增加 1”积木加入到侦测碰撞到潜水员角色的指令积木之后,如图 10-1-4 所示,分别在小鱼、螃蟹和章鱼等角色的代码区找到图中的位置并加入增加得分的指令积木。

潜水员在海底捕捉生物样本时会受到鲨鱼的攻击，每次被鲨鱼咬到时，就将得分减少 2 分。把“将 [得分] 增加 −2”积木加入到侦测碰撞到潜水员角色的指令积木之后，如图 10-1-5 所示，在鲨鱼角色的代码区找到图中的位置并加入减少得分的指令积木。

为了防止鲨鱼攻击，潜水员可以向鲨鱼扔冷冻炸弹，使鲨鱼暂停移动。每扔一颗炸弹，就将得分减少 3 分。把“将 [得分] 增加 −3”积木加入到等待按下空格键的指令积木之后，如图 10-1-6 所示，在炸弹角色的代码区找到图中的位置并加入减少得分的指令积木。

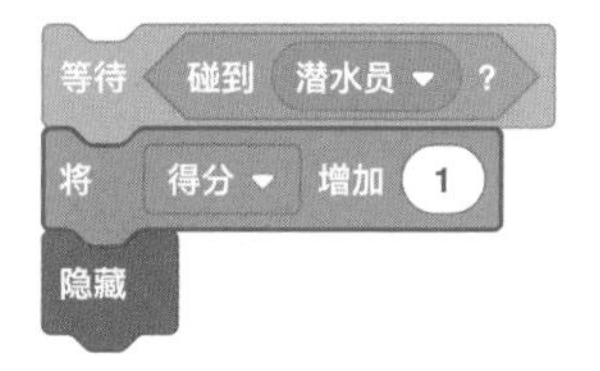

图 10-1-4　为小鱼、螃蟹和章鱼增加得分

图 10-1-5　被鲨鱼攻击时减少得分

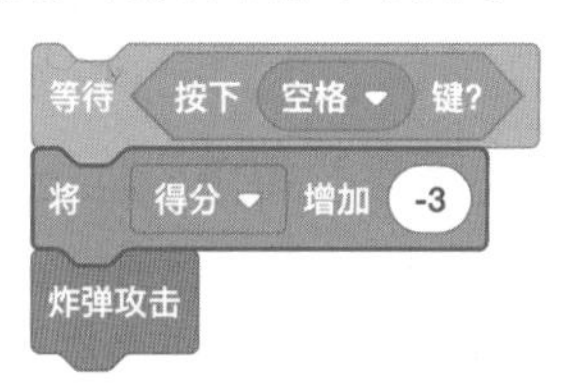

图 10-1-6　扔炸弹时减少得分

3. 判断游戏胜负

当游戏倒计时结束或者得分小于 10 分时，潜水员将返回潜航器，同时修改“潜航器”状态为“回舱”。在潜水员回舱后，潜航器将上升，并修改“潜航器”状态为“返航”。这时会根据得分来判断玩家的胜负，并修改“状态”变量的值。当得分大于 200 分时，就视为胜利；否则为失败。

切换到潜航器角色的代码区，把判断游戏胜负的功能编写为一个名为“判断胜负”的自定义过程，并把调用“判断胜负”过程的代码追加到调用“上升”过程的代码之后，如图 10-1-7 所示。

切换到舞台的代码区，编写游戏胜利或失败之后的处理脚本。如图 10-1-8 所示，在舞台背景切换为胜利或失败的背景图片之后，将游戏的状态修改为“结束”，从而使舞台中活动的各个角色停止运动，并在等待 1 秒之后，停止整个游戏项目的运行。

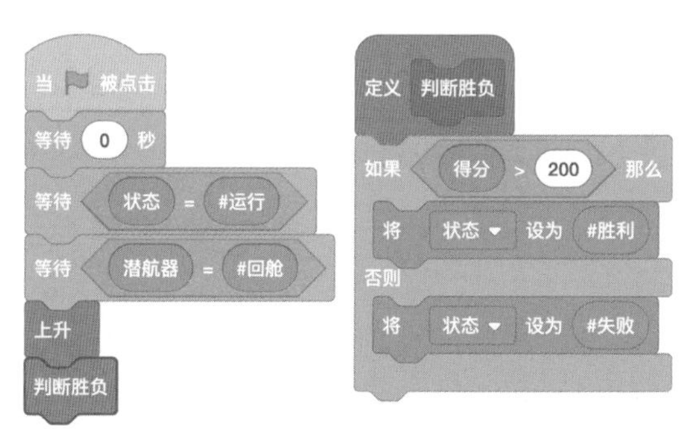

图 10-1-7　判断游戏胜负的处理脚本

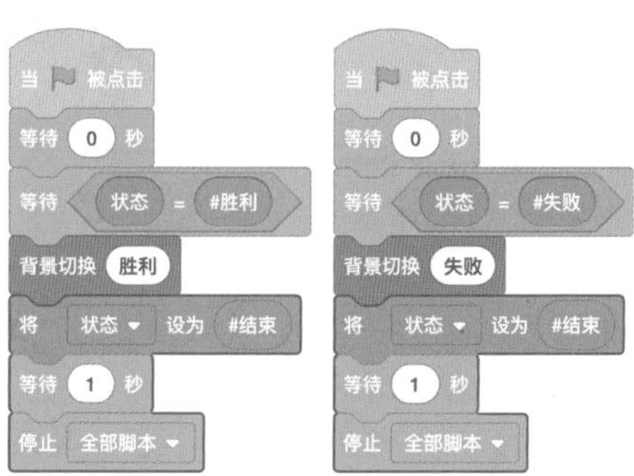

图 10-1-8　使游戏进入“结束”阶段

10.2 画笔

10.2.1 跟我做：彩虹画板

在本案例中，我们将使用 Scratch 中的画笔功能创作一个简单的“彩虹画板”项目。

1. 创建新项目

创建一个新的 Scratch 项目，命名为“彩虹画板”，并将默认的小猫角色删除。接着，从 Scratch 的角色库中添加 Rainbow 角色和 Pencil 角色到角色列表区，并将 Rainbow 角色移到舞台的左上角位置，如图 10-2-1 所示。

2. 设置造型中心

单击角色列表区中 Pencil 角色的缩略图，切换到 Pencil 角色的造型编辑区。接着，在 Pencil 角色的造型列表中选中 pencil-b 造型。然后，在右侧的绘图编辑器中设置造型中心位于笔尖靠前的位置，如图 10-2-2 所示。这样做的目的是使用笔尖的黑色部分去拾取彩虹图案上的颜色，同时使得在鼠标键被按下时鼠标指针不会触碰到 Pencil 角色。

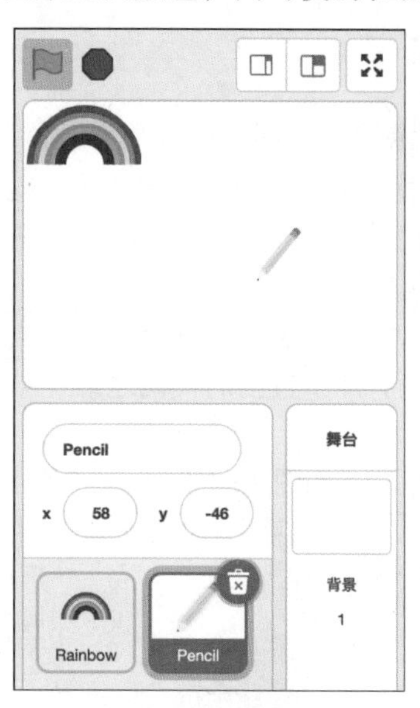

图 10-2-1　添加 Rainbow 和 Pencil 角色

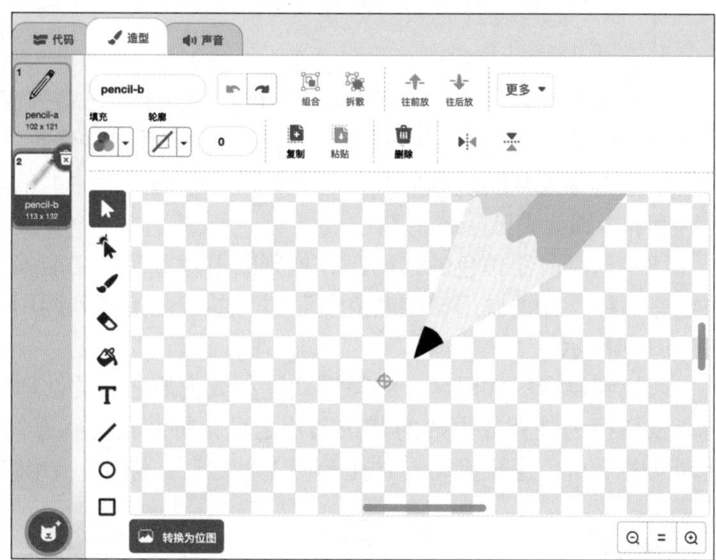

图 10-2-2　设置 Pencil 角色的造型中心

3. 实现鼠标绘画功能

切换到 Pencil 角色的代码区，编写使用鼠标进行绘画的处理脚本（见图 10-2-3）。该功能的编程思路：在一个循环结构中，使用“移到 [鼠标指针]”积木实现让 Pencil 角色跟随鼠标指针移动，当按下鼠标键时就让画笔随着鼠标指针的移动在舞台上画出线条。

4. 采集颜色和设置画笔颜色

切换到 Pencil 角色的代码区，编写采集颜色和设置画笔颜色的脚本（见图 10-2-4）。

当移动鼠标指针到彩虹图案上时，可以按下鼠标键采集颜色。当 Pencil 角色笔尖的黑色碰到彩虹的某种颜色时，就将画笔设置为该颜色。这里只实现了采集红、黄、蓝 3 种颜色的功能，读者可以自行加上采集其他颜色的脚本。

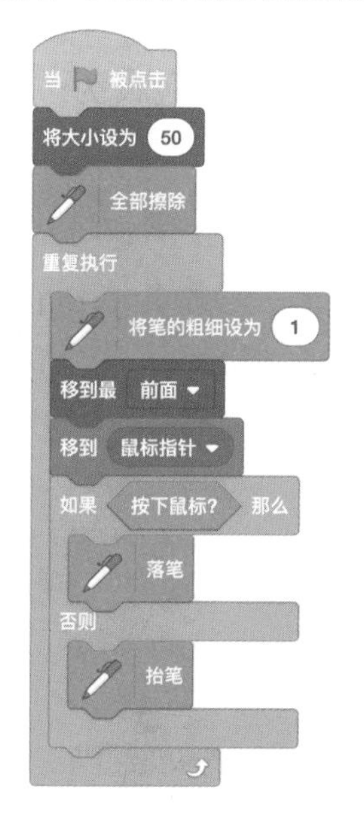

图 10-2-3 实现鼠标绘画功能的处理脚本

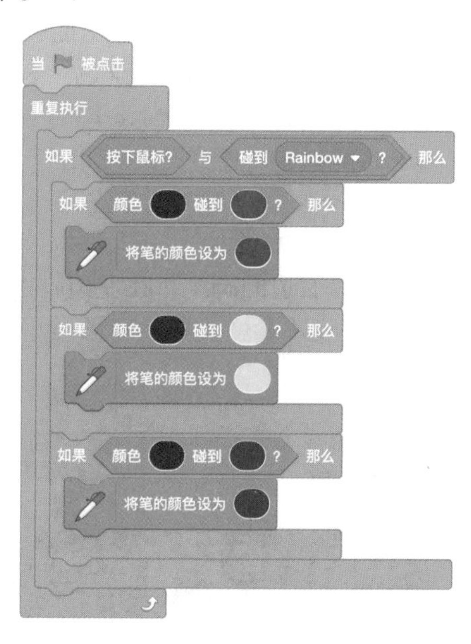

图 10-2-4 采集颜色和设置画笔颜色的处理脚本

至此，这个简单的“彩虹画板”项目创作完毕，可以对它进行测试，或尝试用它在舞台上画出一幅美丽的图画。

10.2.2 画笔积木

如图 10-2-5 所示，在 Scratch 的“画笔”指令面板中提供一组画笔积木用于绘图和设定画笔的大小、颜色、亮度、饱和度和透明度。在舞台上绘图时，需要运动指令配合来移动角色的位置，然后使用“落笔”积木绘制连续的点就能得到线条或图形，而使用“抬笔”积木则可以停止绘画。在舞台上绘图并不会影响舞台背景和角色，使用“全部擦除”积木能够清空在舞台上绘制的内容。

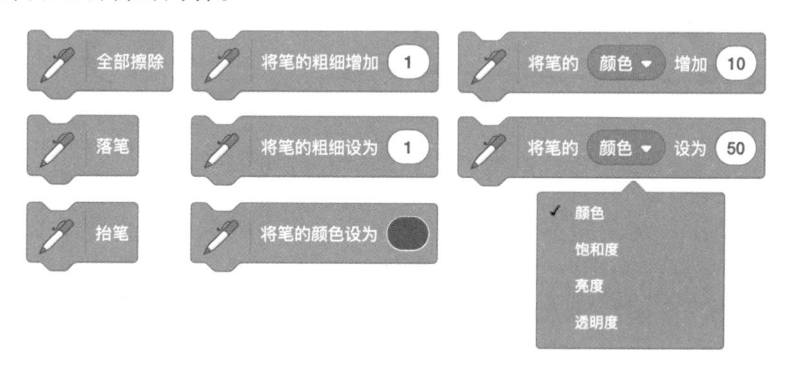

图 10-2-5 控制画笔的指令积木

使用“将笔的粗细设为……”积木能够设定画笔的粗细（大小），取值为 1~1200。如图 10-2-6 左边的脚本，将角色旋转和移动，并使画笔的粗细从 1 变化到 100，绘制出一个红色的、大小不断变化的旋转图形。

使用“将笔的颜色设为……”积木能够设定画笔的颜色，取值为 0~100。其中，0 是红色，15 是黄色，35 是绿色，65 是蓝色。在另一个同名的“将笔的颜色设为……”积木中，可以利用颜色选择器从 Scratch 舞台上拾取颜色。如图 10-2-6 中间的脚本，在左边脚本的基础上，使画笔的颜色从 0 变化到 100，绘制出一个大小和颜色不断变化的旋转图形。

使用“将笔的亮度设为……”积木能够设定画笔的亮度，取值为 0~100，默认值为 50。如图 10-2-6 右边的脚本，在左边脚本的基础上，使画笔的亮度从 0 变化到 100，绘制出一个大小和亮度不断变化的旋转图形。

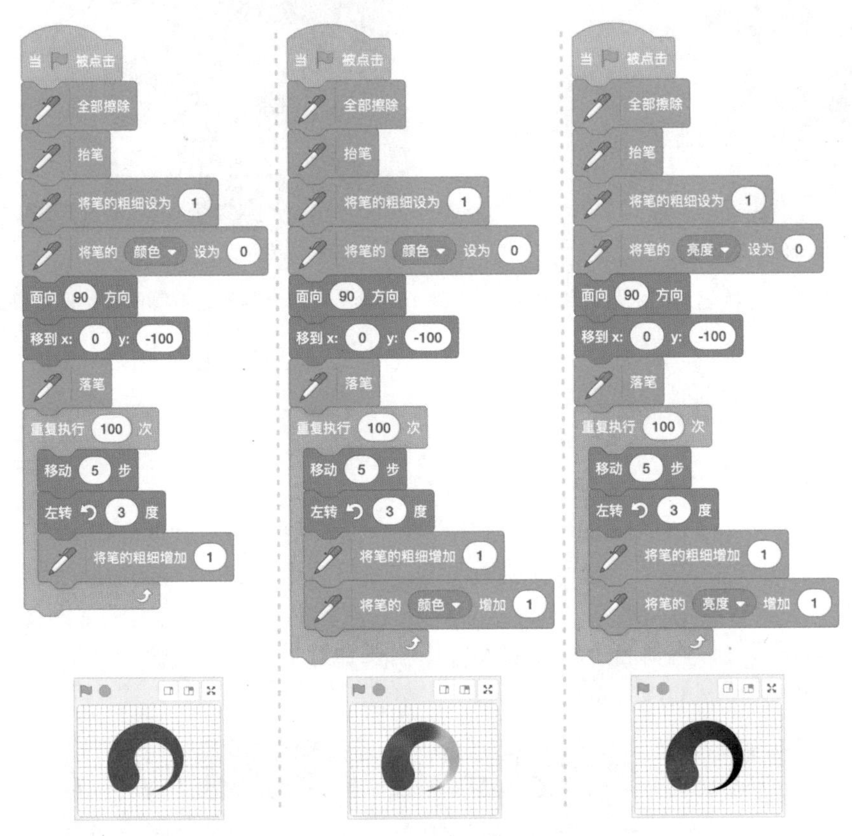

图 10-2-6　绘制大小、颜色、亮度不断变化的图形

如图 10-2-7 所示，这个脚本用于绘制一个不断旋转的黑白太极图。绘制思路：以舞台中心（0,0）为交点绘制出一黑一白两个外切的实心圆，每右转 3 度绘制一次，如此反复绘制就会呈现一个旋转的太极图。脚本中使用的是带颜色选择器的“将笔的颜色设为……”积木，它可以使用十六进制颜色码来设定画笔的颜色。例如，十六进制颜色码 #000 表示黑色，#FFF 表示白色。

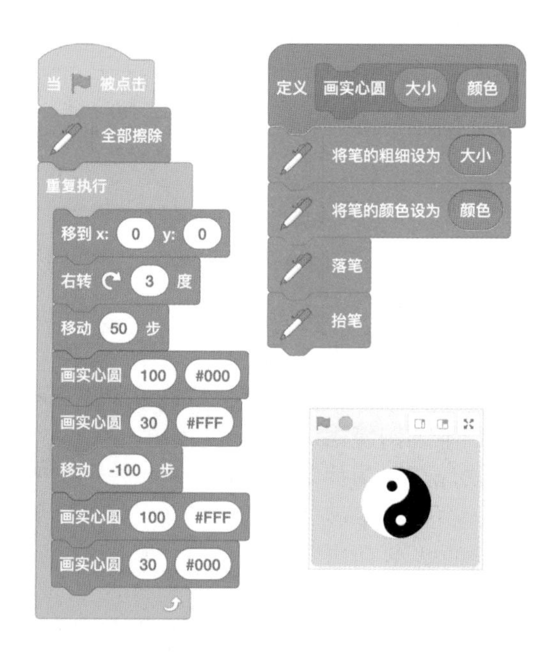

图 10-2-7　绘制旋转的太极图

10.2.3　动手练：颜色图谱

1. 练习重点

设定画笔颜色、角色坐标控制。

2. 问题描述

设计两个程序，分别绘制出如图 10-2-8 所示的两种颜色图谱。

3. 解题分析

如图 10-2-8 所示，左侧颜色图谱的颜色由 0 到 199 逐渐变化，并从左到右用每种颜色绘制一条线段，最终构成一个矩形的颜色图谱。同样地，将一个圆划分为 200 份，每份用一种颜色表示，也能画出一个右侧的圆环形颜色图谱。

图 10-2-8　矩形和圆环形的颜色图谱

4. 练习内容

（1）绘制图 10-2-8 中的矩形颜色图谱。

（2）绘制图 10-2-8 中的圆环形颜色图谱。

10.3 图章

10.3.1 跟我做：种蘑菇

在本案例中，我们将使用 Scratch 中的图章功能创作一个简单有趣的“种蘑菇”项目。

1. 创建新项目和导入素材

创建一个新的 Scratch 项目，命名为“种蘑菇”，并将默认的小猫角色删除。然后，从本书附带的素材中找到本案例使用的蘑菇素材，将“种蘑菇背景 .png”图片导入作为舞台的背景。接着，再把 5 个蘑菇造型图片导入到蘑菇角色的造型列表中，如图 10-3-1 所示。

图 10-3-1　导入背景和蘑菇造型

2. 编写“种蘑菇”的处理脚本

切换到蘑菇角色的代码区，编写“种蘑菇”的处理脚本（见图 10-3-2）。当按下键盘上的 1~5 数字键时，使用“换成……造型”积木切换蘑菇角色的 5 个造型。另外，在一个循环结构中，让蘑菇角色始终跟随鼠标指针移动，当按下鼠标键时，就使用“图章”积木在当前位置画上蘑菇角色的当前造型。

单击🏁按钮运行项目，按下键盘上的 1~5 数字键，可以切换不同的蘑菇造型。接着，在舞台上移动鼠标指针选择合适的位置，之后按下鼠标键就可以“种”上一个小蘑菇。赶快试试吧！

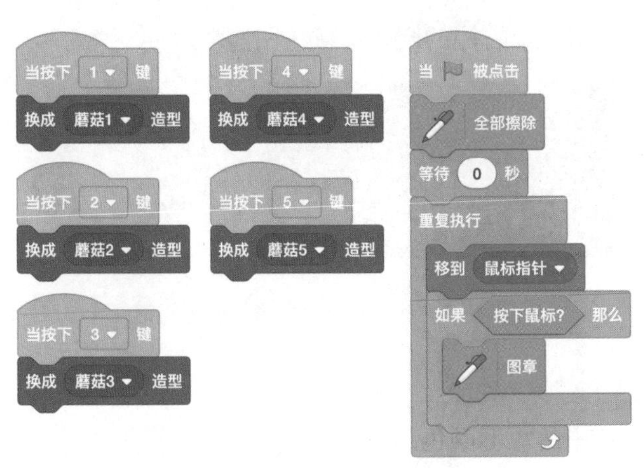

图 10-3-2　“种蘑菇”的处理脚本

10.3.2 图章积木

在 Scratch 中使用“图章”积木可以把角色的外观画在舞台上，即把角色的当前造型、大小和特效等状态作为一个临时图像绘制在舞台上。但是，它和角色不同，使用图章画出的图像不能移动，也不能为它编写脚本。使用“全部擦除”积木能够把用“图章”积木绘制的图案从舞台上清除。

如图 10-3-3 所示，这个脚本让瓢虫角色（角色库名字：Ladybug1）的大小从 10 开始不断变化，让颜色特效从 0 开始不断变化，同时旋转和移动角色，然后用“图章”积木画出一个螺旋形的图案。

如图 10-3-4 所示，这个脚本让蝗虫角色（角色库名字：Grasshopper）不断旋转和改变颜色，并用“图章”积木画出一个曼陀罗风格的彩色图案。

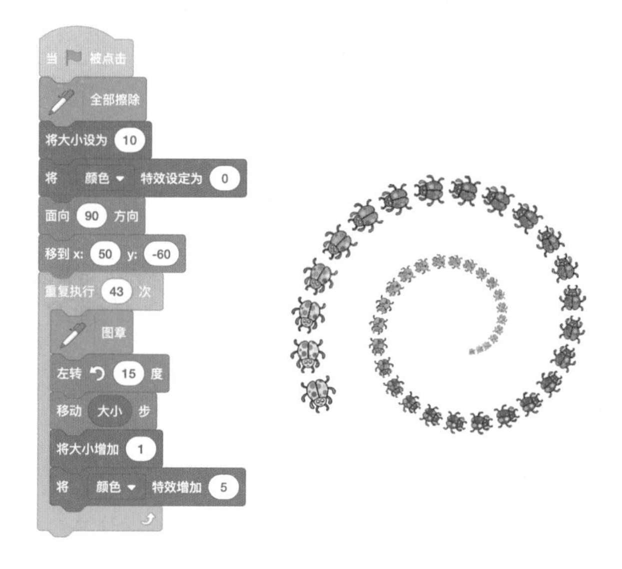

图 10-3-3 用图章画出大小和颜色不断变化的角色图像

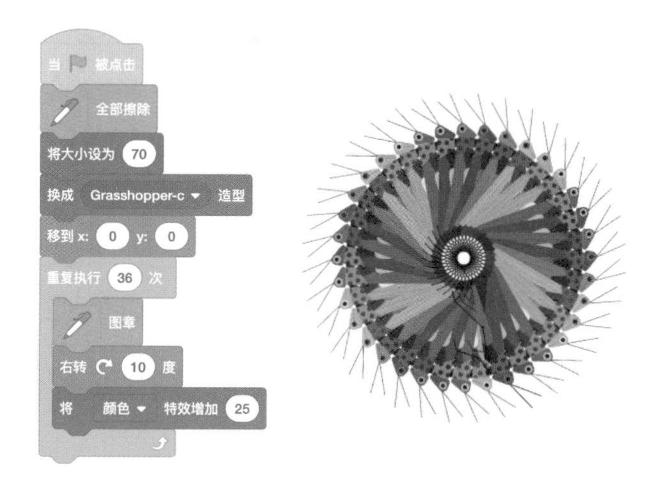

图 10-3-4 用图章画出曼陀罗风格的彩色图案

10.3.3 动手练：彩色风车

1. 练习重点

使用图章、旋转角色。

2. 问题描述

设计一个程序，绘制如图 10-3-5 所示的彩色风车。

3. 解题分析

如图 10-3-5 所示，创建一个名为“风车”的角色，使用绘图编辑器绘制出风车的一个“叶片”造型，将其填充为蓝色，并设置造型中心在叶片的左端。之后，将风车角色移到舞台的中心，每旋转 72 度就用图章绘制出一个叶片，再将颜色特效增加一个数值（如 35）。如此重复 5 次，就可以绘制出一个有 5 个叶片的彩色风车。

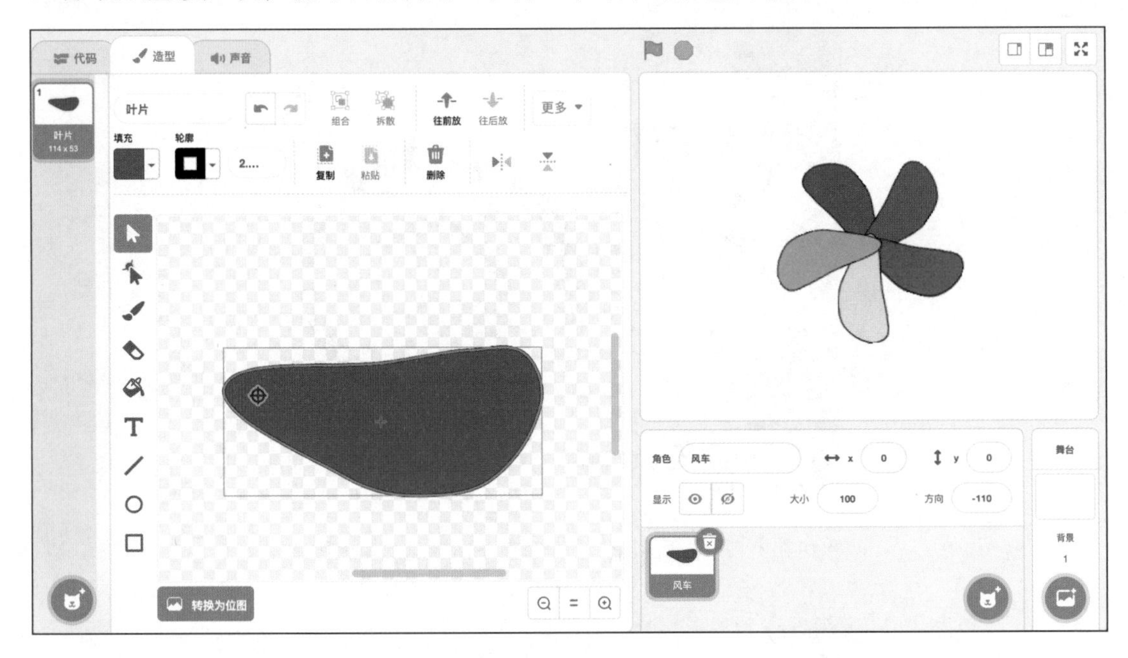

图 10-3-5 彩色风车

4. 练习内容

（1）编写程序绘制彩色风车。

（2）尝试使风车产生旋转的动画效果。

声音和音乐

这一章将向读者讲授在 Scratch 中播放声音和模拟乐器演奏的编程知识。

在 Scratch 中，角色或舞台都拥有自己的声音列表。可以从外部导入 MP3、WAV、AU 和 AIF 等多种格式的音频文件，也可以使用 Scratch 声音库中各类主题的声音素材，还可以使用录音功能通过麦克风采集声音数据。

更为吸引人的是，Scratch 提供乐器演奏和弹奏鼓声的指令积木。使用乐器演奏积木，可以模拟钢琴、吉他、长笛等 21 种乐器的演奏效果；使用弹奏鼓声积木，可以模拟小军鼓、碎音钹、三角铁等 18 种鼓乐的弹奏效果。

在本章的“海底探险”案例中，我们将为游戏增加循环播放的背景音乐，并利用 Scratch 声音库中的素材为各个角色加入音效。例如，在潜水员捕获海底的生物样本、鲨鱼咬到潜水员、冷冻炸弹在命中鲨鱼等情况下发出富有特点的声音。这将使游戏变得更加生动有趣并增强游戏的感染力。

本章包括以下主要内容。

- 为“海底探险”游戏添加背景音乐和角色的音效。
- 介绍声音播放、乐器演奏和弹奏鼓声等指令积木的使用。
- 制作模拟乐器演奏的项目，并介绍简谱歌曲的弹奏方法。

11.1 海底探险 11：游戏音效

11.1.1 为游戏增加音效

在这一节中，我们将为“海底探险”游戏增加播放背景音乐的功能，以及在潜水员捕到海洋生物、炸弹爆炸或者鲨鱼咬人时播放相应的音效。

1. 设置舞台的背景音乐

如图 11-1-1 所示，切换到舞台的声音编辑区，将鼠标指针移动到声音列表下方（屏幕左下方）的“添加声音”按钮上将弹出添加声音工具栏。单击“上传声音”按钮将弹出文件选择对话框窗口，然后从本地磁盘上选择本书附带素材中的音频文件“音乐珊瑚 .wav”，把它导入到舞台的声音列表中。读者也可以导入自己喜欢的音乐作为游戏的背景音乐。

切换到舞台代码区，加入播放背景音乐的处理脚本（见图 11-1-2）。在游戏进入“运行”

状态后，先将舞台背景切换到“运行”状态的背景画面，然后开始循环播放背景音乐，直到游戏结束。

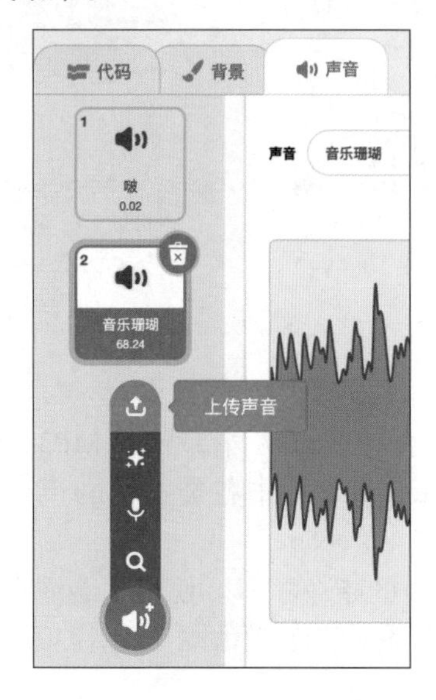

图 11-1-1　导入外部文件作为背景音乐

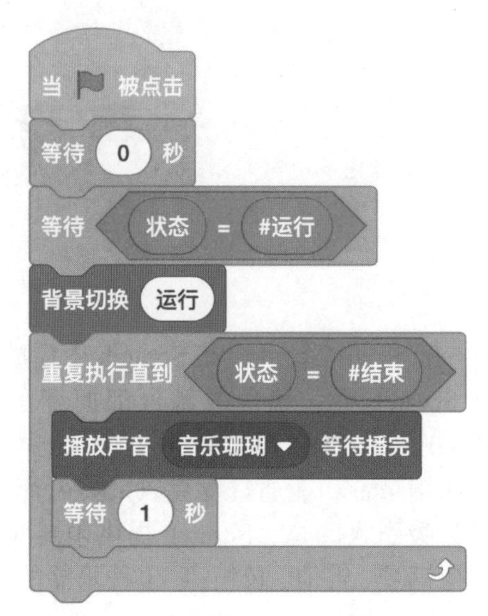

图 11-1-2　循环播放游戏背景音乐的脚本

2. 设置角色的音效

在“海底探险”游戏中，我们为小鱼、螃蟹、章鱼、鲨鱼和炸弹等角色加入声音效果。切换到角色的声音列表区，单击屏幕左下角的“添加声音”按钮，然后在声音库中找到 Bite、Pop 和 Zoop 音效并将其加入角色的声音列表中，如图 11-1-3 所示。

图 11-1-3　从音乐库中为角色添加声音

当小鱼、螃蟹和章鱼等碰到潜水员时，就视为被潜水员捕获，这时播放名为 Pop 的声音；当潜水员扔出的炸弹碰到鲨鱼时，就视为击中鲨鱼，这时播放名为 Zoop 的声音；当鲨鱼碰到潜水员时，就视为鲨鱼咬到潜水员，这时播放名为 Bite 的声音。

把 Pop 声音分别加入小鱼、螃蟹和章鱼角色的声音列表中，然后在它们的脚本中加入播放 Pop 声音的指令积木。如图 11-1-4 所示，分别在小鱼、螃蟹和章鱼角色的代码区中找到图中的脚本，在“将 [得分] 增加 1”积木之后加入“播放声音 [Pop]”积木即可。

把 Zoop 声音加入炸弹角色的声音列表中，然后切换到炸弹角色的代码区，将播放 Zoop 声音的指令积木加入“将 [得分] 增加 –3”积木之后，如图 11-1-5 所示。

把 Bite 声音加入鲨鱼角色的声音列表中，然后切换到鲨鱼角色的代码区，将播放 Bite 声音的指令积木加入“将 [得分] 增加 –2”积木之后，如图 11-1-6 所示。

图 11-1-4　让小鱼、螃蟹和章鱼角色播放 Pop 声音

图 11-1-5　让炸弹角色播放 Zoop 声音

图 11-1-6　让鲨鱼角色播放 Bite 声音

至此，“海底探险”游戏的音效设置完毕，可以运行该游戏进行测试，体验增加音效后的游戏效果。

11.1.2　复制更多角色

经过前面 11 个课时的学习和创作，“海底探险”游戏项目各部分功能制作完毕。读者可以认真测试之前实现的各个功能，确保没有 Bug。如果遇到问题也不要着急，只要耐心细致地查找和调试，就能解决问题。

对整个游戏进行测试并“消灭”Bug 之后，可以增加小鱼角色的数量，让游戏更加好玩。如图 11-1-7 所示，在 Scratch 编辑器的角色列表区中，右击小鱼角色的缩略图，在弹出的快捷菜单中选择“复制”命令，把小鱼角色复制出若干个。重新运行这个游戏，舞台上会出现很多游动的小鱼（见图 11-1-8），赶快用鼠标控制潜水员去捕捉它们吧！

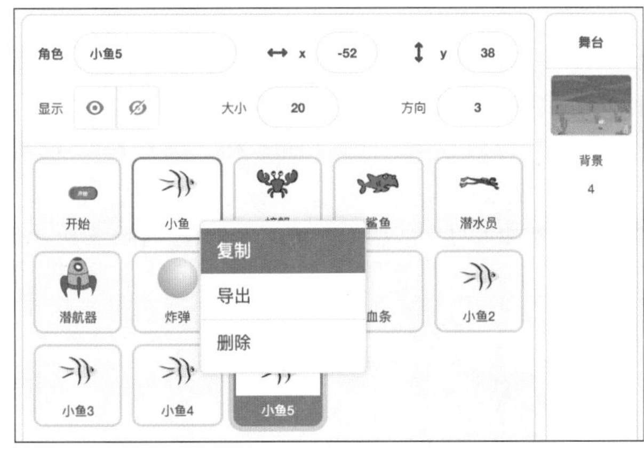

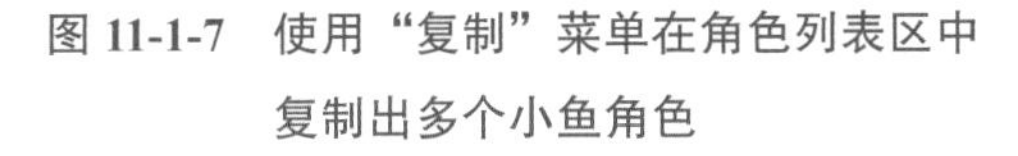
图 11-1-7　使用“复制”菜单在角色列表区中复制出多个小鱼角色

图 11-1-8　“海底探险”游戏运行效果

11.2 播放声音

在 Scratch 中，舞台和角色可以拥有自己的声音列表。在创建项目时，先把各种声音素材添加到声音列表中，然后在脚本中就能够使用播放声音指令积木播放声音列表中的声音素材。在舞台或角色的声音列表区的下方有一个“添加声音”按钮，将鼠标指针移到它上面将出现添加声音工具栏，提供4种方式添加新声音，分别是：从声音库选择一个声音、录制新声音、从声音库随机选取声音、从本地文件中上传声音。

Scratch 的声音库提供动物、效果、音符、人声、太空、运动等多种主题的声音素材，供我们在创作 Scratch 项目时使用。如果声音库中没有合适的素材，就可以从本地文件中上传自己喜欢的声音素材，支持使用 MP3、WAV、AU 和 AIF 等多种格式的音频文件。此外，还可以利用与计算机连接的麦克风设备录制新声音（见图 11-2-1）。

Scratch 提供一组声音播放指令积木，用来播放声音列表中的声音素材、调节播放音量的大小、调整声音的音效，如图 11-2-2 所示。

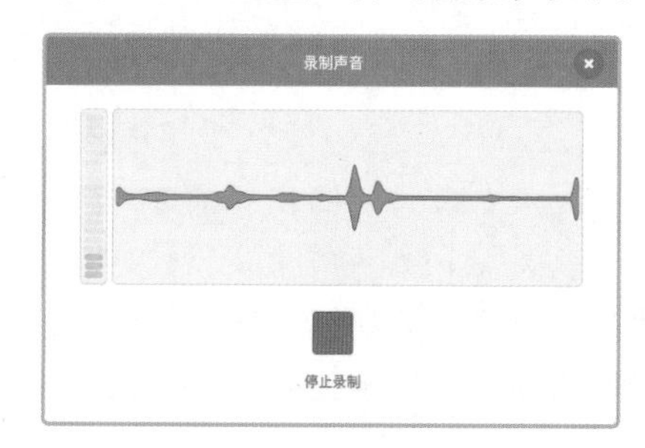

图 11-2-1　用麦克风录制新声音

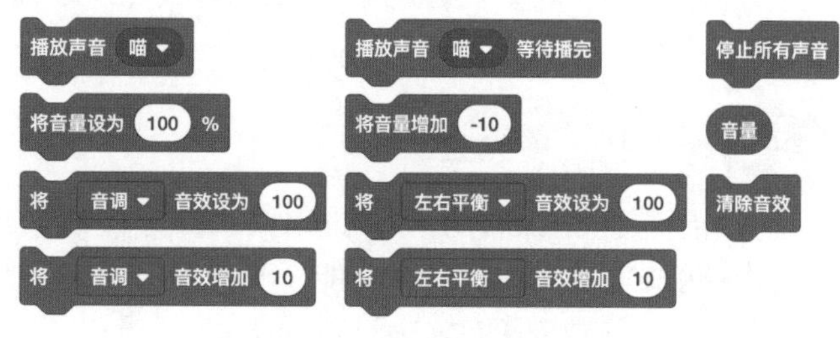

图 11-2-2　播放声音的指令积木

如果要播放声音，可以使用“播放声音……”积木或“播放声音……等待播完”积木。这两个指令积木带有一个下拉菜单，可以从中选择声音列表中的声音素材。

如果要停止正在播放的声音，可以使用“停止所有声音”积木。该指令积木会停止当前项目中播放的所有声音。

如果要调节播放音量的大小，可以使用“将音量设为……%”积木和“将音量增加……”积木。而使用“音量”积木则能够读取当前音量的数值大小。

如果要调整声音的音效，可以使用“将……音效设为……”积木和“将……音效增加……”积木，将声音的音调和左右平衡调整到合适的值。

在 Scratch 的脚本中播放声音时，有异步播放和同步播放两种方式。如图 11-2-3 所示，这是使用两种不同方式播放声音的示例脚本。

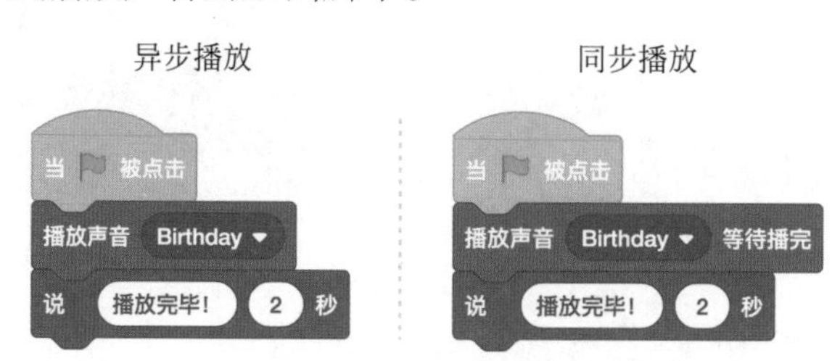

图 11-2-3　异步播放和同步播放声音的示例脚本

在图 11-2-3 左侧的脚本中，当执行到“播放声音……”积木时，会播放名为 Birthday 的声音，接着立即执行“说……”积木，而这个时候，音乐还在继续播放。这是使用异步方式播放声音，即前面的指令积木还没有执行完毕，就可以接着执行后面的指令积木。这样使脚本不需要等待声音播放完毕就能够继续往下执行。例如，在前面的游戏中就使用“播放声音……”积木给角色增加音效。

在图 11-2-3 右侧的脚本中，当执行到“播放声音……等待播完”积木时，会等待名为 Birthday 的声音播放完毕之后，才会继续执行后面的“说……”积木。这是使用同步方式播放声音，即后面的指令积木必须等待前面的指令积木执行完毕之后才会被执行。这样可以使声音被完整地播放出来。例如，在播放背景音乐时，就可以使用“播放声音……等待播完”积木。

11.3 乐器演奏

11.3.1 跟我做：模拟乐器

在本案例中，我们将创作一个通过计算机键盘来模拟乐器演奏的程序。

Scratch 能够模拟的乐器种类很多，在这个案例中只选择模拟钢琴、吉他和萨克斯管 3 种乐器。通过定义计算机键盘上的数字键和若干个字母键作为演奏用的操作键，并利用 Scratch 的演奏指令积木来演奏各种音符，然后对照简谱并使用键盘来演奏各种乐曲。

默认情况下，“音乐”指令积木没有显示在指令面板中。单击指令面板下方（屏幕左下角）的“添加扩展”按钮，在弹出的“选择一个扩展”窗口中单击“音乐”扩展的选项（见图 11-3-1），将其加载到当前项目中。这样“音乐”指令积木就会显示在指令面板中。

图 11-3-1 添加“音乐”扩展

接下来，编程实现模拟乐器演奏的功能，具体步骤如下。

1. 创建新项目和添加角色

创建一个新的 Scratch 项目，命名为“模拟乐器”，并将默认的小猫角色删除。然后，从 Scratch 角色库的“音乐”分类下分别把 Keyboard、Guitar 和 Saxophone 角色添加到角色列表区中，并在角色属性面板中将它们的名字分别修改为“钢琴”“吉他”和“萨克斯管”，在舞台上调整它们到合适的位置。接着，将背景库的“音乐”分类下的 Theater 背景图设置为舞台背景。添加完乐器和舞台背景之后的界面如图 11-3-2 所示。

2. 选择演奏的乐器

创建一个名为“乐器”的全局变量，用来存放乐器的数字代号（1 是钢琴、4 是吉他、11 是萨克斯管）。当单击舞台上的乐器角色时，就把对应乐器的数字代号存放到“乐器”变量中。如图 11-3-3 所示，分别在钢琴、吉他和萨克斯管角色的代码区中编写选择演奏乐器的脚本。

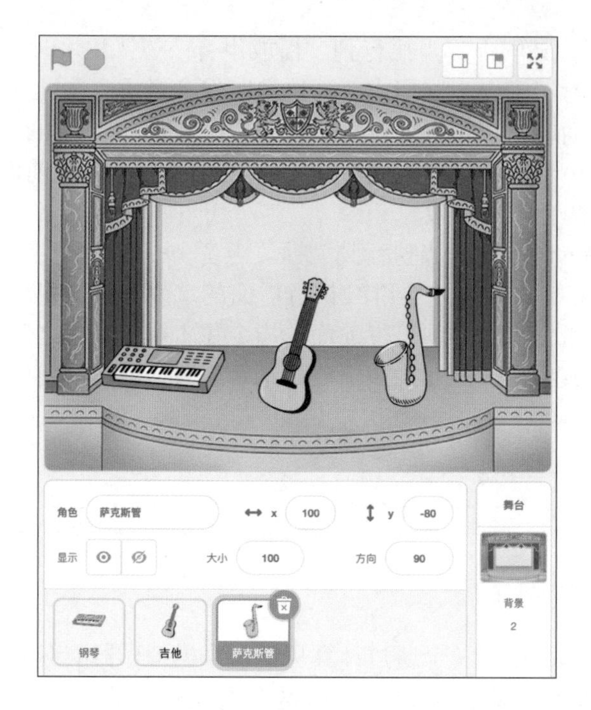

图 11-3-2　添加乐器角色和背景之后的界面

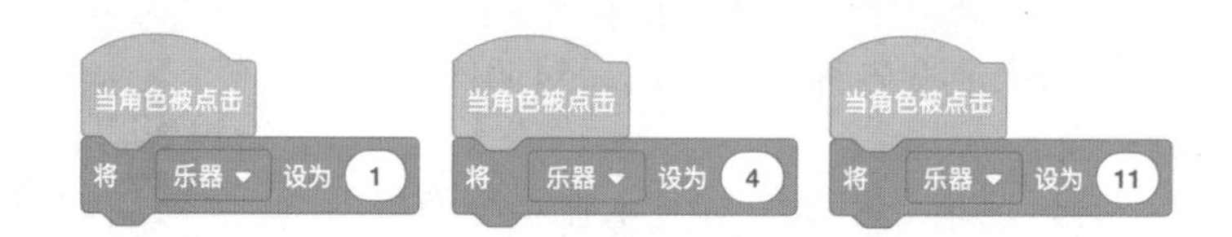

图 11-3-3　切换演奏钢琴、吉它和萨克斯管乐器的脚本

3. 演奏音符

使用“将乐器设为……”积木能够设定钢琴、吉他和萨克斯管等不同的乐器，使用“演奏音符……拍”积木能够以指定的节拍弹奏指定的音符。Scratch 提供虚拟钢琴键盘用来选择弹奏的音符，并使用数字表示音符。如图 11-3-4 所示，数字 60 表示中央 C 的音符（即 DO 音）。

切换到舞台的代码区，把弹奏音符的功能编写为一个名为“弹奏”的自定义过程，如图 11-3-5 所示。本案例为简化编程，在弹奏音符时一律采用 0.5 拍。

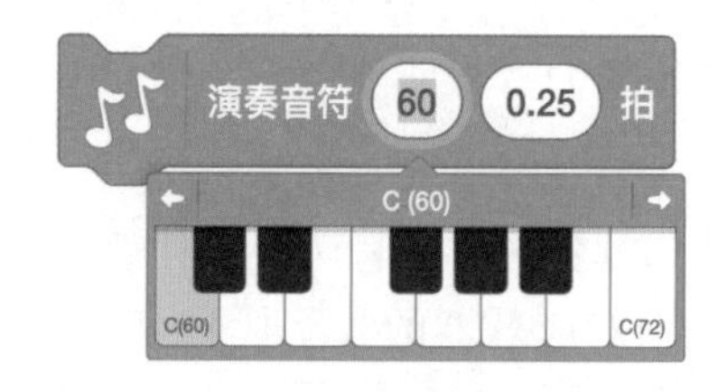

图 11-3-4　用虚拟钢琴键盘选择演奏音符

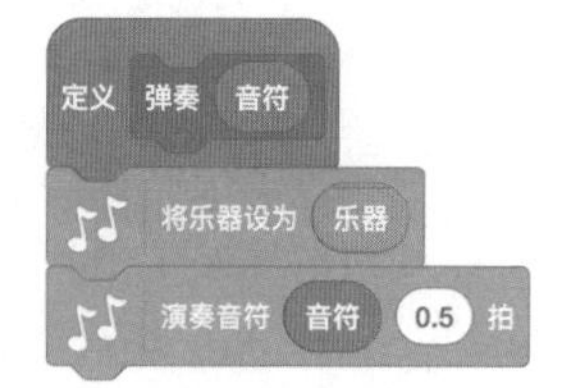

图 11-3-5　弹奏音符的自定义过程

使用键盘演奏简谱音乐时，需要把键盘上的一些按键定义为演奏音符的操作键。如表 11-3-1 所示为简谱音符、音符数值和键盘按键三者之间的对应关系。读者可以根据自己的习惯定义一套这样的对照表。

表 11-3-1　简谱音符、音符数值和键盘按键对照表

音符	1̣	2̣	3̣	4̣	5̣	6̣	7̣	1	2	3	4	5	6	7	1̇	2̇	3̇	4̇	5̇	6̇	7̇
数值	48	50	52	53	55	57	59	60	62	64	65	67	69	71	72	74	76	77	79	81	83
按键	Q	W	E	R	T	Y	U	1	2	3	4	5	6	7	8	9	0				

在舞台的代码区中，使用“事件”指令面板中的“当按下……键”积木将表 11-3-1 中的按键和代表音符的数值对应起来，并调用“弹奏”过程控制计算机发出声音。如图 11-3-6 所示的是弹奏从中央 C 开始的 1、2、3、4（多、来、米、发）4 个音符的脚本。而弹奏其他音符的脚本可以按此方式编写，此处略过。

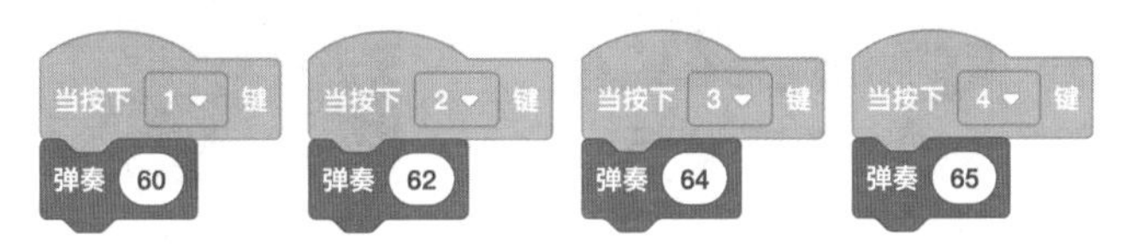

图 11-3-6　弹奏多、来、米、发 4 个音符的处理脚本

4. 测试和演奏

至此，模拟钢琴、吉他和萨克斯管 3 种乐器的程序编写完毕。可以运行项目，对这个模拟乐器程序进行测试。Scratch 提供多达 21 种乐器的弹奏效果，有兴趣的读者可以加上更多的乐器选项。

请使用表 11-3-1 中定义的键盘按键演奏简谱乐曲，尝试将图 11-3-7 中的儿歌《两只老虎》弹奏出来。

两只老虎

1=C 4/4 中速

1 2 3 1 | 1 2 3 1 | 3 4 5 - | 3 4 5 - |

两 只 老 虎， 两 只 老 虎， 跑 得 快， 跑 得 快，

5 6 5 4 3 1 | 5 6 5 4 3 1 | 1 5̣ 1 - | 1 5̣ 1 - ‖

一只没有耳朵，一只没有尾巴，真 奇 怪， 真 奇 怪。

图 11-3-7 《两只老虎》的简谱

11.3.2 乐器演奏积木

如图 11-3-8 所示，在 Scratch 的“音乐”指令面板中提供一组用于模拟乐器演奏的指令积木，使用它们能够模拟出钢琴、电子琴、大提琴、单簧管、萨克斯管、长笛等 21 种乐器的演奏效果。

在演奏前，先使用“将乐器设为……”积木选择和设定需要模拟的乐器，再使用“演

奏音符……拍”积木弹奏指定的音符和节拍。“将乐器设为……”积木提供一个下拉菜单（见图 11-3-9）用于选择不同的乐器作为参数，每种乐器用一个数字表示，默认值为 1，即钢琴。

“演奏音符……拍”积木提供一个虚拟钢琴键盘用于选择音符作为参数（见图 11-3-4），每个音符对应一个数值。

使用“将演奏速度设定为……”积木能够调整演奏节拍的快慢，默认为每分钟 60 拍。在使用时，可以根据简谱中标明的演奏速度来设定这个积木的参数。通常，慢速每分钟 40~69 拍，中速每分钟 88 拍，中速稍慢 72~84 拍，中速稍快 92~104 拍，快速 108~208 拍。

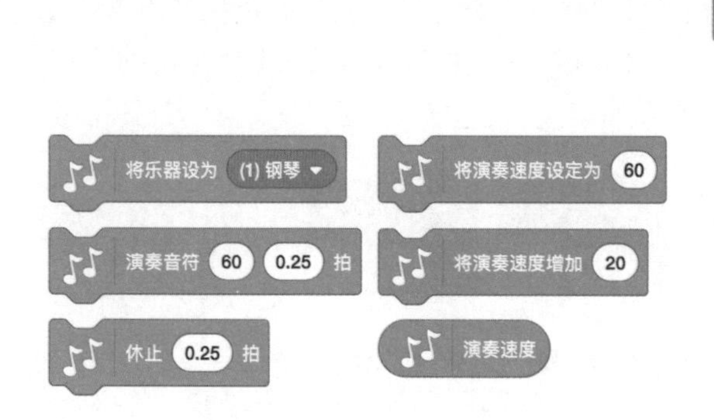

图 11-3-8 乐器演奏的指令积木

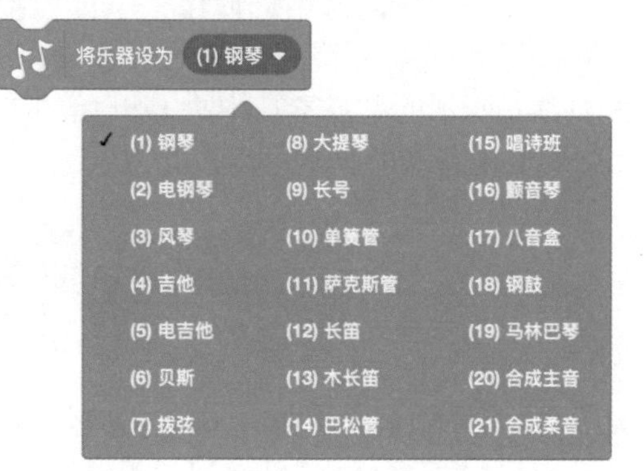

图 11-3-9 Scratch 支持的乐器类型

为了设定演奏指令积木的节拍数值，可以参考表 11-3-2 和表 11-3-3 所示的简谱各种音符时值表和附点音符时值表。

表 11-3-2 简谱各种音符时值表

音符名称	简谱记法	时值
全音符	5---	4 拍
二分音符	5-	2 拍
四分音符	5	1 拍
八分音符	$\underline{5}$	1/2 拍
十六分音符	$\underline{\underline{5}}$	1/4 拍

表 11-3-3 附点音符时值表

音符名称	简谱记法	时值
四分附点音符	5•	$1\frac{1}{2}$拍
八分附点音符	$\underline{5}$•	3/4 拍
十六分附点音符	$\underline{\underline{5}}$•	3/8 拍

如图 11-3-10 所示的是《上学歌》的简谱，弹奏前两句“太阳当空照，花儿对我笑”的脚本如图 11-3-11 所示。

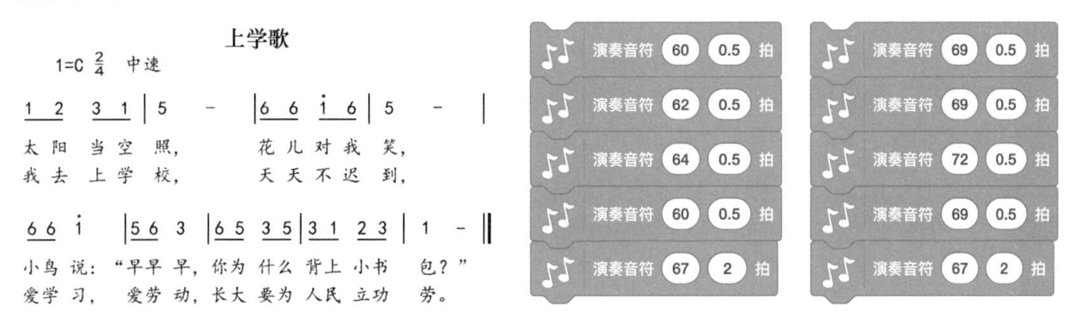

图 11-3-10 《上学歌》简谱

图 11-3-11 弹奏“太阳当空照，花儿对我笑”的脚本

11.3.3 弹奏鼓声积木

Scratch 还支持弹奏鼓声，使用“击打……拍”积木能够模拟 18 种鼓声的弹奏效果。该指令积木提供一个下拉菜单（见图 11-3-12）用于选择不同的鼓声乐器作为参数，每种鼓声乐器用一个数字表示，默认值为 1，即小军鼓。

使用“击打……拍”积木时，通过第 1 个参数设置鼓声的类型，通过第 2 个参数设定节拍。如图 11-3-13 所示，这个脚本演示了一段架子鼓乐谱的演奏。

图 11-3-12 Scratch 支持的鼓声类型

图 11-3-13 一段架子鼓音乐的演奏

11.3.4 动手练：演奏《小毛驴》

1. 练习重点

乐器演奏、演奏速度。

2. 问题描述

设计一个程序，按照图 11-3-14 所示的乐谱演奏《小毛驴》。

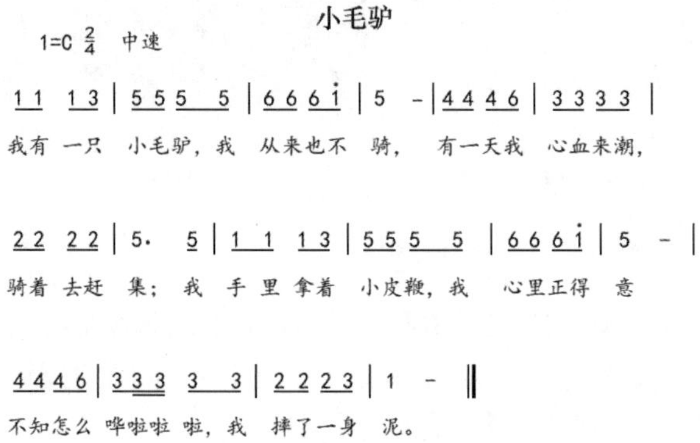

小毛驴

1=C 2/4 中速

11 13 | 555 5 | 666 1̇ | 5 - | 4446 | 3333 |

我有 一只 小毛驴，我 从来也不 骑， 有一天我 心血来潮，

22 22 | 5. 5 | 11 13 | 555 5 | 666 1̇ | 5 - |

骑着 去赶 集；我 手 里 拿着 小皮鞭，我 心里正得 意

4446 | 333 3 3 | 2223 | 1 - ‖

不知怎么 哗啦啦 啦，我 摔了一身 泥。

图 11-3-14 《小毛驴》简谱

3. 解题分析

参照表 11-3-2 和表 11-3-3，将《小毛驴》乐谱转换为“弹奏音符……拍”积木的弹奏数值和节拍，并将整首乐曲的音符排列在一起演奏，或者将音符和节拍分开存放在两个列表中，之后再读取列表数据进行演奏。

4. 练习内容

（1）使用“弹奏音符……拍”积木演奏乐曲《小毛驴》。

（2）尝试使用不同的乐器和速度演奏乐曲《小毛驴》。

第 3 部分

进阶编程篇

Scratch 提供面向对象、消息和事件等高级语言具有的编程特性，这极大地简化了程序开发工作，使用户能够编写一些较大规模或功能复杂的应用程序。经过“基础编程篇”和“图形编程篇”的学习，我们能够通过编写简单的结构化程序来解决数学问题，能够开发一些简单的趣味游戏、动画等项目。在“进阶编程篇”中，我们将学习 Scratch 中的高级内容和一些常用的编程算法，为进一步提高编程能力和学习其他高级语言打下基础。

在进阶编程篇中，我们将学习使用 Scratch 中的克隆、消息和事件等高级功能，并对“海底探险”游戏项目进行升级改造，使程序更灵活和易于维护。例如，利用克隆技术在脚本中动态地创建角色的副本，利用消息机制协调各角色的行为。此外，我们还将学习常用算法和数据结构的编程知识。例如，以制作英汉词典项目为例，讲解一些常用的排序和查找算法的应用；以企鹅走迷宫为例，讲解回溯搜索算法的应用。

完成进阶编程篇的学习，读者将掌握 Scratch 的克隆和消息机制等高级特性，具备初步的面向对象编程思想，能够开发出规模和难度更大的 Scratch 项目。同时还将学会一些基本的算法和数据结构的编程知识，为进一步学习 Python 或 C/C++ 等高级语言做准备。

第 12 章

克　隆

这一章将向读者讲授在 Scratch 中使用克隆功能和介绍面向对象编程的知识。

克隆（Clone）是一种在脚本中动态创建角色副本的编程技术，它具有高级语言面向对象的部分特性。在前面的“海底探险”游戏项目中，为了在舞台上增加多个游动的小鱼，使用“复制”方式来创建多个相同功能的角色。这种方式复制出的多个角色是完全独立的，如果小鱼的控制脚本需要修改，则必须逐一修改复制出的各个角色；或者先删除复制出来的角色，在作为原型的角色修改妥当之后再重新复制出多个角色。而使用克隆功能就能够以非常便捷的方式在舞台上创建角色的多个副本，这些角色的副本使用的是同一份控制脚本，因此只需要修改角色原型中的脚本即可。使用克隆功能进行编程能够在 Scratch 中以面向对象的编程思想来设计和开发应用程序，既能提高程序开发效率，又便于后期的程序修改和维护。

在本章的“海底探险”游戏案例中，我们将利用克隆技术对游戏项目的部分功能进行重构，涉及改动的内容是：创建数量众多的小鱼、螃蟹和章鱼角色的副本，使潜水员能够捕捉到更多的生物样本；让潜水员能够连续地扔炸弹以增强防卫能力。

本章包括以下主要内容。

- 在“海底探险”游戏中使用克隆技术创建角色的多个副本。
- 介绍克隆技术的应用及使用角色模式和克隆模式进行编程。
- 探讨使用克隆模式编程时区分角色原型和克隆体的问题。
- 利用克隆技术创作几个简单有趣的动画作品。

12.1 海底探险 12：克隆角色

在这一节中，我们将介绍克隆指令积木的使用方法，并利用克隆技术改造前面编写的“海底探险”游戏项目。

12.1.1 克隆功能的使用

如图 12-1-1 所示，在 Scratch 的“控制”指令面板中提供一组克隆指令积木，使用它们能够在脚本中动态地创建和删除角色的副本（克隆体），以及为克隆体编写处理脚本。

使用“克隆……”积木能够在舞台、当前角色和其他角色的脚本中克隆出指定角色的副本。该指令积木执行一次，就会创建一个角色的副本，因此可以通过多次调用该指令积

图 12-1-1　克隆指令积木

木而创建角色的多个副本。

当角色的副本（克隆体）被创建之后，就会触发并执行以“当作为克隆体启动时”积木开始的一个脚本。在角色原型的脚本中，能够使用多个该指令积木来组织克隆体的处理脚本，这些脚本在克隆体被创建之后就会被全部触发和执行。

当不需要克隆体时，就使用“删除此克隆体”积木销毁克隆体。此外，当项目运行结束，所有克隆体都会被自动销毁。

如图 12-1-2 所示，在企鹅角色的脚本中通过循环结构调用 10 次“克隆 [自己]”积木，会创建出 10 个企鹅角色的克隆体。我们希望这些企鹅的克隆体能够实现以下两个功能。

（1）让企鹅克隆体从舞台的上方滑行到舞台的下方，在说出“你好！”2 秒之后消失。

（2）让企鹅克隆体在滑行的同时逐渐由小变大。

为了让企鹅的克隆体实现这两个功能，需要把控制逻辑放在以“当作为克隆体启动时”积木开始的脚本中。如图 12-1-3 所示，这两个脚本都以“当作为克隆体启动时”积木开始，左边的脚本实现了第 1 个功能，右边的脚本实现了第 2 个功能。当一个克隆体被创建时，这两个脚本会被同时执行。

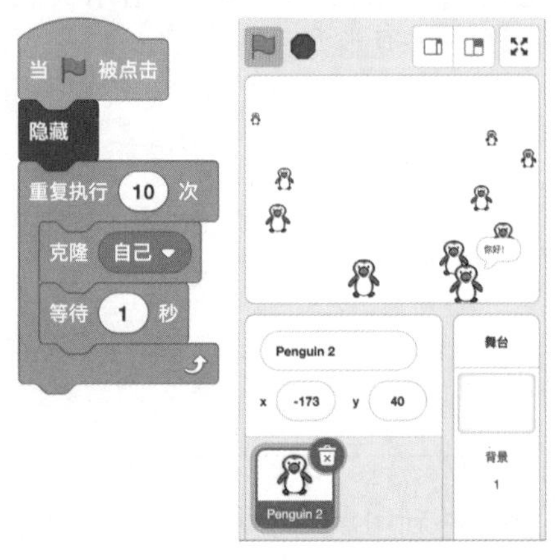

图 12-1-2　使用克隆积木创建角色的多个副本

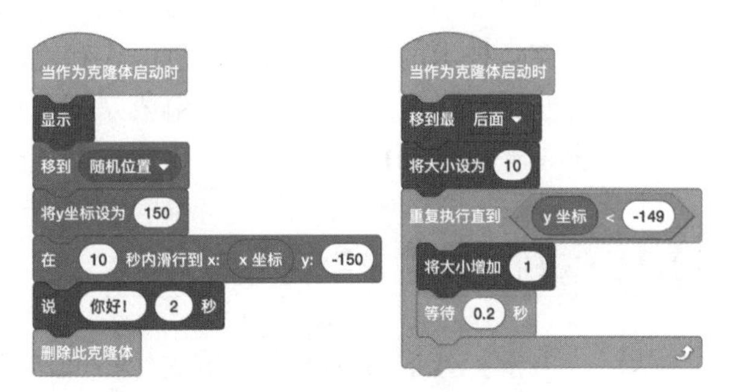

图 12-1-3　企鹅角色克隆体的控制脚本

12.1.2　用克隆技术改造游戏

利用克隆技术改造“海底探险”游戏，需要修改的内容为：在舞台上克隆出数量众多的小鱼、螃蟹和章鱼角色的副本，让潜水员能够连续地扔炸弹。

打开前面创作的“海底探险”游戏项目，先将之前通过“复制”方式得到的多个小鱼角色删除，只保留一个小鱼角色。之后，利用克隆技术在脚本中动态地创建小鱼角色的多个副本。

切换到小鱼角色的代码区，将创建小鱼角色克隆体的脚本放在“当🏴被点击”积木之下，如图 12-1-4 所示。将侦测小鱼角色碰到潜水员角色、计分和播放音效等功能脚本放在一个“当作为克隆体启动时”积木之下，如图 12-1-5 所示。将控制小鱼角色外观和运动的脚本放在另一个“当作为克隆体启动时”积木之下，如图 12-1-6 所示。为了控制小鱼的数量，编写如图 12-1-7 的脚本，让小鱼在碰到舞台边缘时消失。最后，将多余的脚本删除。

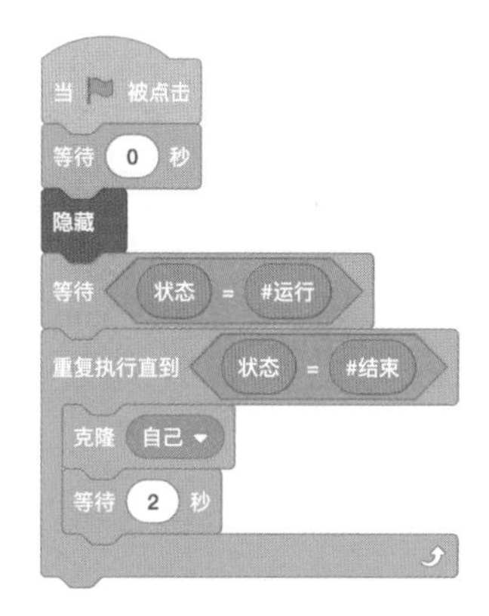

图 12-1-4　创建小鱼克隆体的脚本

图 12-1-5　小鱼克隆体的碰撞侦测脚本

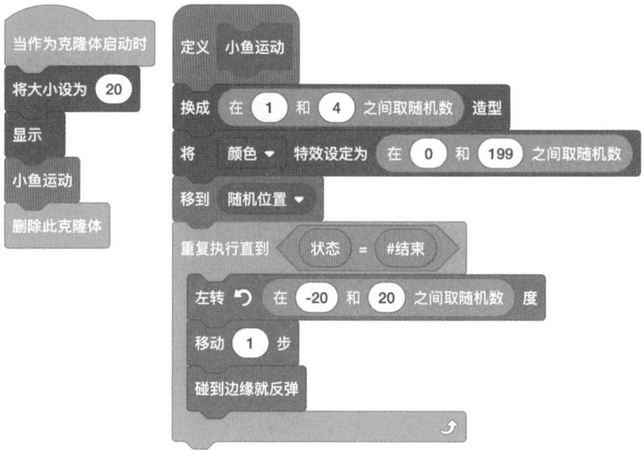

图 12-1-6　控制小鱼克隆体的外观和运动的脚本

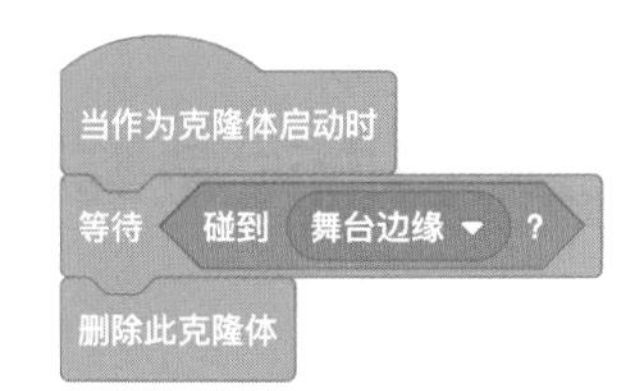

图 12-1-7　控制小鱼碰到舞台边缘时消失

经过改造之后，小鱼角色本身（原型）将一直处于隐藏状态，并且只负责不断地创建小鱼角色的克隆体。而小鱼角色的各个克隆体能够在舞台上运动，并等待潜水员的捕捉。当某个小鱼的克隆体碰到潜水员或舞台边缘时就会被删除而从舞台上消失。

与前面的小鱼角色的脚本相比较，使用克隆技术改造后的脚本显得更为简洁，部分重复的指令积木也得以消除。

切换到炸弹角色的代码区，修改“当🏴被点击”积木下的脚本，把计分和播放声音的脚本和调用“炸弹攻击”过程的脚本移到一个“当作为克隆体启动时”积木之下，并在循环结构中添加“克隆 [自己]”积木用于生成炸弹角色的克隆体。为使玩家扔炸弹的速度不至于过快，把扔炸弹的操作修改为在按下的空格键被弹起时才扔出（克隆）炸弹。

如图 12-1-8 所示，这是经过改造后的炸弹角色的控制脚本。另外，自定义过程“炸弹攻击”的脚本保持不变。

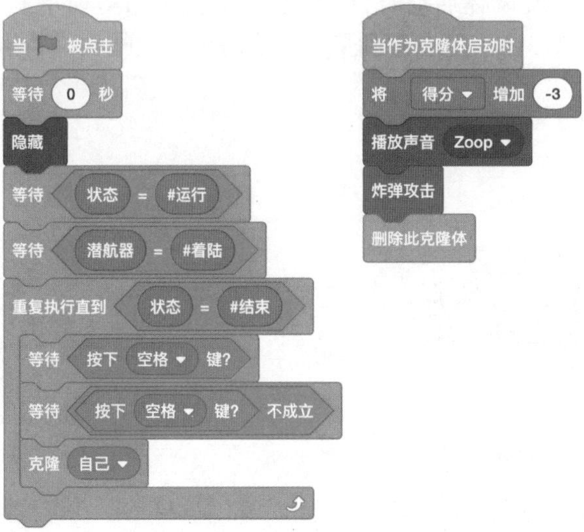

图 12-1-8　改造后的炸弹角色的脚本

至此，这个游戏项目已经可以灵活地在舞台上动态地创造数量众多的小鱼了，同时也能让潜水员连续地扔出炸弹，由此可以看到克隆技术给编程带来了很大的便利。使用同样的方法可以改造螃蟹和章鱼角色的脚本，请读者尝试进行修改。

此外，使用克隆技术，还可以在海底背景中动态地生成气泡，并使之不断上浮，这样会使游戏场景更加生动。请读者尝试利用克隆技术自行实现这个功能。

12.2 面向对象编程

Scratch 是一种简单的面向对象的编程语言，它使人们能够用人类认识事物所采用的思维方法进行编程。在使用 Scratch 创作项目时，能够用角色来模拟现实世界中的事物（对象），为角色设计各种外观、声音和行为等，并控制角色在舞台这个虚拟世界中活动。

Scratch 并非完整的面向对象编程语言，它支持面向对象的两个特性：封装和继承。

使用 Scratch 编程时，把与某个对象相关的造型、声音和脚本等放置在一个角色中，这可看作是“封装”。例如在“海底探险”游戏中，小鱼和炸弹是两个独立的对象（角色），就不要把炸弹的造型放在小鱼的造型列表中，不要把控制炸弹的脚本放到小鱼的代码区，要保持角色功能的独立性。

使用 Scratch 的克隆功能，能够以角色为原型克隆出多个角色的副本（克隆体）。这些克隆体保持了原型角色的所有状态，这可看作是“继承”。例如，在“海底探险”游戏中，只制作了一个自由游动并且能够被潜水员捕捉的小鱼角色，然后可以用它作为原型克隆出多个副本，得到一群小鱼。

从面向对象编程的角度出发，结合 Scratch 语言自身的特点，在 Scratch 中能够使用角色模式和克隆模式进行编程。

12.2.1　用角色模式编程

在 Scratch 中使用角色模式编程时，首先要根据项目需求规划好各个角色，明确每个角色（对象）的职责和功能；然后为每个角色设计或选择自己的造型，编写脚本控制角色的行为，为角色制定交互的方式，等等。

如果需要多个相同功能的角色，就使用简单而笨拙的“复制”方法。在前面的“海底探险”游戏中，我们就使用了这个方法，这适用于规模较小的项目。

表 12-2-1 所示是“海底探险”游戏项目的角色组成及其功能描述。

表 12-2-1　“海底探险”游戏项目的角色组成及其功能描述

序　号	角 色 名 称	功 能 描 述
1	小鱼	能够在舞台上自由游动，能变色，会被潜水员捕捉
2	螃蟹	能够在舞台底部水平移动，能变色，会被潜水员捕捉
3	章鱼	能够从舞台左下方移动到右上方，能变色，会被潜水员捕捉
4	鲨鱼	能够自由追踪潜水员，并张大嘴巴咬人，在被炸弹击中时会变色
5	潜水员	能够跟随鼠标移动，能够捕捉小鱼、螃蟹和章鱼，能扔炸弹
6	潜航器	能够从舞台上方下潜到底部，或上升到顶部，用于搭乘潜水员
7	炸弹	由潜水员扔出，能够自动跟踪并攻击鲨鱼
8	“开始”按钮	玩家单击该按钮后开始进行游戏
9	血条	显示玩家的游戏得分（也代表潜水员的生命值）。潜水员捕捉到小鱼等会加分，被鲨鱼咬到会减分，扔炸弹也会减分
10	游戏场景	根据游戏的等待、运行、胜利和失败 4 种状态显示相应的背景图片

在对游戏进行规划之后，就可以按照各个角色（对象）的功能进行项目的创作。其中最核心的工作就是编写角色的控制脚本。

在 Scratch 中，如果要访问某个角色（对象）的属性，可以使用“侦测”指令面板中的“[……] 的 [……]”积木来访问。如图 12-2-1 所示，一个角色（对象）提供的能被访问的属性有 x 坐标、y 坐标、方向、造型编号、造型名称、大小和音量，还可以访问角色中创建的“仅适用于当前角色”的变量。而舞台提供的能够访问的属性有背景编号、背景名称和音量，还可以访问“适用于所有角色”的变量。这些属性只能够访问，而不能被修改。

图 12-2-1　可访问的角色和舞台的属性

使用“变量”指令面板中的列表指令积木，能够为角色添加私有数据（仅适用于当前角色），但是这种数据不能在其他角色或舞台中访问。另外，使用“制作新的积木”能够为角色添加自定义过程，但是不能在其他角色中调用，这和其他面向对象的编程语言是不一样的。

如果要在各个角色之间进行通信，则使用 Scratch 提供的消息机制，它能够在角色之间广播和接收消息。我们将在下一章进行介绍。

12.2.2 用克隆模式编程

在 Scratch 中使用克隆模式进行编程时，会用到面向对象的封装和继承的特性，这是一种比较接近于其他高级语言的编程方式。角色作为克隆体的原型，在脚本中不再直接操作角色原型与其他角色交互，而是专注于对克隆体进行编程。克隆体的控制脚本将主要放在“当作为克隆体启动时”积木之下。克隆体在被创建时，将保持角色原型的外观、位置等所有状态和私有数据。接下来，我们将探讨使用克隆模式编程时应该注意的问题。

在角色中能够创建“仅适用于当前角色”的变量或列表，从而使每个角色能够拥有自己的数据。当克隆体被创建时，角色的私有数据会被克隆体继承，从而使每个克隆体都能够拥有自己的数据。

如图 12-2-2 所示，在一个角色的脚本中创建了一个名为“编号”的私有变量，然后在一个循环结构中创建了两个克隆体。可以看到，克隆体在创建时继承了角色当时的外观和位置，两个克隆体和一个角色原型间隔 120 个单位呈一字排列，角色原型排在最后；同时克隆体也继承了角色原型的私有变量。当角色原型的“编号”变量为 1 时，被第一个创建的克隆体继承，因此第一个克隆体会说“我是克隆体：1”；同样，第二个克隆体会说“我是克隆体：2”；而角色原型会说“我是原型：3”。

图 12-2-2　每个克隆体使用自己的“编号”变量

如图 12-2-3 所示，这些脚本演示了如何区分角色原型和克隆体，也是利用角色的私有变量能够被克隆体继承来实现的。在脚本中，将“克隆……”积木放在“当按下 [空格] 键”积木之下执行。由于响应键盘按键事件的脚本也会被克隆体继承，所以需要判断响应事件的是角色原型还是克隆体。如果不加区分，那么克隆体也会响应空格键被按下的事件，就会在克隆体内执行“克隆……”积木，从而使克隆体出现“指数爆炸”的现象。读者可以将“如果……那么”积木去掉，感受一下克隆体的“指数爆炸”。

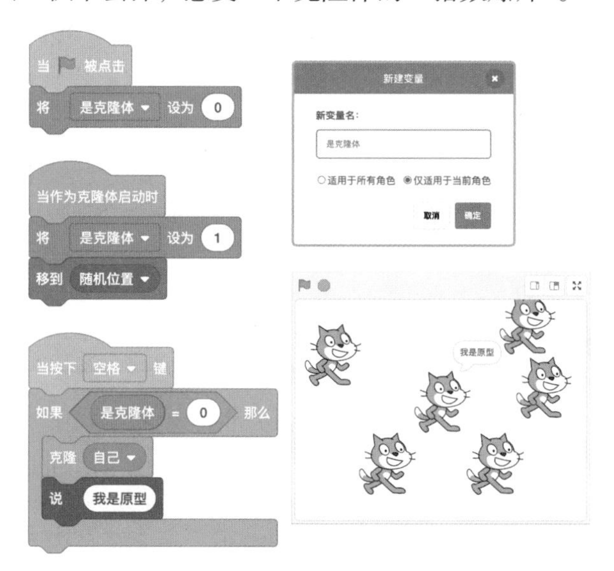

图 12-2-3 区分角色原型和克隆体

由于“当🏴被点击”积木是第一个被触发执行的，它总是在克隆体被创建之前执行，因此把“克隆……”积木放在“当🏴被点击”积木之下是最为稳妥的。而在其他事件指令积木下使用“克隆……”积木时，则要注意区分角色原型和克隆体，避免克隆体的“指数爆炸”。

12.2.3 动手练：飞扬的小鸟

1. 练习重点

克隆功能的使用。

2. 问题描述

利用克隆技术设计一款类似 Flappy Bird 的小游戏。

3. 解题分析

Flappy Bird 是一款简单但操作困难的手机游戏，玩家必须控制一只小鸟一直向前飞行，并躲避途中高低不平的管道。

在本案例中，用 Scratch 简单地模仿和设计这款游戏，如图 12-2-4 所示。使用背景库中的 Blue Sky

图 12-2-4 “飞行的小鸟”游戏运行画面

图片作为游戏背景，使用角色库中的 Parrot 和 Paddle 分别作为小鸟角色和管道角色。该游戏的实现并不复杂，其编程思路如下。

使用克隆功能不断地创建管道，并使管道从舞台右边以一定速度向左边移动。通过随机指定管道角色的 y 坐标，使管道显得长短不一。通过切换造型，使小鸟在游戏中一直保持扇动翅膀的动画效果。游戏开始时小鸟角色位于舞台中心，默认会向下坠落。当按下“上移键”时小鸟上升；否则小鸟自动下落。如果小鸟在飞行过程碰到管道，那么游戏就结束。

4. 练习内容

（1）使用克隆技术创建不断移动的长短不一的管道，如果小鸟碰到管道则游戏结束。

（2）修改游戏为用生命值控制游戏结束。当小鸟碰到管道时减少生命值，当生命值等于 0 时则游戏结束。

12.3 动画案例

用法简单的克隆指令积木是 Scratch 极具魅力的特性之一。利用克隆技术可以让舞台成为一个神奇的虚拟世界，在其间模拟万物变化。一个角色可以拥有多个造型，通过造型的切换，可以让角色“活”起来；然后用角色作为原型，可以创造出一群“活”的克隆体。例如，制作一个小雨滴而后就能克隆出一场绵绵夜雨。一个角色内含一支画笔，角色的每个克隆体也都含有一支画笔。大量的克隆体画笔同时工作，能够创造出让人惊艳的作品。例如，画一只小蝌蚪而后就能克隆出一群蝌蚪游嬉在荷塘中。在这一节中，我们将利用克隆技术创作几个简单有趣的动画作品。

12.3.1 绵绵夜雨

伴随着轰鸣的雷声，一场大雨降临城市夜空。看雨滴四溅，听雨声潇潇，别有一番趣味。让我们用 Scratch 制作一个动画来模拟一场绵绵夜雨吧！

在背景库中有一个名为 Night City 的图片（见图 12-3-1），其内容是城市的夜景，可以作为舞台的背景。然后，从本书资源包中把角色文件“雨滴 .sprite3”导入角色列表中。雨滴角色中包含一组雨滴变化的造型和一组雷声、雨声，可以在雨滴角色的造型列表和声音列表中查看（见图 12-3-1）。

夜雨动画的变化过程：雷声响起 3 秒之后，伴随着淡入的雨声，无数小雨滴不断地从舞台顶部落下，落到舞台下方时就四处飞溅。

如图 12-3-2 所示，这是播放雷声和雨声的控制脚本。在“当🏁被点击”积木执行后，使用“播放声音……”积木播放“雷声”，并等待 3 秒。然后，广播“下雨”的消息，以异步执行的方式让其他脚本生成雨滴克隆体。之后，播放“雨声淡入”的声音，以及使用“重复执行”积木反复地播放“雨声”。

如图 12-3-3 所示，这是雨滴动画的控制脚本。当接收到“下雨”的消息后，使用“重复执行”积木不停地生成雨滴克隆体。当雨滴克隆体启动时，先显示造型列表中的第一个造型“雨滴 1”，然后调用“雨滴下落”过程和“雨滴四溅”过程，最后删除克隆体。

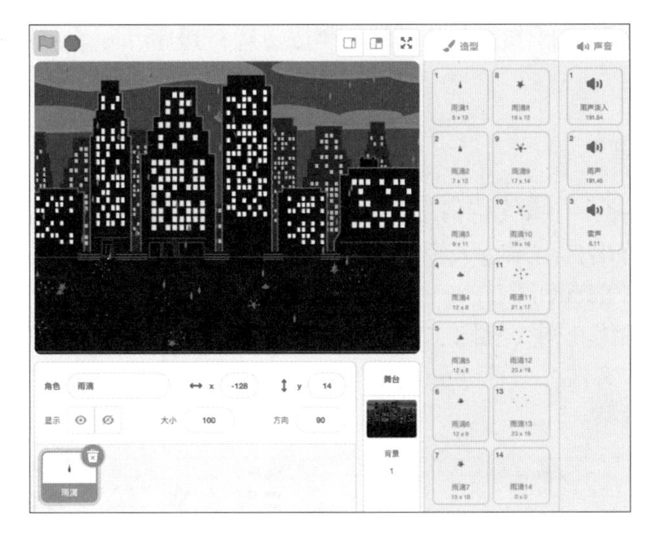

图 12-3-1　夜雨动画的舞台背景、造型和声音

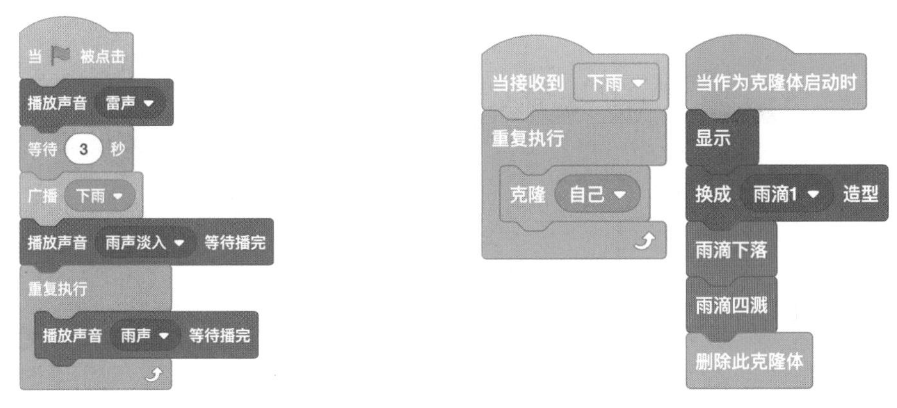

图 12-3-2　雷声和雨声的控制脚本　　　　图 12-3-3　雨滴动画的控制脚本

雨滴下落和雨滴四溅的动画效果分别由“雨滴下落”过程和“雨滴四溅”过程来实现，它们的控制脚本如图 12-3-4 所示。在“雨滴下落”过程中，先将雨滴移到舞台顶部（y 坐标为 180、x 坐标为随机），然后移到舞台下方区域（y 坐标在 –170 ~ –65 之间）。在“雨滴四溅”过程中，通过切换雨滴造型列表中的后 13 个造型实现雨滴四溅的动画效果。

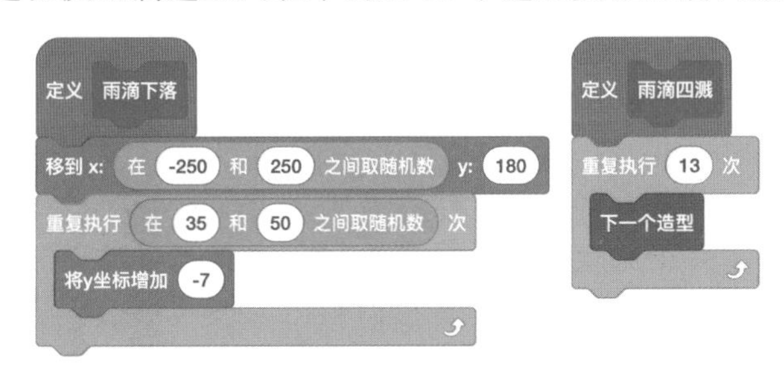

图 12-3-4　“雨滴下落”和“雨滴四溅”过程的控制脚本

至此，这个动画作品制作完成了。单击🏴按钮运行程序，随着一声惊雷响起，绵绵夜雨从天空中落下。

12.3.2 飘飘飞雪

“有梅无雪不精神，有雪无诗俗了人。日暮诗成天又雪，与梅并作十分春。”这首妙趣横生、富有韵味的诗出自南宋诗人卢梅坡创作的七言绝句组诗作品《雪梅二首》。为了配合这首诗，让我们用 Scratch 制作一个飘飘飞雪的动画作品吧！

这个作品用一幅梅花图（见图 12-3-5）作为背景，舞台上生成无数飘落的雪花。从本书资源包中导入图片文件“梅花 .png”作为舞台的背景，然后使用绘图编辑器制作一个白色透明渐变的雪花造型。

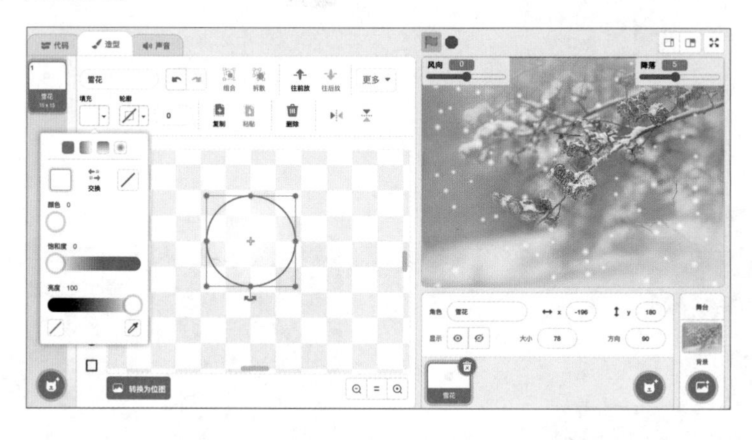

图 12-3-5　飘雪动画的舞台背景和雪花造型

雪花造型的制作步骤：将鼠标指针移到角色管理区右下角的“添加角色”按钮上，在弹出的添加角色工具栏中单击“绘制”按钮创建一个空角色。然后，利用绘图编辑器工具栏中的圆形工具在画布上画出一个圆形，再将它由内向外填充为白色到透明。之后，将圆形大小调整为 15 × 15 或其他相近尺寸，将位置调整到画布的中心。这样就制作完成了一个边缘半透明的白色雪花造型。

在飘雪动画的脚本中，使用变量“风向”和“降落”来控制雪花在水平和垂直两个方向上的移动速度，将这两个变量显示在舞台上并切换成滑杆模式，这样就可以在程序运行时通过舞台上的这两个变量显示器控制雪花飘动的方向和降落的速度。

如图 12-3-6 所示，这是飘雪动画的控制脚本。将变量“风向”和“降落”的初始值分别设定为 0 和 5，即默认情况设置为无风，让雪花垂直落下。然后使用一个无限循环结构不断地创建雪花克隆体，让雪花不间断地飘落。当雪花克隆体启动时，依次调用“雪花初始化”过程和“雪花飘落”过程控制雪花的运动。

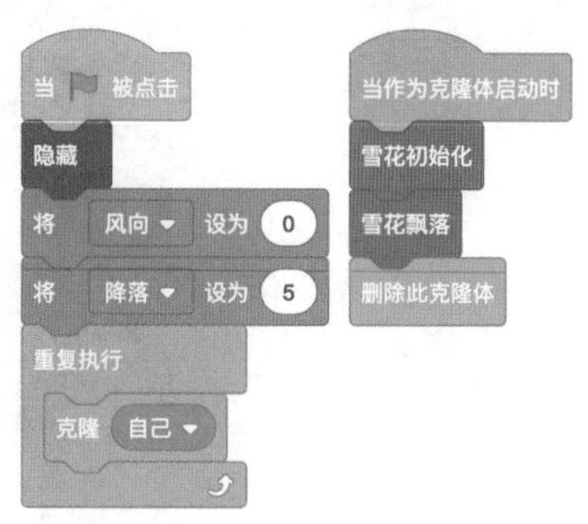

图 12-3-6　飘雪动画的控制脚本

如图 12-3-7 所示，在“雪花初始化”过程的脚本中，将雪花的初始位置设为舞台顶部的任意位置，大小设为原大小的 50%~100%。在“雪花飘落”过程的脚本中，雪花的 y 坐标由变量“降落”控制；雪花的 x 坐标由变量“风向”控制，让雪花可以左右飘动。当雪花碰到舞台左边缘时，将其移到舞台右边缘继续运动，反之也一样。

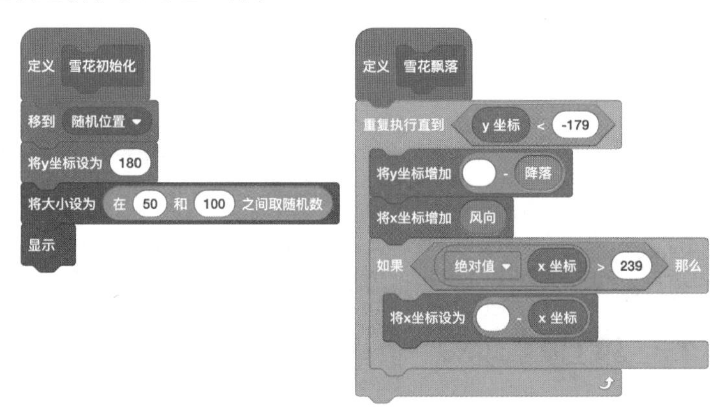

图 12-3-7　“雪花初始化”和“雪花飘落”过程的脚本

至此，这个动画作品制作完成了。单击按钮运行程序，观看雪花飘舞的效果吧！通过调整舞台上“风向”和“降落”两个变量显示器的数值，可以改变飞雪的效果。

12.3.3　水墨蝌蚪

夏日的池塘荷花盛开，荷花下有一群黑乎乎的小蝌蚪，摇动着小小的尾巴，悠闲地游来游去。蝌蚪与荷花相映成趣，令人百看不厌。让我们用 Scratch 画一群水墨蝌蚪（见图 12-3-8），让它们游嬉在荷塘之中。

图 12-3-8　“水墨蝌蚪”动画运行效果

在这个作品中，舞台背景使用浅蓝色渐变过渡到浅灰色（见图 12-3-8），达到天空与池塘相接连的效果。在绘图编辑器中设置填充方式为从上到下渐变，上边的颜色参数是：颜色 50、饱和度 25、亮度 100，下边的颜色参数是：颜色 0、饱和度 0、亮度 90；再使用矩形工具在画布上拖动鼠标指针画出一个矩形，将按照设置的参数填充颜色。这样就制作完成了舞台的背景。

接着，从本书资源包中将图片文件“荷花 .png”导入到角色列表中作为荷花角色（见图 12-3-8）。荷花图片是抠掉背景的 png 格式，其背景是透明的，这样就不会挡住绘制在舞台上的蝌蚪。

然后，在角色列表中添加一个空角色，并在角色属性面板中将角色的名字修改为“蝌蚪”。在这个作品中，蝌蚪不是使用绘图编辑器绘制的，而是在脚本中使用画笔指令积木画出来的。

如图 12-3-9 所示，这是绘制水墨蝌蚪和控制其运动的脚本。在“当被点击”积木下，使用循环指令积木创建 15 个蝌蚪角色的克隆体，每个克隆体的方向和位置都是随机的。当蝌蚪克隆体启动时，先设置变量“尾巴变化”为一个随机数，然后在一个无限循环结构中绘制蝌蚪外形和控制其运动。调用“画蝌蚪”过程时使用的“宽度”参数是 10，“长度”参数是 15，这两个参数决定了蝌蚪的大小。读者也可以修改为使用随机数设定这两个参数，从而让蝌蚪大小各异。蝌蚪的运动方式是随机向左或向右转 5 度，向前移动 1~3 步，如果碰到舞台边缘就反弹。

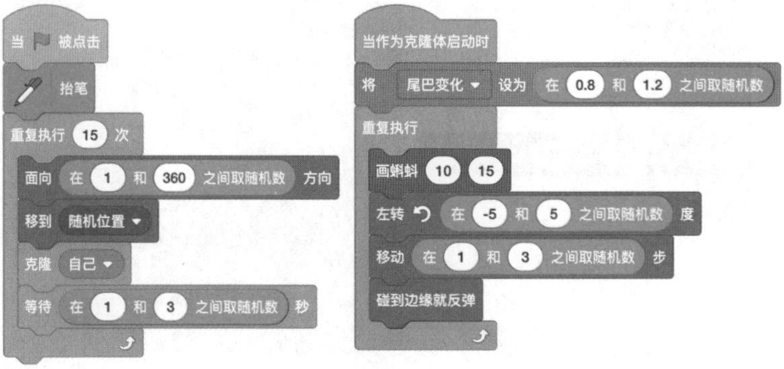

图 12-3-9　水墨蝌蚪的控制脚本

如图 12-3-10 所示，这是定义“画蝌蚪”过程的脚本，根据“宽度”和“长度”两个参数在舞台上绘制蝌蚪的外形。先将画笔的颜色设为黑色，粗细设为参数变量“宽度”的值。然后，使用一个次数型循环结构画出蝌蚪外形，循环次数设为参数变量“长度”的值。画蝌蚪时，使用“移动 −1 步”积木向后移动从头到尾画出一个蝌蚪。每移动 1 步，将画笔的粗细减小一个数值（“尾巴变化”变量的值），从而使每只蝌蚪的尾巴都有一些变化。最后用“移动 (长度) 步”积木将画笔向前移动到开始的位置。这样就完成了绘制一只蝌蚪的过程。需要注意的是，在创建“画蝌蚪”过程时，需要勾选“运行时不刷新屏幕”选项，从而使该过程的执行速度加快。

最后，切换到舞台的代码区编写擦除舞台内容的脚本。如图 12-3-11 所示，在这个脚本中，将舞台的虚像特效值设定为 50（即透明度为 50），并通过“图章”积木反复地将舞台背景“印”到舞台上，从而快速地擦除舞台上画出的内容，使得画出的蝌蚪有一条灵动

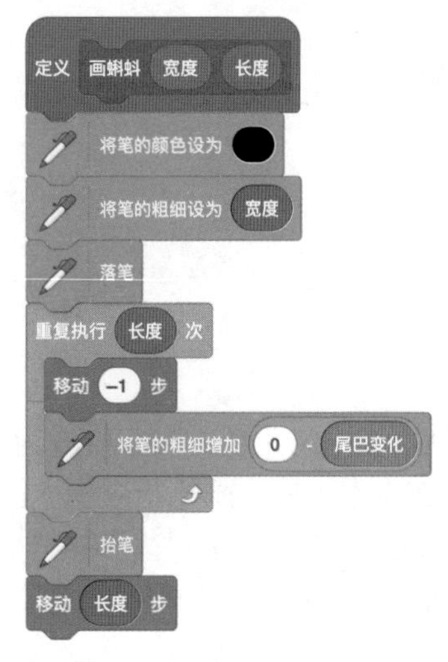

图 12-3-10　用画笔绘制一只蝌蚪

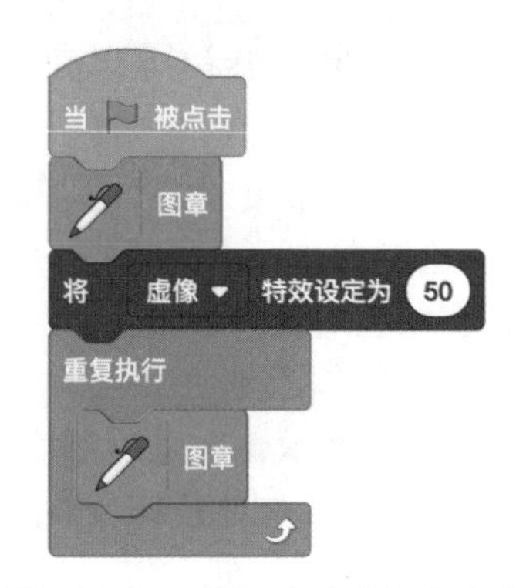

图 12-3-11　用图章擦除舞台内容

的小尾巴。默认情况下，“图章”积木没有显示在舞台的指令面板中，可以从角色的指令面板中将“图章”积木拖动到舞台的代码区。

至此，这个动画作品制作完成了。单击按钮运行程序，观看蝌蚪在荷塘中游动的效果吧！在本书资源包中有一个音乐文件“雨韵 .mp3”，可以将其导入项目中作为背景音乐循环播放，让作品的视听效果更美妙。

12.3.4　炫彩圆舞

使用画笔积木可以画出绚烂斑斓的视觉艺术作品。如图 12-3-12 所示，这个作品的编程思路是：让一支画笔从舞台的中心开始向右旋转画出一个大圆，再向左旋转画出一个小圆，最后让画笔从舞台中心向舞台边缘的任意方向画出一条随机的曲线。一边画出彩色的轨迹，一边又被不断地擦除。大量画笔同时工作，就呈现出让人惊艳的视觉效果。

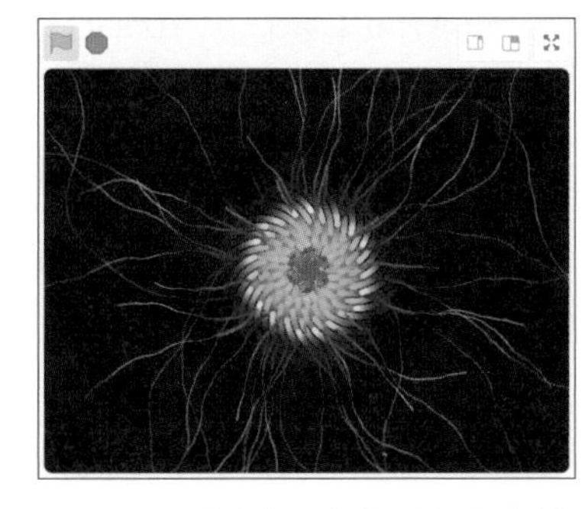

图 12-3-12　“炫彩圆舞”动画运行效果

这个作品需要一个黑色的舞台背景，可以增强视觉效果。然后添加一个空角色，并修改名字为“画笔”。不需要其他素材，对这个画笔角色进行编程就能画出让人惊艳的作品。

如图 12-3-13 所示，这是主程序的脚本，用于将动画效果反复呈现在舞台上。在脚本中，设置变量“画笔数量”的值为 300，将会创建 300 个画笔克隆体同时工作；变量“距离”“大圆旋转角度”“画笔偏移角度”取一些随机的数值，使得每次呈现的画面变化多姿。通过调用“创建画笔”过程创建大量画笔克隆体来完成绘图工作。通过“等待……”积木等待完成绘图工作，当变量“画笔数量”的值为 0 时，则表示所有画笔克隆体工作完毕。在等待 1 秒之后，就进入下一轮循环。

如图 12-3-14 所示，这是定义“创建画笔”过程的脚本，通过“数量”和“偏移角度”两个参数变量创建画笔克隆体。在这个脚本中，先对画笔角色进行初始化设置，然后用循

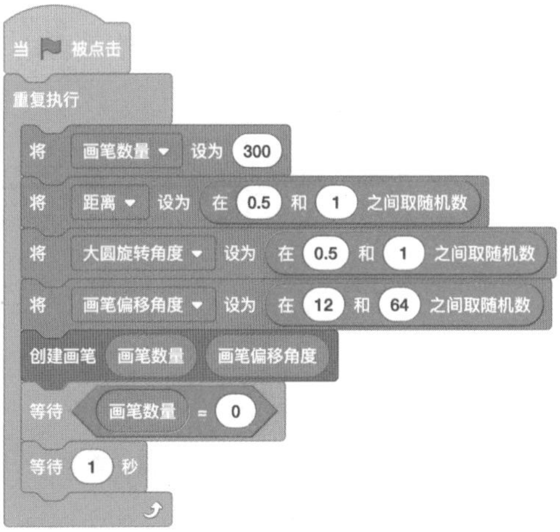

图 12-3-13　主程序的脚本

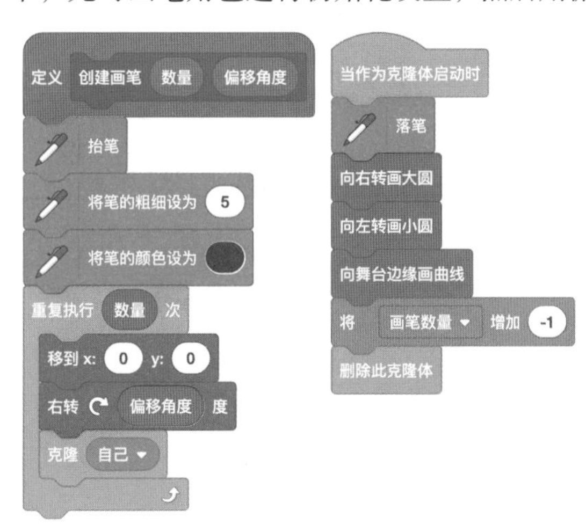

图 12-3-14　创建画笔克隆体的脚本

环结构不断地创建 300 个画笔克隆体，每个克隆体初始位置放在舞台中心，初始方向偏移一定的角度，使得 300 个克隆体能向四周呈辐射状移动。当克隆体启动时，依次调用“向右转画大圆”“向左转画小圆”“向舞台边缘画曲线”3 个过程完成绘图工作。每个画笔克隆体画完之后，就将变量“画笔数量”的值减 1，然后删除当前克隆体。

图 12-3-15 和图 12-3-16 分别是定义“向右转画大圆”过程和“向左转画小圆”过程的脚本。圆的画法采用正多边形逼近法，变量“距离”的值作为正多边形的边长，变量“大圆旋转角度”的值作为正多边形的外角，由 360 除以外角可算得正多边形的边数。每画一条边时，将画笔颜色值增加 1，从而画出渐变的各种颜色，呈现出绚丽斑斓的效果。

图 12-3-17 是定义“向舞台边缘画曲线”过程的脚本。在画完小圆后，画笔回到舞台中心位置，然后采用随机转变方向的方式向舞台边缘画出一条曲线。每画一段线就将画笔颜色值增加 10，将画笔粗细减小 0.3，从而得到一条逐渐变细的彩色曲线。

最后，切换到舞台的代码区编写快速擦除舞台内容的脚本（见图 12-3-18）。这个脚本的作用与“水墨蝌蚪”作品一样，都是使用“图章”积木实现快速擦除舞台上画出的内容，不同之处是虚像特效值设定为 90（即透明度为 90）。

图 12-3-15　向右转画大圆的脚本

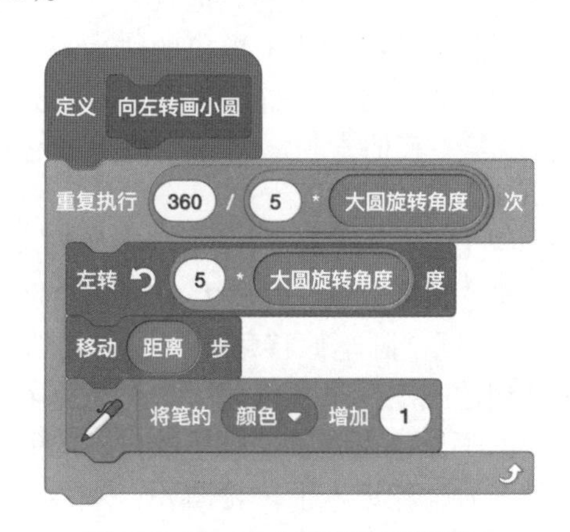

图 12-3-16　向左转画小圆的脚本

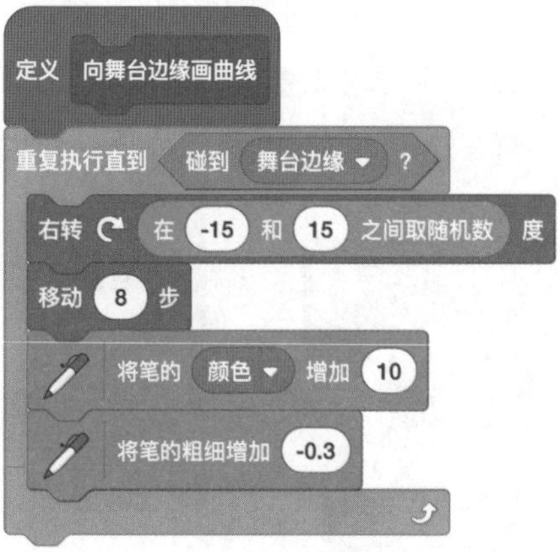

图 12-3-17　向舞台边缘画曲线的脚本

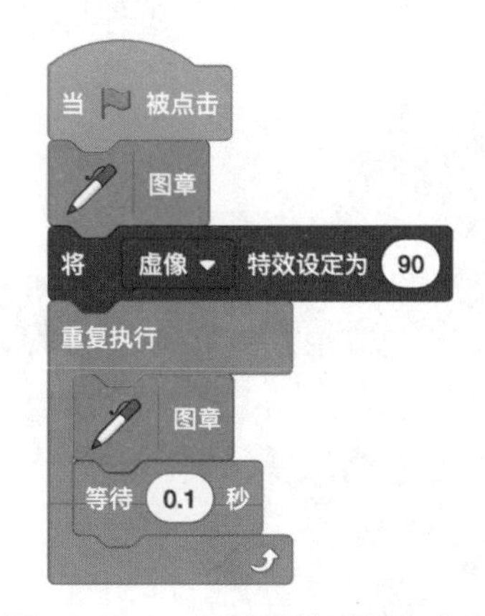

图 12-3-18　用图章擦除舞台内容

至此，这个动画作品制作完成了。单击按钮运行程序，观赏舞台上那绚烂斑斓的视觉效果吧！可以为作品添加一个动听的背景音乐，让作品拥有美妙的视听效果。

第 13 章

消息和事件

这一章将向读者讲授 Scratch 的消息和事件功能，以及事件驱动编程的知识。

Scratch 提供一种简单的消息机制，能够在舞台和各个角色之间广播和接收消息。当在 Scratch 项目中创建过多的角色或编写复杂的控制逻辑时，各个角色之间的相互协作就会变得愈加困难。而使用消息机制，则可以解决这个问题，使我们能够创作规模更大、更复杂的 Scratch 项目。

Scratch 是一种事件驱动的编程语言，创作 Scratch 项目其实就是围绕各种事件进行编程。通常情况下，Scratch 项目的启动运行依靠的是“当被点击”事件，当用户单击舞台上的按钮时，这个事件就被触发，以“当被点击”积木开始的一个脚本就会被执行。此外，Scratch 还能够对用户按下键盘、角色被单击、舞台背景切换、响度变化和视频画面变化等诸多行为触发不同的事件。通过编写响应各种事件的处理脚本，从而构建起一个完整的 Scratch 项目。

在本章的“海底探险”游戏案例中，将使用消息机制对之前创作的游戏项目进行改造，涉及的内容是：取消用全局变量“潜航器”协调各角色，改为使用消息机制实现对潜航器的着陆和返航、潜水员的出舱和回舱等行为的控制。

本章包括以下主要内容。

- 利用消息机制改造“海底探险”游戏项目。
- 介绍广播和接收消息指令积木的用法。
- 探讨消息机制中异步和同步广播消息及消息队列技术的应用。
- 介绍事件驱动编程和探讨事件的并发问题。
- 综合运用编程知识制作几个趣味游戏作品。

13.1 海底探险 13：消息机制

在这一节中，我们将介绍广播和接收消息指令积木的用法，并利用消息机制改造之前创作的“海底探险”游戏项目。

13.1.1 广播和接收消息

在 Scratch 的“事件”指令面板中提供一组消息指令积木（见图 13-1-1），使用它们能够在各个角色之间广播消息和接收消息，并编写消息的响应处理脚本，从而方便地协调各个角色之间的行为。

使用“广播……”积木时，需要创建一个消息名称，默认的一个消息名称是“消息 1”。可以使用该积木下拉菜单中的“新消息”命令来创建一个有意义的消息名称。如图 13-1-2 所示，在“新消息”对话框的“消息名称”文本框中可以输入一个有意义的消息名称。之后，在“广播……”积木的下拉菜单中就可以选择新创建的消息，并将它广播出去。

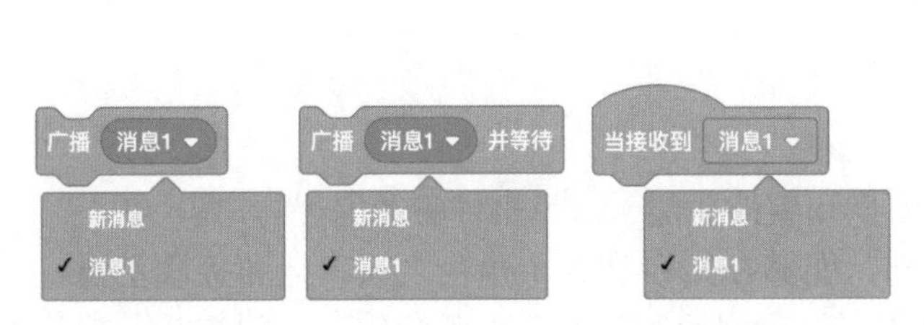

图 13-1-1 消息指令积木

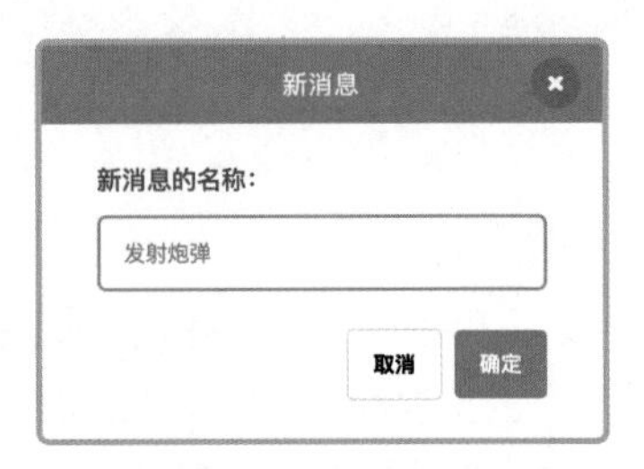

图 13-1-2 “新消息”对话框

当一个消息被广播之后，当前项目中的所有角色、克隆体和舞台等都能够使用“当接收到……”积木来接收消息。

接下来，我们用一个演示案例来介绍消息指令积木的使用。在这个案例中，假设在舞台上有一群随机分布的企鹅，当它们接收到“集合”消息之后，就会滑行到舞台下方并排好队。

如图 13-1-3 所示，在企鹅角色的代码区中，这两个脚本用于克隆出 7 个企鹅角色的副本，并将它们随机分布在舞台上。

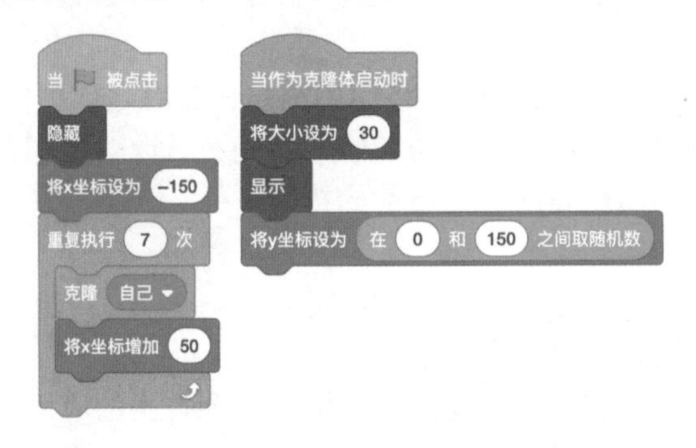

图 13-1-3 将克隆的企鹅随机分布在舞台上

如图 13-1-4 所示，这两个脚本用于广播和接收“集合”消息。当用户按下空格键时，就使用“广播 [集合]”积木向所有的企鹅发出一条“集合”消息；而所有的企鹅使用“当接收到 [集合]”积木接收到这条消息时，就会滑行到舞台的下方排好队。

图 13-1-4 广播和接收“集合”消息

13.1.2 用消息机制改造游戏

打开前面创作的“海底探险”游戏项目进行改造，修改的内容是：取消用全局变量“潜航器”协调各个角色，改为使用消息机制实现对潜航器的着陆和返航、潜水员的出舱和回舱等行为的控制。

1. 潜航器着陆

在游戏显示等待画面时，当玩家单击“开始”按钮，使用“广播……”积木广播一条“着陆”的消息，将会通知潜航器角色从舞台上方开始着陆。切换到“开始”按钮角色的代码区，修改“当角色被点击”事件的处理脚本，如图 13-1-5 所示。

图 13-1-5　增加“广播 [着陆]”积木

切换到潜航器角色的代码区，将控制潜航器着陆和倒计时的脚本修改为接收“着陆”消息的处理脚本，如图 13-1-6 所示。

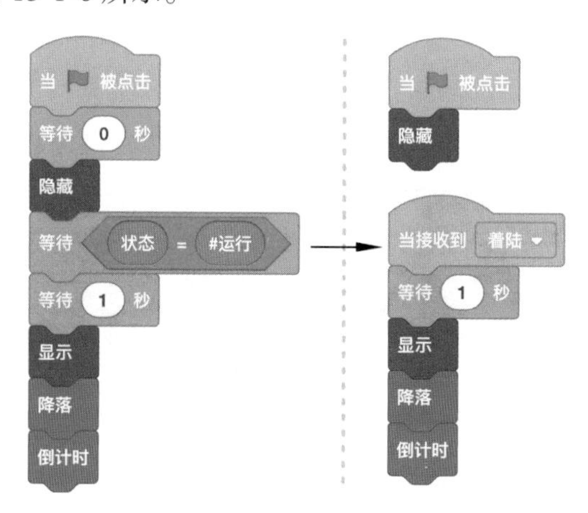

图 13-1-6　潜航器角色接收“着陆”消息的处理脚本

2. 潜水员出舱

在潜航器角色的代码区，修改“降落”过程的脚本，把其中的“将 [潜航器] 设为 [# 着陆]”积木替换为“广播 [出舱]”积木，如图 13-1-7 所示。

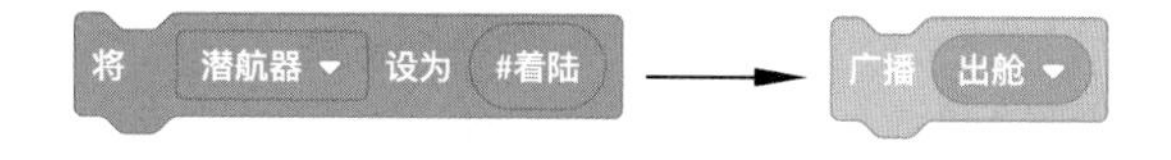

图 13-1-7　广播“出舱”消息

切换到潜水员角色的代码区，将控制潜水员出舱、操控和回舱的脚本修改为接收“出舱”消息的处理脚本，如图 13-1-8 所示。

切换到鲨鱼角色的代码区，将控制鲨鱼出现和摆动的脚本修改为接收“出舱”消息的处理脚本，如图 13-1-9 所示。

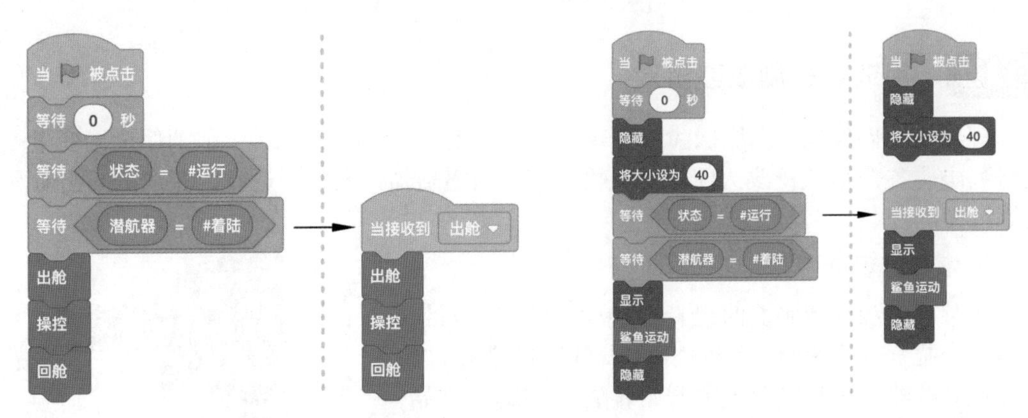

图 13-1-8　潜水员角色接收“出舱”消息的处理脚本

图 13-1-9　鲨鱼角色接收“出舱”消息的处理脚本

切换到炸弹角色的代码区，将使用空格键扔炸弹的脚本修改为接收“出舱”消息的处理脚本，如图 13-1-10 所示。

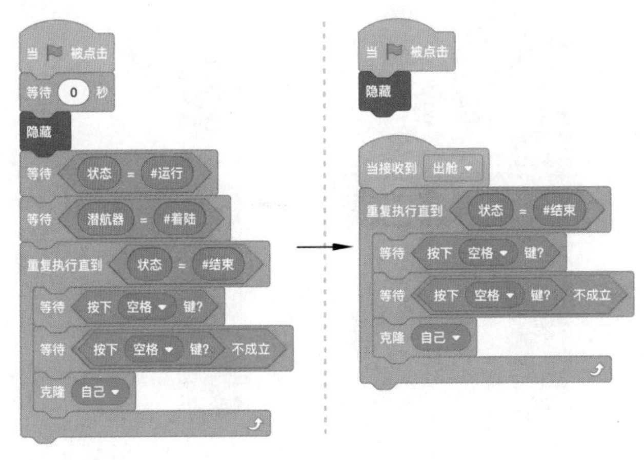

图 13-1-10　炸弹角色接收“出舱”消息的处理脚本

切换到血条角色的代码区，将绘制血条的脚本修改为接收“出舱”消息的处理脚本，如图 13-1-11 所示。

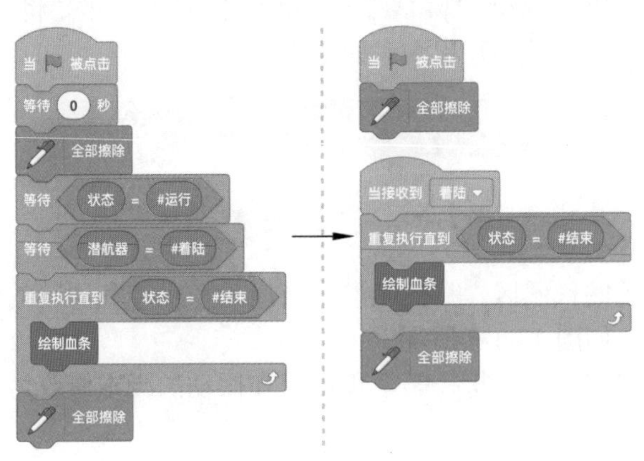

图 13-1-11　血条角色接收“出舱”消息的处理脚本

3. 潜水员回舱

切换到潜水员角色的代码区，修改“回舱”过程的脚本，把“将 [潜航器] 设为 [#回舱]”积木替换为“广播 [回舱]”积木，如图 13-1-12 所示。

图 13-1-12　广播“回舱”消息

切换到潜航器角色的代码区，将控制潜航器回舱的脚本修改为接收“回舱”消息的处理脚本，如图 13-1-13 所示。

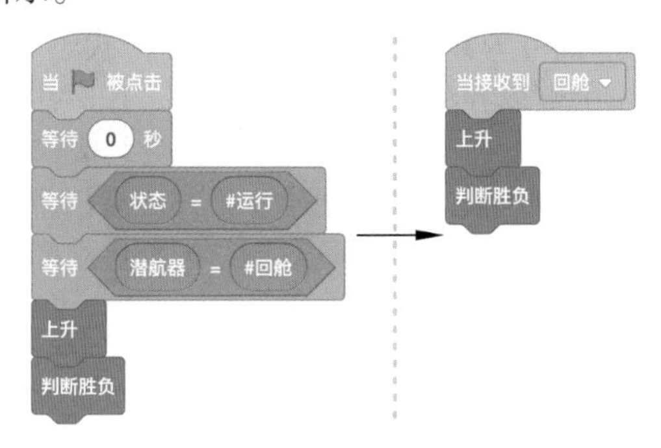

图 13-1-13　潜航器角色接收“回舱”消息的处理脚本

4. 潜航器返航

切换到潜航器角色的代码区，修改“上升”过程的脚本，把“将 [潜航器] 设为 [#返航]”积木替换为“广播 [返航]”积木，如图 13-1-14 所示。

图 13-1-14　广播“返航”消息

切换到舞台的代码区，将处理游戏胜利和失败的脚本合并，修改为接收“返航”消息的处理脚本，如图 13-1-15 所示。在“游戏初始化”过程的脚本中，删除和“潜航器”变量相关的几行指令积木，如图 13-1-16 所示。

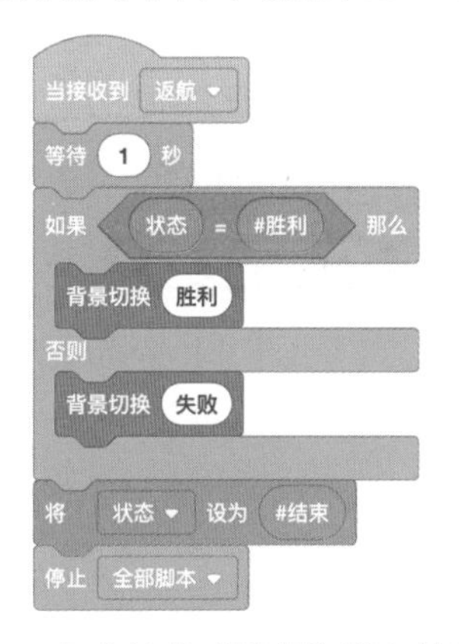

图 13-1-15　舞台接收“返航”消息的处理脚本

图 13-1-16　删除和“潜航器”变量相关的脚本

至此，就完成了使用消息机制控制潜航器和潜水员进行着陆、出舱、回舱、返航等活动，现在可以对整个游戏项目进行测试。此外，还可以对小鱼、螃蟹、章鱼和鲨鱼等角色进行修改，创建一个“游戏开始”的消息用于代替“当🏁被点击”事件，将各角色中的“当🏁被点击”积木下的脚本放到“当接收到 [游戏开始]”积木下。请读者自行修改。

13.2 消息机制

13.2.1 消息的异步和同步

在 Scratch 中，消息的广播分为异步和同步两种工作方式。

使用“广播……”积木能够以异步的方式广播消息。在广播消息的处理脚本中，广播消息之后会立即执行该脚本中的下一个指令积木，不会受到接收消息的处理脚本的影响。

如图 13-2-1 所示，这两个脚本演示了使用异步方式广播消息。在小猫角色的脚本中使用“广播……”积木把消息“问好”广播之后，小猴子角色立即就能接收到这个消息。于是，小猴子和小猫同时向对方问好。

图 13-2-1　异步方式广播消息

使用“广播……并等待”积木能够以同步的方式广播消息。在广播消息的处理脚本中，广播消息之后会一直等待在“广播……并等待”积木的位置，直到所有接收消息的处理脚本执行完毕之后，才会继续往下执行。

如图 13-2-2 所示，这两个脚本演示了使用同步方式广播消息。在小猫角色的脚本中使用“广播……并等待”积木把“问好”消息广播后，脚本不会继续往下执行，而是等待在该指令积木处。小猴子角色在接收到这个消息后，就会说“你好，小猫！”并持续 2 秒。在小猴子角色的脚本执行完毕后，小猫角色的脚本才会继续执行，说“你好，小猴子！”。

图 13-2-2　同步方式广播消息

13.2.2 用消息实现模块化编程

在生活中，给你一颗小葡萄，你一口就可以吃掉；而给你一个大西瓜，你就不能一口吃掉了。这时可以采取“分而治之”的策略，将大西瓜切成小块，分而食之。在编程中也可以采取这种“分而治之”的策略，把一个大型程序分成若干个小模块，然后分别编写和测试各个小模块，最后再将这些小模块整合在一起，从而完成大型程序的编写。这种编程方法称为“模块化编程”。

利用自制积木（过程）可以实现模块化编程。将一个大程序划分为多个模块，每个模块使用一个自制积木编程实现。

如图 13-2-3 所示，这是一个使用自制积木画房子的脚本。这个简单的房子图形由房顶（三角形）、主体（正方形）和窗户（正方形）3 个部分组成，分别定义了“画房顶”“画主体”“画窗户”3 个过程绘制房子的各个部分。在“当🏁被点击”积木下面依次调用这 3 个过程，就能画出整个房子图形。

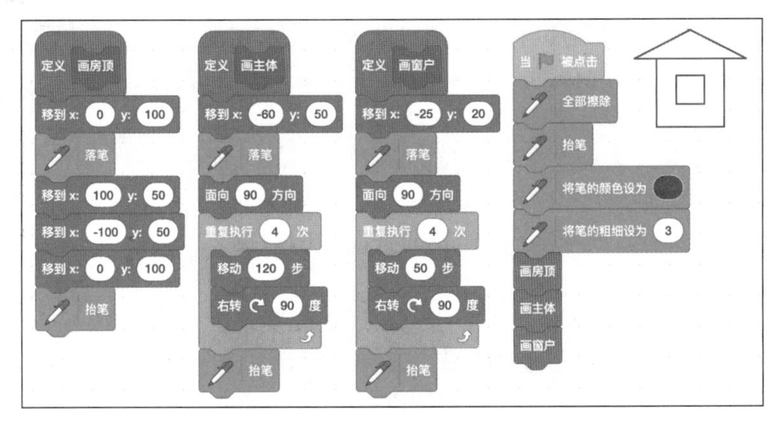

图 13-2-3 利用自制积木画房子

利用消息积木也可以实现模块化编程。每一个“当接收到……”积木可以作为一个模块脚本的开头，然后在它下面可以编写一段代码实现某个模块的功能。将一个大程序划分成多少个模块，就可以用多少个“当接收到……”积木来编写模块代码。

如图 13-2-4 所示，这是一个使用消息积木画房子的脚本。使用 3 个“当接收到……”积木分别接收“画房顶”“画主体”“画窗户”这 3 个消息，并绘制出房子的 3 个部分。在“当🏁被点击”积木下面使用“广播……并等待”积木依次发送“画房顶”“画主体”“画窗户”这 3 个消息，则对应的接收消息的处理脚本就会被执行，然后就能画出整个房子图形。

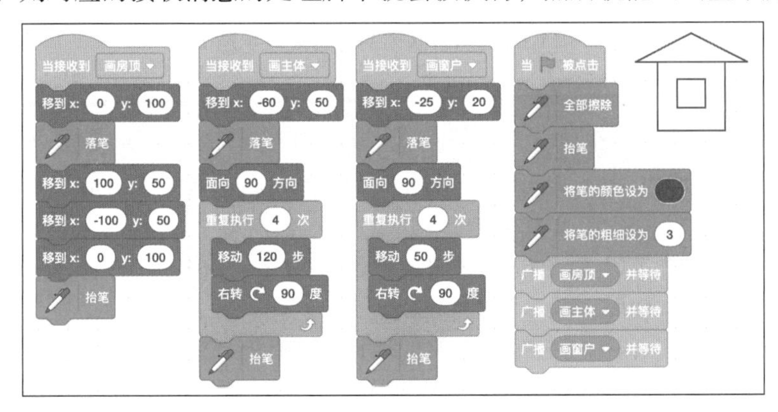

图 13-2-4 利用消息积木画房子

使用消息积木和自制积木是 Scratch 提供的两种模块化编程方法。在某些情况下，两种方法可以相互代替，但是两者都有各自的特点，适用于各自的应用场合。例如，消息积木可以使用同步和异步两种方式执行，而自制积木只能使用同步方式执行；使用消息积木只能发送一个消息名称，不能携带其他数据；而自制积木可以设计为带参数的形式，从而将不同的数据传入自制积木内部进行处理，在使用上更为灵活多变，具有更高的可复用性。

13.2.3 消息队列的应用

使用 Scratch 的消息机制时，在角色之间广播的消息其实就是一个字符串。如果需要在角色之间传递更多的数据，就不能使用 Scratch 的消息机制。这时可以利用“消息队列”技术实现在各个角色之间传输复杂数据的功能。在 Scratch 中，可以用列表实现能够存储数据的消息队列。如图 13-2-5 所示，队列结构的特点是“先进先出”，就像排队上车一样，排在队列前面的人能够先上车，后来的人要排在队列的尾部。在使用列表实现队列时，需要遵循“在列表的尾部追加数据，在列表的头部取出数据”的原则进行操作。

出队
队头 元素$_1$
元素$_2$
⋮
元素$_{n-1}$
队尾 元素$_n$
入队

图 13-2-5　队列构示意图

假设在舞台上有小猫和小猴子两个角色，现在要实现让小猴子跟随小猫做相同的运动，可以使用如图 13-2-6 展示的方式，使用“消息队列”技术在两个角色之间传输数据。

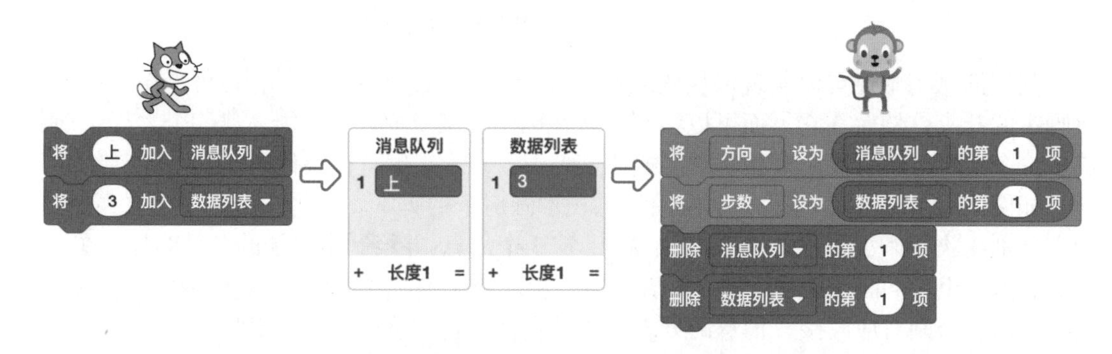

图 13-2-6　消息队列的数据处理示意图

在小猫角色的脚本中，每当小猫运动时，就将小猫运动的方向加到“消息队列”列表尾部，将移动步数加到“数据列表”列表尾部。而在小猴子角色的脚本中，会不断读取“消息队列”和“数据列表”两个列表头部的数据，并将它们存放到“方向”和“步数”这两个变量中，再删除两个列表的头部元素。

如图 13-2-7 所示，在小猫角色的处理脚本中只定义了向上和向下两种运动控制脚本，读者可以尝试加上向左和向右的运动控制脚本。

如图 13-2-8 所示，在小猴子角色的处理脚本中，取出“消息队列”和“数据列表”两个列表的头部元素并存放到变量“方向”和“步数”中，然后在“消息处理”过程中控制小猴子角色按照“方向”和“步数”进行运动。

当 被点击
删除 消息队列 的全部项目
删除 数据列表 的全部项目
将旋转方式设为 左右翻转
当按下 ↑ 键
面向 0 方向
移动 3 步
将 上 加入 消息队列
将 3 加入 数据列表
当按下 ↓ 键
面向 180 方向
移动 5 步
将 下 加入 消息队列
将 5 加入 数据列表

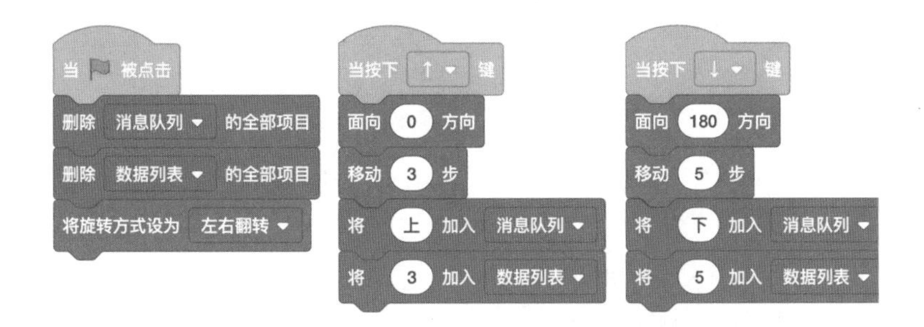

图 13-2-7　小猫角色的处理脚本

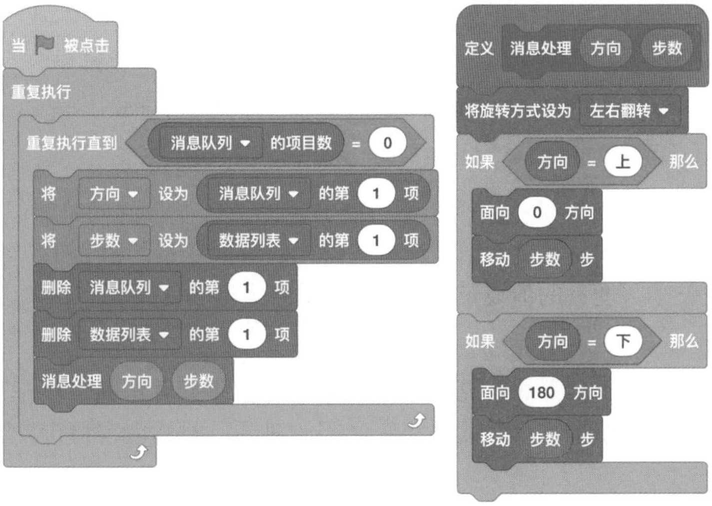

当 被点击
重复执行
重复执行直到 消息队列 的项目数 = 0
将 方向 设为 消息队列 的第 1 项
将 步数 设为 数据列表 的第 1 项
删除 消息队列 的第 1 项
删除 数据列表 的第 1 项
消息处理 方向 步数
定义 消息处理 方向 步数
将旋转方式设为 左右翻转
如果 方向 = 上 那么
面向 0 方向
移动 步数 步
如果 方向 = 下 那么
面向 180 方向
移动 步数 步

图 13-2-8　小猴子角色的处理脚本

13.2.4　动手练：小熊打车

1. 练习重点

广播和接收消息、响度事件。

2. 问题描述

利用消息机制，设计一个简单的小熊打车的动画程序。

3. 解题分析

如图 13-2-9 所示，这是本案例程序的舞台和角色造型列表。从背景库中添加 Blue Sky 作为舞台背景，从本书附带素材中上传 car-bug.png 图片文件作为小汽车角色，上传 bear-a.svg 和 bear-b.svg 两个图片作为小熊角色的两个造型。

该程序的实现并不复杂，其编程思路如下。

将小熊角色放在舞台底部的右边，小车放在舞台底部的左边。在小熊角色的脚本中，使用“当响度 >50”事件指令积木检测麦克风的响度值，当响度值大于 50 时，就将小熊角色切换到招手的造型，并使用“广播 [停车]”积木广播消息。而在小车角色的脚本中，

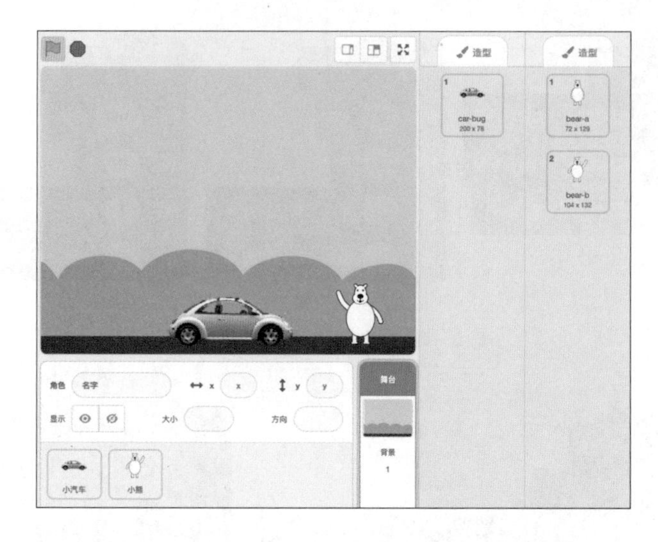

图 13-2-9 “小熊打车”的运行画面和造型列表

使用一个名为“停车”的变量控制小车是否能够移动，该变量的初始值设为 0。使用一个循环结构控制小车缓慢向右移动，循环结束条件“停车”变量的值为 1。当接收到“停车”消息时，就将“停车”变量的值设定为 1，使小车停止运动。

4. 练习内容

（1）使用“当响度 >50”事件指令积木控制小熊招手，并广播“停车”消息。

（2）使用消息指令积木实现小熊与小车之间的对话，对话内容自行设定。

13.3 事件驱动编程

在现实世界中，事件驱动是普遍存在的一种做事策略。当有人敲门时，你会去开门；当天下大雨时，你会去关窗户、收衣服；当你感到口渴时，你会去喝水；当手机没电时，你会去充电；当上课铃声响时，你会回到自己的座位上……事件五花八门，不胜枚举。简而言之，当某个事件发生时，人们就去做某个事情。

在现代程序设计中，普遍采用基于事件驱动的编程模式，Scratch 也不例外。在创作 Scratch 项目时，就是围绕各种需要处理的事件编写相应的事件处理脚本。如图 13-3-1 所示，在 Scratch 的“事件”指令面板中提供一些事件指令积木用来响应 Scratch 产生的各种事件，可以在这些指令积木之下编写事件处理脚本。在编程时，我们可以采用事件驱动的编程策略，根据不同的事件，设计和编写各种处理程序。例如，当按钮被单击时，编写程序初始化的代码；当角色被单击时，让角色说话；当背景切换时，转到另一个故事；当按下键盘的上、下、左、右方向键时，让角色分别朝对应的四个方向运动；当计时器的值大于某个数值时，让游戏结束，等等。

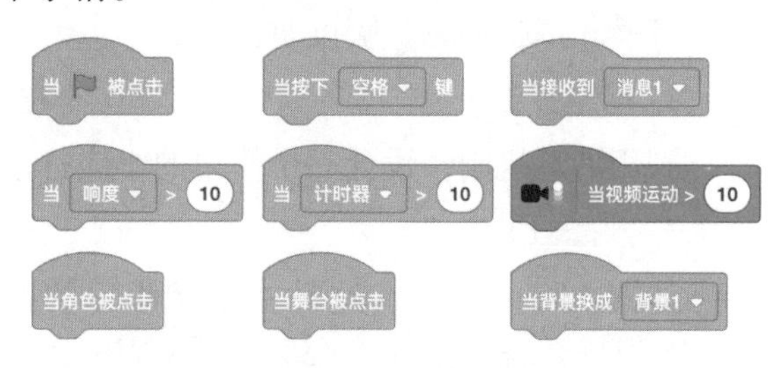

图 13-3-1 事件指令积木

在前面的章节中已经使用了事件指令积木，这一节将讨论使用事件编程需要注意的一些问题。

13.3.1　持续不断的事件

初学者往往有一种误解，认为只有单击舞台控制栏上的按钮后，Scratch 项目才开始运行。其实不然，当用 Scratch 软件打开一个项目后，这个项目就已经开始运行了。当某个事件发生时，就会触发执行相应的程序。

我们可以编写一个简单的程序进行验证。打开 Scratch 软件，在默认创建的小猫角色中编写如图 13-3-2 所示的代码。这个程序非常简单，只有两个积木，用于响应按下空格键的事件。这时，不需要单击舞台控制栏上的按钮，直接按下空格键，就会看到舞台上的小猫说出“你好！”。由此可见，上述说法得到了验证。

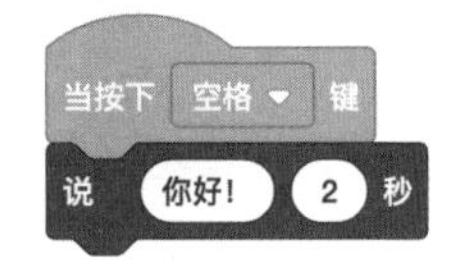

图 13-3-2　响应按下空格键的程序

另外，使用舞台控制栏中的按钮，并不能彻底地停止 Scratch 项目的运行。继续使用图 13-3-2 中的程序进行验证，按下空格键以触发程序执行，并在 1 秒之内单击按钮。这时，小猫说话的气泡框消失了。然后，再次按下空格键，小猫又会说话。由此可见，单击按钮，只能停止运行中的程序。当新的事件发生时，响应事件的程序仍然会被触发执行。

如图 13-3-3 所示，这是利用计时器事件编写的让小猫一直说话的程序。新建一个项目，编写出图中的程序，不用保存，单击按钮运行程序。每隔 3 秒，计时器事件就会被触发，紧接着就被归零。这样计时器事件会一次又一次地被触发，小猫就会一直说话。你可以试一试，看看有没有办法让小猫闭嘴。

图 13-3-3　不会闭嘴的小猫

13.3.2　事件的并发执行

Scratch 支持事件的并发执行，即能够使用多个相同类型的事件指令积木编写事件处理脚本。当指定的事件被触发后，多个相同事件的处理脚本就会同时执行。

如图 13-3-4 所示，这是应用事件并发的一个例子。在小猫角色的脚本中，在一个“当角色被点击”事件积木下编写让小猫不断地切换造型的脚本，在另一个“当角色被点击”

事件积木下编写让小猫不停地移动的脚本，这两个脚本同时执行就能使小猫角色产生跑步的效果。

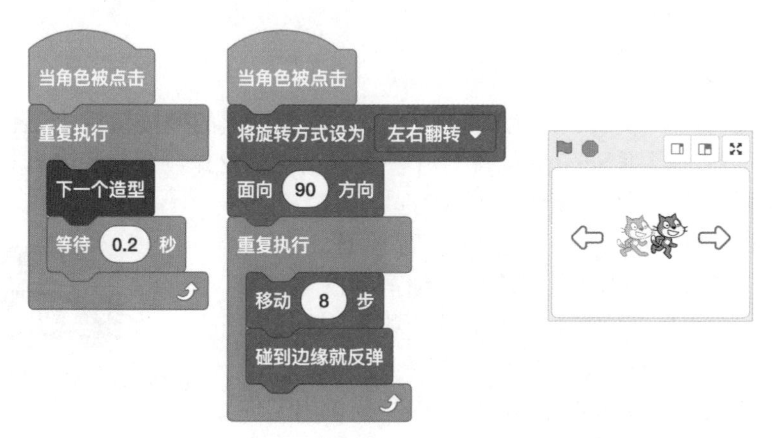

图 13-3-4　用并发事件实现小猫跑步的效果

13.3.3　避免事件的并发

在 Scratch 中，事件的并发执行能够给编程带来很大的便利，但是由于并发往往是无序的，有时会带来一些麻烦。

如图 13-3-5 所示，这两个脚本演示了在游戏项目中使用“状态”变量管理游戏的进程。在舞台的脚本中对“状态”变量进行初始化并控制游戏状态；在小猫角色的脚本中判断如果“状态”变量的值为“胜利”时，就让小猫说“胜利”。在第 1 次运行项目时，能够按照设定的控制逻辑运行，项目启动后会等待 2 秒，之后小猫角色会说“胜利”。但是第 2 次运行项目时却出了问题，小猫角色在项目启动后会立即说“胜利”。这是因为在“当🏴被点击”事件被触发时，小猫角色的事件处理脚本先于舞台的事件处理脚本被执行，又因为“状态”变量能够保持之前的值，所以导致项目出现问题。

为了避免这种因为事件的无序并发执行导致的问题，可以在小猫角色的脚本中加入“等待 0 秒”积木而使脚本延时执行，如图 13-3-6 所示。由于执行“等待 0 秒”积木会有一个短暂的时间开销，使舞台的“当🏴被点击”事件处理脚本能够先被执行，让游戏项目的初始化工作得以完成，保证项目的控制逻辑能够正确实现。

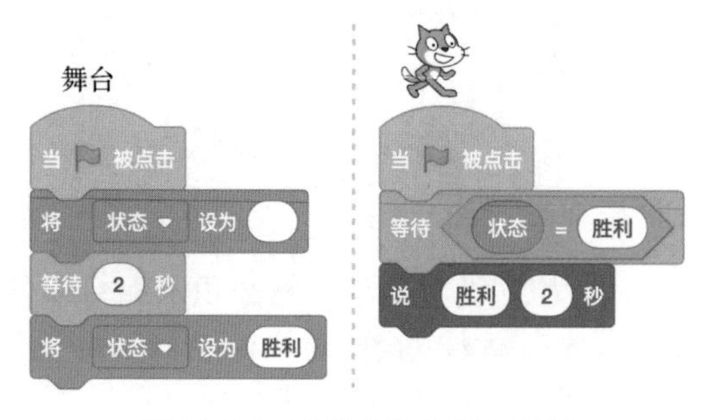

图 13-3-5　使用游戏状态的示例

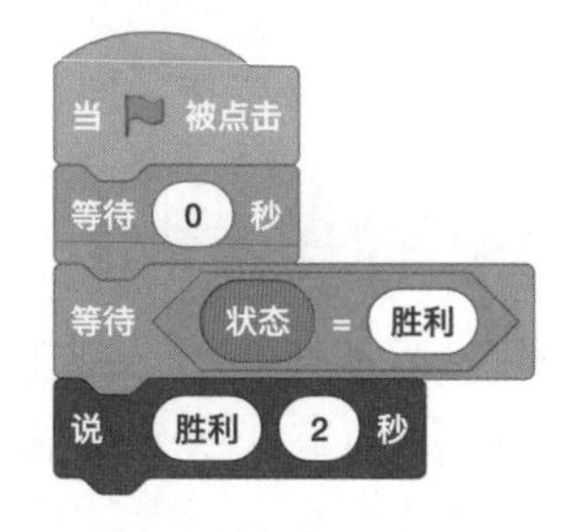

图 13-3-6　加入“等待 0 秒”使脚本延时执行

13.3.4 按键事件与按键侦测

1. 按键事件和按键侦测的特点

按键事件和按键侦测是 Scratch 支持的两种响应用户键盘操作的方式。按键事件由操作系统在用户按下键盘按键时发出，操作系统会控制按键的重复速度和重复延迟。简单地说，就是重复按键之间会有一个短暂的停顿。使用按键事件编程时，响应程序是被动地等待事件的发生并进行处理；而使用按键侦测编程时，响应程序是主动地读取按键的状态并进行处理。

如图 13-3-7 所示，这个程序是让小猫和小狗比赛，看谁跑得快。在小猫角色的脚本中，使用按键事件的方式进行编程，当按下 D 键时让小猫向前移动；在小狗角色的脚本中，使用按键侦测的方式进行编程，当按下向右键时让小狗向前移动。在程序运行后，需要重复多次地按下 D 键，才能让小猫向前走一段距离；而只要按下向右键不动，就可以让小狗迅速前进。

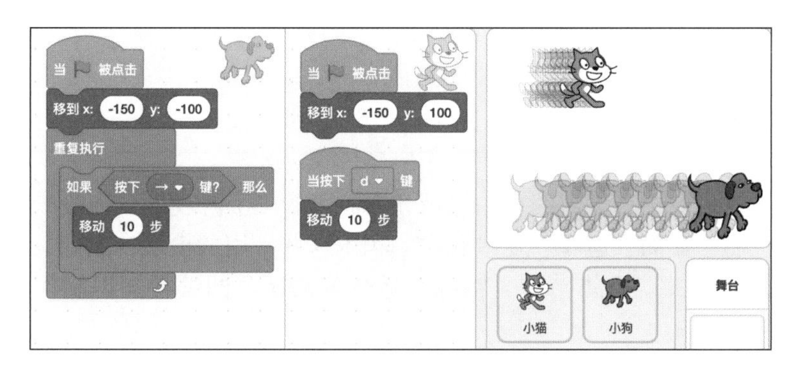

图 13-3-7　小猫和小狗赛跑

通过测试可以发现，使用按键事件方式控制角色运动会出现卡顿的现象，而使用按键侦测方式则可以控制角色平滑地运动。因此，在创作项目时，可以根据具体的应用场景来选择使用按键事件或按键侦测。例如，在创作“海底探险”游戏的扔炸弹功能时，不需要通过按键控制角色平滑移动，就可以选择使用按键事件的方式进行编程；在创作赛车游戏项目时，需要通过按键控制角色平滑移动，就可以选择使用按键侦测的方式进行编程。

2. 利用消息积木将按键侦测模拟成按键事件

事件是基于消息实现的，可以使用消息积木将按键侦测模拟成按键事件。如图 13-3-8 所示，在一个循环结构中，当检测到空格键被按下时，就使用“广播……”积木发送一个名为“按下空格键”的消息。然后，使用“当接收到……”积木接收名为“按下空格键”的消息，在响应消息的脚本中，让小猫从舞台底部向上跳跃而后落下。

3. 修改按键事件的检测频率

按键事件的检测频率是由操作系统进行管理的。如图 13-3-9 所示，这是 Windows 操作系统中的键盘属性设置窗口。在“速度”选项卡中，可以调整“重复延迟”和“重复速度”这两项属性，达到提高按键事件检测频率的目的。将“重复延迟”调整到最短，“重复速

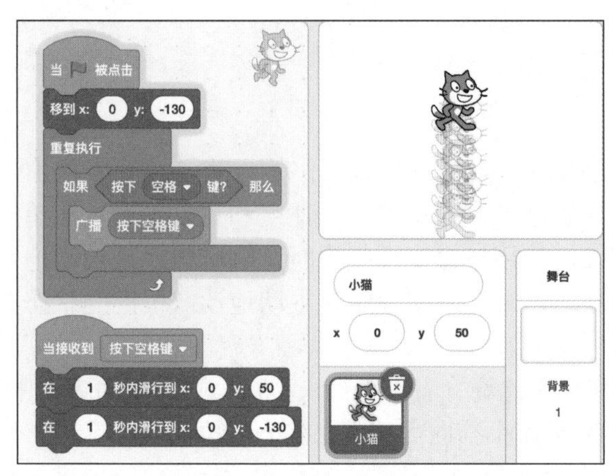

图 13-3-8　跳跃的小猫

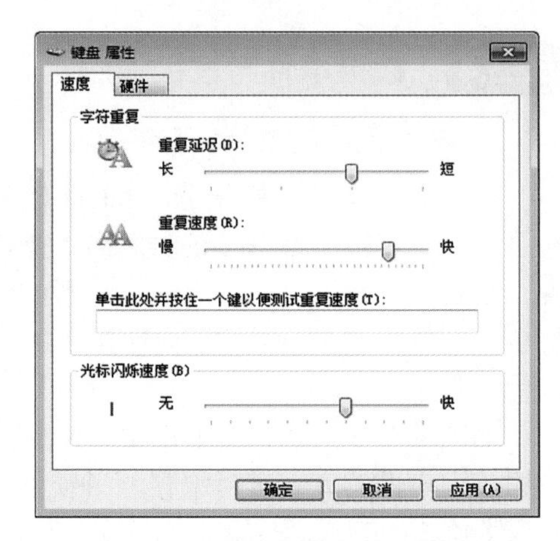

图 13-3-9　设置键盘属性设置窗口

度”调整到最快，然后再运行图 13-3-7 所示的“小猫和小狗赛跑”程序。当按下 D 键时，就可以看到小猫的移动状态变得比较平滑了。

13.4　游戏案例

制作游戏项目可以提高学习编程的热情和专注力。一个游戏项目一般涉及运动、外观、声音、事件、控制、侦测、运算、变量和自制积木这些常用的模块，因此，编写游戏项目是学习编程的重要方式。在本节中，将综合运用前面所学的编程知识制作 3 个趣味游戏作品。

13.4.1　贪吃蛇

这个游戏作品模仿自经典的贪吃蛇游戏，通过控制蛇头前进去吃苹果，从而使得蛇身变得越来越长。该作品将贪吃蛇游戏原来的规则进行了简化，使游戏容易编程实现，制作步骤如下。

（1）从背景库中选择 Stripes 图片作为舞台背景（见图 13-4-1）。

（2）从角色库中选择一个 Apple 角色和两个 Ball 角色添加到角色列表中（见图 13-4-1），然后将两个 Ball 角色的名字分别修改为“蛇头”和“蛇身”。Ball 角色有多个造型，在这个游戏中只使用绿色小球造型，其他造型可以删除。

（3）通过角色属性面板将蛇头角色、蛇身角色的大小都修改为 50，苹果角色的大小修改为 40。

（4）切换到蛇头角色的造型编辑区，使用变形工具将绿色小球修改为蛇头的形状，再用圆形工具画上一对眼睛（见图 13-4-1）。

（5）切换到蛇头角色的代码区，编写控制蛇头角色移动的处理脚本。图 13-4-2 是蛇头跟随鼠标指针运动的控制脚本。当蛇头角色到鼠标指针的距离 > 5 时，就会一直面向鼠标指针移动。图 13-4-3 是检测蛇头碰到苹果后的处理脚本。当蛇头角色碰到 Apple 角色，就将变量“得分”的值加 1。

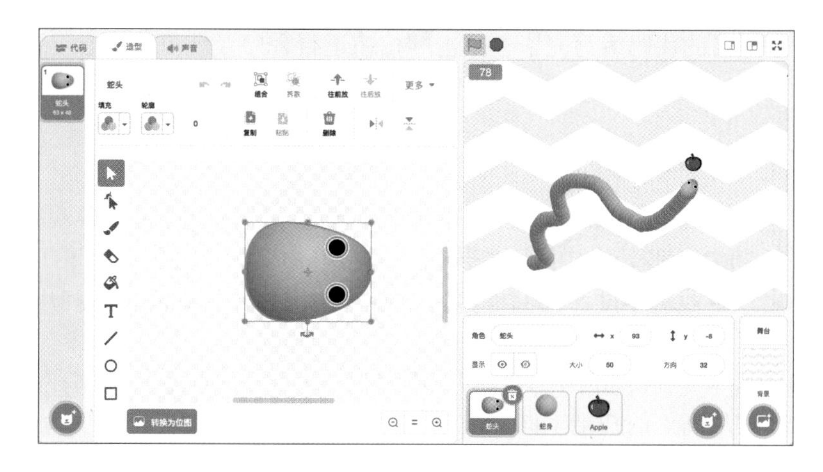

图 13-4-1　“贪吃蛇”游戏设计界面

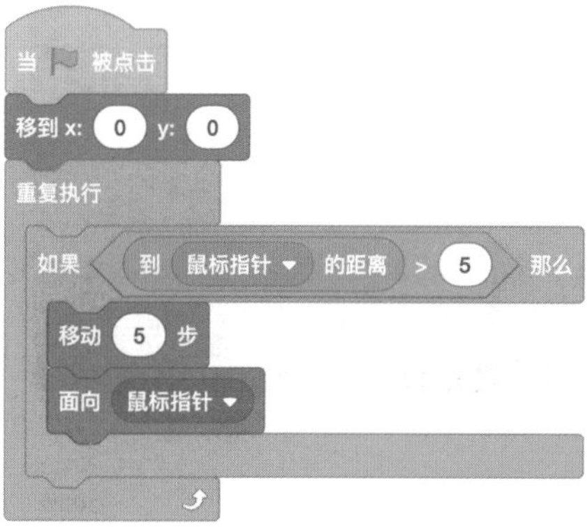

当 被点击
移到 x: 0 y: 0
重复执行
如果 到 鼠标指针 的距离 > 5 那么
移动 5 步
面向 鼠标指针

图 13-4-2　蛇头跟随鼠标指针运动

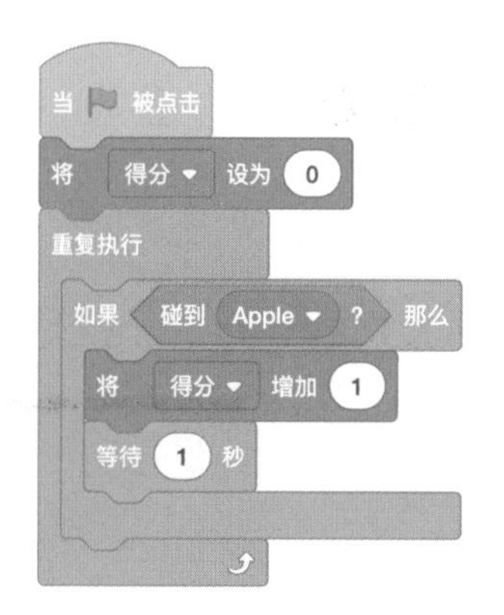

图 13-4-3　蛇头碰到苹果增加得分

（6）切换到蛇身角色的代码区，编写呈现蛇身的处理脚本。如图 13-4-4 所示，在蛇头角色所在位置不断地创建蛇身角色的克隆体。随着蛇头的移动，蛇头出现过的位置都会留下蛇身克隆体。蛇身的长度通过延时删除克隆体的方式来控制，将变量“得分”除以 30 作为蛇身克隆体存在的时间，即得分越多，蛇身越长。

（7）切换到 Apple 角色的代码区，编写控制苹果出现位置的处理脚本。如图 14-4-5 所示，游戏开始时将苹果移到随机位置，当碰到蛇头后，再将其移到新的随机位置。

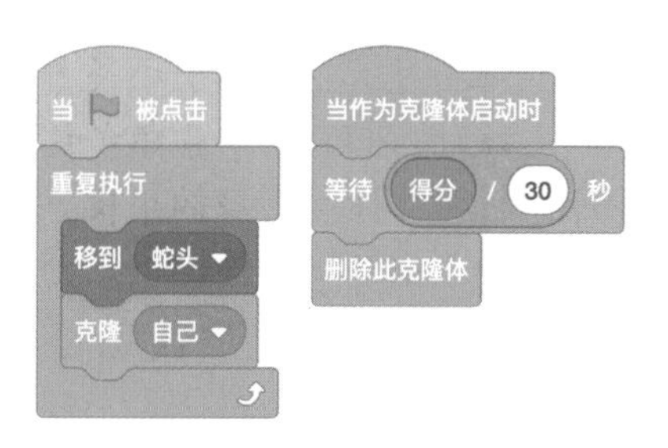

图 13-4-4　蛇身控制的脚本

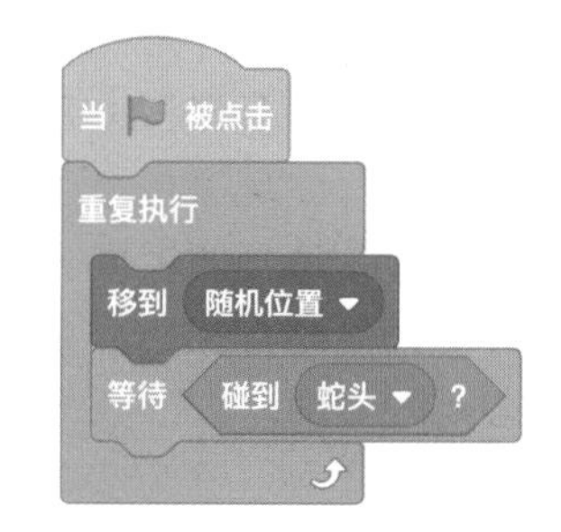

图 13-4-5　苹果出现位置的控制脚本

至此，这个项目的代码编写完毕。单击🏴按钮运行程序，就可以玩自己制作的贪吃蛇游戏了！

13.4.2 跳下 100 层

NS-Shaft 是日本 Nagi-p Soft 公司在 1990 年发行的一款休闲过关小游戏，由草薙昭彦开发。该游戏于 2002 年开始在中国网络流行，被普遍命名为“是男人就下 100 层”，从名字上就能体现出该游戏的难度。我们模拟这个游戏的玩法并将其简化，利用 Scratch 自带的素材实现一个简单的“跳下 100 层”游戏。

如图 13-4-6 所示，在游戏中一只只扫把不断地向上浮动，玩家控制站在扫把上的小猫角色左右移动，并从高处的扫把上向下跳。如果小猫踩空掉到地面，则视为游戏失败；如果能坚持超过 100 下，则视为游戏胜利。这个游戏项目的制作步骤如下。

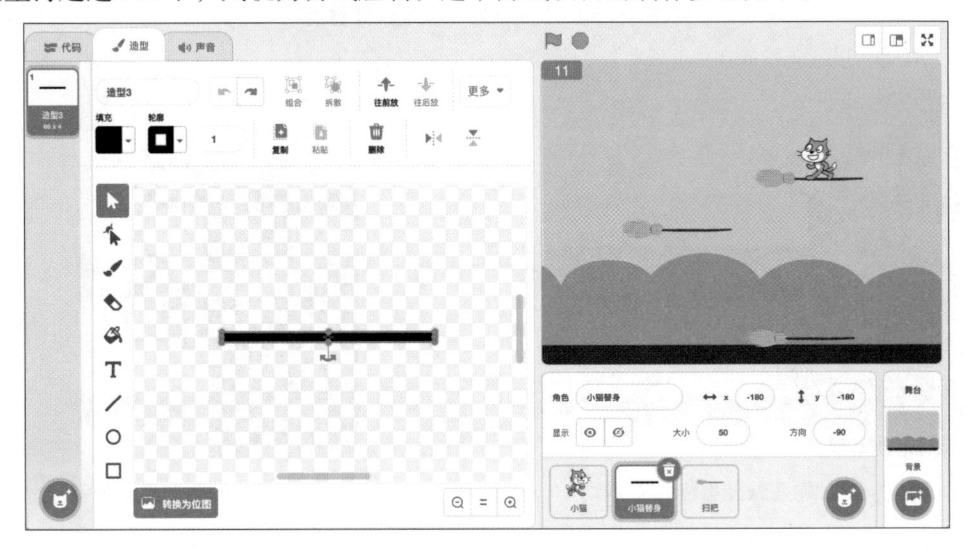

图 13-4-6 “跳下 100 层”游戏设计界面

1. 准备工作

创建一个新的 Scratch 项目，保留默认的小猫角色，从角色库中找到扫把角色 Broom 并添加到角色列表中。接着，使用角色属性面板将小猫角色和扫把角色的名字分别修改为“小猫”和“扫把”，两个角色的大小都设为 50。然后，从背景库中找到并添加 Blue Sky 图片作为舞台的背景。

这个游戏采用“替身法”实现对小猫角色的操控。具体方法是：将一个小长方形角色作为小猫角色的替身，玩家控制小长方形角色向左或向右移动，同时将小猫角色移动到小长方形角色的位置，达到两者同步运动的效果。在程序运行时将作为替身的小长方形角色隐藏起来，看上去只是在控制小猫角色。这个方法可以避免小猫角色的外形过大而与扫把角色产生不必要的碰撞。

在角色列表中添加一个空角色，并在角色属性面板中将角色名字修改为“替身”，将角色大小设为 50。接着，在绘图编辑器中使用矩形工具在画布中心位置画一个黑色的小长方形（见图 13-4-6），其宽度与小猫造型的宽度相当。然后，使用角色属性面板将小猫

角色和替身角色的 x 坐标和 y 坐标都设为 0，使其在舞台上重叠在一起。最后，在绘图编辑器中调整小长方形的位置，使舞台上的小长方形位于小猫角色脚底的位置，从舞台上看是小猫站在小长方形上，其效果如图 13-4-7 所示。

图 13-4-7　使小猫角色站在小长方形上

在本书资源包中提供项目模板文件“跳下 100 层 [模板].sb3”，可以直接打开该模板文件进行编程。

2. 编写小猫角色的脚本

在这个游戏中，将程序入口放在小猫角色的脚本中。如图 13-4-8 所示，在“当被点击”积木下，设置小猫角色的旋转方式和初始位置，然后广播“游戏开始”的消息，用来通知各个角色进入游戏开始阶段。

判断游戏胜利或失败放在小猫角色的脚本中。如图 13-4-9 所示，当接收到“游戏开始”的消息后，使用“等待……”积木分别监听游戏胜利或者失败的条件出现。当变量“层数”大于 100 时，则认为游戏胜利。当小猫角色的 y 坐标小于 –150 时，则认为游戏失败。

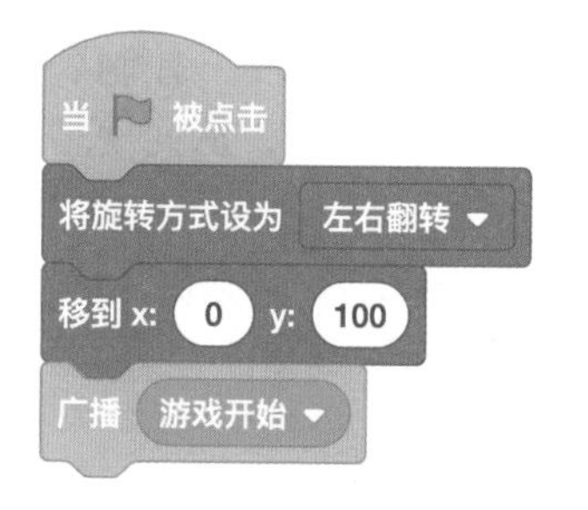

图 13-4-8　程序入口

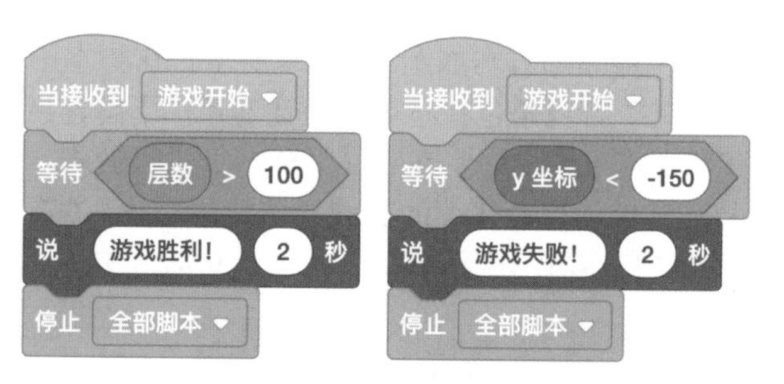

图 13-4-9　判断游戏胜利或失败

在游戏开始后，使小猫角色的位置和方向与替身角色始终保持一致，处理脚本如图 13-4-10 所示。

当通过键盘控制替身角色向左或向右移动时，需要让小猫角色切换造型产生行走的动画效果。在替身角色中广播“下一个造型”消息给小猫角色，在小猫角色中需要编写接收“下一个造型”消息的响应脚本，如图 13-4-11 所示。

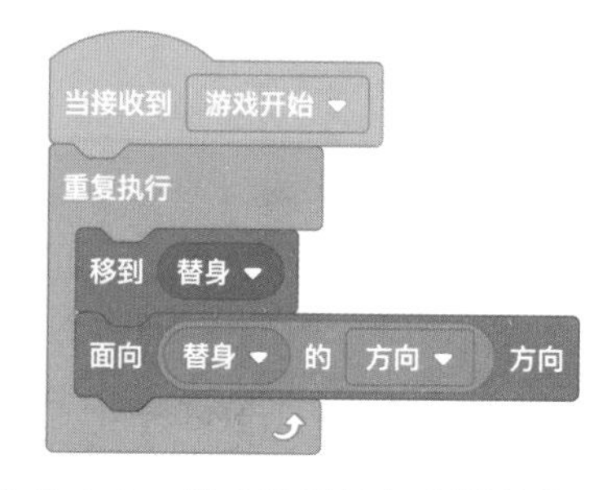

图 13-4-10　使小猫保持与小猫替身一致

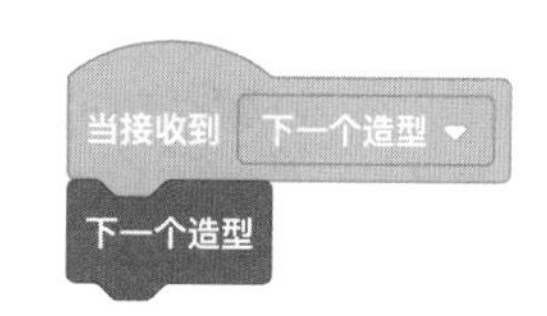

图 13-4-11　小猫切换造型

3. 编写替身角色的脚本

在“当被点击”积木下面对替身角色进行初始化，设置旋转方式、初始位置和虚像特效，如图 13-4-12 所示。将替身角色的虚像特效设定为 100，可以让它在舞台上看不见，但是却可以进行碰撞侦测。

在游戏中使用键盘控制替身移动，如图 13-4-13 所示。在移动替身角色时，也要调整它的方向，以便于小猫角色与之同步方向。还要广播“下一个造型”消息，使小猫角色切换造型，产生行走的动画效果。

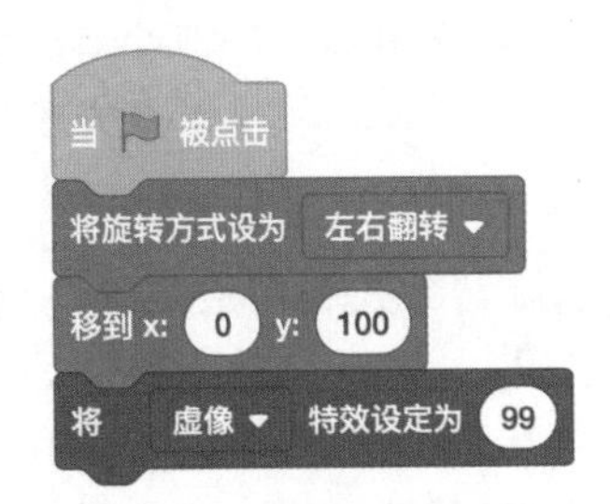

图 13-4-12　替身角色初始化

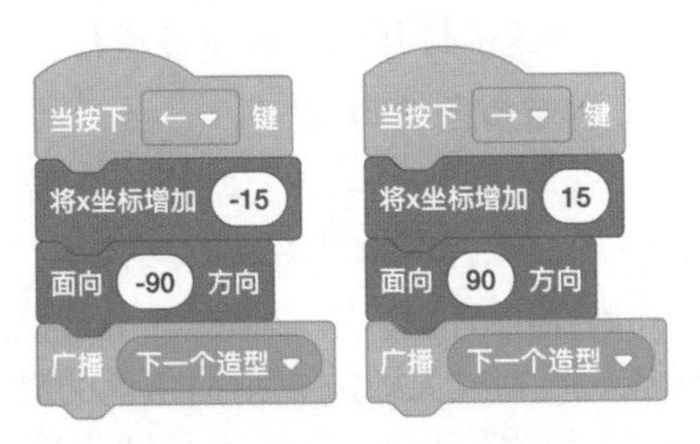

图 13-4-13　控制替身角色向左或向右移动

在游戏开始后，替身角色默认会向下坠落，如果碰到扫把角色，则停靠在扫把上。控制替身角色停靠的脚本如图 13-4-14 所示。在脚本中，使用变量“下降速度”控制替身角色向下移动，替身角色在坠落时，让变量“下降速度”的值每次增加 0.15，从而使替身角色的下降速度不断加快。在定义“降落”过程的脚本中，替身角色每次向下移动 1 个单位，使对扫把角色（克隆体）的碰撞检测比较精确。需要注意的是，在创建“降落”过程时，需要勾选“运行时不刷新屏幕”选项，从而使该过程的执行速度加快。

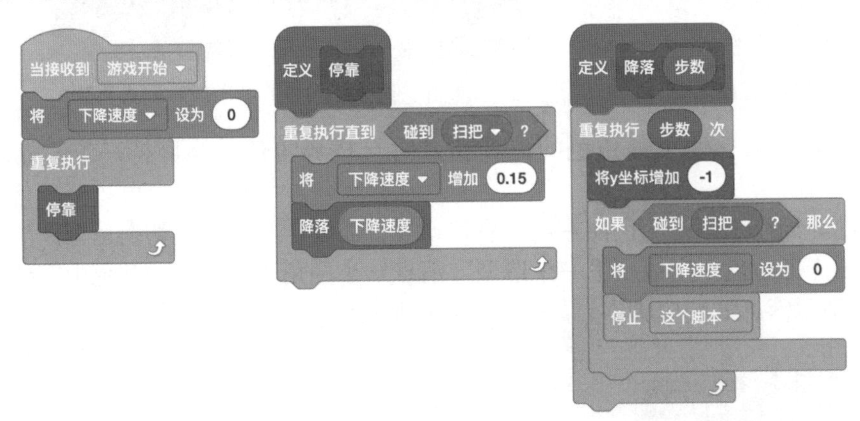

图 13-4-14　控制替身角色停靠在扫把角色上的脚本

当扫把角色（克隆体）向上移动时，如果碰到替身角色，则向替身角色广播“替身上移”的消息，让替身角色跟随扫把一起向上移动。在替身角色中编写接收“替身上移”消息的响应脚本，如图 13-4-15 所示。

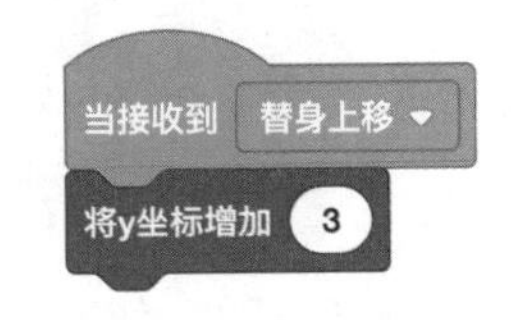

图 13-4-15　替身角色向上移动

4. 编写扫把角色的脚本

在游戏开始后，不断地创建扫把角色的克隆体，让其从舞台底部向上移动。如图 13-4-16 所示，这是创建扫把角色克隆体的处理脚本。克隆体的初始位置设在舞台底部，

是 y 坐标为 –170、x 坐标为 –200~200 之间的随机数。创建两个克隆体的时间间隔取 0.5~3 秒之间的随机数，从而使得两个扫把克隆体间隔的距离不相同。

```
当接收到 [游戏开始 ▾]
隐藏
将 [层数 ▾] 设为 (0)
移到 x: (0) y: (-170)
重复执行
    克隆 (自己 ▾)
    将x坐标设为 (在 (-200) 和 (200) 之间取随机数)
    将 [层数 ▾] 增加 (1)
    等待 (在 (0.5) 和 (3) 之间取随机数) 秒

当作为克隆体启动时
显示
重复执行直到 <(y 坐标) > (170)>
    将y坐标增加 (3)
    如果 <碰到 (替身 ▾) ?> 那么
        广播 (替身上移 ▾)
删除此克隆体
```

图 13-4-16　扫把角色的控制脚本

当扫把克隆体启动时，让其不断向上移动（y 坐标每次增加 3），如果碰到替身角色就广播“替身上移”的消息，使替身角色与扫把克隆体一起向上移动。与此同时，小猫角色也会与替身角色保持相同的位置，从舞台上看是小猫站在扫把上，跟随扫把向上移动。

至此，这个项目的代码编写完毕。单击🏴按钮运行程序，看看自己能不能坚持跳下 100 层。

13.4.3　导弹打陨石

在未来，移民 X 星球的人类正面临一场陨石危机，防御系统发现太空中有 100 颗陨石正陆续飞向 X 星球。幸运的是，用于拦截陨石的导弹已经准备就绪。现在，用你精准的射击技术击落陨石、保卫星球。如果能击落全部陨石，则游戏胜利；否则，游戏失败。让我们用 Scratch 制作一款导弹打陨石的游戏吧！

1. 准备工作

如图 13-4-17 所示，这个游戏使用背景库的 Space 图片作为舞台背景，使用角色库的 Rocks 作为陨石角色，使用绘图编辑器绘制发射架角色和导弹角色。舞台背景和角色在项目模板文件“导弹打陨石 [模板].sb3”中已经准备妥当，从本书资源包中打开该模板文件进行编程即可。

图 13-4-17　“导弹打陨石”游戏设计界面

2. 编写陨石角色的脚本

游戏开始后，一批陨石从舞台顶部飞向舞台底部。如果碰到导弹，则会爆炸。如果突破防线，则发出警报声并慢慢消失。

如图 13-4-18 所示，这是生成 100 个陨石克隆体的脚本。将入口程序放在陨石角色中，在“当🏴被点击”积木下向其他角色广播“游戏开始”的消息，然后用循环结构生成 100 个陨石克隆体。之后，等待变量“得分”的值等于 100，并广播“游戏胜利”的消息。每击毁一颗陨石就加一分，如果 100 颗陨石全部击毁，则视为游戏胜利。

如图 13-4-19 所示，这是控制陨石克隆体从舞台顶部飞向底部的处理脚本。陨石的初始位置在舞台顶部（*x* 坐标取 –200~200 之间的随机数、*y* 坐标为 160），角色大小设为 20~30 之间的随机数。使用“在……秒内滑行到 *x*……*y*……”积木控制陨石在 10 秒内平滑移动到舞台底部（*x* 坐标取 –200~200 之间的随机数、*y* 坐标为 –160）。如果陨石能够移动到舞台底部，则表示陨石已经突破防线，那么广播“游戏失败”的消息。

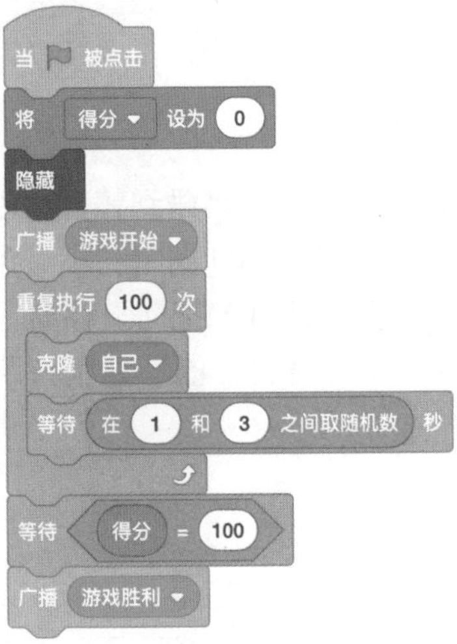

```
当 🏴 被点击
将 得分 设为 0
隐藏
广播 游戏开始
重复执行 100 次
    克隆 自己
    等待 在 1 和 3 之间取随机数 秒
等待 得分 = 100
广播 游戏胜利
```

图 13-4-18　生成陨石克隆体的处理脚本

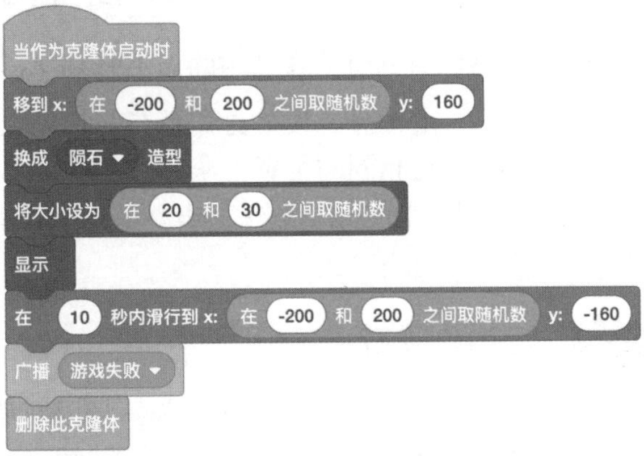

```
当作为克隆体启动时
移到 x: 在 -200 和 200 之间取随机数 y: 160
换成 陨石 造型
将大小设为 在 20 和 30 之间取随机数
显示
在 10 秒内滑行到 x: 在 -200 和 200 之间取随机数 y: -160
广播 游戏失败
删除此克隆体
```

图 13-4-19　陨石运动的处理脚本

如图 13-4-20 所示，这是陨石克隆体被导弹击中的处理脚本。当陨石克隆体碰到导弹，就换成“陨石爆炸”造型，并将“像素化”特效设为 100，产生陨石爆炸的画面。然后，播放 Zoop 声音和将变量“得分”的值增加 1。在删除克隆体之前，等待短暂的 0.1 秒，使得陨石碰撞到的导弹克隆体有足够时间对碰撞做出反应。

如图 13-4-21 所示，这是陨石突破防线的处理脚本。当陨石克隆体的 *y* 坐标小于 –120 时，则视为突破防线。于是，将陨石克隆体隐藏和播放警报声，然后使用虚像特效让陨石不断变透明，并用图章将其“印”到舞台上。将陨石克隆体隐藏后，避免被导弹碰撞，而使用图章功能可以在舞台上继续呈现陨石外观。

3. 编写发射架角色的脚本

游戏开始后，导弹发射架显示在舞台底部居中位置，并在发射架上装载 8 枚导弹，然后让发射架和导弹跟随鼠标指针转动。如果按下鼠标键，则会发射导弹攻击陨石。

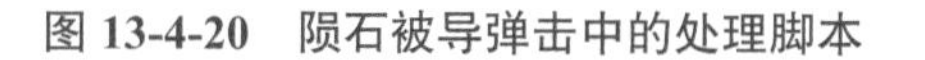

图 13-4-20　陨石被导弹击中的处理脚本

图 13-4-21　陨石突破防线的处理脚本

如图 13-4-22 所示，这是控制发射架转动的脚本。发射架角色被固定在舞台底部（x 坐标为 0、y 坐标为 –160），并使用“面向 [鼠标指针]”积木使其跟随鼠标指针转动。通过广播“装载导弹”的消息，通知导弹角色生成 8 枚导弹并放置在发射架上。通过广播“转动导弹”的消息，使得放置在发射架上的导弹一起跟随鼠标指针转动。

如图 13-4-23 所示，这是按下鼠标键发射导弹的处理脚本。当导弹装载完毕（全局变量“装弹状态”的值为 0），并且鼠标指针与发射架的距离大于 100 时，按下鼠标键就会调用“发射导弹”过程发射一枚导弹。在“发射导弹”过程的脚本（见图 13-4-24）中，通过广播“发射导弹”的消息，通知导弹角色将发射架上的一枚导弹发射出去。每发射一枚导弹，变量“导弹数量”的值减一。当发射架上的 8 枚导弹全部发射之后，将变量“导弹数量”的值重新设定为 8，并广播“装载导弹”的消息，通知导弹角色重新生成 8 个导弹克隆体并放置在发射架上。

图 13-4-22　转动发射架

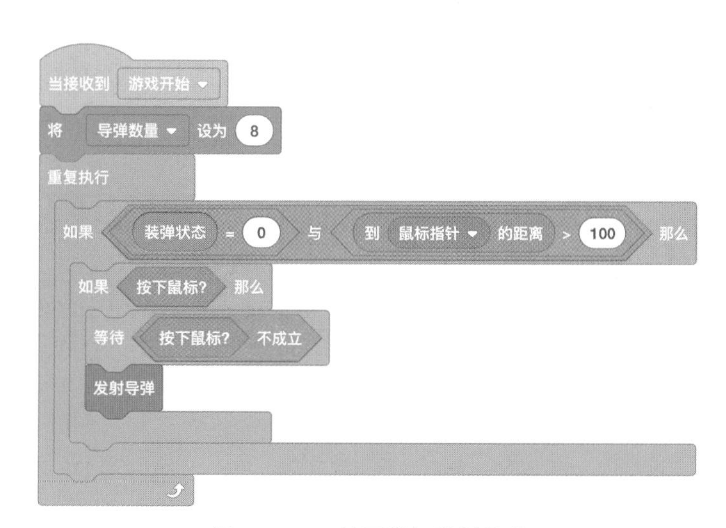

图 13-4-23　按下鼠标发射导弹

在游戏中，发射架角色负责显示游戏胜利或失败的提示信息。如图 13-4-25 所示，当接收到“游戏胜利”的消息时，则显示“游戏胜利!”；当接收到“游戏失败”的消息时，则显示“游戏失败!”。显示消息 2 秒之后就停止执行全部脚本，整个游戏到此结束。

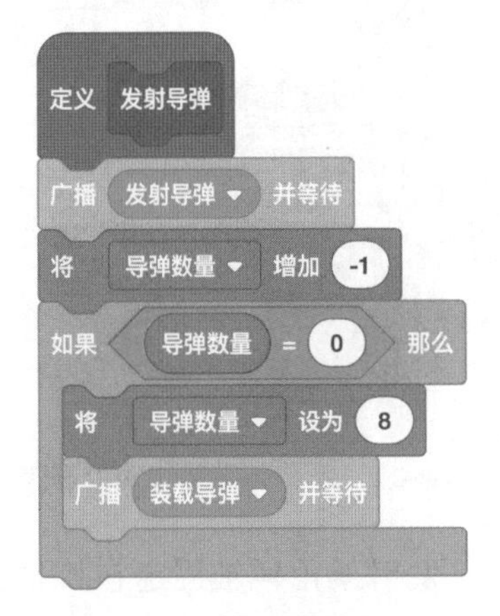

图 13-4-24　定义“发射导弹”过程的脚本

图 13-4-25　显示游戏胜负的脚本

4. 编写导弹角色的脚本

导弹角色的脚本负责创建导弹克隆体、控制导弹克隆体跟随发射架角色转动、控制导弹克隆体飞向陨石。在脚本中，建立“仅适用于当前角色”的局部变量 ID 和“发射状态”用于区分导弹角色的本体和克隆体。如图 13-4-26 所示，在“当🏴被点击”积木下对导弹角色进行初始化设置，将导弹角色（本体）的 ID 设为 0、“发射状态”设为 1。

当导弹角色接收到“装载导弹”的消息后，使用图 13-4-27 的脚本进行处理。装载导弹的工作仅限于导弹角色的本体进行操作，因此限定只有局部变量 ID 的值为 0 时才调用“装载导弹”的过程。使用全局变量“装弹状态”锁定装载导弹的过程，装载导弹之前将“装弹状态”设为 1，装载导弹之后再将“装弹状态”设为 0。由于创建导弹克隆体时，本体的 ID 值也会被修改，因此在这里也要将本体的 ID 值重新设为 0。

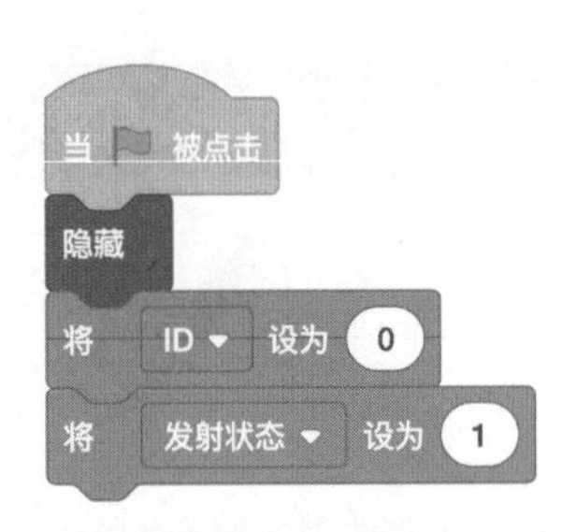

图 13-4-26　导弹角色初始化脚本

图 13-4-27　响应“装载导弹”消息的脚本

定义“装载导弹”过程的脚本见图 13-4-28，导弹克隆体的 ID 值从 1 开始顺序编号。

对导弹克隆体初始化的脚本见图 13-4-29。当导弹克隆体启动时,将其“发射状态”设为 0,大小设为 50。另外，将画笔状态设为抬笔、画笔颜色设为黄色、画笔粗细设为 5。在导弹飞行中，其尾部的火焰使用画笔指令积木绘制。

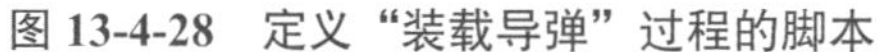
图 13-4-28 定义“装载导弹”过程的脚本

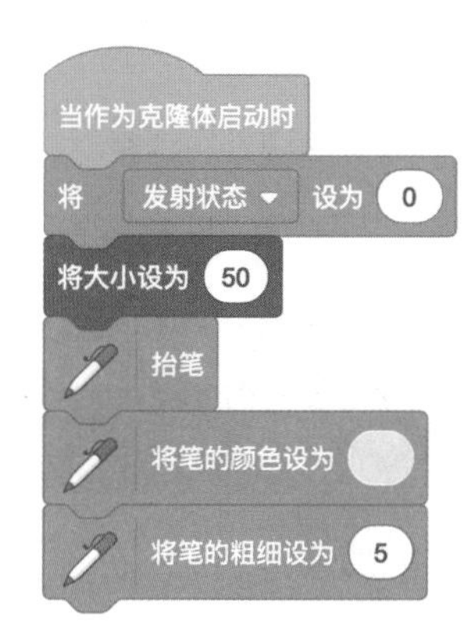

图 13-4-29 导弹克隆体初始化脚本

当接收到“发射导弹”的消息时，使用如图 13-4-30 所示的脚本控制导弹克隆体飞向陨石。导弹克隆体的 ID 值是从 1~8，与全局变量“导弹数量”的值存在对应关系。当 ID 值等于“导弹数量”时，对应的导弹克隆体将从发射架上飞出，面向鼠标指针所在位置向前移动，直到碰到陨石或者舞台边缘为止。导弹在飞向目标时，将画笔状态设为落笔，将会在导弹尾部画出黄色的火焰。

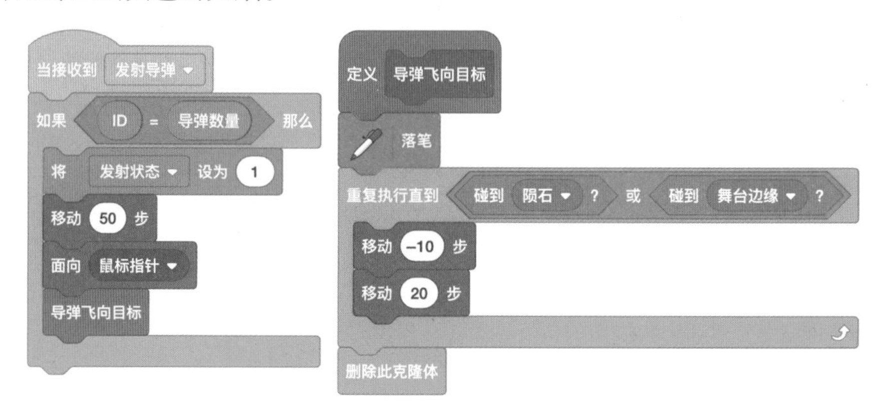

图 13-4-30 导弹飞行的处理脚本

当接收到“转动导弹”的消息时，使用如图 13-4-31 所示的脚本控制导弹克隆体跟随发射架角色一起转动。只有导弹克隆体才能响应这个消息，因此转动导弹的限定条件是 ID 值大于 0 并且“发射状态”等于 0，这样就可以将导弹角色的本体排除在外。导弹克隆体在发射架上的位置采用相对位移的方法，根据发射架角色的位置动态地进行调整。首先将导弹克隆体移到发射架所在位置，并与其面向的方向一致。然后左转 90 度，再移动到当前克隆体在发射架上的位置（由克隆体的 ID 值计算）。最后使克隆体面向的方向与发射架角色的方向一致。导弹克隆体在发射架上的位置可用公式（ID – 4.5）× 7 计算，实际编程时可以对式子中的数据进行微调以符合自身的情况。

5. 编写舞台的脚本

为了在导弹尾部画出火焰效果，需要在舞台的代码区编写如图 13-4-32 所示的脚本。该脚本的作用与 12.3.3 小节的“水墨蝌蚪”案例相同，都是使用“图章”积木实现快速擦除舞台上画出的内容。

至此，这个项目的代码编写完毕。单击🏴按钮运行程序，就可以玩自己制作的导弹打陨石游戏了！

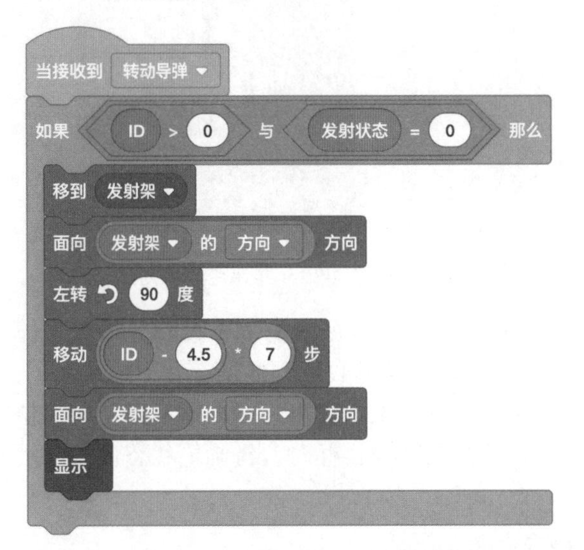

图 13-4-31　导弹转动的处理脚本

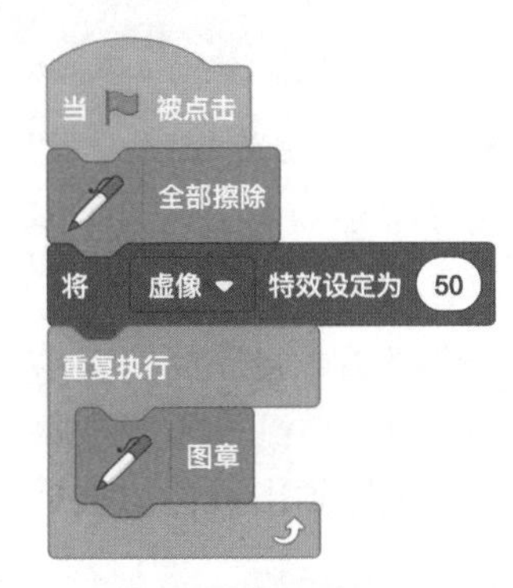

图 13-4-32　快速擦除舞台内容的脚本

英汉词典

这一章将带领读者创作一个简单的英汉词典项目，并讲授一些基本的排序算法和查找算法。

英汉词典是人们日常学习和工作中的好帮手。它有很多种形式，有像砖头般的纸质版英汉词典，也有在计算机上使用的英汉词典软件。英汉词典软件使用起来非常方便，只要输入要查找的单词，瞬间就能看到中文释义。

雯雯是小学五年级的学生，英语单词学了不少。自从学习 Scratch 编程后，她就想着自己编写一个简单的英汉词典软件。有了想法，雯雯就开始收集资料和储备知识。她在网上寻找小学英语词汇表，并学习对数据进行排序和查找的算法知识，为编写词典软件做准备。

在本章中，让我们跟随雯雯一起学习一些基本的排序算法和查找算法，并选择合适的算法实现英汉词典软件的基本功能。

本章包括以下主要内容。

- 学习基本的排序算法：冒泡排序、选择排序、插入排序和快速排序。
- 学习基本的查找算法：顺序查找和二分查找。
- 创作一个简单的英汉词典项目，实现词典排序、查询单词和添加新词条等功能。

14.1 搭建项目框架

在编写英汉词典软件的各个功能之前，先制作软件的界面，搭建好项目的基本框架。

打开 Scratch 创建一个名为“英汉词典”的项目，然后在背景库的室内分类中找到并添加 Room 1 图片作为舞台背景（见图 14-1-1）。

在角色库中找到图 14-1-1 中的按钮角色（角色库中的名字是 Button2）并将其添加到角色列表中，再复制出两个相同的按钮角色，并按照图 14-1-1 调整它们在舞台上的位置。Button2 角色有蓝色和橙色两个造型，在该角色的造型列表中选中橙色的造型。这 3 个按钮角色分别用于调用词典排序、查询单词和新增词条功

图 14-1-1　英汉词典软件的界面构成

能，将它们的角色名称分别修改为“排序”“查询”和“新词条”，并在这 3 个按钮角色的造型图片上分别添加“排序”“查询……”和“新词条……”文字。

如图 14-1-2 所示，在这 3 个按钮角色的代码区中，分别添加广播消息的处理脚本。在“当角色被点击”积木下，使用“广播……”积木分别广播“排序”“查询”和“新词条”消息。

图 14-1-2　3 个按钮角色的处理脚本

在角色库中找到图 14-1-1 中的女孩角色（角色库中的名字是 Abby），将它添加到角色列表区。在女孩角色的代码区中，添加接收消息的处理脚本，如图 14-1-3 所示。

图 14-1-3　接收消息的处理脚本

至此，英汉词典项目的基本框架搭建完成。运行该项目，分别单击舞台上的 3 个按钮角色，就会广播“排序”“查询”和“新词条”等消息给女孩角色。女孩角色在接收到这 3 个消息后，就会调用和执行相应的功能。这里暂时添加一些用于测试流程的指令积木，在本章的后续内容中，将会逐步实现英汉词典软件的基本功能。

14.2　词典排序功能

为了编写英汉词典软件，雯雯从网上找到一个小学英语词汇表，其中有英文单词和中文释义两列，词汇量有 700 多个。雯雯把编写英汉词典软件的想法与她的编程老师进行了交流。老师告诉她可以使用二分查找算法编写具有高效查询功能的程序，但是这个算法要求查询的数据必须是有序排列的。雯雯检查找到的小学英语词汇表（见图 14-2-1），发现其中的词汇是无序排列的。于是，她开始学习对数据进行排序的算法。

	A	B
236	winter	冬天
237	spring	春天
238	wear	穿戴
239	jacket	夹克衫
240	summer	夏天
241	autumn	秋天
242	sweater	毛线衫
243	warm	暖和的
244	cool	凉爽的
245	cold	寒冷的
246	New Year	新年
247	Christmas	圣诞节
248	England	英国
249	eat	吃
250	hair	头发
251	sing	唱
252	weather	天气

图 14-2-1　小学英语词汇表的部分词条

对数据进行排序的算法有很多种。在本节中，我们将介绍冒泡排序、选择排序、插入排序和快速排序四种基本的排序算法，然后采用快速排序算法编写英汉词典的排序功能。

14.2.1 冒泡排序

1. 算法思想

冒泡排序（bubble sort）是一种简单的排序算法，它的基本思想是：从数组中未排序区域的最后一个元素开始，依次比较相邻的两个元素，并将小的元素与大的元素交换位置。这样经过一轮排序，最小的元素被移出未排序区域，成为已排序区域的第 1 个元素。接着对未排序区域中的其他元素重复以上过程，最后就得到一个按升序排列的数组。在排序过程中，较小的元素就像气泡一样不断上浮，因此这个算法得名“冒泡排序”。

2. 工作过程

例：有一组数据 11、3、5、7、2，请用冒泡排序算法编程将它们按升序排序。

根据冒泡排序算法的基本思想，结合图 14-2-2 将该算法的工作过程描述如下。

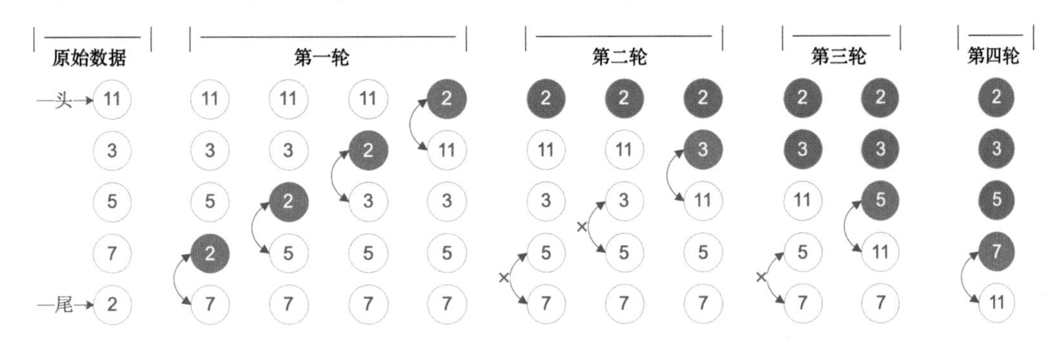

图 14-2-2　冒泡排序算法的工作过程

第一轮排序：此时未排序区域的数据为 11、3、5、7、2。从最后一个元素 2 开始处理，由于 2 是未排序区域中最小的，所以会一直与前面的元素交换位置。第 1 轮排序结束后，最小的元素 2“浮”出未排序区域，成为已排序区域中的第 1 个元素。

第二轮排序：此时未排序区域的数据为 11、3、5、7。元素 7 不小于 5，不用交换；元素 5 不小于 3，不用交换；元素 3 小于 11，两者交换位置。第二轮排序结束后，元素 3“浮”出未排序区域，成为已排序区域中的第 2 个元素。

第三轮排序：此时未排序区域的数据为 11、5、7。元素 7 不小于 5，不用交换；元素 5 小于 11，两者交换位置。第三轮排序后，元素 5“浮”出未排序区域，成为已排序区域中的第 3 个元素。

第四轮排序：此时未排序区域的数据为 11、7。元素 7 小于 11，两者交换位置。经过第四轮排序，元素 7“浮”出未排序区域，成为已排序区域中的第 4 个元素。与此同时，未排序区域只剩下一个元素 11，不需要排序，元素 11 已经处于正确位置。

经过四轮排序，整个冒泡排序过程完成，数组中无序的数据已经按照从小到大的顺序排列好。

3. 算法实现

根据上述介绍的算法思想和工作过程，编写冒泡排序算法的实现脚本，如图 14-2-3 所示。在脚本中，使用双重循环结构进行流程控制，外层循环控制排序次数和每一轮排序结束元素的位置，内层循环用于在未排序区域中寻找一个最小的元素。当需要交换两个元素时，使用自定义过程“交换元素”来操作。在后面介绍的其他排序算法中也需要用到这个“交换元素”的过程，将不再单独列出。

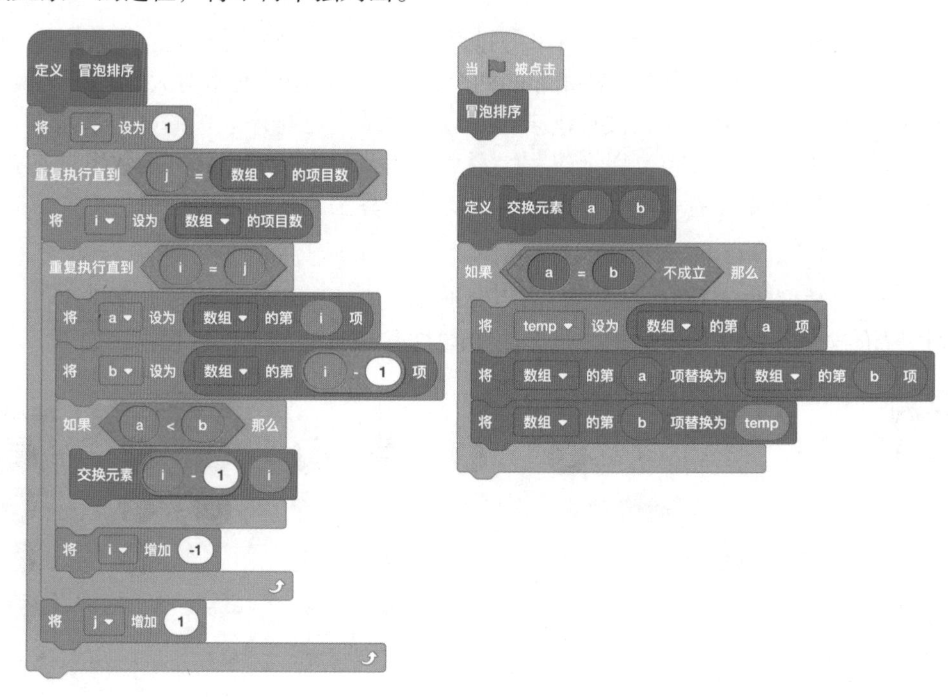

图 14-2-3　冒泡排序算法程序清单

14.2.2　选择排序

1. 算法思想

选择排序（selection sort）是一种简单的排序算法，它的基本思想是：从数组的未排序区域中选出一个最小的元素，把它与数组中的第 1 个元素交换位置；然后从剩下的未排序区域中选出一个最小的元素，把它与数组中的第 2 个元素交换位置……如此重复进行，直到数组中的所有元素按升序排列完毕。

选择排序和冒泡排序相比，主要优点是减少了元素交换次数。它每次对数组中未排序区域的元素遍历之后，才把最小（或最大）的元素交换到正确位置上。即一次遍历只交换一次，从而避免了冒泡排序中一些无价值的交换操作。

2. 工作过程

例：有一组数据 7、11、3、2、5，请用选择排序算法编程将它们按升序排序。

根据选择排序算法的基本思想，结合图 14-2-4 将该算法的工作过程描述如下。

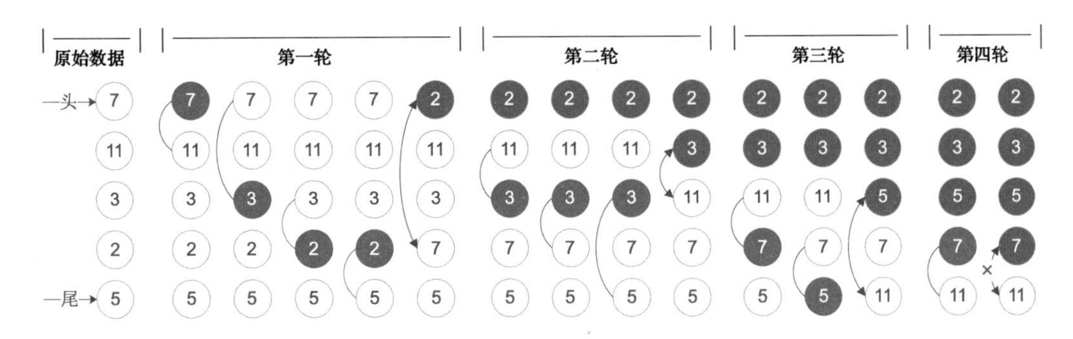

图 14-2-4　选择排序算法的工作过程

第一轮排序：此时未排序区域的数据为 7、11、3、2、5，从前往后遍历未排序区域中的各个元素并比较，找出一个最小的元素是 2。然后将元素 2 与数组中的第 1 个元素 7 交换位置。第一轮排序结束后，数组中最小的元素 2 处于数组的第 1 个位置。

第二轮排序：此时未排序区域的数据为 11、3、7、5，从中找到最小的元素是 3，将它与数组中第 2 个元素 11 交换位置。第二轮排序结束后，元素 3 处于数组的第 2 个位置。

第三轮排序：此时未排序区域的数据为 11、7、5，从中找到最小的元素是 5，将它与数组中第 3 个元素 11 交换位置。第三轮排序结束后，元素 5 处于数组的第 3 个位置。

第四轮排序：此时未排序区域的数据为 7、11，从中找到最小的元素是 7。由于元素 7 所在位置与本轮要交换的位置相同，都是数组中的第 4 个位置，所以不用交换。与此同时，未排序区域只剩下一个元素 11，不需要排序，元素 11 已经处于正确位置。

经过四轮排序，整个选择排序过程完成，数组中无序的数据已经按照从小到大的顺序排列好。

3. 算法实现

根据上述介绍的算法思想和工作过程，编写选择排序算法的实现脚本，如图 14-2-5 所示。在脚本中，使用双重循环结构进行流程控制，外层循环控制排序次数和每一轮排序开始元素的位置，内层循环用于在未排序区域中寻找一个最小元素所在的位置。每一轮对未排序区域的元素遍历之后，就将找到的最小元素与每一轮排序的开始元素交换位置。

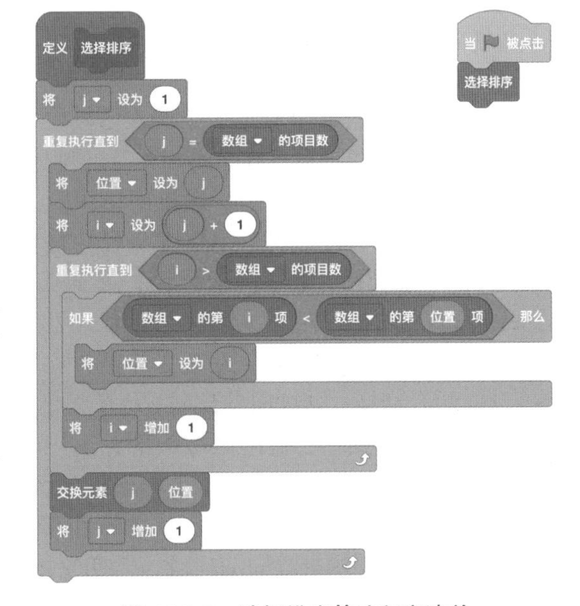

图 14-2-5　选择排序算法程序清单

14.2.3　插入排序

1. 算法思想

插入排序（insertion sort）是一种简单的排序算法，它的基本思想是：把一个待排序的数组划分为已排序和未排序两个区域，再从未排序区域逐个取出元素，把它和已排序区域的元素逐一比较后放到合适的位置。

具体来说就是，一开始把数组中的第 1 个元素划分到已排序区域，把第 2 个元素到最后一个元素划分到未排序区域。然后逐个把未排序区域的元素和已排序区域的元素比较并插入到合适的位置，比较是从已排序区域的尾部向头部进行的。先把第 2 个元素与它前面的一个元素（第 1 个）比较，如果第 2 个元素比它前面的元素小，则把这两个元素交换位置。否则，就不用交换，而认为第 2 个元素已经处在正确位置，把它划入已排序区域。这时已排序区域有了 2 个元素。接着再把第 3 个元素与它前面的两个元素比较和交换，并停留在最后一个大于它的元素之前。重复这个过程，直到未排序区域的元素全部放入已排序区域。最终得到一个由小到大排列的有序数组。

2. 工作过程

例：有一组数据 7、11、3、2、5，请用插入排序算法编程将它们按升序排序。

根据插入排序算法的基本思想，结合图 14-2-6 将该算法的工作过程描述如下。

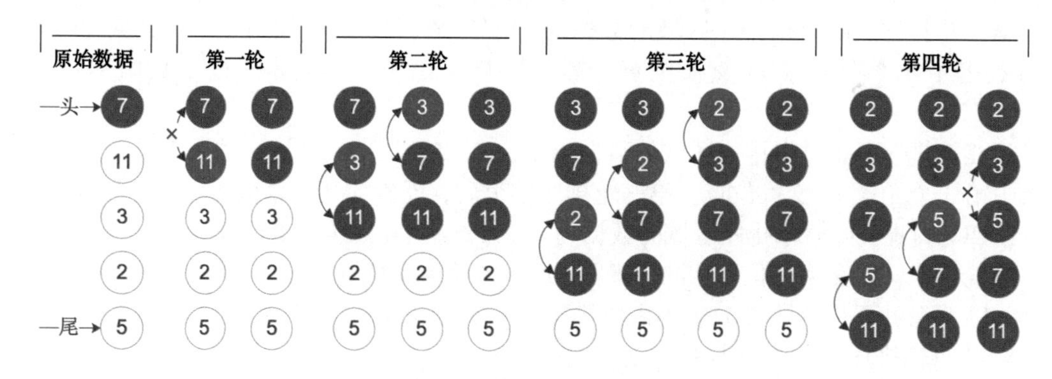

图 14-2-6　插入排序算法的工作过程

首先将数组的第一个元素 7 划入已排序区域，其他元素划入未排序区域。

第一轮排序：将第 2 个元素 11 与已排序区域的元素比较并插入到合适的位置。元素 11 不小于 7，不用交换。第一轮排序结束，第 2 个元素 11 处于正确的位置。

第二轮排序：将第 3 个元素 3 与已排序区域的元素比较并插入到合适的位置。元素 3 小于 11，两者交换；继续向前比较，元素 3 小于 7，两者交换。这时已经到达已排序区域的头部，第二轮排序结束，第 3 个元素 3 处于正确的位置。

第三轮排序：将第 4 个元素 2 与已排序区域的元素比较并插入到合适的位置。元素 2 小于 11，两者交换；继续向前比较，元素 2 小于 7，两者交换；继续向前比较，元素 2 小于 3，两者交换。这时到达已排序区域头部，第三轮排序结束，第 4 个元素 2 处于正确位置。

第四轮排序：将第 5 个元素 5 与已排序区域的元素比较并插入到合适的位置。元素 5 小于 11，两者交换；继续向前比较，元素 5 小于 7，两者交换；继续向前比较，元素 5 不小于 3，不用交换。这时不用继续向前比较，第四轮排序结束，第 5 个元素 5 处于正确的位置。

经过四轮排序，整个插入排序过程完成，数组中无序的数据已经按照从小到大的顺序排列好。插入排序的过程与平时玩扑克牌时整理牌面大小的方式极为相似，读者可以找一副扑克纸牌试一试。

3. 算法实现

根据上述介绍的算法思想和工作过程，编写插入排序算法的实现脚本，如图 14-2-7 所示。在脚本中，使用双重循环结构进行流程控制，外层循环控制排序次数和每一轮排序时已排序区域的结束位置，内层循环用于把未排序区域的元素与已排序区域的元素进行比较并插入到合适位置。每一轮排序时，如果未排序区域的元素不小于已排序区域的元素或者到达已排序区域的头部时，则本轮排序结束。

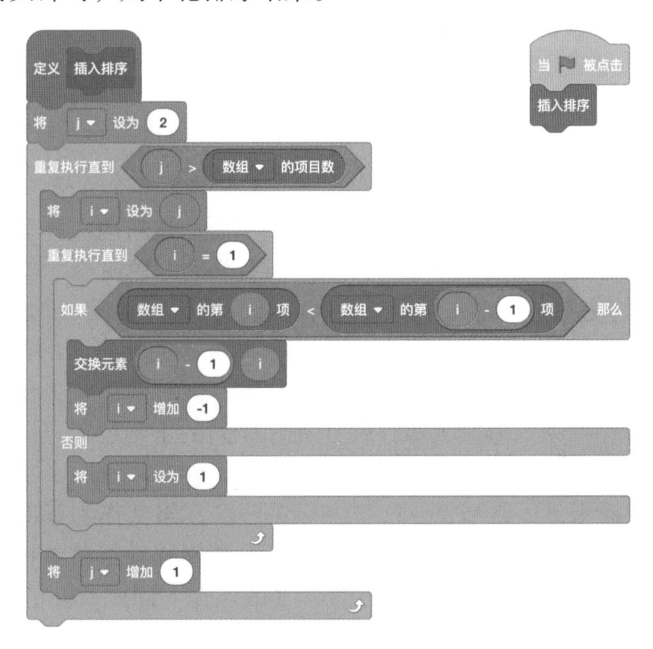

图 14-2-7　插入排序算法程序清单

14.2.4 快速排序

1. 算法思想

快速排序（quick sort）是最常用的一种排序算法，它由图灵奖得主托尼 · 霍尔在 1960 年提出，是对冒泡排序的一种改进，它速度快，效率高，被认为是当前最优秀的内部排序算法，也是当前世界上使用最广泛的算法之一。

快速排序算法的基本思想是：在数组中选择未排序区域左端第 1 个元素作为基准，经过一轮排序后，小于基准的元素移到基准左边，大于基准的元素移到基准右边，而作为基准的元素移到排序后的正确位置。这样整个数组被基准划分为两个未排序的分区。之后依次对未排序的分区以递归方式进行上述操作，每一轮排序都能使一个基准元素放到排序后的正确位置。当所有分区不能再继续划分，则排序完成，就得到一个从小到大排序的数组。

2. 工作过程

例：有一组数据 7、5、11、2、3，请用快速排序算法编程将它们按升序排序。

根据快速排序算法的基本思想，结合图 14-2-8 将该算法的工作过程描述如下。

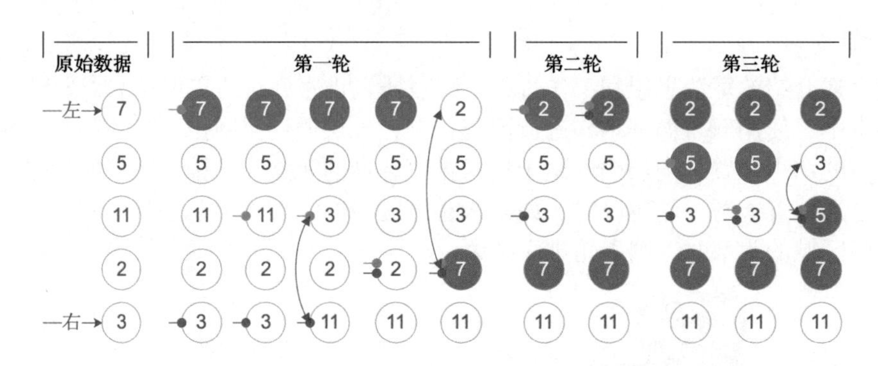

图 14-2-8 快速排序算法的工作过程

第一轮排序：选择未排序区域 7、5、11、2、3 左端第一个元素 7 作为基准，将绿色游标放在元素 7 位置，红色游标放在元素 3 位置。然后，从右向左移动红色游标，使其停留在第一个小于基准 7 的元素 3 的位置；再从左向右移动绿色游标，使其停留在第一个大于基准 7 的元素 11 的位置。此时两个游标没有相遇，就将元素 3 和 11 交换位置。

接着，让红色游标继续向左移动，停留在小于基准 7 的元素 2 的位置；让绿色游标继续向右移动，它遇到红色游标也停留在元素 2 的位置。这时把基准 7 和元素 2 交换位置。

至此，第一轮排序结束，基准元素 7 位于有序序列的正确位置。同时，以元素 7 为中心分为左右两个未排序区域 2、5、3 和 11。

第二轮排序：选择未排序区域 2、5、3 左端第一个元素 2 作为基准，将绿色游标放在元素 2 位置，红色游标放在元素 3 位置。然后，从右向左移动红色游标，它没有遇到小于基准 2 的元素，而是遇到绿色游标并停留在元素 2 的位置。同样，从左向右移动绿色游标，它在元素的 2 的位置就遇到红色游标并停止。此时，两个游标相遇的位置与基准 2 的位置相同，不需要交换。

至此，第二轮排序结束，基准元素 2 处于有序序列的正确位置。而在基准元素 2 的右边又分出一个未排序区域 5、3。

第三轮排序：选择未排序区域 5、3 左端第一个元素 5 作为基准，将绿色游标置于元素 5 位置，红色游标置于元素 3 位置。然后，从右向左移动红色游标，使其停留在第一个小于基准 5 的元素 3 位置；再从左向右移动绿色游标，它遇到红色游标也停留在元素 3 的位置。这时，将基准元素 5 与两游标相遇位置的元素 3 交换位置。

至此，第三轮排序结束，基准元素 5 位于有序序列的正确位置。

最后，还剩下两个未排序区域 3 和 11。由于这两个未排序区域都只有一个元素，不能再分割，并且它们已经位于有序序列的正确位置。整个快速排序过程就此结束，数组中无序的数据已经按照从小到大的顺序排列好。

3. 算法实现

根据上述介绍的算法思想和工作过程，编写快速排序算法的实现脚本，如图 14-2-9 所示。该算法使用递归方式实现，首先将数组中未排序区域左端第 1 个元素作为基准，再用左、右两个游标变量记录未排序区域的起始和结束位置。然后按照上述算法中描述的方法，寻找一个与基准元素交换位置的分区点，并将基准元素移到有序序列的正确位置。之后，通过递归方式分别对基准左侧和右侧的未排序区域进行排序。直到所有未排序分区不能分割时，整个排序过程结束。

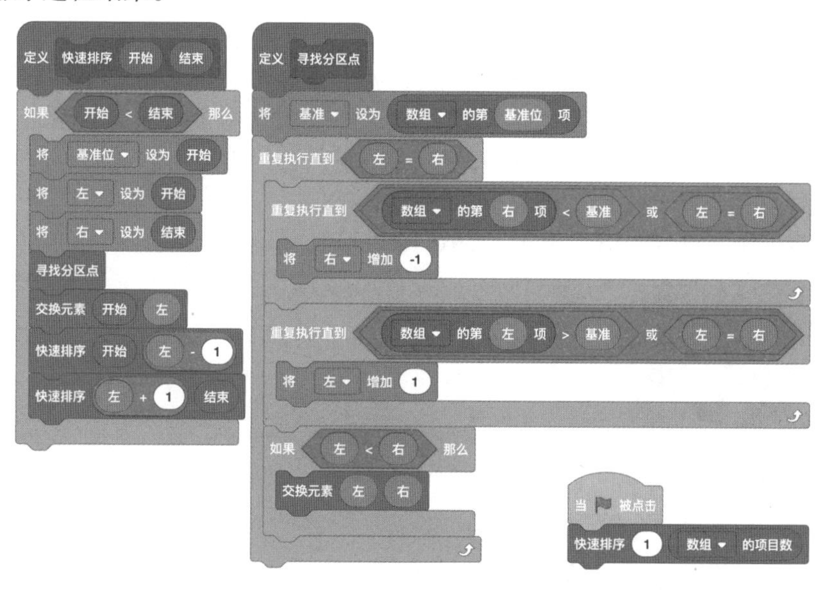

图 14-2-9　快速排序算法程序清单

14.2.5　词典排序

在学习几个基本的排序算法之后，雯雯选择使用快速排序算法对无序的英语词汇表数据进行排序，具体步骤如下。

1. 数据整理和导入

用 Excel 软件或 WPS 软件打开电子表格文件“小学英语单词表 .xlsx”，将表格中英语单词一列的内容复制粘贴到一个文本编辑器中，保存为“单词表 .txt”。同样，把表格中中文释义一列的内容保存为文本文件“中文表 .txt”。这两个文本文件如图 14-2-10 所示。

然后，打开前面创建的“英汉词典”项目，创建两个列表“单词表”和“中文表”，再把两个文本文件“单词表 .txt”和“中文表 .txt”分别导入到对应的列表中。这两个列表如图 14-2-11 所示。

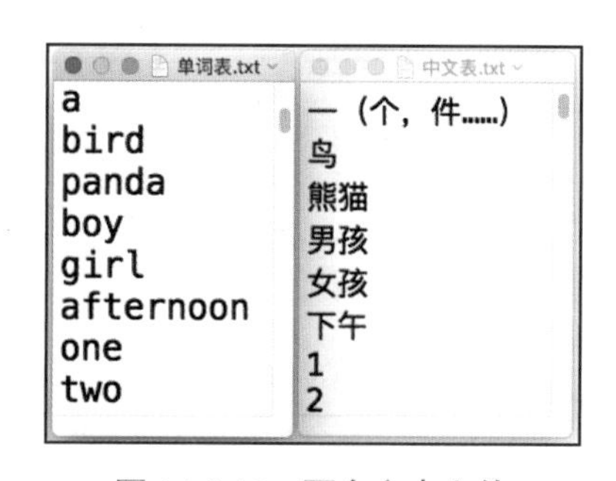

图 14-2-10　两个文本文件

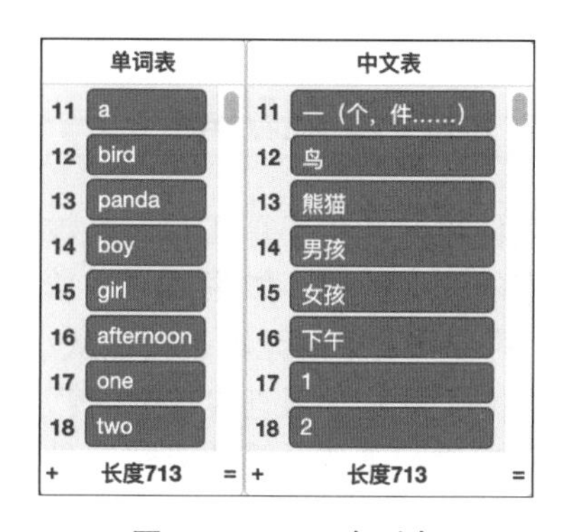

图 14-2-11　两个列表

2. 编写数据排序的脚本

切换到女孩角色的代码区，参考前面介绍的快速排序算法，编写对“单词表”列表中的数据进行排序的处理脚本。需要注意两点：①这个脚本是对“单词表”列表进行排序；②在交换元素时，需要对“单词表”和“中文表”两个列表的元素进行交换。如图 14-2-12 所示，这是修改后的“交换元素”过程的处理脚本。

接着，修改接收到“排序”消息的处理脚本。在“当接收到 [排序]”积木之下，增加调用“快速排序”过程的指令积木，如图 14-2-13 所示。

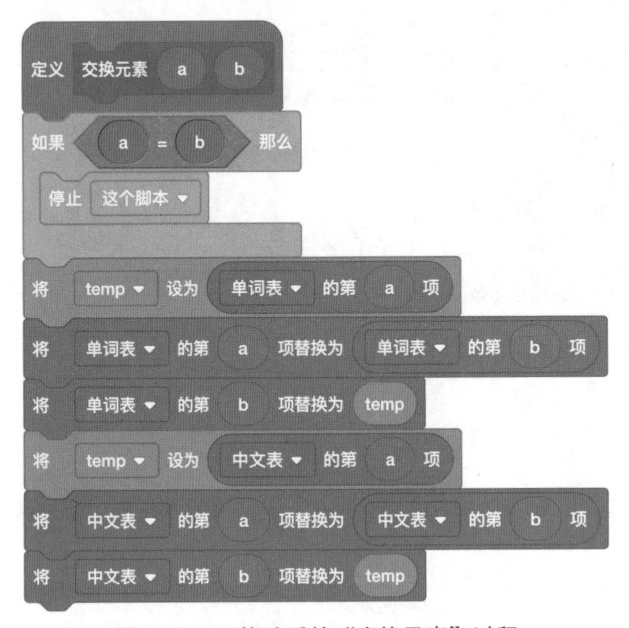

图 14-2-12　修改后的“交换元素”过程

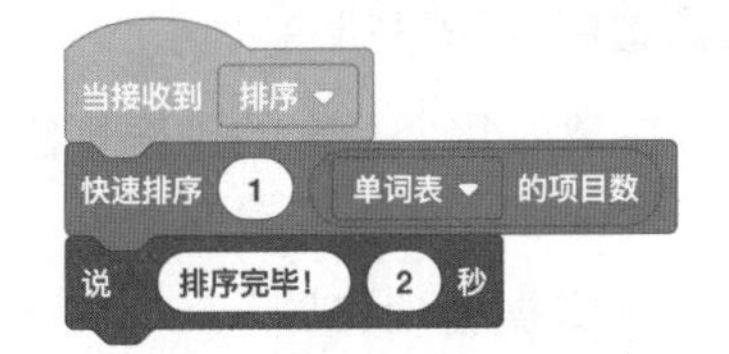

图 14-2-13　对词典数据排序的脚本

3. 对词典进行排序

至此，词典排序的功能编写完毕。单击舞台上的“排序”按钮，女孩角色就会收到“排序”消息，并会调用“快速排序”过程对词典数据进行排序。

有了这个功能，以后找到词条数量更多、更好的词典数据，将它导入 Scratch 的列表中，单击“排序”按钮，就能快速完成对词典的排序。

14.3 词典查询功能

雯雯使用快速排序算法对词典数据按升序排序，得到一个有序的词典数据。如图 14-3-1 所示，“单词表”和“中文表”这两个列表中的元素是按照从小到大的顺序排列的。接下来，雯雯开始学习查找数据的算法。

对数据进行查找的算法有很多种，在本节中，我们将介绍顺序查找算法和二分查找算法，然后使用二分查找算法编写词典的查询功能。

图 14-3-1　有序的词条数据

14.3.1 顺序查找

1. 算法思想

顺序查找（sequential search）又称为线性查找，是编程中最常用的算法之一。它简单易懂，是人们最熟悉的一种查找策略。它不要求数据是有序排列的，因而应用广泛。当数据量大时，该算法查找效率极低，所以，它只适用于小量数据的场合。

顺序查找算法的基本思想是：按顺序由前往后（或由后往前）逐个查找数组中的元素，如果找到目标元素，就返回该元素在数组中的位置；否则就一直查找下去。如果最后仍然没有找到目标元素，则查找失败。

2. 工作过程

例：有一组数据 7、5、11、2、3，请用顺序查找算法编程求出 2 在这组数据中的位置。

我们要查找的目标数是 2，则使用顺序查找算法的工作过程如图 14-3-2 所示。从数组的左边开始，依次读取元素 7、5、11，都不能匹配目标数 2。当读取到第 4 个元素 2 时，它与目标数 2 匹配，这时就返回元素 2 在数组中的位置为 4，并结束查找过程。

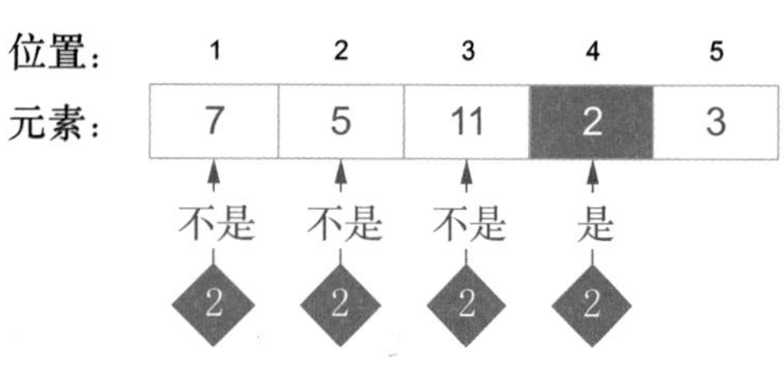

图 14-3-2　顺序查找算法的工作过程

3. 算法实现

顺序查找算法的实现比较简单，如图 14-3-3 所示，在脚本中，使用一个循环结构遍历数组中的各个元素，然后依次比较数组元素是否等于目标数，如果条件成立，则记录下数组元素所在位置，并结束查找过程。

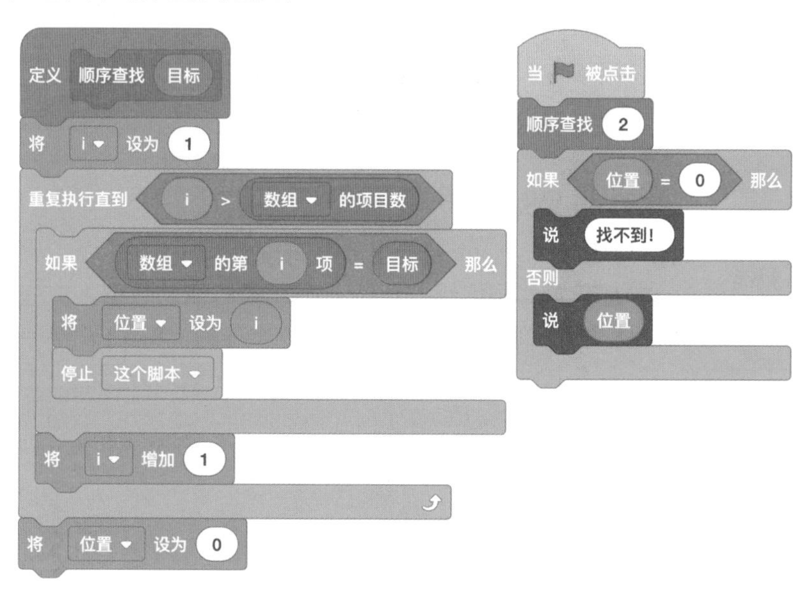

图 14-3-3　顺序查找算法程序清单

14.3.2 二分查找

1. 算法思想

二分查找（binary search）又叫折半查找，它用于在有序的数组中快速查找目标数据。

二分查找算法的基本思想是：假设数组中的元素是按从小到大排列的，以数组的中间位置将数组一分为二，再将数组中间位置的元素与目标数据比较。如果目标数据等于中间位置的元素，则查找成功，结束查找过程；如果目标数据大于中间位置的元素，则在数组的后半部分继续查找；如果目标数据小于中间位置的元素，则在数组的前半部分继续查找。当数组不能一分为二时，则查找失败，并结束查找过程。

中间位置的计算公式为

$$中间位置 \approx（结束位置 - 起始位置）\div 2 + 起始位置$$

注意： 计算结果需要四舍五入。

2. 工作过程

例：有一组按升序排列的数据 2、3、5、7、11、13、17、19，请用二分查找算法编程求出 13 在这组数据中的位置。

我们要查找的目标数是 13，则使用二分查找算法的工作过程如图 14-3-4 所示。

位置：	1	2	3	4	5	6	7	8
元素：	2	3	5	7	11	13	17	19

	1	2	3	4	5	6	7	8
1.	2	3	5	7	11 ↑	13	17	19
2.	2	3	5	7	11	13	17 ↑	19
3.	2	3	5	7	11	13 ↑	17	19

图 14-3-4　二分查找算法的工作过程

第一次查找：起始位置为 1，结束位置为 8，中间位置为（8–1）/2+1 ≈ 5，数组中第 5 个元素是 11。目标值 13 大于 11，则继续查找第 5 个元素右侧的数据。

第二次查找：起始位置为 6，结束位置为 8，中间位置为（8–6）/2+6 = 7，数组中第 7 个元素是 17。目标值 13 小于 17，则继续查找第 7 个元素左侧的数据。

第三次查找：起始位置为 6，结束位置为 6，中间位置为（6–6）/2+6 = 6，数组中第 6 个元素是 13。正好与目标值 13 相等，则将目标位置 6 返回，整个查找过程结束。

3. 算法实现

根据上述介绍的算法思想和工作过程，编写二分查找算法的实现脚本，如图 14-3-5 所示。在脚本中，使用一个循环结构进行流程控制，当变量“起始”大于“结束”时，说明数组不能再一分为二，则结束循环。否则，就在循环体内不断地对数组采用一分为二的方式进行查找。当数组“中间”位置的元素等于“目标”时，则查找成功，将“中间”位置作为目标位置返回；当“目标”大于数组“中间”位置的元素时，将“起始”设定为“中间 +1”，在数组的后半部分继续查找；当“目标”小于数组“中间”位置的元素时，将“结束”设定为“中间 −1”，在数组的前半部分继续查找。

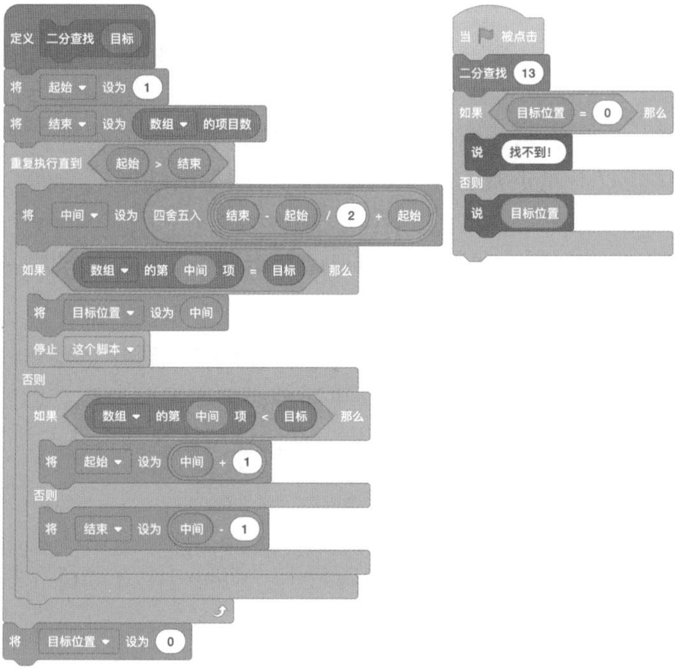

图 14-3-5　二分查找算法程序清单

14.3.3　词典查询

虽然顺序查找算法简单易懂，但是只适合处理小量数据。雯雯考虑到以后词典的词条数量会不断增加，所以决定使用效率较高的二分查找算法编写词典软件的查询功能。

切换到女孩角色的代码区，编写词典查询功能的处理脚本。

（1）创建一个名为“二分查找”的自定义过程，然后参照前面介绍的二分查找算法编写一个查找英语单词的功能。

（2）在“当接收到 [查询]”积木之下，先使用“询问……并等待”指令接收用户输入的英文单词，再调用“二分查找”过程查找出对应的中文释义在“中文表”列表中的位置，最后用“说……”积木显示出单词和中文释义的组合，如图 14-3-6 所示。

图 14-3-6　调用词典查询功能的处理脚本

至此，英汉词典的查询功能编写完毕。单击舞台上的“查询”按钮，然后输入想要查询的单词，就可以使用新创作的英汉词典来查询单词了。

14.4 新增词条功能

雯雯经过一番努力，终于实现了一个简单的英汉词典软件。但是由于词典规模较小，遇到一些新单词就查不到了。于是雯雯打算给英汉词典加上一个增加新词条的功能。

在向词典中增加新词条后，需要保证词典仍然是有序的。否则，使用二分查找算法实现的查询单词功能就不能正常工作。因此，新增词条的功能适合使用插入排序算法来实现。

切换到女孩角色的代码区，编写英汉词典的新增词条功能的处理脚本。

1. 插入新词条

创建一个名为“插入新词条”的自定义过程，使用插入排序算法将新增的词条插入到合适的位置。这比之前介绍的插入排序程序更简单，它不需要对所有数据重新处理，只需要处理最后一个新增加的元素，把它与前面的元素比较后插入到合适的位置即可。定义“插入新词条”过程的脚本如图 14-4-1 所示。

2. 编写调用脚本

在“当接收到 [新词条]”积木下，使用两个“询问……并等待”指令分别接收用户输入的英文单词和中文释义，并存放到“单词”和“释义”这两个变量中。接着调用“插入新词条”过程对新增加的词条进行插入排序，如图 14-4-2 所示。

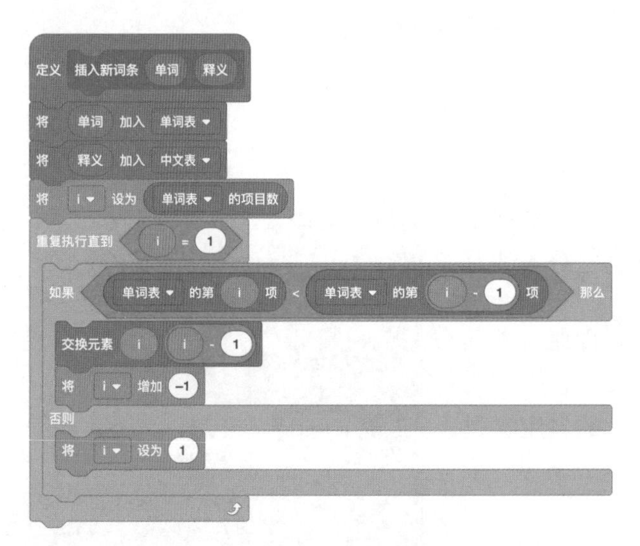

图 14-4-1 插入新词条的处理脚本

图 14-4-2 接收新词条的处理脚本

至此，新增词条的功能编写完毕。单击舞台上的“新词条”按钮，就可以向词典中增加新词条了。

试一试：尝试给这个简单的英汉词典软件加上删除词条和修改词条的功能。

企鹅走迷宫

这一章将向读者讲授使用回溯搜索算法寻找迷宫路径的编程知识。

迷宫图是一种锻炼智慧的趣味游戏，它的结构复杂、道路难辨，在迷宫中容易迷失方向，难以找到出口。因此，迷宫问题也成为训练编程算法的经典案例。

使用编程方式求解迷宫路径时，需要将二维的迷宫地图转换为便于计算机处理的数据结构。在许多高级语言中，通常使用二维数组存放迷宫地图的数据。在 Scratch 中，与数组对应的一种数据类型是列表。但是列表是一维的，不支持直接存取二维的数据。本章将介绍一种间接的操作方法，使一维的列表能够存放和读取二维的数据。

使用编程技术求解问题时需要选择合适的算法策略。常用的算法策略有枚举策略、模拟策略、分治策略、贪心策略和回溯策略等。其中，回溯策略适合高效地求解规模较大的问题，本章将介绍使用回溯搜索算法求解迷宫问题。

本章包括以下主要内容。

- 使用列表实现“二维数组”和栈结构。
- 介绍迷宫地图数据结构和构建迷宫外形。
- 使用回溯搜索算法寻找穿越迷宫的路径。

15.1 迷宫简介

在古希腊神话中，有一个关于迷宫的传说。相传在克里特岛上，国王米诺斯建造了一座复杂曲折的地下迷宫，把一个牛头人身的怪物米诺陶洛斯囚禁在迷宫深处。国王米诺斯命令雅典人必须每年选送 7 对童男童女去供奉怪物。当雅典第三次纳贡时，雅典王子忒修斯带着宝剑和一个线团闯入迷宫。他把线头系在迷宫入口处，一边放线一边前进。在迷宫深处，他找到了怪物米诺陶洛斯。然后他挥舞宝剑与怪物展开殊死搏斗，最终杀死了怪物。之后，他又沿着来时放下的那根线走出了迷宫。

在现实世界中，建筑师们也创造了许多著名的迷宫建筑。比如澳大利亚有一座世界著名的树篱迷宫（位于维多利亚州墨尔本市肖勒姆镇的阿什科姆迷宫花园）。如图 15-1-1 所示，组成迷宫的灌木丛有三米高两米宽，其中包括 1200 个玫瑰丛共 217 种玫瑰，因此它也被认为是世界上最古老的玫瑰迷宫。

在计算机科学中，“走迷宫”则是人们学习算法编程的一个经典案例。通常假设迷宫是一个 n 行 m 列的格子矩阵，迷宫中的通路和障碍分别用 0 和 1 表示，迷宫的入口在左上角，出口在右下角。求解迷宫问题，就是寻找一条从入口到出口的路径，路径是由多个位置组成的序列，每一个位置都没有障碍物，并且只能往东南西北四个方向走。

本章将向读者介绍一种寻找迷宫路径的算法，能够处理任意设定的迷宫地形，求解一条从入口到出口穿越迷宫的路径，或者得出迷宫没有出路的结论。如图 15-1-2 所示，这是本章案例的迷宫界面，在迷宫的出口处放有一个礼物，请帮助小企鹅穿越迷宫拿到礼物。

图 15-1-1　阿什科姆迷宫花园的树篱迷宫

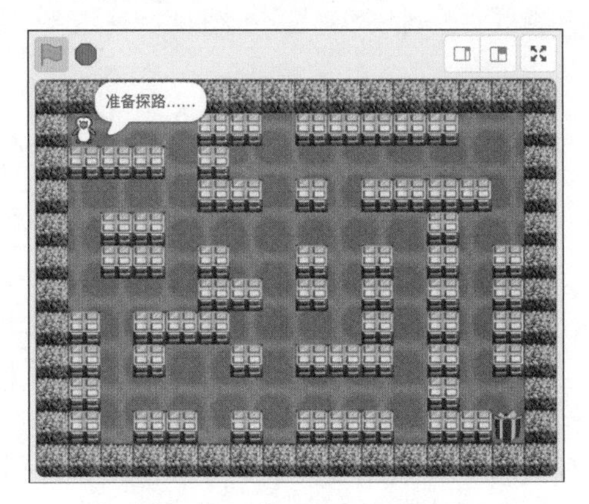

图 15-1-2　企鹅走迷宫界面

15.2 迷宫界面

在本节中，将介绍迷宫地图的存储形式和数据结构，以及如何加载迷宫地图和构建迷宫外形。

在此之前，先创建一个 Scratch 项目并添加背景和角色，具体步骤如下。

（1）新建一个 Scratch 项目，以“企鹅走迷宫”为项目名称保存到本地磁盘上，然后删除默认创建的小猫角色，再添加舞台背景和角色。

如图 15-2-1 所示，从 Scratch 角色库的动物分类下找到 Penguin 2 并添加到角色列表中，再将角色名称修改为“企鹅”。

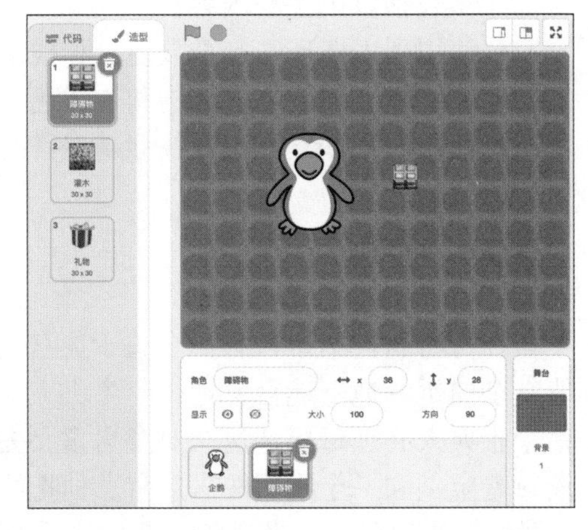

图 15-2-1　新建“企鹅走迷宫”项目

（2）创建一个名为“障碍物”的角色，并从本案例的素材中将“障碍物 .png”“灌木 .png”和“礼物 .png”作为该角色的造型导入到造型列表中。

（3）上传本案例素材中的图片“草地背景 .png”作为舞台的背景图。

15.2.1 二维数组

迷宫地图是一个二维的格子矩阵，正好可以用一个二维数组表示。然而，Scratch 支持的列表是一维数组，并没有像其他编程语言一样直接提供对二维数组的支持。不过，按照一定的换算方法，就能够把一维数组当成二维数组来使用。

如图 15-2-2 所示，假设有一个包含 9 个元素的一维数组，其中第 6 个元素的位置是 6，表示为：元素（6）。

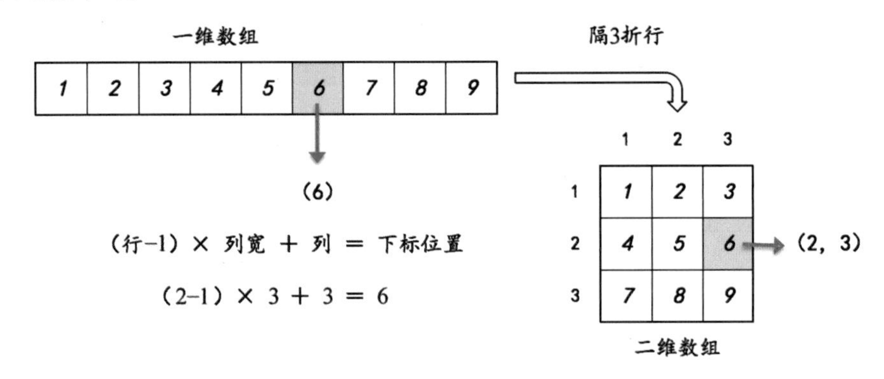

图 15-2-2　把一维数组转换为二维数组

我们可以想象，把这个一维数组每隔 3 个元素就折行，变成 3 行 3 列，得到一个想象中的二维数组。这样一来，一维数组中的第 6 个元素在二维数组中的位置就是第 2 行第 3 列，表示为：元素（2,3）。这样就有对应关系：元素（2,3）= 元素（6）。

因此，我们得到二维数组的行列位置和一维数组的下标位置的换算公式为

$$（行 -1）\times 列宽 + 列 = 下标位置$$

例如，要访问一个二维数组中的元素（2,3），将行列位置代入上述换算公式为

$$(2-1)\times 3+3=6$$

这样就可以使用 6 作为下标去访问一维数组中的第 6 个元素。

通过使用上述方法，就可以把二维的迷宫地图数据存放在一维的数组（列表）中，并可以使用类似其他高级语言访问二维数组的方式访问一维数组中的数据。

15.2.2　迷宫数据结构

在本章中讨论的迷宫地图是 10 × 14 的规格，使用二维格子矩阵表示，如图 15-2-3（a）所示。每个格子有 0 或 1 两个状态，0 表示通路，1 表示障碍。迷宫的入口位于（1,1），出口位于（10,14）。

这里规定，在迷宫中只能往东南西北四个方向前进。当从某个格子试探前进时，会探测与当前格子相邻的四个方向的格子是通路还是障碍。位于迷宫 4 个角的格子有 2 个探测方向，位于迷宫边缘的格子有 3 个探测方向，而其他位于中间区域的格子有 4 个探测方向。

为了简化编程，在程序中会自动对要处理的迷宫地图进行扩展，在迷宫周围加上一圈围墙，变为 12 × 16 的格子矩阵，如图 15-2-3（b）所示。围墙格子的状态都是 1，形成一圈无法穿越的围墙。这样就使迷宫的每个格子都有 4 个探测方向，从而不需要再针对四个角或边缘的格子进行处理。

但是，在编辑迷宫地图时，仍然按照 10 × 14 的规格来处理；在程序中定义迷宫的行

入口
出口
加围墙

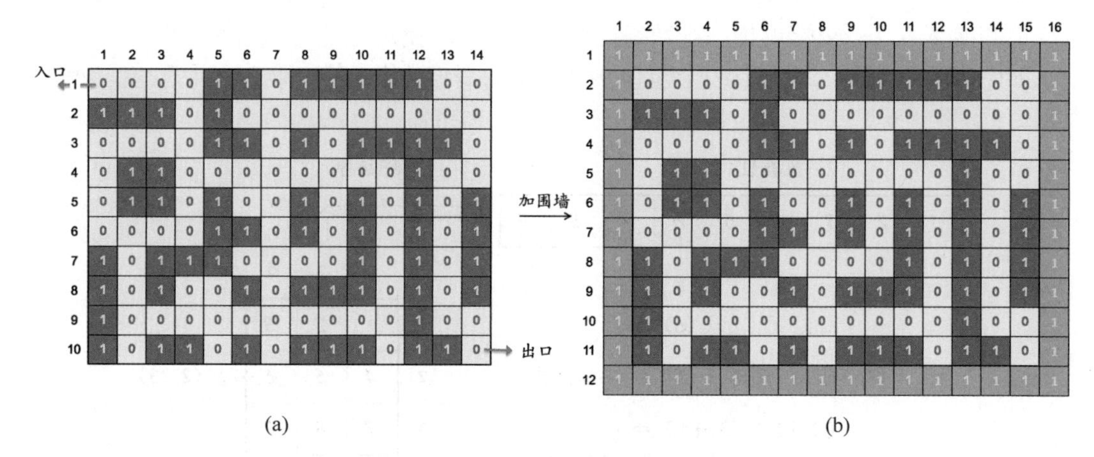

(a) (b)

图 15-2-3　在迷宫周围加上“围墙”

数和列数、入口和出口位置时，也是按照 10 × 14 的规格来对待。

15.2.3　加载迷宫地图

首先，使用记事本等文本编辑器创建和编辑迷宫地图数据。如图 15-2-4 所示，这是一个名为“迷宫地图 .txt”的文本文件，它存储了一个 10 × 14 规格的迷宫地图，0 表示通路，1 表示障碍，编辑好之后保存即可。可以从本案例的素材中获取该文件。

其次，在 Scratch 中创建一个名为“迷宫地图”的列表（适用于所有角色），再把编辑好的迷宫地图文件导入到“迷宫地图”列表中，如图 15-2-5 所示。

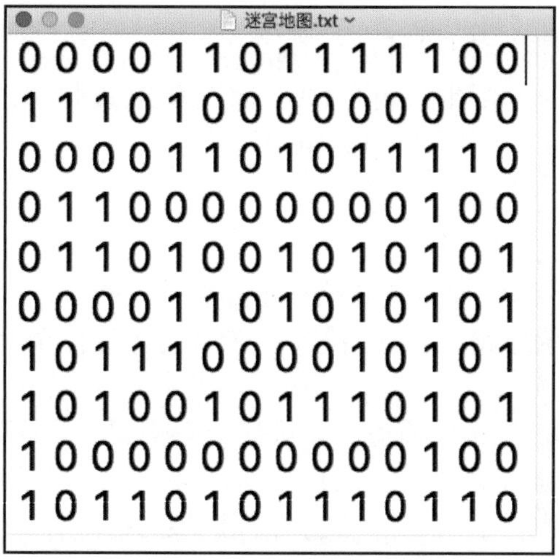

迷宫地图.txt
0 0 0 0 1 1 0 1 1 1 1 1 0 0
1 1 1 0 1 0 0 0 0 0 0 0 0 0
0 0 0 0 1 1 0 1 0 1 1 1 1 0
0 1 1 0 0 0 0 0 0 0 0 1 0 0
0 1 1 0 1 0 0 1 0 1 0 1 0 1
0 0 0 0 1 1 0 1 0 1 0 1 0 1
1 0 1 1 1 0 0 0 0 1 0 1 0 1
1 0 1 0 0 1 0 1 1 1 0 1 0 1
1 0 0 0 0 0 0 0 0 0 0 1 0 0
1 0 1 1 0 1 0 1 1 1 0 1 1 0

图 15-2-4　编辑迷宫地图数据

迷宫地图
1 00001101111100
2 11101000000000
3 00001101011110
4 01100000000100
5 01101001010101
6 00001101010101
7 10111000010101
8 10100101110101
9 10000000000100
10 10110101110110
+
长度10
=

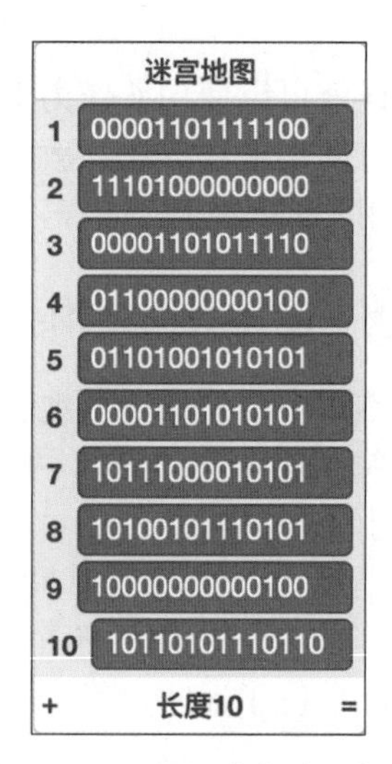

图 15-2-5　导入迷宫地图数据

最后，还需要将“迷宫地图”列表中的迷宫地图数据进行分解，并在迷宫周围增加一圈“围墙”，将 10 × 14 规格的迷宫地图数据转换为 12 × 16 规格的。在本案例中，我们把这个过程称为“加载迷宫地图”。切换到企鹅角色的代码区编写处理脚本，具体步骤如下。

（1）创建一些变量用于定义迷宫的行数和列数、入口和出口位置，以及一些表示格子状态的“常量”等，如图 15-2-6 所示。

为了获得较好的界面效果，将迷宫的格子设定为 5 种状态，分别为：0 表示通道，1 表示障碍，2 表示走过，3 表示灌木（或围墙），4 表示礼物。为了表示这些状态，创建一些以 # 为前缀的变量，这比直接使用数字具有更好的可读性。

（2）创建一个名为“加载迷宫地图”的自定义过程，用于把“迷宫地图”列表中 10 × 14 规格的迷宫地图数据分解并转存到 12 × 16 规格的“迷宫”列表中，如图 15-2-7 所示。

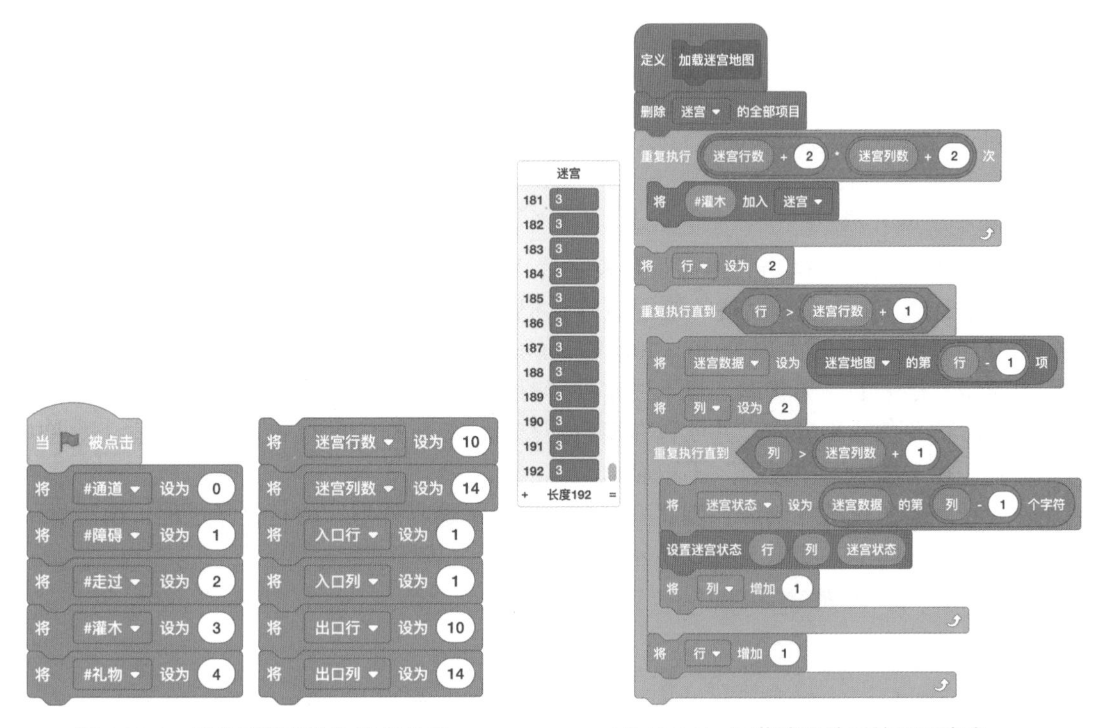

图 15-2-6 定义迷宫参数和格子状态　　图 15-2-7 加载迷宫地图的处理脚本

在加载迷宫地图时，先把“迷宫”列表清空，再创建一个带有围墙的迷宫矩阵。即创建一个有 12 × 16 个元素的“迷宫”列表，所有格子的初始状态设为“#灌木”，然后把“迷宫地图”列表中的迷宫数据分解后放置到迷宫矩阵“围墙”之内的区域（即第 2 行到第“行数 + 1”行，第 2 列到第“列数 + 1”列）。

（3）对迷宫矩阵的数据进行读写操作。在使用二维迷宫矩阵的行列坐标去访问一维“迷宫”列表中的元素时，可以参考“15.2.1　二维数组”中的换算公式，将二维的行列坐标转换为一维数组的下标位置，然后就可以读取或修改“迷宫”列表中的数据。在这个案例中，使用“读取迷宫状态”和“设置迷宫状态”这两个自定义过程实现对迷宫格子状态的读写操作，如图 15-2-8 所示。

（4）测试加载迷宫地图。把调用“加载迷宫地图”过程的积木追加到“当被点击”积木所在的脚本后面，然后单击按钮运行项目，就能观察到地图数据被加载到“迷宫”列表中。这样就实现了把二维地图数据转换并存放到一维的列表中。

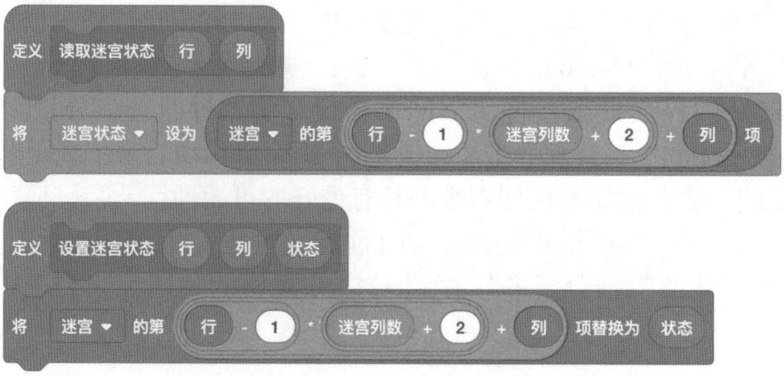

```
定义 读取迷宫状态 (行) (列)
将 [迷宫状态 ▾] 设为 (迷宫 ▾ 的第 (((行) - (1)) * (迷宫列数) + (2)) + (列)) 项)
```

```
定义 设置迷宫状态 (行) (列) (状态)
将 [迷宫 ▾] 的第 (((行) - (1)) * (迷宫列数) + (2)) + (列)) 项替换为 (状态)
```

图 15-2-8　读写迷宫状态的处理脚本

15.2.4　构建迷宫外形

1. 显示迷宫外形

在加载迷宫地图数据到“迷宫”列表之后，就可以根据它们构建和显示迷宫的外形。加了围墙的迷宫是 12 × 16 规格的格子矩阵，把它映射到长 480、宽 360 的舞台上，这样使每个格子在舞台上的大小为 30 × 30。障碍物角色的 3 个造型（障碍物、灌木和礼物）分别对应迷宫格子的 3 种状态。显示迷宫外形时，使用克隆技术按照格子的状态创建不同造型的障碍物角色的克隆体，并放置在舞台上与迷宫矩阵对应的位置。只需要显示迷宫中的“障碍”和“灌木”，“通道”不用显示。

切换到企鹅角色的代码区，创建一个名为“显示迷宫外形”的自定义过程，编写显示迷宫外形的处理脚本，如图 15-2-9 所示。

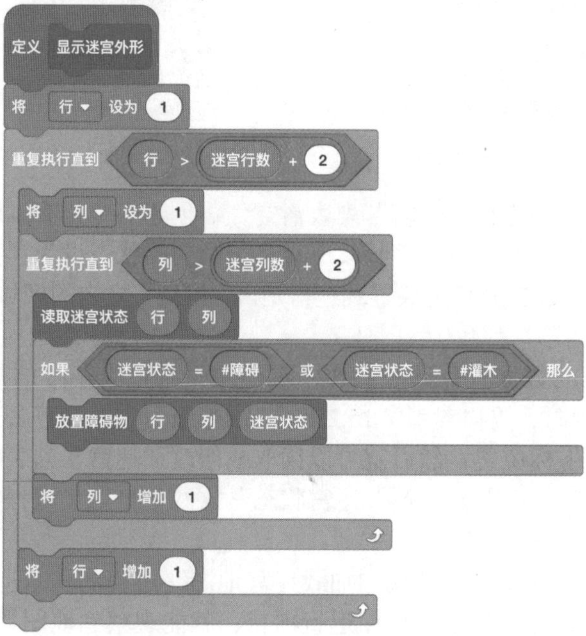

```
定义 显示迷宫外形
将 [行 ▾] 设为 (1)
重复执行直到 <(行) > ((迷宫行数) + (2))>
    将 [列 ▾] 设为 (1)
    重复执行直到 <(列) > ((迷宫列数) + (2))>
        读取迷宫状态 (行) (列)
        如果 <<(迷宫状态) = [#障碍]> 或 <(迷宫状态) = [#灌木]>> 那么
            放置障碍物 (行) (列) (迷宫状态)
        end
        将 [列 ▾] 增加 (1)
    end
    将 [行 ▾] 增加 (1)
end
```

图 15-2-9　显示迷宫外形的处理脚本

2. 放置障碍物

在显示迷宫外形时，用到了一个名为“放置障碍物”的自定义过程，如图 15-2-10 所示。它会根据格子状态创建指定造型（障碍物、灌木和礼物）的障碍物角色的克隆体，并显示在舞台上指定的行列位置。

在放置障碍物时，需要把迷宫格子的行列坐标转换为舞台界面的坐标，再把障碍物角色的克隆体移动到舞台指定位置。为此，创建一个名为“转为界面坐标”的自定义过程用来进行坐标转换，如图 15-2-11 所示。需要注意其中的两个计算公式：X =（列 –1）× 30 + 15–240，Y = [0–（行 –1）× 30 + 15] + 180。

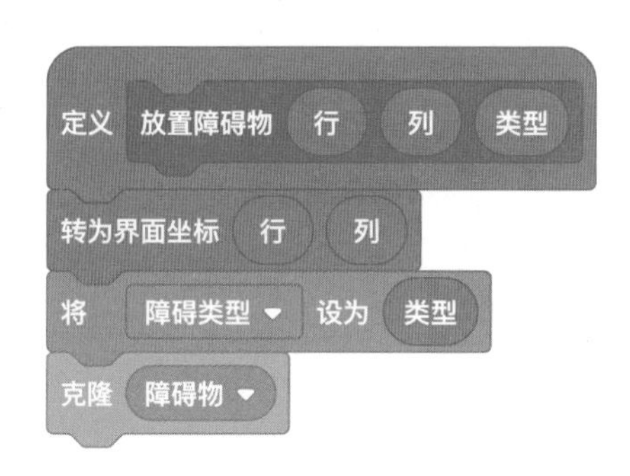

图 15-2-10　放置障碍物的处理脚本

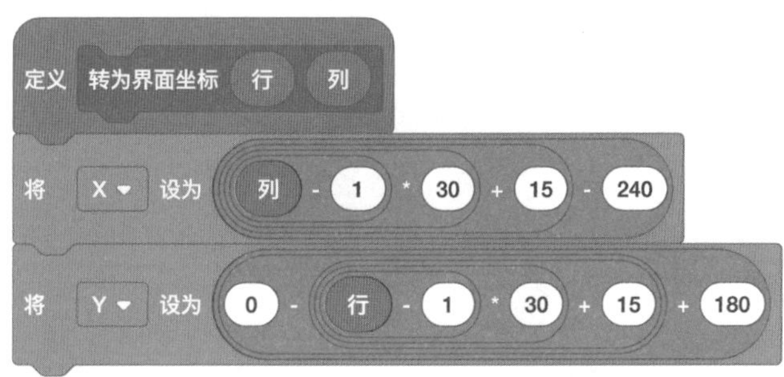

图 15-2-11　转换界面坐标的处理脚本

接下来，切换到障碍物角色的代码区，添加克隆体的处理脚本，如图 15-2-12 所示。

当障碍物被克隆时，先将克隆体移动到克隆之前转换得到的坐标（X,Y）处，再根据变量“障碍类型”的值将障碍物切换为不同的造型（障碍物、灌木和礼物）。

当克隆体创建之后不会立即显示，而是等到全局变量“建造状态”为 1 时才一起显示，这样整个迷宫外形能够快速地显示在舞台上。

3. 移动企鹅

切换到企鹅角色的代码区，编写移动企鹅的脚本。如图 15-2-13 所示，创建一个名为“移动企鹅”的自定义过程，用于根据迷宫的行列坐标将企鹅移到舞台上的指定位置。为了方便观察企鹅在迷宫中行进的过程，企鹅在探路时会留下颜色不断变化的痕迹，当企鹅用正确的路径穿越迷宫时会留下蓝色的痕迹。

4. 主程序

切换到企鹅角色的代码区，编写主程序。如图 15-2-14 所示，这个脚本是“企鹅走迷宫”项目的主程序，它定义迷宫的行数和列数、入口和出口位置及一些常量等，并调用“加载迷宫地图”和“显示迷宫外形”这两个自定义过程完成构建迷宫外形的工作。在迷宫外形显示之后，将企鹅移到迷宫入口处，并将礼物放在迷宫出口处。因为迷宫是加了“围墙”的，所以按照原始迷宫地图（10 × 14 规格）设置的行列位置都要加上 1。

把图 15-2-14 中的两段代码拼接在一起，单击🏴按钮运行项目，就能够加载迷宫地图数据，并显示出迷宫外形。

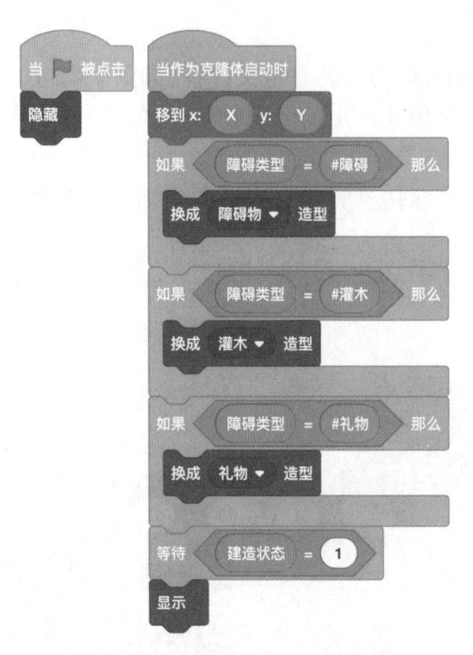

图 15-2-12　障碍物克隆体的处理脚本

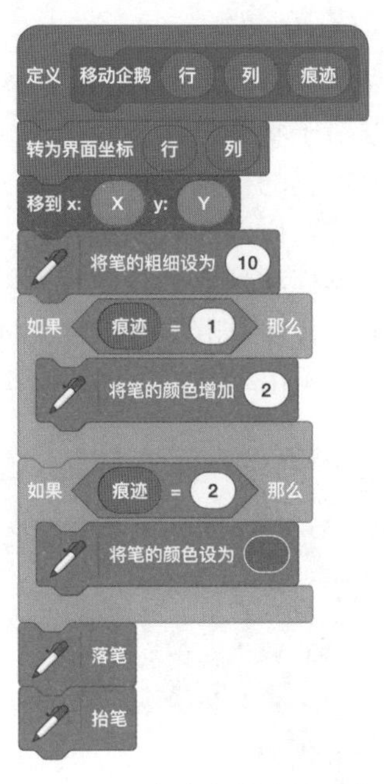

图 15-2-13　移动企鹅的处理脚本

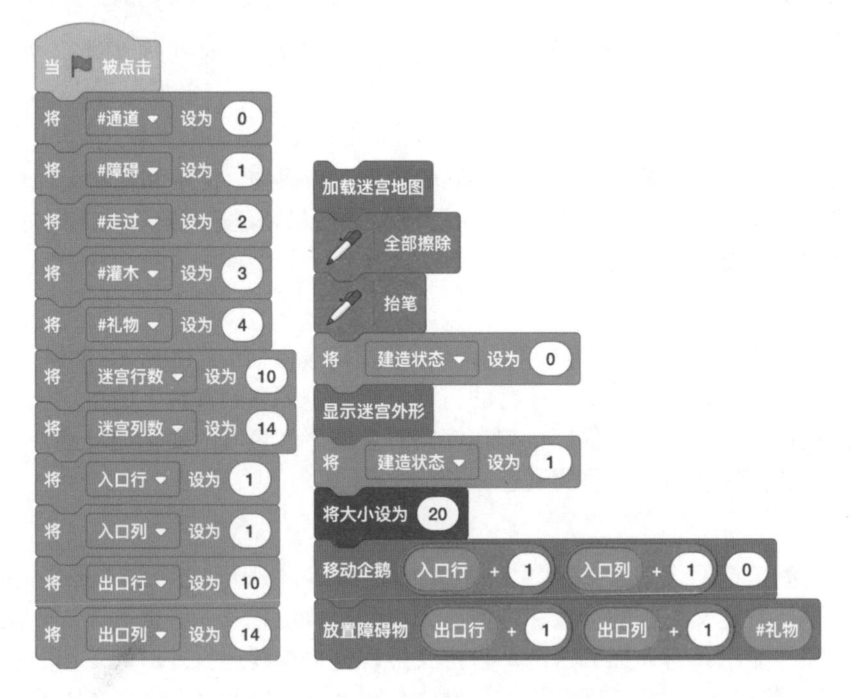

图 15-2-14　“企鹅走迷宫”的主程序

5. 试一试

使用文本编辑器创建几个不同结构的迷宫地图数据，并加载到 Scratch 中显示迷宫外形。请你仔细观察，尝试找出穿越迷宫的路径。

15.3 迷宫寻路

15.3.1 迷宫算法分析

回溯法是一种“走不通就退回再走”的搜索算法，它在试探搜索的过程中寻找问题的解。当进行到某一步时，如果发现继续试探无法找到问题的解，就退回一步重新选择别的搜索路径。如此反复进行试探性选择与返回纠错，直到求出问题的解。

回溯法有“通用解题方法”的美称，适合于解决许多复杂的、规模较大的问题。“走迷宫”问题就是回溯法的典型应用。

在构建好迷宫界面之后，我们接着讨论求解迷宫路径的一些算法问题。

1. 迷宫寻路算法

求解迷宫问题通常使用回溯搜索算法，结合图 15-3-1 将该算法描述如下。

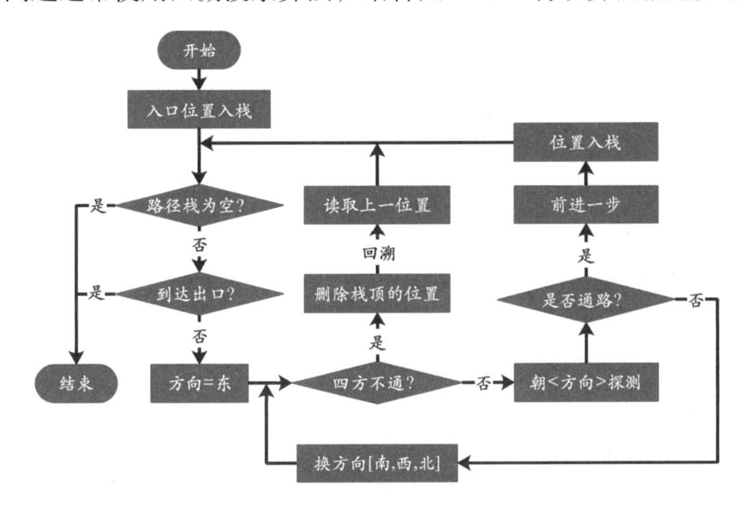

图 15-3-1　用回溯搜索算法求解迷宫问题的流程图

从迷宫入口出发，先将入口位置加入“路径栈”中。判断如果“路径栈”为空，则表示退回了入口处，迷宫没有出口。在确定迷宫没有出口或者到达迷宫出口时，就结束探路过程。

在迷宫中探路时，先向东试探。如果向东走不通，就更换方向，依次选择向南、向西、向北试探。只要四个方向中有一个方向能通过，就前进一步，把当前位置加入到一个“路径栈”中，并将当前位置标记为已走过，然后重新向东开始新一轮探路。如果四个方向都不能通过，就把最后通过的位置从“路径栈”中删除，回退到上一个通过的位置，再继续向东开始新一轮探路。

2. 路径栈

在迷宫中探路前进的过程中，为了在无路可走时能够按原路退回，需要使用一个具有“后进先出”特性的栈结构来保存从迷宫入口到当前位置的路径。在 Scratch 中，需要使用列表来实现“后进先出”的栈结构，限定仅在列表的尾部进行插入和删除操作。如

图 15-3-2 所示的是栈结构的示意图。通俗地讲，栈结构就像是一个行李箱，后放进去的衣服可以先拿出来，而先放进去的衣服在底部，最后拿出来。

在探路前进时，将行列位置编码组成一个字符串（行和列分别占两位数字）放入“路径栈”列表中，如图 15-3-3 所示。在回退时，读取“路径栈”中的位置编码并进行解码操作，

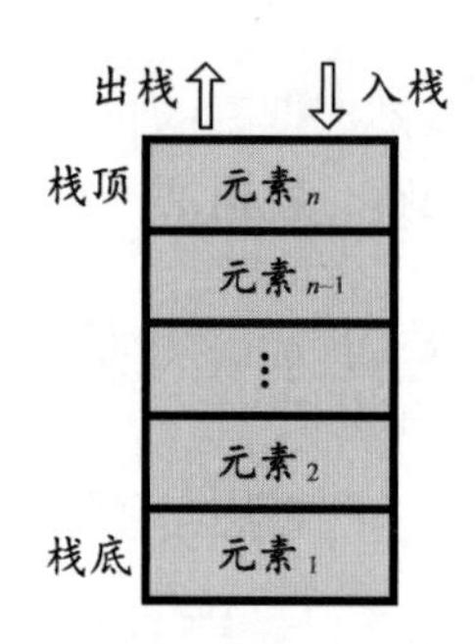

图 15-3-2　栈结构示意图

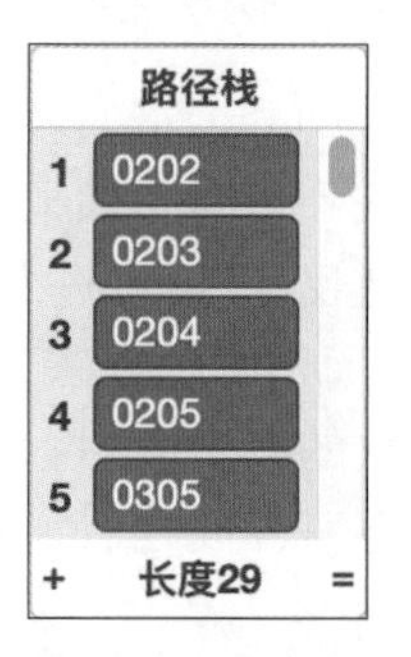

图 15-3-3　使用列表实现栈结构

重新获得行和列。对迷宫位置进行编码和解码操作的处理脚本分别如图 15-3-4 和图 15-3-5 所示。

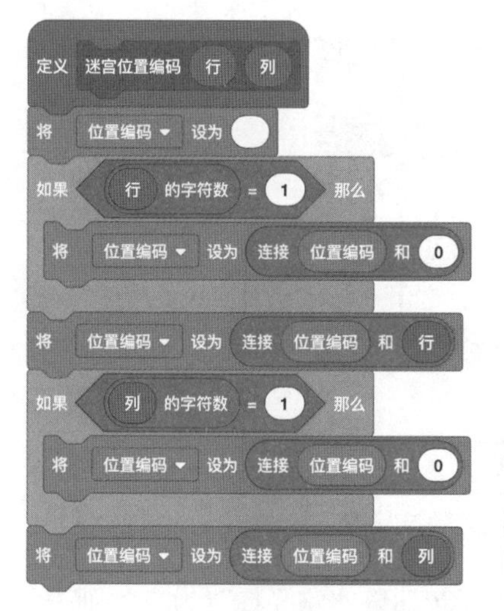

图 15-3-4　对迷宫位置进行编码操作的处理脚本

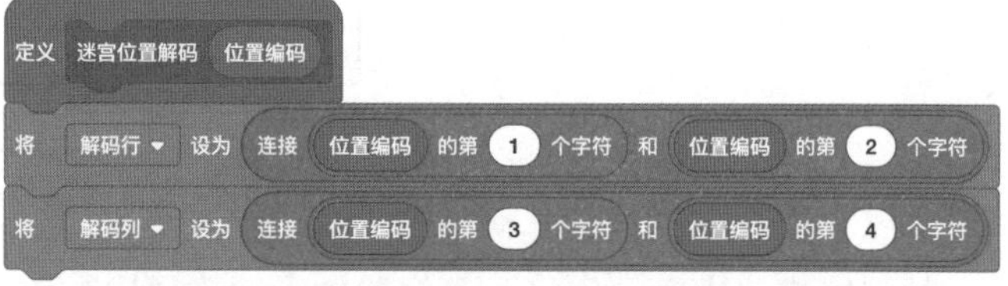

图 15-3-5　对迷宫位置进行解码操作的处理脚本

3. 试探方向

在迷宫中探路时，按照“东→南→西→北”的顺序前进，每个位置有 4 个试探方向。为了简化编程，我们把行和列增量数值编码为 4 位的字符串（行和列各占两位），并存放在一个“探路增量”列表中。东、南、西、北 4 个方向分别用 1、2、3、4 表示，对应列表的元素位置。如图 15-3-6 所示，这是当前位置和相邻 4 个方向前进位置的行列变化关系，以及探路增量的编码表示。这样就能够在一个循环结构中依次对东、南、西、北 4 个方向进行试探。

在使用“探路增量”列表中的数据时，需要进行解码操作，脚本如图 15-3-7 所示。

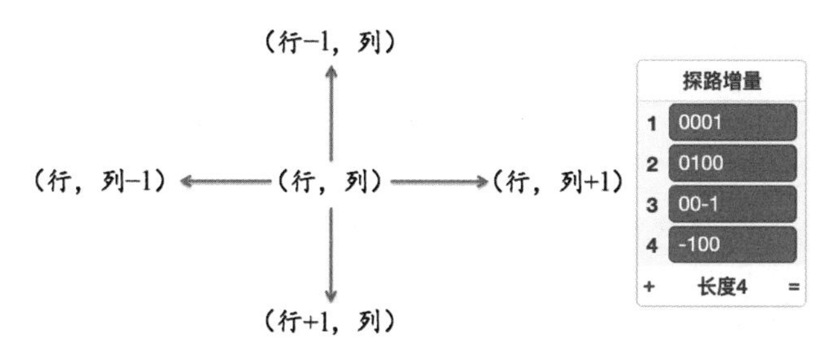

（行-1，列）
（行，列-1）
（行，列）
（行，列+1）
（行+1，列）
探路增量
1 0001
2 0100
3 00-1
4 -100
长度4
当前位置（行，列）和相邻的四个方向的前进位置

图 15-3-6　从当前位置出发的 4 个方向的试探坐标和增量

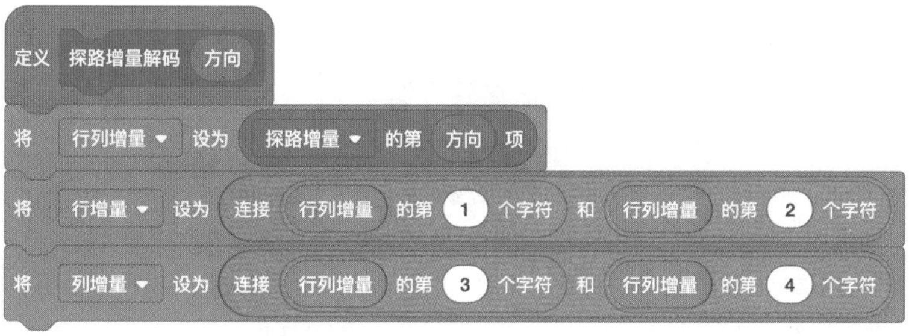

定义 探路增量解码 方向
将 行列增量 设为 探路增量 的第 方向 项
将 行增量 设为 连接 行列增量 的第 1 个字符 和 行列增量 的第 2 个字符
将 列增量 设为 连接 行列增量 的第 3 个字符 和 行列增量 的第 4 个字符

图 15-3-7　探路增量解码的处理脚本

15.3.2　迷宫算法实现

在对迷宫问题进行算法分析之后，就可以编程寻找穿越迷宫的路径，具体步骤如下。

1. 回溯走迷宫

如图 15-3-8 所示，创建一个名为“回溯走迷宫”的自定义过程作为迷宫寻路算法的主控程序。在探路之前，先将“路径栈”列表清空，再调用“探路标记”过程把迷宫入口位置加入“路径栈”列表中，同时也会将企鹅移到迷宫入口处。因为算法处理的迷宫地图数据是加了一圈“围墙”的，所以原始迷宫地图的行列位置都要加上 1。

然后，在一个循环结构中调用“搜索前进”过程进行探路。在循环体内，每次探路前都要判断，如果“路径栈”列表为空或者探路抵达迷宫出口位置，则结束循环。

2. 搜索前进

如图 15-3-9 所示，创建一个名为“搜索前进”的自定义过程，用于控制企鹅向 4 个方向探路。每次探路前，先将“方向”变量设为 1，即向东开始探路。然后在一个循环结构中按照东、南、西、北的方向顺序不断试探。根据“方向”变量的值读取探路增量并获取前进位置的状态，如果某个方向能够通过，则把可通过的前进位置使用“探路标记”过程加入到“路径栈”列表中，这样就完成一次试探。如果不能通过，则使用“将方向增加 1”积木更换下一个方向继续试探。

如果 4 个方向试探之后没有找到可通过的位置，则调用“回退一步”过程回退到前一个可通过的位置。

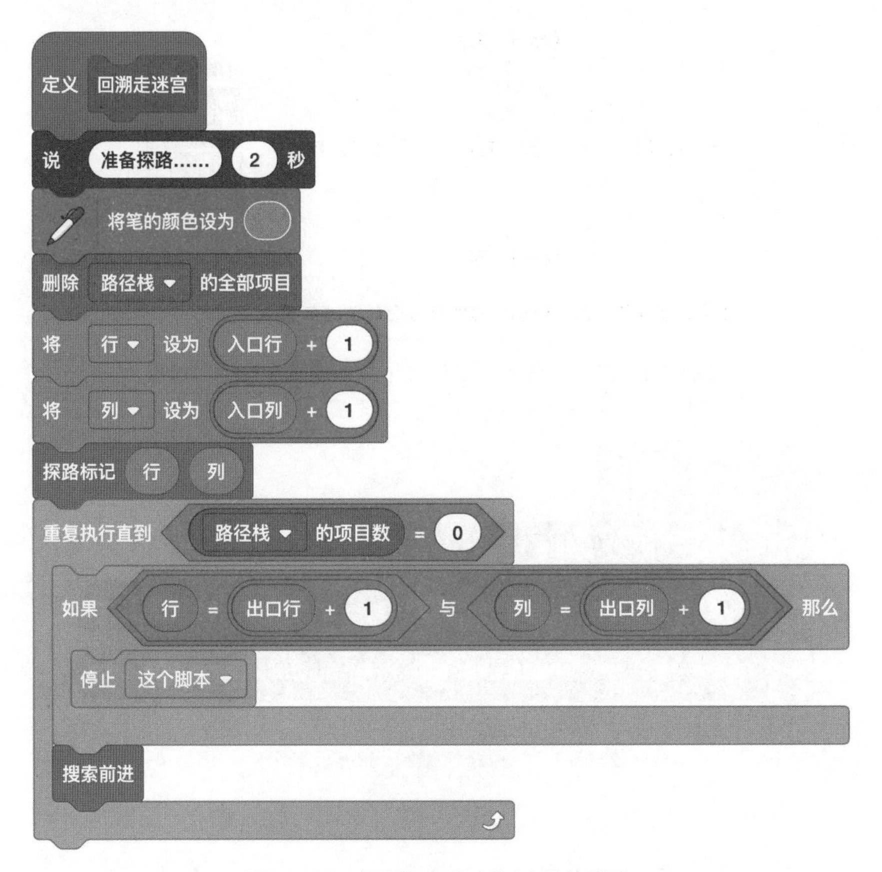

图 15-3-8 “回溯走迷宫”过程的脚本

如图 15-3-10 所示，创建一个名为“探路标记”的自定义过程，用于将已经走过的位置在“迷宫”列表中打上“走过”的标记，避免重复试探；把可通过的位置编码后加入到“路径栈”列表的尾部；将企鹅移动到可通过的位置。

再创建一个名为“回退一步”的自定义过程，用于在探路失败无路可走时，回退到“路径栈”列表中的前一个可通过位置。即删除“路径栈”列表末尾的元素，因为它已被证明是无效位置。而倒数第二个元素则自动成为列表末尾的元素，这个元素就是“前一个可通过位置”，把这个元素存放的位置编码进行解码，之后把企鹅移到该位置上。

3. 穿越迷宫

如图 15-3-11 所示，创建一个名为“穿越迷宫”的自定义过程，用于让企鹅按照“路径栈”列表中存放的迷宫路径穿越迷宫。如果“路径栈”列表为空，则提示“没有找到迷宫出路！”。否则，将企鹅移到迷宫入口位置，然后从头到尾依次读取“路径栈”列表的元素（行列位置编码）并进行解码，之后将企鹅移动到指定位置。

4. 主程序

最后，在主程序中加上调用“回溯走迷宫”和“穿越迷宫”过程的脚本，如图 15-3-12 所示。至此，整个企鹅走迷宫的程序编写完毕。

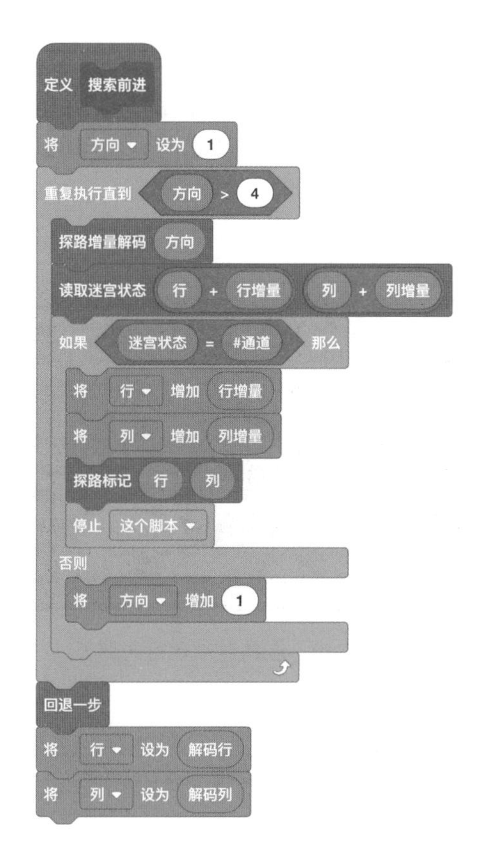

图 15-3-9　“搜索前进”过程的脚本

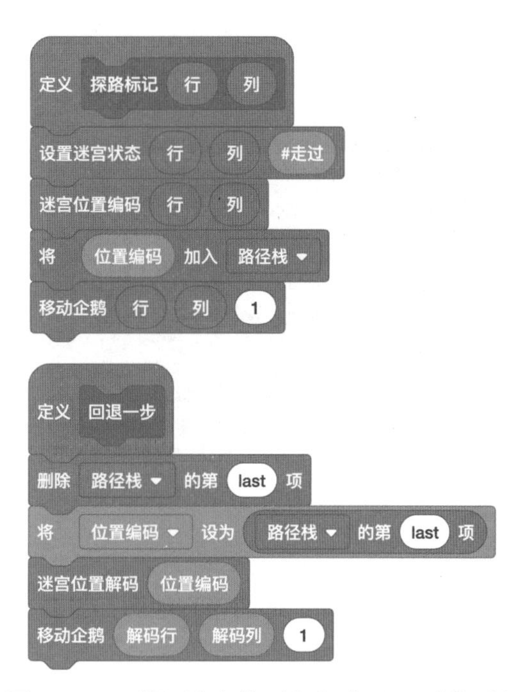

图 15-3-10　“探路标记”过程和“回退一步”过程的脚本

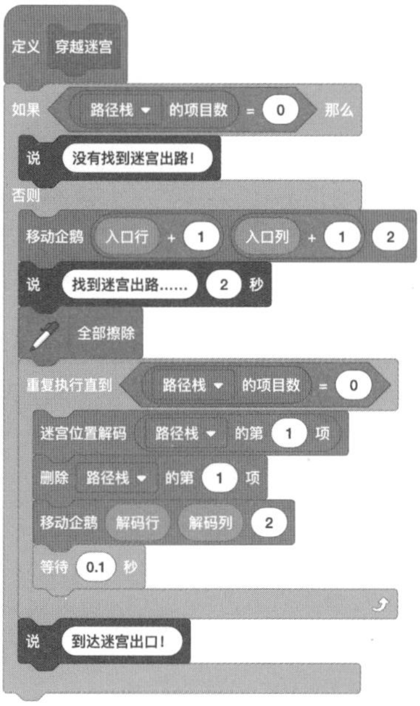

图 15-3-11　“穿越迷宫”过程的脚本

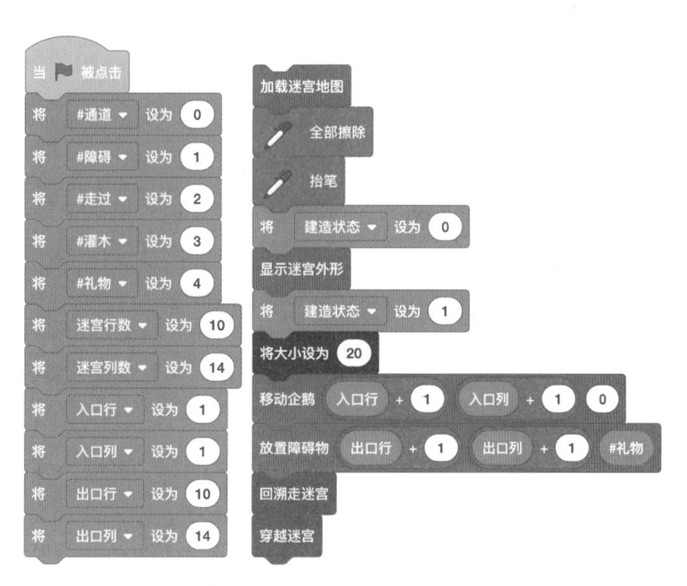

图 15-3-12　主程序的脚本

5. 运行结果

单击按钮运行项目，就能看到企鹅使用回溯搜索算法在迷宫中探路前进，并留下颜色变化的痕迹，如图 15-3-13 所示。最终，企鹅会在迷宫中找到一条从入口到出口的通路，如图 15-3-14 所示，蓝色的点标识出穿越迷宫的路径。

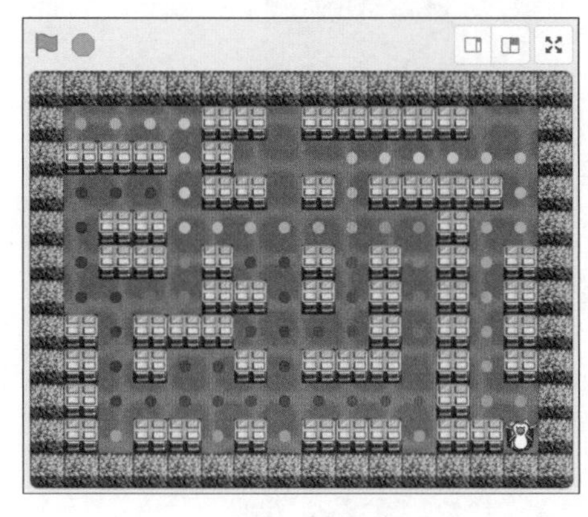

图 15-3-13　企鹅探路留下的痕迹

图 15-3-14　企鹅穿越迷宫的路径

6. 试一试

尝试变换不同地形的迷宫地图，看看企鹅是否能够成功穿越迷宫。

参 考 文 献

[1] 谢声涛 . Scratch 编程从入门到精通 [M]. 北京：清华大学出版社，2018.

[2] 谢声涛 .“编”玩边学：Scratch 趣味编程进阶：妙趣横生的数学和算法 [M]. 北京：清华大学出版社，2018.

[3] 谢声涛 . Python 趣味编程：从入门到人工智能 [M]. 北京：清华大学出版社，2019.

[4] 谢声涛 . 趣味编程三剑客：从 Scratch 到 Python 和 C++ [M]. 北京：清华大学出版社，2020.